模式识别与人工智能

（基于Python）

徐宏伟　周润景　孙伟霞　杜鑫　姜杰 ◎ 编著

清华大学出版社
北京

内 容 简 介

本书将模式识别与人工智能理论和实际应用相结合，以酒瓶颜色分类为例，介绍各种算法理论及相应的 Python 实现程序。全书共 10 章，内容包括模式识别概述、贝叶斯分类器设计、判别函数分类器设计、聚类分析、模糊聚类分析、神经网络聚类设计、模拟退火算法聚类设计、遗传算法聚类设计、蚁群算法聚类设计、粒子群算法聚类设计，涵盖各种常用的模式识别技术。

本书可作为高等院校自动化、计算机、电子和通信等专业研究生和高年级本科生的教材，也可作为计算机信息处理、自动控制等相关领域工程技术人员的参考用书。

图书在版编目（CIP）数据

模式识别与人工智能：基于 Python/徐宏伟等编著. -- 北京：清华大学出版社，2025.5. -- ISBN 978-7-302-68805-1

Ⅰ. O235；TP387

中国国家版本馆 CIP 数据核字第 2025LN2659 号

责任编辑：袁金敏
封面设计：杨玉兰
责任校对：王勤勤
责任印制：宋　林

出版发行：清华大学出版社
网　　址：https://www.tup.com.cn，https://www.wqxuetang.com
地　　址：北京清华大学学研大厦 A 座　　邮　编：100084
社 总 机：010-83470000　　　　　　　邮　购：010-62786544
投稿与读者服务：010-62776969，c-service@tup.tsinghua.edu.cn
质量反馈：010-62772015，zhiliang@tup.tsinghua.edu.cn
课件下载：https://www.tup.com.cn，010-83470236
印 装 者：三河市人民印务有限公司
经　　销：全国新华书店
开　　本：185mm×260mm　　印　张：22　　　字　　数：532 千字
版　　次：2025 年 5 月第 1 版　　　　　　印　　次：2025 年 5 月第 1 次印刷
定　　价：89.00 元

产品编号：106318-01

前言
PREFACE

所谓模式识别就是用计算的方法根据样本的特征将样本划分到一定的类别中。模式识别是通过计算机用数学技术方法研究模式的自动处理和判读,把环境与客体统称为"模式"。随着科技的发展,模式识别技术在社会中的应用越来越广泛,涵盖许多领域,例如金融、医疗、安全等。模式识别技术能够通过对大量数据进行分析和处理,从中提炼出有用信息,对于决策和解决问题非常有帮助。目前,模式识别技术已经进入成熟阶段,应用场景也越来越广泛。

本书以实用性为宗旨,以对酒瓶颜色的分类设计为例,将理论与实践相结合,介绍各种相关分类器的设计。

第1章介绍模式识别的概念、方法及其应用。

第2章介绍贝叶斯分类器的设计。首先介绍贝叶斯决策的概念,让读者对贝叶斯理论有所了解,然后介绍基于最小错误率和最小风险的贝叶斯分类器设计,将理论应用于实践,让读者真正学会运用该算法解决实际问题。

第3章介绍判别函数分类器的设计。判别函数包括线性判别函数和非线性判别函数,本章首先介绍判别函数的相关概念,然后介绍线性判别函数 LMSE 和 Fisher 分类器的设计及非线性判别函数 SVM 分类器的设计。

第4章介绍聚类分析。聚类分析作为最基础的分类方法,涵盖大量经典的聚类算法及衍生出的改进算法。本章首先介绍相关理论知识,然后依次介绍 K 均值聚类、K 均值改进算法、KNN 聚类、PAM 聚类、层次聚类及 ISODATA 分类器设计。

第5章介绍模糊聚类分析。首先介绍模糊逻辑的发展、模糊数学理论、模糊逻辑与模糊推理等一整套模糊控制理论,然后介绍模糊分类器、模糊 C 均值分类器、模糊 ISODATA 分类器及模糊神经网络分类器的设计。

第6章介绍神经网络聚类设计。首先介绍神经网络的概念及其模型等理论知识,然后介绍基于 BP 网络、Hopfield 网络、RBF 网络、GRNN、小波神经网络、自组织竞争网络、SOM 网络、LVQ 网络、PNN、CPN 的分类器设计。

第7章介绍模拟退火算法聚类设计。首先介绍模拟退火算法的基本原理、基本过程,然后介绍其分类器的设计。

第8章介绍遗传算法聚类设计,包括遗传算法原理及遗传算法分类器设计的详细过程。

第9章介绍蚁群算法聚类设计,包括蚁群算法的基本原理、基于蚁群基本算法的分类器设计和改进的蚁群算法MMAS的分类器设计。

第10章介绍粒子群算法聚类设计,包括粒子群算法的运算过程、进化模型、原理及其模式分类的设计过程。

本书没有像大多数模式识别的书那样讲解烦琐的理论,而是简明扼要地介绍每种算法的核心,并通过大量的实例介绍模式识别知识。书中针对每种模式识别算法,分理论基础和实例操作两部分进行介绍。读者掌握基础理论后,通过实例可以了解算法的实现思路和方法;进一步掌握核心代码编写,就可以很快掌握模式识别技术。

本书内容来自作者的科研与教学实践。读者在学会各种理论和方法后,可将书中的不同算法加以改造应用于自己的实际工作。

本书第1~3章由徐宏伟编写,第4章代由孙伟霞编写,第5章由姜杰编写,第8章由杜鑫编写,其余由周润景编写。

在本书的编写过程中,作者虽已力求完美,但由于水平有限,书中难免有不足之处,敬请读者指正。

作 者

2025年3月

目录
CONTENTS

第1章

模式识别概述

模式识别的基本概念

模式识别(pattern recognition)也称机器识别,就是通过计算机用数学技术方法进行模式的自动处理和判读。该学科的主要任务是利用计算机模拟人的识别能力,提出识别具体客体的基本理论与实用技术。其最基本的方法是计算,即计算要识别的事物与已知标准事物的相似程度,从而使机器实现事物判别。因此,找到度量不同事物差异的有效方法是研究的关键。随着计算机技术的发展,人类有可能研究复杂的信息处理过程。我们把环境与客体统称为"模式"。信息处理过程的一个重要形式是生命体对环境与客体的识别。对人类来说,特别重要的是对光学信息(通过视觉器官获得)和声学信息(通过听觉器官获得)的识别,这是模式识别的两个重要方面。模式识别是确定一个样本的类别属性的过程,即把某一样本归属多个类型中的某个类型。例如,数据分类,就是将待分类数据按属性分类;指纹识别,就是使用指纹的总体特征(如纹形、三角点等)进行分类,再用局部特征(如位置和方向等)进行用户身份识别;还有语音识别、生物认证、字符识别等。

1.1.1 模式的描述方法

模式的描述方法有两种:定量描述和结构性描述。其中,定量描述通过对事物的属性进行度量,用一组数据描述模式;结构性描述是对事物包含的成分进行分析,用一组基元描述模式。

定量描述方法中,一个具体的研究对象称为样本。对于一个样本来说,必须确定一些与识别有关的因素作为研究的依据,每个因素称为一个特征。模式用样本的一组数据来描述。模式的特征集一般可以用特征向量表示。特征向量中的每个元素称作特征。假设一个样本 X 有 n 个特征,若用小写字母 x 表示特征,则可以把 X 看作一个 n 维列向量,该向量 X 称为特征向量,记作

$$X = (x_1, x_2, \cdots, x_n)^{\mathrm{T}} \tag{1-1}$$

模式识别问题就是根据 X 的 n 个特征判别模式 X 属于 $\omega_1, \omega_2, \cdots, \omega_M$ 类中的哪一类。其目的是在特征空间和解释空间之间建立一种特殊的对应关系。其中,特征空间由特征向量构成,包括模式的度量、属性等,通过对具体对象进行观测得到;解释空间由所属模式类别的集合构成。

1.1.2　模式识别系统

模式识别的关键是如何利用计算机进行模式识别,并对样本进行分类。执行模式识别的计算机系统(可以是各种有计算能力的处理器系统)称为模式识别系统。该系统具有两种工作方式,即训练方式和识别方式。

图 1-1 是一个典型的模式识别系统,由数据获取、预处理、特征提取、分类决策及分类器设计等部分组成。该系统各组成部分的功能概括如下。

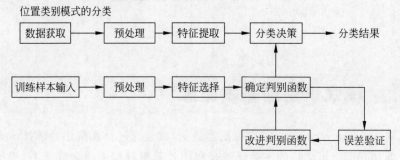

图 1-1　模式识别系统

(1) 数据获取:一般情况下,获取的信息类型有以下几种。
- 一维波形:心电图、脑电波、声波、震动波形等。
- 二维图像:文字、地图、照片等。
- 物理参量:体温、化验数据、温度、压力、电流、电压等。

(2) 预处理:对由于信息获取装置或其他因素所造成的信息退化现象进行复原、去噪,加强有用信息。

(3) 特征提取:由信息获取部分获得的原始信息,其数据量一般相当大。为了有效地实现分类识别,应对经过预处理的信息进行选择或变换,得到最能反映分类本质的特征,构成特征向量。其目的是将维数较高的模式空间转换为维数较低的特征空间。

(4) 分类决策:在特征空间中用模式识别方法(由分类器设计确定的分类判别规则)对待识别模式进行分类判别,将其归为某一类别,输出分类结果。这一过程对应特征空间向类别空间的转换。

(5) 分类器设计:为了把待识别模式分配到各自的模式类中,必须设计出一套分类判别规则。基本做法是收集一定数量的样本作为训练集,在此基础上确定判别函数、改进判别函数并进行误差验证。

其中分类器设计在训练方式下完成,利用样本进行训练,确定分类器的具体参数,而分类决策在识别方式下起作用,对待识别的样本进行分类决策。

1.2　模式识别的基本方法

模式识别作为人工智能的一个重要应用领域,目前得到了飞速发展。针对不同的对象和不同的目的,可以使用不同的模式识别理论或方法。目前,基本的技术方法有如下4 种。

1. 统计模式识别

统计模式识别是首先根据待识别对象包含的原始数据信息,从中提取出若干能够反映该类对象某方面性质的相应特征参数,并根据识别的实际需要从中选择一些参数的组合作为一个特征向量,根据某种相似性测度,设计一个能够对该向量组表示的模式进行区分的分类器,把特征向量相似的对象分为一类。

2. 结构模式识别

当需要对待识别对象各部分之间的联系进行精确识别时,就需要使用结构模式识别方法。结构模式识别是根据识别对象的结构特征,将复杂的模式结构先通过分解划分为多个相对更简单且更容易区分的子模式,若得到的子模式仍有识别难度,则继续对其进行分解,直到最终得到的子模式具有容易表示且容易识别的结构为止,通过这些子模式就可以复原原先比较复杂的模式结构。

3. 模糊模式识别

模糊集理论认为,模糊集合中的一个元素,可以不是百分之百地确定属于该集合,而是以一定的比例属于该集合,不像传统集合理论中某元素要么属于要么不属于该集合的定义方式,更符合现实中许多模糊的实际问题,描述起来更加简单合理。在用机器模拟人类智能时模糊数学能更好地描述现实中具有模糊性的问题,进而更好地进行处理。模糊模式识别是以模糊集理论为基础,根据一定的判定要求建立合适的隶属度函数,对识别对象进行分类。

正是因为模糊模式识别能够很好地解决现实中许多具有模糊性的概念,使其成为一种重要的模式识别方法。在进行模糊识别时,也需要建立一个识别系统,对实际识别对象的特征参数按照一定的比例进行分类,这些比例往往将人为的经验作为参考值,只要符合认可的经验认识即可,之后建立能够处理模糊性问题的分类器,对不同类别的特征向量进行判别。

4. 人工神经网络

神经网络分为4种类型,即向前型、反馈型、随机型和自组织竞争。神经网络作为模式识别技术中最重要的方法之一,相比传统的模式识别方法,具有如下优势。

(1) 神经网络属于学习及自适应能力很强的方法。

(2) 对于任意给定的函数,神经网络都能无限逼近,这是因为在分类的整个过程中,神经网络通过调整权值不断地明确分类依据的精确关系。

(3) 神经网络属于非线性模型,这使它能够灵活地模拟现实世界中数据之间的复杂关系模型。

1.3　模式识别的应用

模式识别是一种智能的活动,它包括分析和判断两个过程。随着计算机性能的提高、互联网技术的迅速发展、理论研究的深入以及与其他研究领域(如机器学习、数学、统计学、生物学等)的促进、融合,目前模式识别技术已经普遍地应用于生物学(自动细胞学、染色体特性研究、遗传研究)、天文学(天文望远镜图像分析、自动光谱学)、经济学(股票交易预测、企业行为分析)、医学(心电图分析、脑电图分析、医学图像分析)、工程(产品缺陷检测、特征识别、语音识别、自动导航系统、污染分析)、军事(航空摄像分析、雷达和声呐信号检测和分类、自动目标识别)、安全(指纹识别、人脸识别、监视和报警系统)等领域。

本书基于 Python 实现不同模式识别方法的应用,以酒瓶颜色的分类为主。由不同材料制成的不同颜色和项目的玻璃必须被分类,以获得高质量的可回收原料。在玻璃回收厂,玻璃瓶被分类放置到容器中,然后一起熔化处理产生新的玻璃。在这个过程中,玻璃瓶被分选到不同容器这一步是很重要的,因为生产玻璃的不同客户需要不同的颜色,并且回收的瓶子颜色混杂,对瓶子的分类没有预先设定。在这种情况下,多数操作员根据经验手工分选回收的瓶子,使生产的玻璃达到期望的颜色,这既费时又费力。而通过模式识别的方法进行分类,则既解放了生产力,又提高了效率。表 1-1 为 59 组三元色数据,其中前 29 组用作训练数据,后 30 组用作测试数据。前 29 组数据的类别已经给出。

表 1-1　三元色数据

序　号	A	B	C	所 属 类 别
1	739.94	1675.15	2395.96	3
2	373.30	3087.05	2429.47	4
3	1756.77	1652.00	1514.98	3
4	864.45	1647.31	2665.90	1
5	222.85	3059.54	2002.33	4
6	877.88	2031.66	3071.18	1
7	1803.58	1583.12	2163.05	3
8	2352.12	2557.04	1411.53	2
9	401.30	3259.94	2150.98	4
10	363.34	3477.95	2462.86	4
11	1571.17	1731.04	1735.33	3
12	104.80	3389.83	2421.83	4
13	499.85	3305.75	2196.22	4
14	2297.28	3340.14	535.62	2
15	2092.62	3177.21	584.32	2
16	1418.79	1775.89	2772.90	1
17	1845.59	1918.81	2226.49	3
18	2205.36	3243.74	1202.69	2
19	2949.16	3244.44	662.42	2
20	1692.62	1867.50	2108.97	3
21	1680.67	1575.78	1725.10	3
22	2802.88	3017.11	1984.98	2
23	172.78	3084.49	2328.65	4
24	2063.54	3199.76	1257.21	2
25	1449.58	1641.58	3405.12	1
26	1651.52	1713.28	1570.38	3
27	341.59	3076.62	2438.63	4
28	291.02	3095.68	2088.95	4
29	237.63	3077.78	2251.96	4
30	1702.80	1639.79	2068.74	—
31	1877.93	1860.96	1975.30	—

续表

序　号	A	B	C	所属类别
32	867.81	2334.68	2535.10	—
33	1831.49	1713.11	1604.68	—
34	460.69	3274.77	2172.99	—
35	2374.98	3346.98	975.31	—
36	2271.89	3482.97	946.70	—
37	1783.64	1597.99	2261.31	—
38	198.83	3250.45	2445.08	—
39	1494.63	2072.59	2550.51	—
40	1597.03	1921.52	2126.76	—
41	1598.93	1921.08	1623.33	—
42	1243.13	1814.07	3441.07	—
43	2336.31	2640.26	1599.63	—
44	354.00	3300.12	2373.61	—
45	2144.47	2501.62	591.51	—
46	426.31	3105.29	2057.80	—
47	1507.13	1556.89	1954.51	—
48	343.07	3271.72	2036.94	—
49	2201.94	3196.22	935.53	—
50	2232.43	3077.87	1298.87	—
51	1580.10	1752.07	2463.04	—
52	1962.40	1594.97	1835.95	—
53	1495.18	1957.44	3498.02	—
54	1125.17	1594.39	2937.73	—
55	24.22	3447.31	2145.01	—
56	1269.07	1910.72	2701.97	—
57	1802.07	1725.81	1966.35	—
58	1817.36	1927.40	2328.79	—
59	1860.45	1782.88	1875.13	—

　　Python 软件是实现各种相关算法的大众化软件,Python 3.13.0 集成了 100 多种神经网络的工具箱及其他算法的工具箱,使用简单、方便,本书分类器的设计都是基于 Python 3.13.0 设计的。

习题

　　(1) 什么是模式识别?
　　(2) 模式识别的基本方法有哪些?

## 第2章

贝叶斯分类器设计

贝叶斯分类是非规则分类(有指导学习),它通过训练集(已分类的例子集)训练归纳出分类器,并利用分类器对未分类的数据进行分类。

2.1　贝叶斯决策及贝叶斯公式

2.1.1　贝叶斯决策

贝叶斯决策属于风险型决策:在不完全情报下,首先对部分未知的状态以主观概率进行估计,其次用贝叶斯公式对发生的概率进行修正,最后利用期望值和修正概率做出最优决策。

贝叶斯决策理论方法是统计模型决策中的一种基本方法,其基本思想如下:已知类条件概率密度参数表达式和先验概率,利用贝叶斯公式转换成后验概率,再根据后验概率进行决策分类。

2.1.2　贝叶斯公式

若已知总共有 M 类样本,以及各类在 n 维特征空间的统计分布,根据概率知识可以通过样本库得知各类别 $\omega_i(i=1,2,\cdots,M)$ 的先验概率 $P(\omega_i)$ 及类条件概率密度函数 $P(\boldsymbol{X}|\omega_i)$。对于待测样本,贝叶斯公式可以计算出该样本分属各类别的概率,叫作后验概率;比较各后验概率,取 $P(\omega_i|\boldsymbol{X})$ 的最大值,就把 $\boldsymbol{X}$ 归于后验概率最大的那个类。贝叶斯公式为

$$P(\omega_i \mid \boldsymbol{X}) = \frac{P(\boldsymbol{X} \mid \omega_i)P(\omega_i)}{\sum_{j=1}^{M} P(\boldsymbol{X} \mid \omega_j)P(\omega_j)} \tag{2-1}$$

1. 先验概率

先验概率 $P(\omega_i)$ 代表无训练数据时 ω_i 的初始概率。$P(\omega_i)$ 反映了我们拥有的关于 ω_i 是正确分类的背景知识,它是独立于样本的。如果没有这些先验知识,那么可以简单地赋予每一候选类别相同的先验概率,通常用样本中属于 ω_i 的样本数与总样本数的比值来近似。

2. 后验概率

后验概率是关于随机事件或不确定性断言的条件概率,是在相关证据或背景给定并纳入考虑后的条件概率。后验概率分布是以未知量为随机变量的概率分布,并且是基于实验

或者调查所获得信息的条件分布。"后验"在这里的意思是考虑相关事件已经被检视并且能够得到一些信息。这种可能性可用 $P(y_m|x)$ 表示。可用贝叶斯公式计算这种条件概率，称为状态的后验概率。

$$P(y_m \mid x) = \frac{P(x, y_m)}{P(x)} = \frac{P(x \mid y_m)P(y_m)}{\sum\limits_{m=1}^{M} P(y_m)P(x \mid y_m)} \tag{2-2}$$

$P(y_m|x)$ 表示在 x 出现条件下样本为 y_m 类的概率。这里要弄清楚条件概率这个概念。

3. 先验概率与后验概率的区别

先验概率是在未考虑任何具体观测数据或信息的条件下，估计的某个事件或假设发生的概率。后验概率是在观察到某些数据或信息后，估计的该事件或假设发生的修正后的概率。

2.2 基于最小错误率的贝叶斯决策

基于最小错误率的贝叶斯决策，是指利用贝叶斯公式，根据尽量减少分类错误的原则得出的一种分类规则，可以使错误率最小。

2.2.1 基于最小错误率的贝叶斯决策理论

在一般的模式识别问题中，人们的目标往往是尽量减少分类的错误，追求最小的错误率，即求解一种决策规则，使

$$\min P(e) = \int P(e \mid x)P(x)\mathrm{d}x \tag{2-3}$$

这就是基于最小错误率的贝叶斯决策。

在式(2-3)中，$P(e|x) \geqslant 0, P(x) \geqslant 0$ 对于所有的 x 均成立，故 $\min P(e)$ 等同于对所有的 x 最小化 $P(e|x)$，即使后验概率 $P(\omega_i|x)$ 最大化。根据贝叶斯公式：

$$P(\omega_i \mid x) = \frac{P(x \mid \omega_i)P(\omega_i)}{P(x)} = \frac{P(x \mid \omega_i)P(\omega_i)}{\sum\limits_{j=1}^{k} P(x \mid \omega_j)P(\omega_j)P(x)} \tag{2-4}$$

在式(2-4)中，对于所有类别，分母都是相同的，所以决策的时候实际上只需比较分子，即

$$P(x \mid \omega_i)P(\omega_i) = \max_{i=1}^{k} P(x \mid \omega_i)P(\omega_i) \quad x \in \omega_i \tag{2-5}$$

先验概率 $P(\omega_i)$ 和类条件概率密度 $P(x|\omega_i)$ 是已知的。类条件概率密度 $P(x|\omega_i)$ 反映在 ω_i 类中观察到特征值 x 的相对可能性。

对于多类别决策，错误率的计算量较大，可通过计算平均正确率 $P(c)$ 计算错误率：

$$P(e) = 1 - P(c) = 1 - \sum_{j=1}^{k} P(x \in \mathbf{R} \mid \omega_j)P(\omega_j) = 1 - \sum_{j=1}^{k} P(\omega_j) \int_{R_j} P(x \mid \omega_j)\mathrm{d}x$$

$$\tag{2-6}$$

2.2.2 最小错误率贝叶斯分类的计算过程

1. 计算公式

(1) 求出每类样本的均值。

$$\bar{X}_i = \frac{1}{N_i} \sum_{j=1}^{N_i} X_{ij}, \quad i = 1,2,3,4 \tag{2-7}$$

共有 29 个样本，$N_i = 29$；分 4 类，$\omega = 4$。

第 1 类：N_1(样本数量)$=4$；第 2 类：$N_2 = 7$；第 3 类：$N_3 = 8$；第 4 类：$N_4 = 10$。

(2) 求出每类样本的协方差矩阵。

求出每类样本的协方差矩阵 S_i，并求出其逆矩阵 S_i^{-1} 和行列式。其中，i 为样本在每一类中的序号；j 和 k 为特征值序号；N_i 为第 i 类学习样本中包含的元素个数。

$$S_i = \begin{bmatrix} u_{11} & \cdots & u_{1n} \\ \vdots & \ddots & \vdots \\ u_{n1} & \cdots & u_{nn} \end{bmatrix}$$

$$u_{jk} = \frac{1}{N_i - 1} \sum_{i=1}^{N_i} (x_{ij} - \bar{x}_j)(x_{ik} - \bar{x}_k), \quad j,k = 1,2,\cdots,n \tag{2-8}$$

(3) 求第一类样本的协方差矩阵的逆矩阵。

2. 各类求值

第 1 类样本为

```
A = [ 864.45  877.88  1418.79  1449.58  1647.31  2031.66  1775.89  1641.58  2665.9
3071.18  2772.9  3045.12];
```

其均值为

```
X1 =
  1.0e + 03
  1.1527
  1.7741
  2.8888
```

其协方差矩阵为

```
S1 =
  1.0e + 05 *
  1.0585   - 0.2437    0.0990
- 0.2437     0.3333    0.1810
  0.0990     0.1810    0.4027
```

其协方差矩阵的逆矩阵为

```
S1_ =
  1.0e - 04 *
  0.1419     0.1624   - 0.1079
  0.1624     0.5828   - 0.3019
- 0.1079   - 0.3019     0.4106
```

其协方差矩阵的行列式值为

```
S11 =
    7.1458e + 13
```

第二类样本为

```
B = [ 2352.12   2297.28   2092.62   2205.36   2949.16   2802.88   2063.54
      2557.04   3340.14   3177.21   3243.74   3244.44   3017.11   3199.76
      1411.53    535.62    584.32   1202.69    662.42   1984.98   1257.21];
```

其均值为

```
X2 =
    1.0e + 03  *
    2.3947
    3.1113
    1.0913
```

其协方差矩阵为

```
S2 =
1.0e + 05  *
    1.2035    - 0.0627      0.4077
   - 0.0627     0.6931    - 0.7499
    0.4077    - 0.7499      2.8182
```

其协方差矩阵的逆矩阵为

```
S2_ =
    1.0e - 04  *
    0.0877    - 0.0081    - 0.0149
   - 0.0081     0.2033      0.0553
   - 0.0149     0.0553      0.0523
```

其协方差矩阵的行列式值为

```
S22 =
    1.5862e + 15
```

第三类样本为

```
C = [ 1739.94   1756.77   1803.58   1571.17   1845.59   1692.62   1680.67   1651.52
      1675.15   1652      1583.12   1731.04   1918.81   1867.5    1575.78   1713.28
      2395.96   1514.98   2163.05   1735.33   2226.49   2108.97   1725.1    1570.38];
```

其均值为

```
X3 =
    1.0e + 03  *
    1.7177
    1.7146
    1.9300
```

其协方差矩阵为

```
S3 =
    1.0e + 05  *
```

```
        0.0766      0.0150      0.1536
        0.0150      0.1534      0.1294
        0.1536      0.1294      1.1040
```

其协方差矩阵的逆矩阵为

```
S3_ =
    1.0e - 03 *
     0.1813      0.0040    - 0.0257
     0.0040      0.0724    - 0.0090
    - 0.0257    - 0.0090     0.0137
```

其协方差矩阵的行列式值为

```
S33 =
    8.4164e + 12
```

第四类样本为

```
D = [ 373.3     222.85    401.3     363.34   104.8    499.85   172.78   341.59   291.02   237.63
      3087.05   3059.54   3259.94   3477.95  3389.83  3305.75  3084.49  3076.62  3095.68
      3077.78   2429.47   2002.33   2150.98  2462.86  2421.83  3196.22  2328.65  2438.63
      2088.95   2251.96];
```

其均值为

```
X4 =
    1.0e + 03 *
    0.3008
    3.1915
    2.3772
```

其协方差矩阵为

```
S4 =
    1.0e + 05 *
    0.1395      0.0317      0.2104
    0.0317      0.2380      0.2172
    0.2104      0.2172      1.0883
```

其协方差矩阵的逆矩阵为

```
S4_ =
    1.0e - 03 *
     0.1018      0.0054    - 0.0208
     0.0054      0.0517    - 0.0114
    - 0.0208    - 0.0114     0.0155
```

其协方差矩阵的行列式值为

```
S44 =
    2.0812e + 13
```

3. 计算每类数据的先验概率

```
N = 29;w = 4;n = 3;N1 = 4;N2 = 7;N3 = 8;N4 = 10;
Pw1 = N1/N
```

```
Pw1 =
    0.1379
Pw2 = N2/N
Pw2 =
    0.2414
Pw3 = N3/N
Pw3 =
    0.2759
Pw4 = N4/N
Pw4 =
    0.3448
```

至此,前期的计算基本完成。

2.2.3 最小错误率贝叶斯分类的 Python 实现

1. 初始化

初始化程序如下:

```
%输入训练样本数、类别数、特征数,以及属于各类别的样本个数
N = 29; w = 4; n = 3; N1 = 4; N2 = 7; N3 = 8; N4 = 10;
```

2. 参数计算

参数计算程序如下:

```
%计算每类训练样本的均值
X1 = mean(A')'; X2 = mean(B')'; X3 = mean(C')'; X4 = mean(D')';
%求每类样本的协方差矩阵
  S1 = np.cov(A'); S2 = np.cov(B'); S3 = np.cov(C'); S4 = np.cov(D');
%计算协方差矩阵的逆矩阵
  S1_ = np.linalg.inv(S1); S2_ = np.linalg.inv(S2); S3_ = np.linalg.inv(S3); S4_ = np.linalg.inv(S4);
  %计算协方差矩阵的行列式值
  S11 = np.linalg.det(S1); S22 = np.linalg.det(S2); S33 = np.linalg.det(S3); S44 = np.linalg.det(S4);
%计算训练样本的先验概率
  Pw1 = N1/N; Pw2 = N2/N; Pw3 = N3/N; Pw4 = N4/N; %Priori probability
% 计算后验概率:这里定义了一个循环
data = pd.read_excel('data2.xls', index_col = '序号')    # 测试数据的输入
for i in range(30):    # 定义判别函数
  u = np.mat(data_te.iloc[i, 0:3] − b)
  p1 = −1 / 2 * u * S1_ * u.T + math.log(pw) − 1 / 2 * math.log(S11)
```

3. 完整 Python 程序及仿真结果

完整 Python 程序如下:

```
import numpy as np
import numpy.linalg
import xlrd
import matplotlib as mpl
import matplotlib.pyplot as plt
import pandas as pd
import math
from numpy import *

mydata = xlrd.open_workbook('F:/pycharm/venv/data_2023.xls')    # 创建一个工作簿
mySheet1 = mydata.sheet_by_name("Sheet1")                        # 通过名字找到需要操作的某个表格
```

```python
data = pd.read_excel('data.xls', index_col = '序号')
data_te = data.iloc[:, 0:3]
# 获取行数、列数
nRows = mySheet1.nrows
nCols = mySheet1.ncols
# print(nRows, nCols)

# 用于存取 4 种类别的 A 元素的数据
p1_A = []
p2_A = []
p3_A = []
p4_A = []

# 获取第 1 列的内容:A 元素
for i in range(nRows):
    if i + 1 < nRows:
        if mySheet1.cell(i + 1, 4).value == 1:
            p1_A.append(mySheet1.cell(i + 1, 1).value)
        elif mySheet1.cell(i + 1, 4).value == 2:
            p2_A.append(mySheet1.cell(i + 1, 1).value)
        elif mySheet1.cell(i + 1, 4).value == 3:
            p3_A.append(mySheet1.cell(i + 1, 1).value)
        elif mySheet1.cell(i + 1, 4).value == 4:
            p4_A.append(mySheet1.cell(i + 1, 1).value)

# 用于存取 4 种类别的 B 元素的数据
p1_B = []
p2_B = []
p3_B = []
p4_B = []

# 将 4 种类别中的 B 元素数据从第 2 列中进行分离,并保存在上述空数组中
for i in range(nRows):
    if i + 1 < nRows:
        if mySheet1.cell(i + 1, 4).value == 1:
            p1_B.append(mySheet1.cell(i + 1, 2).value)
        elif mySheet1.cell(i + 1, 4).value == 2:
            p2_B.append(mySheet1.cell(i + 1, 2).value)
        elif mySheet1.cell(i + 1, 4).value == 3:
            p3_B.append(mySheet1.cell(i + 1, 2).value)
        elif mySheet1.cell(i + 1, 4).value == 4:
            p4_B.append(mySheet1.cell(i + 1, 2).value)

# 用于存取 4 种类别的 C 元素的数据
p1_C = []
p2_C = []
p3_C = []
p4_C = []

# 将 4 种类别中 C 元素数据从第 3 列中进行分离,并保存在上述空数组中
for i in range(nRows):
    if i + 1 < nRows:
        if mySheet1.cell(i + 1, 4).value == 1:
            p1_C.append(mySheet1.cell(i + 1, 3).value)
        elif mySheet1.cell(i + 1, 4).value == 2:
            p2_C.append(mySheet1.cell(i + 1, 3).value)
```

```
        elif mySheet1.cell(i + 1, 4).value == 3:
            p3_C.append(mySheet1.cell(i + 1, 3).value)
        elif mySheet1.cell(i + 1, 4).value == 4:
            p4_C.append(mySheet1.cell(i + 1, 3).value)

# 获取 4 种类别分别的数量
N1 = len(p1_A)
N2 = len(p2_A)
N3 = len(p3_A)
N4 = len(p4_A)
# 各类别的协方差矩阵、协方差矩阵的逆矩阵、协方差矩阵的行列式值
A = vstack((p1_A, p1_B, p1_C))
B = vstack((p2_A, p2_B, p2_C))
C = vstack((p3_A, p3_B, p3_C))
D = vstack((p4_A, p4_B, p4_C))
# 4 种分类的先验概率
N = N1 + N2 + N3 + N4
Pw1 = N1 / N
Pw2 = N2 / N
Pw3 = N3 / N
Pw4 = N4 / N


# 定义判别函数
def get_p(z, pw):
    P_ls = []
    b = []
    for i in range(len(z)):
        X1 = mean(z[i, :])            # 求样本均值
        b.append(X1)
    S1 = np.cov(z)                    # 求样本的协方差矩阵
    S1_ = np.linalg.inv(S1)          # 求协方差矩阵的逆矩阵
    S11 = np.linalg.det(S1)          # 求协方差矩阵的行列式值
    for i in range(30):              # 定义判别函数
        u = np.mat(data_te.iloc[i, 0:3] - b)
        P1 = -1 / 2 * u * S1_ * u.T + math.log(pw) - 1 / 2 * math.log(S11)
        P_ls.append(P1)
    return P_ls


P1 = get_p(A, Pw1)
P2 = get_p(B, Pw2)
P3 = get_p(C, Pw3)
P4 = get_p(D, Pw4)
c = []
for i in range(30):
    P = [P1[i], P2[i], P3[i], P4[i]]
    print('P = ', '\n', P1[i], P2[i], P3[i], P4[i])
    print('Pmax = ', '\n', max(P))
    a = P.index(max(P)) + 1
    print('w = ', '\n', a)
    c.append(a)
    data.iloc[i, 4] = a
data.to_excel('result_new.xlsx', index = True)
print(c)
```

```
# 可视化
mpl.rcParams['font.sans-serif'] = 'SimHei'
mpl.rcParams['axes.unicode_minus'] = False
x = list(data_te['A'])
y = list(data_te['B'])
z = list(data_te['C'])
plt.figure(figsize = (8, 8))
ax3D = plt.subplot(projection = '3d')
c = pd.Series(c)
colors = c.map({1: 'r', 2: 'g', 3: 'y', 4: 'b'})
ax3D.scatter(xs = x, ys = y, zs = z, c = colors, linewidth = None, marker = 'o', alpha = 1)
ax3D.set_xlabel('第一特征坐标')
ax3D.set_ylabel('第二特征坐标')
ax3D.set_zlabel('第三特征坐标')
ax3D.set_title('训练样本分类图')
plt.show()
```

运行程序,得到图 2-1 所示的测试样本分类图。

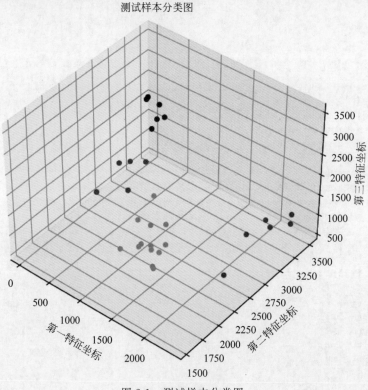

图 2-1　测试样本分类图

从图 2-1 中可以看出,样本分类效果比较好。

Python 程序运行结果如下:

```
P =
 - 34.7512   - 37.7619   - 16.6744  - 171.1604
Pmax =
 - 16.6744
w =
```

```
3
P =
  − 49.5808   − 32.0756   − 19.1319 − 185.7206
Pmax =
  − 19.1319
w =
3
P =
  − 32.5380   − 36.8429 − 105.8245   − 48.9684
Pmax =
  − 32.5380
w =
1
P =
  − 61.5273   − 36.6998   − 19.0123 − 196.0725
Pmax =
  − 19.0123
w =
3
P =
  − 107.6977   − 42.9982 − 244.6344   − 19.1425
Pmax =
  − 19.1425
w =
4
P =
  − 323.1237   − 19.3722 − 192.5329 − 315.7399
Pmax =
  − 19.3722
w =
2
P =
  − 344.0690   − 20.1602 − 197.4786 − 298.5021
Pmax =
  − 20.1602
w =
2
P =
  − 28.8735   − 37.9474   − 17.5637 − 182.7101
Pmax =
  − 17.5637
w =
3
P =
  − 84.2886   − 50.7629 − 316.2804   − 17.1190
Pmax =
  − 17.1190
w =
4
P =
  − 29.6605   − 31.8272   − 29.1895 − 112.1975
Pmax =
  − 29.1895
w =
3
P =
```

```
  - 39.9950   - 32.5544   - 19.4480 - 138.2933
Pmax =
  - 19.4480
w =
3
P =
  - 65.6213   - 33.2003   - 19.1755 - 148.7788
Pmax =
  - 19.1755
w =
3
P =
  - 23.1508   - 42.2485   - 69.4564 - 108.1711
Pmax =
  - 23.1508
w =
1
P =
  - 150.6823   - 20.5669   - 92.9234 - 261.7163

Pmax =
  - 20.5669
w =
2
P =
  - 95.2729   - 47.3863   - 277.7827   - 16.8863
Pmax =
  - 16.8863
w =
4
P =
  - 235.4394   - 25.0041   - 92.9044 - 273.8238
Pmax =
  - 25.0041
w =
2
P =
  - 98.6750   - 41.1397   - 233.0440   - 18.6408
Pmax =
  - 18.6408
w =
4
P =
  - 34.3114   - 41.4903   - 21.3935 - 152.9500
Pmax =
  - 21.3935
w =
3
P =
  - 114.2256   - 43.9679 - 269.1704   - 18.1769
Pmax =
  - 18.1769
w =
4
P =
  - 293.2196   - 19.1168 - 152.2279 - 273.4275
```

```
Pmax =
 - 19.1168
w =
2


P =
 - 231.6066   - 19.1683 - 129.1233 - 256.2709
Pmax =
 - 19.1683
w =
2
P =
 - 24.4899   - 35.9915 - 21.5651 - 142.4473
Pmax =
 - 21.5651
w =
3
P =
 - 47.4226   - 38.2727 - 22.5483 - 219.5498
Pmax =
 - 22.5483
w =
3
P =
 - 22.7587   - 38.1842 - 44.9330 - 118.0112
Pmax =
 - 22.7587
w =
1
P =
 - 19.2874   - 44.7372 - 72.1963 - 112.7623
Pmax =
 - 19.2874
w =
1
P =
 - 117.7652   - 53.9295 - 379.5944   - 21.3597
Pmax =
 - 21.3597
w =
4
P =
 - 20.5508   - 36.8251   - 47.0716   - 98.7984
Pmax =
 - 20.5508

w =
1
P =
 - 43.0681   - 35.3828   - 16.7483 - 181.9830
Pmax =
 - 16.7483
w =
3
P =
 - 36.4518   - 31.0477   - 18.0932 - 165.2229
```

```
Pmax =
 -18.0932
w =
3
P =
 -50.6918  -34.0120  -18.4786 -189.7615
Pmax =
 -18.4786
w =
3
```

表 2-1 所示为待测样本分类表。

表 2-1　待测样本分类表

A	B	C	P1	P2	P3	P4	类别
1702.80	1639.79	2068.74	−34.7512	−37.7619	−16.6744	−171.1604	3
1877.93	1860.96	1975.30	−49.5808	−32.0756	−19.1319	−185.7206	3
867.81	2334.68	2535.10	−32.5380	−36.8429	−105.8245	−48.9684	1
1831.49	1713.11	1604.68	−61.5273	−36.6998	−19.0123	−196.0725	3
460.69	3274.77	2172.99	−107.6977	−42.9982	−244.6344	−19.1425	4
2374.98	3346.98	975.31	−323.1237	−19.3722	−192.5329	−315.7399	2
2271.89	3482.97	946.70	−344.0690	−20.1602	−197.4786	−298.5021	2
1783.64	1597.99	2261.31	−28.8735	−37.9474	−17.5637	−182.7101	3
198.83	3250.45	2445.08	−84.2886	−50.7629	−316.2804	−17.1190	4
1494.63	2072.59	2550.51	−29.6605	−31.8272	−29.1895	−112.1975	3
1597.03	1921.52	2126.76	−39.9950	−32.5544	−19.4480	−138.2933	3
1598.93	1921.08	1623.33	−65.6213	−33.2003	−19.1755	−148.7788	3
1243.13	1814.07	3441.07	−23.1508	−42.2485	−69.4564	−108.1711	1
2336.31	2640.26	1599.63	−150.6823	−20.5669	−92.9234	−261.7163	2
354.00	3300.12	2373.61	−95.2729	−47.3863	−277.7827	−16.8863	4
2144.47	2501.62	591.51	−235.4394	−25.0041	−92.9044	−273.8238	2
426.31	3105.29	2057.80	−98.6750	−41.1397	−233.0440	−18.6408	4
1507.13	1556.89	1954.51	−34.3114	−41.4903	−21.3935	−152.9500	3
343.07	3271.72	2036.94	−114.2256	−43.9679	−269.1704	−18.1769	4
2201.94	3196.22	935.53	−293.2196	−19.1168	−152.2279	−273.4275	2
2232.43	3077.87	1298.87	−231.6066	−19.1683	−129.1233	−256.2709	2
1580.10	1752.07	2463.04	−24.4899	−35.9915	−21.5651	−142.4473	3
1962.40	1594.97	1835.95	−47.4226	−38.2727	−22.5483	−219.5498	3
1495.18	1957.44	3498.02	−22.7587	−38.1842	−44.9330	−118.0112	1
1125.17	1594.39	2937.73	−19.2874	−44.7372	−72.1963	−112.7623	1
24.22	3447.31	2145.01	−117.7652	−53.9295	−379.5944	−21.3597	4
1269.07	1910.72	2701.97	−20.5508	−36.8251	−47.0716	−98.7984	1
1802.07	1725.81	1966.35	−43.0681	−35.3828	−16.7483	−181.9830	3
1817.36	1927.40	2328.79	−36.4518	−31.0477	−18.0932	−165.2229	3
1860.45	1782.88	1875.13	−50.6918	−34.0120	−18.4786	−189.7615	3

对比正确分类后发现,只有一组数据(1494.63　2072.59　2550.51)与正确分类有出入,该分类是第 3 类(ω_3),但正确分类为第 1 类(ω_1)。

反过来验证一下训练样本,程序不变,只在输入时将数据改成训练样本,循坏次数做一下调整,得到的结果如图 2-2 所示。

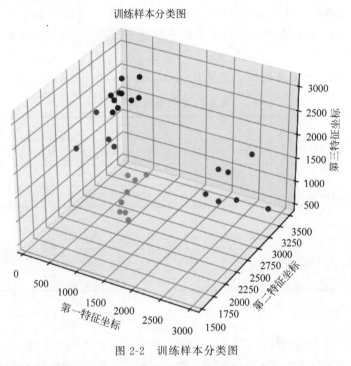

图 2-2 训练样本分类图

可以看到,验证出的数据与原始训练样本的分类是吻合的,因此可以判定本例的最小错误率贝叶斯判别方法基本正确。

2.2.4 结论

从理论上讲,依据贝叶斯理论设计的分类器应该具有最优的性能,如果所有的模式识别问题都可以这样解决,那么模式识别问题就成了一个简单的计算问题,但是实际问题往往更复杂。应用贝叶斯决策理论要求两个前提:一个是分类类别数量已知,另一个是类条件概率密度和先验概率已知。前者很容易解决,而后者通常不容易满足。基于贝叶斯决策的分类器设计方法是在已知类条件概率密度的情况下讨论的,贝叶斯判别函数中的类条件概率密度是利用样本估计的,估计出的类条件概率密度函数可能是线性函数,也可能是各种各样的非线性函数。这种设计判别函数的思路,在用样本估计之前,不知道判别函数是线性函数还是其他函数。而且有时受样本空间大小、维数等影响,类条件概率密度函数更难以确定。

2.3 最小风险贝叶斯决策

2.3.1 最小风险贝叶斯决策理论

决策理论是指为实现特定的目标,根据客观的可能性,在占有一定信息和经验的基础上,借助一定的工具、技巧和方法,对影响未来目标实现的诸因素进行准确计算和判断优选后,对未来行动作出决定。在某些情况下,引入风险的概念求风险最小的决策更为合理。例

如对癌细胞的识别,识别的正确与否直接关系患者的身体健康。风险的概念常与损失相联系。当参数的真值和决策结果不一致而带来损失时,这种损失作为参数的真值和决策结果的函数,称为损失函数。损失函数的期望值称为风险函数。为了分析引入损失函数 $\lambda(\alpha_i, \omega_j)$, $i=1,2,\cdots,a$; $j=1,2,\cdots,m$,这个函数表示处于状态 ω_j 时采取决策 α_i 带来的损失。在决策论中,常用决策表一目了然地表示各种情况下的决策损失,可用表 2-2 描述。这是在已知先验概率 $P(\omega_j)$ 及类条件概率密度 $P(X|\omega_j)$($j=1,2,\cdots,m$)条件下进行讨论的。

表 2-2　贝叶斯决策表

决策	状　态					
	ω_1	ω_2	$\cdots$	ω_j	$\cdots$	ω_m
α_1	$\lambda(\alpha_1,\omega_1)$	$\lambda(\alpha_1,\omega_2)$	$\cdots$	$\lambda(\alpha_1,\omega_j)$	$\cdots$	$\lambda(\alpha_1,\omega_m)$
α_2	$\lambda(\alpha_2,\omega_1)$	$\lambda(\alpha_2,\omega_2)$	$\cdots$	$\lambda(\alpha_2,\omega_j)$	$\cdots$	$\lambda(\alpha_2,\omega_m)$
$\cdots$	$\cdots$	$\cdots$	$\cdots$	$\cdots$	$\cdots$	$\cdots$
α_i	$\lambda(\alpha_i,\omega_1)$	$\lambda(\alpha_i,\omega_2)$	$\cdots$	$\lambda(\alpha_i,\omega_j)$	$\cdots$	$\lambda(\alpha_i,\omega_m)$
$\cdots$	$\cdots$	$\cdots$	$\cdots$	$\cdots$	$\cdots$	$\cdots$
α_a	$\lambda(\alpha_a,\omega_1)$	$\lambda(\alpha_a,\omega_2)$	$\cdots$	$\lambda(\alpha_a,\omega_j)$	$\cdots$	$\lambda(\alpha_a,\omega_m)$

根据贝叶斯公式,后验概率为

$$P(\omega_j \mid X) = \frac{P(X \mid \omega_j)P(\omega_j)}{\sum_{i=1}^{a} P(X \mid \omega_i)P(\omega_i)}, \quad j=1,2,\cdots,m \tag{2-9}$$

当引入"损失"的概念后,考虑错判造成的损失时,就不能只根据后验概率的大小进行决策,而必须考虑采取的决策是否损失最小。对于给定的 X,如果采取决策 α_i($i=1,2,\cdots,a$),λ 可以在 m 个 $\lambda(\alpha_i,\omega_j)$,$j=1,2,\cdots,m$ 中任取一个,其相应概率密度函数为 $P(\omega_j|X)$。因此在采取决策 α_i 情况下的条件期望损失为

$$R(\alpha_i \mid X) = E(\lambda(\alpha_i,\omega_j)) = \sum_{j=1}^{m} \lambda(\alpha_i,\omega_j)P(\omega_j \mid X), \quad i=1,2,\cdots,a \tag{2-10}$$

在决策论中将采取决策 α_i 的条件期望损失 $R(\alpha_i|X)$ 称为条件风险。由于 X 是随机向量的观察值,对于 X 的不同观察值,采取 α_i 决策时,其条件风险的大小是不同的。所以究竟采取哪种决策将由 X 的取值决定。决策 α 可被看作随机向量 X 的函数,记为 $\alpha(X)$,这里定义期望风险为

$$R = \int R(\alpha(X) \mid X)P(X)\mathrm{d}x \tag{2-11}$$

式中,$\mathrm{d}x$ 是特征空间的体积元,积分在整个特征空间进行。期望风险 R 反映对整个特征空间所有 X 的取值都采取相应的决策 $\alpha(X)$ 带来的平均风险;而条件风险 $R(\alpha_i|X)$ 只是反映对某一 X 的取值采取决策 α_i 带来的风险。显然,需要采取一系列决策 $\alpha(X)$ 使期望风险 R 最小。在考虑错判带来的损失时,我们希望损失最小。如果在采取每个决策或行动时,都使其风险最小,则对所有的 X 做出决策时,其期望风险也必然最小,这样的决策就是最小风险贝叶斯决策。

最小风险贝叶斯决策规则为

如果
$$R(\alpha_k \mid \boldsymbol{X}) = \min R(\alpha_i \mid \boldsymbol{X}), \quad i = 1, 2, \cdots, a \tag{2-12}$$
则有 $\alpha = \alpha(k)$（采取决策 α_k）。对于实际问题，可按下列步骤进行最小风险贝叶斯决策。

（1）在已知 $P(\omega_j)$、$P(\boldsymbol{X} \mid \omega_j)$，$j = 1, 2, \cdots, m$，并给出待识别 $\boldsymbol{X}$ 的情况下，根据贝叶斯公式可以计算出后验概率，见式(2-9)。

（2）利用计算出的后验概率及决策表，根据式(2-10)计算出 $\alpha_i(i = 1, 2, \cdots, a)$ 的条件风险 $R(\alpha_i \mid \boldsymbol{X})$。

（3）对步骤(2)中得到的 a 个条件风险值 $R(\alpha_i \mid \boldsymbol{X})(i = 1, 2, \cdots, a)$ 进行比较，找出使条件风险最小的决策 α_k，根据式(2-12)，则 α_k 就是最小风险贝叶斯决策。

应指出，最小风险贝叶斯决策除了有符合实际情况的先验概率 $P(\omega_j)$ 及类条件概率密度 $P(\boldsymbol{X} \mid \omega_j)(j = 1, 2, \cdots, m)$ 外，还必须有适合的损失函数 $\lambda(\alpha_i, \omega_j)(i = 1, 2, \cdots, a; j = 1, 2, \cdots, m)$。实际工作中要列出合适的决策表很不容易，往往要根据研究的具体问题，通过分析错误决策造成的损失严重程度，与有关专家共同商讨确定。

2.3.2　最小错误率与最小风险贝叶斯决策的比较

错误率最小的贝叶斯决策规则与风险最小的贝叶斯决策规则有着某种联系。这里讨论一下两者的关系。首先设损失函数为

$$\lambda(\alpha_i, \omega_j) = \begin{cases} 0, & i = j \\ 1, & i \neq j \end{cases} \quad i, j = 1, 2, \cdots, m \tag{2-13}$$

式中，假设对于 m 类只有 m 个决策，即不考虑"拒绝"的情况，对于正确决策即 $i = j$，$\lambda(\alpha_i, \omega_j) = 0$，就是说没有损失；对于任何错误决策，其损失为 1，这样定义的损失函数称为 0-1 损失函数。此时条件风险为

$$R(\alpha_i \mid \boldsymbol{X}) = \sum_{j=1}^{m} \lambda(\alpha_i, \omega_j) P(\omega_j \mid X) = \sum_{j=1, j \neq i}^{m} P(\omega_j \mid \boldsymbol{X}), \quad i = 1, 2, \cdots, m \tag{2-14}$$

式中，$\displaystyle\sum_{j=1, j \neq i}^{m} P(\omega_j \mid \boldsymbol{X})$ 表示对 $\boldsymbol{X}$ 采取决策 ω_j（此时 ω_j 相当于 α_i）的条件错误概率。所以在采用 0-1 损失函数时，使

$$R(\alpha_k \mid \boldsymbol{X}) = \min P(\alpha_i \mid \boldsymbol{X}), \quad i = 1, 2, \cdots, m \tag{2-15}$$
得最小风险贝叶斯决策，就等价于式(2-16)的最小错误率贝叶斯决策：

$$\sum_{j=1, j \neq i}^{m} P(\omega_j \mid \boldsymbol{X}) = \min \sum_{j=1, j \neq i}^{m} P(\omega_j \mid \boldsymbol{X}), \quad i = 1, 2, \cdots, m \tag{2-16}$$

由此可见，最小错误率贝叶斯决策就是在采用 0-1 损失函数条件下的最小风险贝叶斯决策，即前者是后者的特例。

2.3.3　贝叶斯算法的计算过程

（1）输入类数 M、特征数 n、待分样本数 m。

（2）输入训练样本数 N 和训练集矩阵 $\boldsymbol{X}(N \times n)$，并计算有关参数。

（3）计算待分析样本的后验概率。

（4）若按最小风险原则分类，则输入各值，计算各样本属于各类时的风险并判定各样本类别。

2.3.4 最小风险贝叶斯分类的 Python 实现

1. 初始化

初始化程序如下：

```
%输入训练样本数、类别数、特征数，以及属于各类别的样本个数
N = 29;w = 4;n = 3;N1 = 4;N2 = 7;N3 = 8;N4 = 10;
```

2. 参数计算

参数计算程序如下：

```
%计算每类训练样本的均值
X1 = mean(A')';X2 = mean(B')';X3 = mean(C')';X4 = mean(D')';
%求每类样本的协方差矩阵
  S1 = np.cov(A');S2 = np.cov(B');S3 = np.cov(C');S4 = np.cov(D');
%计算协方差矩阵的逆矩阵
  S1_ = np.linalg.inv(S1);S2_ = np.linalg.inv(S2);S3_ = np.linalg.inv(S3);S4_ = np.linalg.
inv(S4);
  %计算协方差矩阵的行列式值
  S11 = np.linalg.det(S1);S22 = np.linalg.det(S2);S33 = np.linalg.det(S3);S44 = np.linalg.det(S4);
%计算训练样本的先验概率
  Pw1 = N1/N;Pw2 = N2/N;Pw3 = N3/N;Pw4 = N4/N; % Priori probability
%定义损失函数
loss = np.ones((4, 4)) - diag(diag(np.ones((4, 4)))); %  define the riskloss function (4 * 4)
# define the riskloss function (4 * 4)
% 计算后验概率：这里定义了一个循环
data = pd.read_excel('data.xls', index_col = '序号')  # 测试数据的输入
for i in range(30):  # 定义判别函数
    u = np.mat(data_te.iloc[i, 0:3] - b)
    P1 = -1 / 2 * u * S1_ * u.T + math.log(pw) - 1 / 2 * math.log(S11)
%计算采取决策 α_i 带来的风险
P1 = get_p(z1, Pw1)
P2 = get_p(z2, Pw2)
P3 = get_p(z3, Pw3)
P4 = get_p(z4, Pw4)
a1 = int(loss[0, 0])
b1 = int(loss[0, 1])
c1 = int(loss[0, 2])
d1 = int(loss[0, 3])
a2 = int(loss[1, 0])
b2 = int(loss[1, 1])
c2 = int(loss[1, 2])
d2 = int(loss[1, 3])
a3 = int(loss[2, 0])
b3 = int(loss[2, 1])
c3 = int(loss[2, 2])
d3 = int(loss[2, 3])
a4 = int(loss[3, 0])
b4 = int(loss[3, 1])
c4 = int(loss[3, 2])
d4 = int(loss[3, 3])
```

```
risk1 = np.sum([b1 * P2, c1 * P3, d1 * P4], axis = 0).tolist()
risk2 = np.sum([a2 * P1, c2 * P3, d2 * P4], axis = 0).tolist()
risk3 = np.sum([a3 * P1, b3 * P2, d3 * P4], axis = 0).tolist()
risk4 = np.sum([a4 * P1, b3 * P2, c4 * P3], axis = 0).tolist()
% 找出最小风险值
for i in range(30):
risk = [risk1[i], risk2[i], risk3[i], risk4[i]]
print('risk = ', '\n', risk1[i], risk2[i], risk3[i], risk4[i])
print('minriskloss = ', '\n', min(risk))
```

3. 完整程序及仿真结果

程序代码如下：

```python
# 库的导入
import numpy as np

import numpy.linalg
import xlrd
import plotly.express as px
import pandas as pd
import math
import matplotlib as mpl
import matplotlib.pyplot as plt
from numpy import *

mydata = xlrd.open_workbook('F:/pycharm/venv/data_2023.xls')   # 创建一个工作簿
mySheet1 = mydata.sheet_by_name("Sheet1")                       # 通过名字找到需要操作的某个表格
data = pd.read_excel('data.xls', index_col = '序号')
data_te = data.iloc[:, 0:3]
# 获取行数、列数
nRows = mySheet1.nrows
nCols = mySheet1.ncols
# print(nRows, nCols)

# 用于存取 4 种类别的 A 元素的数据
p1_A = []
p2_A = []
p3_A = []
p4_A = []

# 获取第 1 列的内容:A 元素
for i in range(nRows):
    if i + 1 < nRows:
        if mySheet1.cell(i + 1, 4).value == 1:
            p1_A.append(mySheet1.cell(i + 1, 1).value)
        elif mySheet1.cell(i + 1, 4).value == 2:
            p2_A.append(mySheet1.cell(i + 1, 1).value)
        elif mySheet1.cell(i + 1, 4).value == 3:
            p3_A.append(mySheet1.cell(i + 1, 1).value)
        elif mySheet1.cell(i + 1, 4).value == 4:
            p4_A.append(mySheet1.cell(i + 1, 1).value)

# 用于存取 4 种类别的 B 元素的数据
p1_B = []
p2_B = []
```

```
    p3_B = []
    p4_B = []

# 将 4 种类别中 B 元素数据从第 2 列中进行分离,并保存在上述空数组中
for i in range(nRows):
    if i + 1 < nRows:
        if mySheet1.cell(i + 1, 4).value == 1:
            p1_B.append(mySheet1.cell(i + 1, 2).value)
        elif mySheet1.cell(i + 1, 4).value == 2:
            p2_B.append(mySheet1.cell(i + 1, 2).value)
        elif mySheet1.cell(i + 1, 4).value == 3:
            p3_B.append(mySheet1.cell(i + 1, 2).value)
        elif mySheet1.cell(i + 1, 4).value == 4:
            p4_B.append(mySheet1.cell(i + 1, 2).value)

# 用于存取 4 种类别的 C 元素的数据
p1_C = []
p2_C = []
p3_C = []
p4_C = []

# 将 4 种类别中 C 元素数据从第 3 列中进行分离,并保存在上述空数组中
for i in range(nRows):
    if i + 1 < nRows:
        if mySheet1.cell(i + 1, 4).value == 1:
            p1_C.append(mySheet1.cell(i + 1, 3).value)
        elif mySheet1.cell(i + 1, 4).value == 2:
            p2_C.append(mySheet1.cell(i + 1, 3).value)
        elif mySheet1.cell(i + 1, 4).value == 3:
            p3_C.append(mySheet1.cell(i + 1, 3).value)
        elif mySheet1.cell(i + 1, 4).value == 4:
            p4_C.append(mySheet1.cell(i + 1, 3).value)

# 获取 4 种类别分别的数量
N1 = len(p1_A)
N2 = len(p2_A)
N3 = len(p3_A)
N4 = len(p4_A)
# 各类别的协方差矩阵、协方差矩阵的逆矩阵、协方差矩阵的行列式值
A = vstack((p1_A, p1_B, p1_C))
B = vstack((p2_A, p2_B, p2_C))
C = vstack((p3_A, p3_B, p3_C))
D = vstack((p4_A, p4_B, p4_C))
# 4 种分类的先验概率
N = N1 + N2 + N3 + N4
Pw1 = N1 / N
Pw2 = N2 / N
Pw3 = N3 / N
Pw4 = N4 / N


# 定义判别函数
def get_p(z, pw):
    P_ls = []
    b = []
    for i in range(len(z)):
```

```
        X1 = mean(z[i, :])                # 求样本均值
        b.append(X1)
    S1 = np.cov(z)                        # 求样本的协方差矩阵
    S1_ = np.linalg.inv(S1)               # 求协方差矩阵的逆矩阵
    S11 = np.linalg.det(S1)               # 求协方差矩阵的行列式值
    for i in range(30):                   # 定义判别函数
        u = np.mat(data_te.iloc[i, 0:3] - b)
        P1 = -1 / 2 * u * S1_ * u.T + math.log(pw) - 1 / 2 * math.log(S11)
        P_ls.append(P1)
    return P_ls


loss = np.ones((4, 4)) - diag(diag(np.ones((4, 4))))
print(loss)                               # 损失函数的矩阵

P1 = get_p(A, Pw1)
P2 = get_p(B, Pw2)
P3 = get_p(C, Pw3)
P4 = get_p(D, Pw4)
a1 = int(loss[0, 0])
b1 = int(loss[0, 1])
c1 = int(loss[0, 2])
d1 = int(loss[0, 3])
a2 = int(loss[1, 0])
b2 = int(loss[1, 1])
c2 = int(loss[1, 2])
d2 = int(loss[1, 3])
a3 = int(loss[2, 0])
b3 = int(loss[2, 1])
c3 = int(loss[2, 2])
d3 = int(loss[2, 3])
a4 = int(loss[3, 0])
b4 = int(loss[3, 1])
c4 = int(loss[3, 2])
d4 = int(loss[3, 3])
risk1 = np.sum([b1 * P2, c1 * P3, d1 * P4], axis=0).tolist()
risk2 = np.sum([a2 * P1, c2 * P3, d2 * P4], axis=0).tolist()
risk3 = np.sum([a3 * P1, b3 * P2, d3 * P4], axis=0).tolist()
risk4 = np.sum([a4 * P1, b3 * P2, c4 * P3], axis=0).tolist()

c = []
for i in range(30):
    risk = [risk1[i], risk2[i], risk3[i], risk4[i]]
    print('risk=', '\n', risk1[i], risk2[i], risk3[i], risk4[i])
    print('minriskloss=', '\n', min(risk))
    a = risk.index(min(risk)) + 1
    print('w=', '\n', a)
    c.append(a)
    data.iloc[i, 4] = a
data.to_excel('result_new2.xlsx', index=True)
print(c)

# 可视化
mpl.rcParams['font.sans-serif'] = 'SimHei'
mpl.rcParams['axes.unicode_minus'] = False
x = list(data_te['A'])
```

```
y = list(data_te['B'])
z = list(data_te['C'])
plt.plot(loss)
plt.show()                           # 损失函数的函数图界面
plt.figure(figsize = (8, 8))
ax3D = plt.subplot(projection = '3d')
c = pd.Series(c)
colors = c.map({1: 'r', 2: 'g', 3: 'y', 4: 'b'})
ax3D.scatter(xs = x, ys = y, zs = z, c = colors, linewidth = None, marker = 'o', alpha = 1)
ax3D.set_xlabel('第一特征坐标')
ax3D.set_ylabel('第二特征坐标')
ax3D.set_zlabel('第三特征坐标')
ax3D.set_title('训练样本分类图')
plt.show()
```

运行程序得到的损失函数矩阵为

```
loss =
    0    1    1    1
    1    0    1    1
    1    1    0    1
    1    1    1    0
```

得到表 2-3 所示的贝叶斯决策表。

表 2-3　贝叶斯决策表

决策	类　　别			
	ω_1	ω_2	ω_3	ω_4
a_1	0	1	1	1
a_2	1	0	1	1
a_3	1	1	0	1
a_4	1	1	1	0

损失函数的函数图如图 2-3 所示。

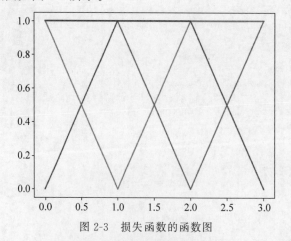

图 2-3　损失函数的函数图

继续运行程序,Python 命令窗口显示结果如下:

```
risk =
  - 225.5967 - 222.5860 - 243.6736  - 89.1876
minriskloss =
  - 243.6736
w =
3
risk =
  - 236.9281 - 254.4333 - 267.3770 - 100.7884
minriskloss =
  - 267.3770
w =
3
risk =
  - 191.6357 - 187.3309 - 118.3493 - 175.2054
minriskloss =
  - 191.6357
w =
1
risk =
  - 251.7846 - 276.6121 - 294.2996 - 117.2393
minriskloss =
  - 294.2996
w =
3
risk =
  - 306.7751 - 371.4747 - 169.8384 - 395.3304
minriskloss =
  - 395.3304
w =
4
risk =
  - 527.6450 - 831.3965 - 658.2358 - 535.0288
minriskloss =
  - 831.3965
w =
2
risk =
  - 516.1409 - 840.0497 - 662.7313 - 561.7078
minriskloss =
  - 840.0497
w =
2
risk =
  - 238.2212 - 229.1473 - 249.5309  - 84.3845
minriskloss =
  - 249.5309
w = .
3
risk =
  - 384.1623 - 417.6881 - 152.1706 - 451.3320
minriskloss =
  - 451.3320
w =
4
risk =
  - 173.2142 - 171.0475 - 173.6852  - 90.6772
```

```
minriskloss =
 - 173.6852
w =

 3
risk =
 - 190.2958 - 197.7363 - 210.8427  - 91.9974
minriskloss =
 - 210.8427
w =
3
risk =
 - 201.1545 - 233.5756 - 247.6003 - 117.9971
minriskloss =
 - 247.6003
w =
3
risk =
 - 219.8759 - 200.7782 - 173.5703 - 134.8556
minriskloss =
 - 219.8759
w =
1
risk =
 - 375.2066 - 505.3220 - 432.9655 - 264.1726
minriskloss =
 - 505.3220
w =
2
risk =
 - 342.0554 - 389.9420 - 159.5456 - 420.4420
minriskloss =
 - 420.4420
w =
4
risk =
 - 391.7323 - 602.1676 - 534.2673 - 353.3480
minriskloss =
 - 602.1676
w =

2
risk =
 - 292.8245 - 350.3599 - 158.4555 - 372.8588
minriskloss =
 - 372.8588
w =
4
risk =
 - 215.8337 - 208.6549 - 228.7517  - 97.1952
minriskloss =
 - 228.7517
w =
3
risk =
 - 331.3153 - 401.5729 - 176.3704 - 427.3639
```

```
minriskloss =
 - 427.3639
w =
4
risk =
 - 444.7721 - 718.8749 - 585.7638 - 464.5642
minriskloss =
 - 718.8749
w =
2
risk =
 - 404.5625 - 617.0008 - 507.0459 - 379.8982
minriskloss =
 - 617.0008
w =
2
risk =
 - 200.0040 - 188.5023 - 202.9287   - 82.0465
minriskloss =
 - 202.9287
w =
3
risk =
 - 280.3708 - 289.5207 - 305.2451 - 108.2437
minriskloss =
 - 305.2451
w =
3
risk =
 - 201.1284 - 185.7029 - 178.9540 - 105.8759
minriskloss =
 - 201.1284
w =
1
risk =
 - 229.6958 - 204.2460 - 176.7869 - 136.2208
minriskloss =
 - 229.6958
w =
1
risk =
 - 454.8835 - 518.7193 - 193.0544 - 551.2891
minriskloss =
 - 551.2891
w =
4
risk =
 - 182.6951 - 166.4209 - 156.1743 - 104.4475
minriskloss =
 - 182.6951
w =
1
risk =
 - 234.1142 - 241.7995 - 260.4340   - 95.1993
minriskloss =
 - 260.4340
```

```
w =
3
risk =
 − 214.3639 − 219.7679 − 232.7225   − 85.5928
minriskloss =
 − 232.7225
w =
3
risk =
 − 242.2520 − 258.9318 − 274.4652 − 103.1823
minriskloss =
 − 274.4652
w =
3
```

运行程序,得到的结果整理如表 2-4 所示。

表 2-4　待测样本分类表

待测样本特征			属于 1 类风险	属于 2 类风险	属于 3 类风险	属于 4 类风险	最小风险	所属类别
1702.8	1639.79	2068.74	−225.5967	−222.5860	−243.6736	−89.1876	−243.6736	3
1877.93	1860.96	1975.30	−236.9281	−254.4333	−267.3770	−100.7884	−267.3770	3
867.81	2334.68	2535.10	−191.6357	−187.3309	−118.3493	−175.2054	−191.6357	1
1831.49	1713.11	1604.68	−251.7846	−276.6121	−294.2996	−117.2393	−294.2996	3
460.69	3274.77	2172.99	−306.7751	−371.4747	−169.8384	−395.3304	−395.3304	4
2374.98	3346.98	975.31	−527.6450	−831.3965	−658.2358	−535.0288	−831.3965	2
2271.89	3482.97	946.70	−516.1409	−840.0497	−662.7313	−561.7078	−840.0497	2
1783.64	1597.99	2261.31	−238.2212	−229.1473	−249.5309	−84.3845	−249.5309	3
198.83	3250.45	2445.08	−384.1623	−417.6881	−152.1706	−451.3320	−451.3320	4
1494.63	2072.59	2550.51	−173.2142	−171.0475	−173.6852	−90.6772	−173.6852	3
1597.03	1921.52	2126.76	−190.2958	−197.7363	−210.8427	−91.9974	−210.8427	3
1598.93	1921.08	1623.33	−201.1545	−233.5756	−247.6003	−117.9971	−247.6003	3
1243.13	1814.07	3441.07	−219.8759	−200.7782	−173.5703	−134.8556	−219.8759	1
2336.31	2640.26	1599.63	−375.2066	−505.3220	−432.9655	−264.1726	−505.3220	2
354.00	3300.12	2373.61	−342.0554	−389.9420	−159.5456	−420.4420	−420.4420	4
2144.47	2501.62	591.51	−391.7323	−602.1676	−534.2673	−353.3480	−602.1676	2
426.31	3105.29	2057.80	−292.8245	−350.3599	−158.4555	−372.8588	−372.8588	4
1507.13	1556.89	1954.51	−215.8337	−208.6549	−228.7517	−97.1952	−228.7517	3
343.07	3271.72	2036.94	−331.3153	−401.5729	−176.3704	−427.3639	−427.3639	4
2201.94	3196.22	935.53	−444.7721	−718.8749	−585.7638	−464.5642	−718.8749	2
2232.43	3077.87	1298.87	−404.5625	−617.0008	−507.0459	−379.8982	−617.0008	2
1580.10	1752.07	2463.04	−200.0040	−188.5023	−202.9287	−82.0465	−202.9287	3
1962.40	1594.97	1835.95	−280.3708	−289.5207	−305.2451	−108.2437	−305.2451	3
1495.18	1957.44	3498.02	−201.1284	−185.7029	−178.9540	−105.8759	−201.1284	1
1125.17	1594.39	2937.73	−229.6958	−204.2460	−176.7869	−136.2208	−229.6958	1
24.22	3447.31	2145.01	−454.8835	−518.7193	−193.0544	−551.2891	−551.2891	4
1269.07	1910.72	2701.97	−182.6951	−166.4209	−156.1743	−104.4475	−182.6951	1

续表

待测样本特征			属于1类风险	属于2类风险	属于3类风险	属于4类风险	最小风险	所属类别
1802.07	1725.81	1966.35	−234.1142	−241.7995	−260.4340	−95.1993	−182.6951	3
1817.36	1927.40	2328.79	−214.3639	−219.7679	−232.7225	−85.5928	−232.7225	3
1860.45	1782.88	1875.13	−242.2520	−258.9318	−274.4652	−274.4652	−274.4652	3

对比正确分类后发现,存在一组数据(1494.63,2072.59,2550.51)与正确分类有出入,用上述方法得到结果属于类别3,而正确的分类结果属于类别1。这可能是基于最小风险贝叶斯分类的方法存在误差导致的。

反过来验证分类结果的正确性。首先修改Python循环语句的循环次数与后验概率的输入向量,程序代码如下:

```
data = pd.read_excel('data2.xls', index_col = '序号')    # 训练数据的输入
for i in range(29):                                      # 定义判别函数
        u = np.mat(data_te.iloc[i, 0:3] − b)
        P1 = −1 / 2 * u * S1_ * u.T + math.log(Pw) − 1 / 2 * math.log(S11)
```

执行程序后Python命令窗口将显示结果,其中部分如下:

```
risk =
− 223.2045 − 213.1886 − 231.9085 − 80.3811
minriskloss =
− 231.9085
w =
3
risk =
− 315.9476 − 345.1539 − 136.7743 − 373.5723
minriskloss =
− 373.5723
w =
4
risk =
− 246.9909 − 270.3278 − 291.5826 − 119.2448
minriskloss =
− 291.5826
w =
3
risk =
− 241.1256 − 213.7000 − 157.3226 − 168.3969
minriskloss =
− 241.1256
w =
1
```

这与训练样本的分类结果是完全吻合的。

2.3.5 结论

以贝叶斯决策为核心内容的统计决策理论是统计模式识别的重要基础,理论上该分类理论具有最优性能,即分类错误或风险在所有分类器中是最小的,常可作为衡量其他分类器设计方法优劣的标准。

　　但是该方法明显的局限在于：需要已知类别数及各类别的先验概率和类条件概率密度。也就是说，要分两步来解决模式识别问题——先根据训练样本设计分类器，再对测试样本进行分类。因此，有必要研究直接从测试样本出发设计分类器的其他方法。

习题

　　(1) 什么是最小错误率的贝叶斯决策？

　　(2) 什么是最小风险贝叶斯决策？

　　(3) 最小错误率贝叶斯决策与最小风险贝叶斯决策的区别是什么？

第3章

判别函数分类器设计

3.1　判别函数简介

判别函数是模式识别中对模式样本进行分类的一种函数。在特征空间中,通过学习,不同类别得到不同的判别函数,比较不同类别判别函数值的大小,进行分类。统计模式识别方法把特征空间划分为决策区,对模式进行分类,一个模式类与一个或几个决策区对应。

设有 c 个类别,对于每个类别 $\omega_i(i=1,2,\cdots,c)$ 定义一个关于特征向量 $\boldsymbol{X}$ 的单值函数 $g_i(\boldsymbol{X})$:①如果 $\boldsymbol{X}$ 属于第 i 类,那么 $g_i(\boldsymbol{X})>g_j(\boldsymbol{X})(i,j=1,2,\cdots,c,j\neq i)$;②如果 $\boldsymbol{X}$ 在第 i 类和第 j 类的分界面上,那么 $g_i(\boldsymbol{X})=g_j(\boldsymbol{X})(i,j=1,2,\cdots,c,j\neq i)$。

当用贝叶斯决策理论进行分类器设计时,在一定的假设下可以得到线性判别函数,这对于线性可分或线性不可分的情况都是适用的。在问题比较复杂的情况下可以用多段线性判别函数(见近邻法分类、最小距离分类)或多项式判别函数对模式进行分类。一个二阶多项式判别函数可以表示与它相应的决策边界是一个超二次曲面。

本章介绍线性判别函数和非线性判别函数,用于对酒瓶的颜色进行分类,其中实现线性判别函数分类的方法有 LMSE 分类算法和 Fisher 分类,实现非线性判别函数分类的方法有基于核的 Fisher 分类和支持向量机。

3.2　线性判别函数

判别函数分为线性判别函数和非线性判别函数。最简单的判别函数是线性判别函数,它是由所有特征量的线性组合构成的。以下对两类问题和多类问题分别进行讨论。

1. 两类问题

对于两类问题,也就是 $\boldsymbol{W}_i=(\omega_1,\omega_2)^\mathrm{T}$。

1) 二维情况

取二维特征向量 $\boldsymbol{X}=(x_1,x_2)^\mathrm{T}$,这种情况下的判别函数为 $g(x)=\omega_1 x_1+\omega_2 x_2+\omega_3$,其中,$\omega_i(i=1,2,3)$ 为参数;x_1 和 x_2 为坐标值,判别函数 $g(x)$ 具有以下性质:当 $x\in\omega_1$ 时,$g_i(x)>0$;当 $x\in\omega_2$ 时,$g_i(x)<0$;当 x 不定时,$g_i(x)=0$。这是二维情况下由判别边界分类。

2) n 维情况

对于 n 维情况,现抽取 n 维特征向量:$\boldsymbol{X}=(x_1,x_2,\cdots,x_n)^{\mathrm{T}}$,判别函数为 $g(x)=\boldsymbol{W}_0\boldsymbol{X}+\omega_{n+1}$。其中,$\boldsymbol{W}_0=(\omega_1,\omega_2,\cdots,\omega_n)^{\mathrm{T}}$ 为权向量;$\boldsymbol{X}=(x_1,x_2,\cdots,x_n)^{\mathrm{T}}$ 为模式向量。另一种表示方法是 $g(x)=\boldsymbol{W}^{\mathrm{T}}\boldsymbol{X}$。其中,$\boldsymbol{W}=(\omega_1,\omega_2,\cdots,\omega_n,\omega_{n+1})^{\mathrm{T}}$ 为增值权向量;$\boldsymbol{X}=(x_1,x_2,\cdots,x_n,1)^{\mathrm{T}}$ 为增值模式向量。

在这种情况下,当 $x\in\omega_1$ 时,$g(x)>0$;当 $x\in\omega_2$ 时,$g(x)<0$;$g_1(x)=0$ 为边界。当 $n=2$ 时,边界为一条直线;当 $n=3$ 时,边界为一个平面;当 $n>3$ 时,边界为超平面。

2. 多类问题

对于多类问题,模式有 $\omega_1,\omega_2,\cdots,\omega_M$ 个类别,可以分为下面 3 种情况。

1) 第一种情况

每个模式类与其他模式可用单个判别平面分开,这时 M 个类有 M 个判别函数,且具有如下性质:

$$g_i(x)=\boldsymbol{W}_i^{\mathrm{T}}\boldsymbol{X} \tag{3-1}$$

式中,$\boldsymbol{W}_i=(\omega_{i1},\omega_{i2},\cdots,\omega_{in+1})^{\mathrm{T}}$ 为第 i 个判别函数的权向量。当 $x\in\omega_i$ 时,$g_i(x)>0$,其他情况下 $g_i(x)<0$,也就是每个类别可以用单个判别边界与其他类别分开。

2) 第二种情况

每个模式类与其他模式类之间可以用判别平面分开,这样就有 $\dfrac{M(M-1)}{2}$ 个平面。对于两类问题,$M=2$,有 1 个判别平面;同理,对于三类问题,就有 3 个判别平面。判别函数为

$$g_{ij}(x)=\boldsymbol{W}_{ij}^{\mathrm{T}}\boldsymbol{X} \tag{3-2}$$

式中,$i\neq j$,判别边界为 $g_{ij}(x)=0$,条件如下:当 $x\in\omega_i$ 时,$g_{ij}(x)>0$;当 $x\in\omega_j$ 时,$g_{ij}(x)<0$。

3) 第三种情况

每类都有一个判别函数,存在 M 个判别函数:$g_k(x)=\boldsymbol{W}_k\boldsymbol{X}(k=1,2,\cdots,M)$,边界为 $g_i(x)=g_j(x)$,条件如下:当 $x\in\omega_i$ 时,$g_i(x)$ 最大;其他情况下,$g_i(x)$ 小。也就是说,要判别 X 属于哪个类,先将 X 代入 M 个判别函数,判别函数最大的那个类就是 X 所属的类别。

3.3 线性判别函数的实现

对于给定的样本集 X,要确定线性判别函数 $g(x)=\boldsymbol{W}^{\mathrm{T}}x+\omega_0$ 的各项系数 W 和 ω_0,可以通过以下步骤实现。

(1) 收集一组具有类别标志的样本 $X=(x_1,x_2,\cdots,x_N)$。

(2) 按照需要确定准则函数 J。

(3) 用最优化技术求准则函数 J 的极值解 ω^* 和 ω_0^*,从而确定判别函数,完成分类器的设计。

对于未知样本 x,计算 $g(x)$,判断其类别。即对于一个线性判别函数,主要任务是确定

线性方程的两个参数，一个是权向量 $\boldsymbol{W}$，另一个是阈值 ω_0。

在计算机中想要实现线性判别函数，可以通过"训练"或"学习"的方式，将已知样本输入计算机的"训练"程序，经过多次迭代，得到准确函数。

下面具体介绍各种分类器的设计。

3.4　基于 LMSE 的分类器设计

3.4.1　LMSE 分类法简介

LMSE 称为最小均方误差，LMSE 算法是自适应算法中最常用的方法，由于其易实现而得到广泛应用，成为自适应滤波的标准算法。

自适应算法是指在处理和分析过程中，根据处理数据的特征自动调整处理方法、处理顺序、处理参数、边界条件或约束条件，使其与所处理数据的统计分布特征、结构特征相适应，以获得最佳处理效果的过程。

自适应算法的基本原理如下：自适应过程是一个不断逼近目标的过程，它遵循的途径以数学模型表示，称为自适应算法。通常采用基于梯度的算法，其中最小均方误差算法（LMSE 算法）尤为常用。

3.4.2　LMSE 算法的原理

LMSE 算法是针对准则函数引进最小均方误差这一条件而建立的。这种算法的主要特点是在训练过程中判定训练集是否线性可分，从而可对结果的收敛性做出判断。

LMSE 算法属于监督学习的类型，而且是"模型无关"的，它是通过最小化输出与期望目标值之间的偏差实现的。

LMSE 算法属于自适应算法中常用的算法，它不同于 C 均值算法和 ISODATA 算法，后两种属于基于距离度量的算法，直观且容易理解。LMSE 算法通过调整权值函数求出判别函数，进而将待测样本代入判别函数求值，最终做出判定，得出答案。

1. 准则函数

LMSE 算法以最小均方差作为准则，因为均方差为

$$E\{[r_i(\boldsymbol{X}) - \boldsymbol{W}_i^{\mathrm{T}}\boldsymbol{X}]^2\} \tag{3-3}$$

因而准则函数为

$$J(\boldsymbol{W}_i, \boldsymbol{X}) = \frac{1}{2}E\{[r_i(\boldsymbol{X}) - \boldsymbol{W}_i^{\mathrm{T}}\boldsymbol{X}]^2\} \tag{3-4}$$

准则函数在 $r_i(\boldsymbol{X}) - \boldsymbol{W}_i^{\mathrm{T}}\boldsymbol{X} = 0$ 时取得最小值。准则函数对 $\boldsymbol{W}_i$ 的偏导数为

$$\frac{\partial J}{\partial \boldsymbol{W}_i} = E\{-\boldsymbol{X}[r_i(\boldsymbol{X}) - \boldsymbol{W}_i^{\mathrm{T}}\boldsymbol{X}]\} \tag{3-5}$$

2. 迭代方程

将式(3-5)代入迭代方程，得

$$\boldsymbol{W}_i(k+1) = \boldsymbol{W}_i(k) + \alpha_k \boldsymbol{X}(k)[r_i(\boldsymbol{X}) - \boldsymbol{W}_i^{\mathrm{T}}(k)\boldsymbol{X}(k)] \tag{3-6}$$

对于多类问题来说，M 类问题应该有 M 个权函数方程，对于每个权函数方程来说，如

$X(k) \in \omega_i$，则

$$r_i[\boldsymbol{X}(k)] = 1, \quad i = 1, 2, \cdots, M \tag{3-7}$$

否则

$$r_i[\boldsymbol{X}(k)] = 0, \quad i = 1, 2, \cdots, M \tag{3-8}$$

3.4.3　LMSE 算法的步骤

(1) 设各个权矢量的初始值为 $\boldsymbol{0}$，即 $\boldsymbol{W}_0(0) = \boldsymbol{W}_1(0) = \boldsymbol{W}_2(0) = \cdots = \boldsymbol{W}_M(0) = \boldsymbol{0}$。

(2) 输入第 k 次样本 $\boldsymbol{X}(k)$，计算 $d_i(k) = \boldsymbol{W}_i^{\mathrm{T}}(k)\boldsymbol{X}(k)$。

(3) 确定期望输出函数值：若 $\boldsymbol{X}(k) \in \omega_i$，则 $r_i[\boldsymbol{X}(k)] = 1$，否则 $r_i[\boldsymbol{X}(k)] = 0$。

(4) 计算迭代方程：$\boldsymbol{W}_i(k+1) = \boldsymbol{W}_i(k) + \alpha_k \boldsymbol{X}(k)[r_i(\boldsymbol{X}) - \boldsymbol{W}_i^{\mathrm{T}}(k)\boldsymbol{X}(k)]$，其中 $\alpha_k = \dfrac{1}{k}$。

(5) 循环执行第(2)步，直到满足条件：属于 ω_i 类的所有样本都满足不等式 $d_i(\boldsymbol{X}) > d_j(\boldsymbol{X}) \, \forall j \neq i$。

3.4.4　LMSE 算法的 Python 实现

1. 给定 4 类样本，各样本的特征向量经过增 1

程序如下：

```
pattern = {'feature1': np.zeros((4, 10)), 'feature2': np.zeros((4, 10)), 'feature3': np.zeros
((4, 10)),
   'feature4': np.zeros((4, 10))}            # 生成 4 行 10 列的 0 矩阵
p1 = np.array([[864.45, 1647.31, 2665.9],
              [877.88, 2031.66, 3071.18],
              [1418.79, 1775.89, 2772.9],
              [1449.58, 1641.58, 3405.12],
              [864.45, 1647.31, 2665.9],
              [877.88, 2031.66, 3071.18],
              [1418.79, 1775.89, 2772.9],
              [1449.58, 1641.58, 3405.12],
              [1418.79, 1775.89, 2772.9],
              [1449.58, 1641.58, 3405.12]])
 pattern['feature1'][:3, :] = p1.T
 pattern['feature1'][3, :] = np.ones(10)      # 生成 1 行 10 列的 1 矩阵
```

之后的 3 类程序如下：

```
p2 = np.array([[2352.12, 2557.04, 1411.53],
              [2297.28, 3340.14, 535.62],
              [2092.62, 3177.21, 584.32],
              [2205.36, 3243.74, 1202.69],
              [2949.16, 3244.44, 662.42],
              [2802.88, 3017.11, 1984.98],
              [2063.53, 3199.76, 1257.21],
              [2949.16, 3244.44, 662.42],
              [2802.88, 3017.11, 1984.98],
              [2063.54, 3199.76, 1257.21]])
 pattern['feature2'][:3, :] = p2.T
 pattern['feature2'][3, :] = np.ones(10)
```

```
p3 = np.array([[1739.94, 1675.15, 2395.96],
               [1756.77, 1652, 1514.98],
               [1803.58, 1583.12, 2163.05],
               [1571.17, 1731.04, 1735.33],
               [1845.59, 1918.81, 2226.49],
               [1692.62, 1867.5, 2108.97],
               [1680.67, 1575.78, 1725.1],
               [1651.52, 1713.28, 1570.38],
               [1680.67, 1575.78, 1725.1],
               [1651.52, 1713.28, 1570.38]])
pattern['feature3'][:3, :] = p3.T
pattern['feature3'][3, :] = np.ones(10)
p4 = np.array([[373.3, 3087.05, 2429.47],
               [222.85, 3059.54, 2002.33],
               [401.3, 3259.94, 2150.98],
               [363.34, 3477.95, 2462.86],
               [104.8, 3389.83, 2421.83],
               [499.85, 3305.75, 2196.22],
               [172.78, 3084.49, 2328.65],
               [341.59, 3076.62, 2438.63],
               [291.02, 3095.68, 2088.95],
               [237.63, 3077.78, 2251.96]])
pattern['feature4'][:3, :] = p4.T
pattern['feature4'][3, :] = np.ones(10)
```

2. 设权值向量的初始值均为 0

初始化权值程序代码如下：

```
w = np.zeros((4, 4))   # 初始化权值
```

Python 运行结果如下：

```
w =
     0     0     0     0
     0     0     0     0
     0     0     0     0
     0     0     0     0
```

3. 计算 $d_i(k)$

```
for k in range(4):
    m = pattern[keys[i]][:, j]
    m = m / np.linalg.norm(m)
    d[k] = np.dot(w[:, k].T, m)   # 计算 d
```

Python 程序运行结果如下。

第一次运行结果：

```
m =
   1.0e + 03 *
    0.8645
    1.6473
    2.6659
    0.0010
m =
```

```
      0.2659
      0.5067
      0.8201
      0.0003
d =
      0
m =
   1.0e + 03  *
    0.8645
    1.6473
    2.6659
    0.0010
m =
      0.2659
      0.5067
      0.8201
      0.0003
d =
      0       0
m =
   1.0e + 03  *
    0.8645
    1.6473
    2.6659
    0.0010
m =
      0.2659
      0.5067
      0.8201
      0.0003
d =
      0       0       0
m =
   1.0e + 03  *
    0.8645
    1.6473
    2.6659
    0.0010
m =
      0.2659
      0.5067
      0.8201
      0.0003
d =
      0       0       0       0
```

最后一次运行结果:

```
m =
   1.0e + 03  *
    0.2376
    3.0778
    2.2520
    0.0010
m =
    0.0622
```

```
      0.8055
      0.5894
      0.0003
d =
      0.9996      0.3263      0.3348      0.1432
m =
      1.0e + 03  *
      0.2376
      3.0778
      2.2520
      0.0010
m =
      0.0622
      0.8055
      0.5894
      0.0003
d =
      0.9996      0.9883      0.3348      0.1432
m =
      1.0e + 03  *
      0.2376
      3.0778
      2.2520
      0.0010
m =
      0.0622
      0.8055
      0.5894
      0.0003
d =
      0.9996      0.9883      1.0067      0.1432
m =
      1.0e + 03  *
      0.2376
      3.0778
      2.2520
      0.0010
m =
      0.0622
      0.8055
      0.5894
      0.0003
d =
      0.9996      0.9883      1.0067      1.0622
```

4. 调整权值

程序代码如下：

```python
for k in range(4):
    if k != i:
        # d[i]不是最大值,则继续迭代
        if d[i] <= d[k]:
            flag = 1

    # 调整权值
```

```
for k in range(4):
    w[:, k] = w[:, k] + np.dot(m, (r[k] - d[k])) / num
        w(:,k) = w(:,k) + m * (r(k) - d(k))/num
```

Python 运行结果如下:

```
w =
   [[0.37465572    0.500999      0.42465888    0.38105958]
    [0.65401649    0.74093471    0.7244436     0.77392373]
    [0.754754      0.57028403    0.640195      0.61329484]
    [0.00033211    0.00029845    0.00030458    0.00030161]]
```

5. 通过判别函数对待分类数据分类

调用 function 函数,对待测数据分类,因为调用该函数一次只能判别一个样本的类别,所以循环 30 次才能完成分类,程序代码如下:

```
for k in range(30):
    sample = sampletotall[:, k].reshape(3, 1)
    x = sample[0]
    yy = sample[1]
    z = sample[2]
    y = lmseclassify(sample)
    ac[k] = y
```

运行 Python 程序,最终分类结果如下:

```
ac =
1 至 15 列
1    3    4    3    4    2    2    1    4    1    3    2    1    2
4
16 至 30 列
2    4    1    4    2    2    1    3    1    1    4    1    3    1
3
```

将该分类结果与原始分类结果对比,对照表如表 3-1 所示。

表 3-1 LMSE 分类结果与原始分类结果对照表

序　　号	A	B	C	原始分类结果	LMSE 分类结果
1	1702.80	1639.79	2068.74	3	1
2	1877.93	1860.96	1975.30	3	3
3	867.81	2334.68	2535.10	1	4
4	1831.49	1713.11	1604.68	3	3
5	460.69	3274.77	2172.99	4	4
6	2374.98	3346.98	975.31	2	2
7	2271.89	3482.97	946.70	2	2
8	1783.64	1597.99	2261.31	3	1
9	198.83	3250.45	2445.08	4	4
10	1494.63	2072.59	2550.51	1	1
11	1597.03	1921.52	2126.76	3	3
12	1598.93	1921.08	1623.33	3	2

续表

序　号	A	B	C	原始分类结果	LMSE 分类结果
13	1243.13	1814.07	3441.07	1	1
14	2336.31	2640.26	1599.63	2	2
15	354.00	3300.12	2373.61	4	4
16	2144.47	2501.62	591.51	2	2
17	426.31	3105.29	2057.8	4	4
18	1507.13	1556.89	1954.51	3	1
19	343.07	3271.72	2036.94	4	4
20	2201.94	3196.22	935.53	2	2
21	2232.43	3077.87	1298.87	2	2
22	1580.10	1752.07	2463.04	3	1
23	1962.40	1594.97	1835.95	3	3
24	1495.18	1957.44	3498.02	1	1
25	1125.17	1594.39	2937.73	1	1
26	24.22	3447.31	2145.01	4	4
27	1269.07	1910.72	2701.97	1	1
28	1802.07	1725.81	1966.35	3	3
29	1817.36	1927.40	2328.79	3	1
30	1860.45	1782.88	1875.13	3	3

从表 3-1 中可以看出有 5 个分类结果是错的,正确率约为 83.3%。

6. 用三维效果图直观显示结果

将分好类的数据用三维图像的形式直观显示,程序代码如下:

```
fig = plt.figure()
ax = fig.add_subplot(111, projection = '3d')
ax.set_xlim(0, 3500)
ax.set_ylim(0, 3500)
ax.set_zlim(0, 3500)
for k in range(30):
    sample = sampletotall[:, k].reshape(3, 1)
    x = sample[0]
    yy = sample[1]
    z = sample[2]
    y = lmseclassify(sample)
    ac[k] = y
    if y == 1:
        ax.scatter(x, yy, z, marker = '*', c = 'green')     # 第一类表示为绿色
    if y == 2:
        ax.scatter(x, yy, z, marker = '*', c = 'red')       # 第二类表示为红色
    if y == 3:
        ax.scatter(x, yy, z, marker = '*', c = 'blue')      # 第三类表示为蓝色
    if y == 4:
        ax.scatter(x, yy, z, marker = '*', c = 'yellow')    # 第四类表示为黄色
```

运行 Python 程序,LMSE 算法分类结果三维效果图如图 3-1 所示。

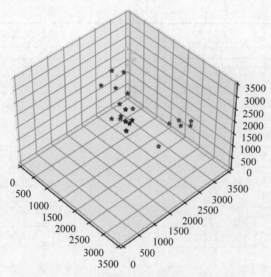

图 3-1　LMSE 算法分类结果三维效果图

7. 完整的 Python 程序

完整的 Python 程序代码如下：

```python
import numpy as np
import pandas as pd
import matplotlib.pyplot as plt

np.set_printoptions(suppress = True)                    # 取消科学记数

def lmseclassify(sample):
    pattern = {'feature1': np.zeros((4, 10)), 'feature2': np.zeros((4, 10)), 'feature3': np.zeros((4, 10)),
        'feature4': np.zeros((4, 10))}                 # 生成 4 行 10 列的 0 矩阵
    p1 = np.array([[864.45, 1647.31, 2665.9],
                [877.88, 2031.66, 3071.18],
                [1418.79, 1775.89, 2772.9],
                [1449.58, 1641.58, 3405.12],
                [864.45, 1647.31, 2665.9],
                [877.88, 2031.66, 3071.18],
                [1418.79, 1775.89, 2772.9],
                [1449.58, 1641.58, 3405.12],
                [1418.79, 1775.89, 2772.9],
                [1449.58, 1641.58, 3405.12]])
    pattern['feature1'][:3, :] = p1.T
    pattern['feature1'][3, :] = np.ones(10)            # 生成 1 行 10 列的 1 矩阵
    p2 = np.array([[2352.12, 2557.04, 1411.53],
                [2297.28, 3340.14, 535.62],
                [2092.62, 3177.21, 584.32],
                [2205.36, 3243.74, 1202.69],
                [2949.16, 3244.44, 662.42],
                [2802.88, 3017.11, 1984.98],
                [2063.53, 3199.76, 1257.21],
                [2949.16, 3244.44, 662.42],
                [2802.88, 3017.11, 1984.98],
                [2063.54, 3199.76, 1257.21]])
```

```python
pattern['feature2'][:3, :] = p2.T
pattern['feature2'][3, :] = np.ones(10)
p3 = np.array([[1739.94, 1675.15, 2395.96],
               [1756.77, 1652, 1514.98],
               [1803.58, 1583.12, 2163.05],
               [1571.17, 1731.04, 1735.33],
               [1845.59, 1918.81, 2226.49],
               [1692.62, 1867.5, 2108.97],
               [1680.67, 1575.78, 1725.1],
               [1651.52, 1713.28, 1570.38],
               [1680.67, 1575.78, 1725.1],
               [1651.52, 1713.28, 1570.38]])
pattern['feature3'][:3, :] = p3.T
pattern['feature3'][3, :] = np.ones(10)
p4 = np.array([[373.3, 3087.05, 2429.47],
              [222.85, 3059.54, 2002.33],
              [401.3, 3259.94, 2150.98],
              [363.34, 3477.95, 2462.86],
              [104.8, 3389.83, 2421.83],
              [499.85, 3305.75, 2196.22],
              [172.78, 3084.49, 2328.65],
              [341.59, 3076.62, 2438.63],
              [291.02, 3095.68, 2088.95],
              [237.63, 3077.78, 2251.96]])
pattern['feature4'][:3, :] = p4.T
pattern['feature4'][3, :] = np.ones(10)


# 初始化权值
w = np.zeros((4, 4))
flag = 1
keys = np.array(['feature1', 'feature2', 'feature3', 'feature4'])
num = 0
num1 = 0
d = np.zeros(4)
m = np.zeros(4)
r = np.zeros(4)
while flag:
    flag = 0
    # 迭代次数
    num1 = num1 + 1
    for j in range(10):
        for i in range(4):
            num = num + 1
            r[i] = 1
            for k in range(4):
                m = pattern[keys[i]][:, j]
                m = m / np.linalg.norm(m)
                for j in range(4):
                    m[j] = float('%.0f' % m[j])
                d[k] = np.dot(w[:, k].T, m)

            for k in range(4):
                if k != i:
                    # d[i]不是最大值,则继续迭代
                    if d[i] <= d[k]:
```

```
                    flag = 1

            # 调整权值
            for k in range(4):
                w[:, k] = w[:, k] + np.dot(m, (r[k] - d[k])) / num

        # 超过迭代次数,则退出
        if num1 > 200:
            flag = 0
    new_row = np.array([1])
    sample1 = np.vstack((sample, new_row))
    h = np.zeros(4)
    for k in range(4):
        # 计算判别函数
        h[k] = np.dot(w[:, k].T, sample1)[0]
    maxpos = np.argmax(h)
    return maxpos + 1


# 从 Excel 表格直接读入数据
s1 = pd.read_excel("test.xls")
# 后 30 个数据
s2 = np.array(s1)
s2 = s2[:, 1:s2.shape[1] - 1]
sampletotall = s2.T
# 定义分类矩阵
ac = np.zeros(30)
fig = plt.figure()
ax = fig.add_subplot(111, projection = '3d')
ax.set_xlim(0, 3500)
ax.set_ylim(0, 3500)
ax.set_zlim(0, 3500)
for k in range(30):
    sample = sampletotall[:, k].reshape(3, 1)
    x = sample[0]
    yy = sample[1]
    z = sample[2]
    y = lmseclassify(sample)
    ac[k] = y
    if y == 1:
        ax.scatter(x, yy, z, marker = '*', c = 'green')     # 第一类表示为绿色
    if y == 2:
        ax.scatter(x, yy, z, marker = '*', c = 'red')       # 第二类表示为红色
    if y == 3:
        ax.scatter(x, yy, z, marker = '*', c = 'blue')      # 第三类表示为蓝色
    if y == 4:
        ax.scatter(x, yy, z, marker = '*', c = 'yellow')    # 第四类表示为黄色
print(ac)
plt.show()
```

3.4.5　结论

学习样本的维数问题:因为各类别样本数不均匀(第一类 4 个样本,第二类 7 个样本,第三类 8 个样本,第四类 10 个样本),程序无法运行,重复添加数据后,保证了程序的正常运行。程序相关部分代码如下:

```
                for j = 1:10
                        ......
                            for k = 1:4
                                m = pattern[keys[i]][:, j]
                                d(k) = w(:,k)' * m % 计算 d
                            end
                        ......
                end
        p1 = [864.45   1647.31   2665.9; 877.88   2031.66   3071.18; 1418.79   1775.89   2772.9; 1449.58
        1641.58   3405.12; 864.45   1647.31   2665.9; 877.88   2031.66   3071.18; 1418.79   1775.89
        2772.9; 1449.58   1641.58   3405.12; 1418.79   1775.89   2772.9; 1449.58   1641.58
        3405.12;]
```

注意：其中 864.45   1647.31   2665.9；877.88   2031.66   3071.18；1418.79
1775.89   2772.9；1449.58   1641.58   3405.12；1418.79   1775.89   2772.9；1449.58
1641.58   3405.12 是重复添加的样本数据，目的是凑够 10 个数据，使程序能进行循环。

3.5 基于 Fisher 的分类器设计

3.5.1 Fisher 判别法简介

Fisher 判别法是一种线性判别法。基于线性判别函数的线性分类方法，虽然使用有限样本集合构造，但从严格意义上讲属于统计分类方法。也就是说，对于线性分类器的检验，应建立在样本扩充的条件下，基于概率的尺度进行评价才是有效的评价。尽管线性分类器的设计在满足统计学的评价下并不严格与完美，但是由于其具有简单性与实用性，在分类器设计中还是得到了广泛应用。

对于 d 维空间的样本，投影到一维坐标上，样本特征将混杂在一起，难以区分。Fisher 判别法的目的，就是要找到一个最合适的投影轴 w，使两类样本在该轴上投影的交叠部分最少，从而使分类效果最佳。如何寻找一个投影方向，使样本集合在该投影方向上最易区分，就是 Fisher 判别法要解决的问题。Fisher 判别法投影原理如图 3-2 所示。

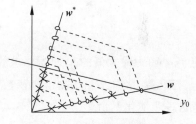

图 3-2 Fisher 判别法投影原理

Fisher 准则函数的基本思路：选择的向量 w 的方向应能使两类样本投影的均值之差尽可能大，同时使类内样本的离散程度尽可能小。

3.5.2 Fisher 分类器设计

已知 N 个 d 维样本数据集合 $\chi = \{x_1, x_2, \cdots, x_N\}$，类别为 $\omega_i (i=1,2)$，其中 N_i 个属于 ω_1 类的样本记为子集 χ_1，N_2 个属于 ω_2 类的样本记为子集 χ_2，设样本在某条直线上以 w 为投影方向进行投影，则投影表达式为 $y_n = w^T x_n, n = 1, 2, \cdots, N$。

相应地，y_n 也为两个子集 y_1 和 y_2。如果只考虑投影向量 w 的方向，不考虑其长度，即默认其长度为单位 1，则 y_n 即为 x_n 在 w 方向上的投影。Fisher 准则的目的是寻找最优投影方向，使 w 为最优投影向量 w^*。

样本在 d 维特征空间的一些描述量如下。

(1) 各类样本均值向量 $\boldsymbol{m}_i$。

$$\boldsymbol{m}_i = \frac{1}{N_i} \sum_{j=1}^{N_i} x_j, \quad i = 1, 2 \tag{3-9}$$

(2) 样本类内离散度矩阵 $\boldsymbol{S}_i$ 与总类内离散度矩阵 $\boldsymbol{S}_w$。

$$\boldsymbol{S}_i = \sum_{j=1}^{N_i} (\boldsymbol{x}_j - \boldsymbol{m}_i)(\boldsymbol{x}_j - \boldsymbol{m}_i)^{\mathrm{T}}, \quad i = 1, 2 \tag{3-10}$$

$$\boldsymbol{S}_w = \boldsymbol{S}_1 + \boldsymbol{S}_2 \tag{3-11}$$

(3) 样本类间离散度矩阵 $\boldsymbol{S}_b$。

$$\boldsymbol{S}_b = (\boldsymbol{m}_1 - \boldsymbol{m}_2)(\boldsymbol{m}_1 - \boldsymbol{m}_2)^{\mathrm{T}} \tag{3-12}$$

如果在一维上投影,则有各类样本均值向量 $\bar{m}_i$:

$$\bar{m}_i = \frac{i}{N_i} \sum_{j=1}^{N_i} y_i, \quad i = 1, 2 \tag{3-13}$$

样本类内离散度矩阵 $\bar{\boldsymbol{S}}_i$ 与总类内离散度矩阵 $\bar{\boldsymbol{S}}_w$:

$$\bar{\boldsymbol{S}}_i = \sum_{j=1}^{N_i} (y_i - \bar{m}_i)^2, \quad i = 1, 2 \tag{3-14}$$

$$\bar{\boldsymbol{S}}_w = \bar{\boldsymbol{S}}_1 + \bar{\boldsymbol{S}}_2 \tag{3-15}$$

Fisher 准则函数定义原则为,投影后在一维空间中样本类别区分清晰,即两类样本的距离越大越好,也就是均值之差 $(\bar{m}_1 - \bar{m}_2)$ 越大越好;各类样本内部密集,即类内离散度 $\bar{\boldsymbol{S}}_w = \bar{\boldsymbol{S}}_1 + \bar{\boldsymbol{S}}_2$ 越小越好,根据上述两条原则,构造 Fisher 准则函数:

$$J_F(\boldsymbol{w}) = \frac{(\bar{m}_1 - \bar{m}_2)^2}{\bar{\boldsymbol{S}}_1 + \bar{\boldsymbol{S}}_2} \tag{3-16}$$

使 $J_F(\boldsymbol{w})$ 为最大值的 $\boldsymbol{w}$ 即为要求的投影向量 $\boldsymbol{w}^*$。

式(3-16)称为 Fisher 准则函数,需进一步化为 $\boldsymbol{w}$ 的显式函数,为此要对 $\bar{m}_1$、$\bar{m}_2$ 等项进行进一步演化。由于

$$\bar{m}_i = \frac{1}{N_i} \sum_{j=1}^{N_i} y_i = \frac{1}{N_i} \sum_{j=1}^{N_i} w^{\mathrm{T}} x_j = w^{\mathrm{T}} \left(\frac{1}{N_i} \sum_{j=1}^{N_i} x_j \right) = w^{\mathrm{T}} m_i \tag{3-17}$$

则有

$$(\bar{m}_1 - \bar{m}_2)^2 = (w^{\mathrm{T}} m_1 - w^{\mathrm{T}} m_2)^2 = w^{\mathrm{T}} (m_1 - m_2)(m_1 - m_2)^{\mathrm{T}} w = w^{\mathrm{T}} \boldsymbol{S}_b w \tag{3-18}$$

其中 $\boldsymbol{S}_b = (\boldsymbol{m}_1 - \boldsymbol{m}_2)(\boldsymbol{m}_1 - \boldsymbol{m}_2)^{\mathrm{T}}$ 为类间离散矩阵。再由类内离散度

$$\bar{\boldsymbol{S}}_i = \sum_{j=1}^{N_i} (y_i - \bar{m}_i)^2 = \sum_{j=1}^{N_i} (w^{\mathrm{T}} x_j - w^{\mathrm{T}} m_i)^2 = w^{\mathrm{T}} \left[\sum_{j=1}^{N_i} (x_j - m_i)(x_j - m_i)^{\mathrm{T}} \right] w = w^{\mathrm{T}} \boldsymbol{S}_i w \tag{3-19}$$

其中 $\boldsymbol{S}_i = \sum_{j=1}^{N_i} (\boldsymbol{x}_j - \boldsymbol{m}_i)(\boldsymbol{x}_j - \boldsymbol{m}_i)^{\mathrm{T}}$。

所以总类内离散度为

$$\bar{S}_w = \bar{S}_1 + \bar{S}_2 = w^T(S_1 + S_2)w = w^T S_w w \tag{3-20}$$

将式(3-18)与式(3-20)代入式(3-16),得到 Fisher 准则函数对于变量 w 的显式函数为

$$J_F(w) = \frac{w^T S_b w}{w^T S_w w} \tag{3-21}$$

对 x_n 的分量作线性组合 $y_n = w^T x_n (n=1,2,\cdots,N)$,从几何意义上看, $\|w\|=1$,则每个 y_n 就是对应的 x_n 到方向为 w 的直线上的投影。 w 的方向不同,使样本投影后的可分离程序不同,从而直接影响识别效果。

求解 Fisher 准则函数的条件极值,即可解得使 $J_F(w)$ 为极值的 w^*。对求取其极大值时的 w^*,可以采用拉格朗日乘子算法解决,令分母非 0,即 $w^T S_w w = c \neq 0$,构造拉格朗日函数

$$L(w,\lambda) = w^T S_b w - \lambda(w^T S_w w - c) \tag{3-22}$$

对 w 求偏导,并令其为 0,即

$$\frac{\partial L(w,\lambda)}{\partial w} = S_b w - \lambda S_w w = 0 \tag{3-23}$$

得到

$$S_b w^* = \lambda S_w w^* \tag{3-24}$$

由于 S_w 非奇异,两边左乘 S_w^{-1},得到 $S_w^{-1} S_b w^* = \lambda w^*$,该式为矩阵 $S_w^{-1} S_b$ 的特征值问题。其中,拉格朗日算子 λ 为矩阵 $S_w^{-1} S_b$ 的特征值; w^* 即对应特征值 λ 的特征向量,即最佳投影的坐标向量。

矩阵特征值的问题有标准的求解方法。在此给出一种直接求解方法,不求特征值而直接得到最优解 w^*。

由于

$$S_b = (m_1 - m_2)(m_1 - m_2)^T \tag{3-25}$$

所以

$$S_b w^* = (m_1 - m_2)(m_1 - m_2)^T w^* = (m_1 - m_2)R$$

式中, $R = (m_1 - m_2)^T w^*$ 为限定值。进而,由

$$\lambda w^* = S_w^{-1} S_b w^* = S_w^{-1}(S_b w^*) = S_w^{-1}(m_1 - m_2)R \tag{3-26}$$

得到

$$w^* = \frac{R}{\lambda} S_w^{-1}(m_1 - m_2) \tag{3-27}$$

忽略比例因子 R/λ,得到最优解 $w^* = S_w^{-1}(m_1 - m_2)$。因此,使 $J_F(w)$ 取极大值时的 w 即为 d 维空间到一维空间的最好投影方向:

$$w^* = S_w^{-1}(m_1 - m_2) \tag{3-28}$$

向量 w^* 就是使 Fisher 准则函数 $J_F(w)$ 达极大值的解,也就是按 Fisher 准则将 d 维 X 空间投影到一维 Y 空间的最佳投影方向, w^* 的各分量值是对原 d 维特征向量求加权和的权值。

式(3-28)表示的最佳投影方向是容易理解的,因为其中的 $(m_1 - m_2)$ 项是一向量,对与 $(m_1 - m_2)$ 平行的向量投影可使两均值点的距离最远。

但是如何使类间分得较开,同时使类内密集程度较高,从这样一个综合指标看,则需根据两类样本的分布离散程度对投影方向进行相应的调整,体现为对(m_1-m_2)向量按S_w^{-1}进行线性变换,从而使 Fisher 准则函数达到极值点。

　　以上讨论了线性判别函数加权向量 w 的确定方法,并讨论了使 Fisher 准则函数极大的 d 维向量 w^* 的计算方法。由 Fisher 判别函数得到最佳一维投影后,还需确定一个阈值点 y_0,一般可采用以下几种方法确定 y_0,即

$$y_0 = \frac{\bar{m}_1 + \bar{m}_2}{2} \tag{3-29}$$

$$y_0 = \frac{N_1 \bar{m}_1 + N_2 \bar{m}_2}{N_1 + N_2} \tag{3-30}$$

$$y_0 = \frac{\bar{m}_1 + \bar{m}_2}{2} + \frac{\ln[P(\omega_1)/P(\omega_2)]}{N_1 + N_2 - 2} \tag{3-31}$$

　　式(3-29)是根据两类样本均值之间的平均距离确定阈值点。式(3-30)既考虑了样本均值之间的平均距离,又考虑了两类样本的容量大小,进行阈值位置的偏移修正。式(3-31)既使用了先验概率 $P(\omega_i)$,又考虑了两类样本的容量大小,进行阈值位置的偏移修正,目的都是使分类误差尽可能小。

　　为了确定具体的分界面,还要指定线性方程的常数项。实际工作中可以对 y_0 进行逐次修正,选择不同的 y_0 值,计算其对训练样本集的错误率,找到错误率较小的 y_0 值。

　　对于任意未知类别的样本 x,计算它的投影点 $y = w^T x$,决策规则为

$$\begin{aligned} y > y_0, \quad x \in \omega_1 \\ y < y_0, \quad x \in \omega_2 \end{aligned} \tag{3-32}$$

3.5.3　Fisher 算法的 Python 实现

1. 流程图

根据上面介绍的 Fisher 判别函数,可得出图 3-3 所示的 Fisher 分类器设计流程图。

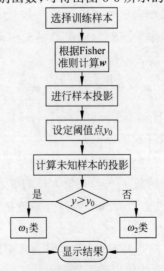

图 3-3　Fisher 分类器设计流程图

2. 样本均值

利用 Python 程序得到训练样本均值,程序代码如下:

```
import numpy as np                    # 库的导入
X1 = np.array([[[864.45], [1647.31], [2665.9]],
    [[877.88], [2031.66], [3071.18]],
    [[1418.79], [1775.89], [2772.9]],
    [[1449.58], [1641.58], [3045.12]]])
X2 = np.array([[[2352.12], [2557.04], [1411.53]],
    [[2297.28], [3340.14], [535.62]],
    [[2092.62], [3177.21], [584.32]],
    [[2205.36], [3243.74], [1202.69]],
    [[2949.16], [3244.44], [662.42]],
    [[2802.88], [3017.11], [1984.98]],
    [[2063.54], [3199.76], [1257.2]]])
N1 = X1.shape[0]                      # X1 的行数
N2 = X2.shape[0]

# 类均值向量:
m1 = np.array([[0], [0], [0]])
for i in range(0, N1):
    m1 = m1 + X1[i]
m1 = m1 / N1                          # 求得第一类样本均值
m2 = np.array([[0], [0], [0]])
for i in range(0, N2):
    m2 = m2 + X2[i]
m2 = m2 / N2                          # 求得第二类样本均值
```

3. 投影向量

Fisher 准则的目的是寻找最优投影方向,使 w 为最优投影向量 w^*。

利用如下 Python 程序求最佳投影向量:

```
# 类内离散度矩阵:
S1 = np.zeros((3, 3))

for i in range(0, N1):
    S1 = S1 + np.dot(X1[i] - m1, np.transpose(X1[i] - m1))   # 求得第一类的类内离散度
S2 = np.zeros((3, 3))
for i in range(0, N2):
    S2 = S2 + np.dot(X2[i] - m2, np.transpose(X2[i] - m2))   # 求得第二类的类内离散度
Sw = S1 + S2

# 类间离散度矩阵:
Sb = np.dot(m1 - m2, np.transpose(m1 - m2))

# 最佳投影方向向量:
w = np.dot(np.linalg.inv(Sw), m1 - m2)
```

4. 阈值点

本设计器通过 $y_0 = w^* (m_1 + m_2)^{\mathrm{T}}/2$ 确定阈值点,由于该式既考虑了样本均值之间的平均距离,又考虑了两类样本的容量大小,进行阈值位置的偏移修正,因此采用该式可以使分类误差尽可能小。

5. 输出分类结果

对于任意未知类别的样本 x,计算它的投影点 $y = w^{\mathrm{T}} x$,决策规则如下:当 $y > y_0$ 时,

$x \in \omega_1$；当 $y < y_0$ 时,$x \in \omega_2$。

输出分类结果的 Python 程序如下:

```python
# 投影后均值:
m11 = np.dot(np.transpose(w), m1)
m21 = np.dot(np.transpose(w), m2)
y0 = -(m11 + m21) / 2

# 测试样本:
for i in range(30):
    y = np.dot(np.transpose(w), test[i, 0:3]) + y0
    if y > 0:
        print('测试样本属于第一类!')
    else:
        print('测试样本属于第二类!')
```

3.5.4　识别待测样本类别

本节内容以兑酒为例。不同类型的酒由多种成分按不同的比例构成,兑酒时需要 3 种原料(X,Y,Z),现在已测出不同酒中 3 种原料的含量,需要判定它属于 4 种类型中的哪一种。样本中,前 29 组数据用于训练,后 30 组数据用于测试。

1. 选择分类方法

由于 Fisher 分类法一次只能将样本分成两类,因此,首先将样本分成两大类,即第一类、第二类,然后继续往下分,将其分成第 1、2、3、4 类。Fisher 分类流程图如图 3-4 所示。

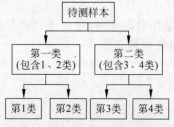

图 3-4　Fisher 分类流程图

将样本分成两大类有 3 种分法,如表 3-2 所示。

表 3-2　Fisher 分类方法

种　　类	分　类　方　法
第一种	第 1、2 类作为第一类,第 3、4 类作为第二类
第二种	第 1、3 类作为第一类,第 2、4 类作为第二类
第三种	第 1、4 类作为第一类,第 2、3 类作为第二类

根据所给的训练样本数据,利用 Python 程序得出训练样本分类图,如图 3-5 所示。

观察训练样本分类图可知,如果将第 1、2 类分在一起作为第一类,第 3、4 类分在一起作为第二类,这样很难将它们分开,因此排除这种分类方法,选择第二、三种分类方法。

2. Python 程序

1) 选择第二种方法的相关程序及仿真结果

训练样本分类图程序代码如下:

训练样本分类图

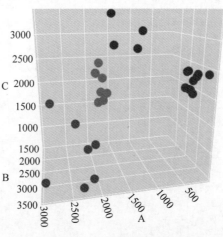

算法分类
- 第1类
- 第2类
- 第3类
- 第4类

扫码看彩图

图 3-5　训练样本分类图

```python
import xlrd
import plotly.express as px
import numpy as np
import pandas as pd

# 创建样本集
data = pd.read_excel('data3.xls', index_col = '序号')
data1 = data.iloc[0:4, 0:3]
data2 = data.iloc[4:11, 0:3]
data3 = data.iloc[11:19, 0:3]
data4 = data.iloc[19:29, 0:3]
mydata = xlrd.open_workbook('F:/pycharm/第 3 章/Fisher/data3.xls')   # 创建一个工作簿
mySheet1 = mydata.sheet_by_name("Sheet1")
X1 = np.array([[[864.45], [1647.31], [2665.9]],
      [[877.88], [2031.66], [3071.18]],
      [[1418.79], [1775.89], [2772.9]],
      [[1449.58], [1641.58], [3045.12]]])
X2 = np.array([[[2352.12], [2557.04], [1411.53]],
      [[2297.28], [3340.14], [535.62]],
      [[2092.62], [3177.21], [584.32]],
      [[2205.36], [3243.74], [1202.69]],
      [[2949.16], [3244.44], [662.42]],
      [[2802.88], [3017.11], [1984.98]],
      [[2063.54], [3199.76], [1257.2]]])
test = np.array([[[1702.8], [1639.79], [2068.74]],
       [[1877.93], [1860.96], [1975.3]],
       [[867.81], [2334.68], [2535.1]],
       [[1831.49], [1713.11], [1604.68]],
       [[460.69], [3274.77], [2172.99]],
       [[2374.98], [3346.98], [975.31]],
       [[2271.89], [3482.97], [946.7]],
       [[1783.64], [1597.99], [2261.31]],
```

```
                [[198.83], [3250.45], [2445.08]],
                [[1494.63], [2072.59], [2550.51]],
                [[1597.03], [1921.52], [2126.76]],
                [[1598.93], [1921.08], [1623.33]],
                [[1243.13], [1814.07], [3441.07]],
                [[2336.31], [2640.26], [1599.63]],
                [[354], [3300.12], [2373.61]],
                [[2144.47], [2501.62], [591.51]],
                [[426.31], [3105.29], [2057.8]],
                [[1507.13], [1556.89], [1954.51]],
                [[343.07], [3271.72], [2036.94]],
                [[2201.94], [3196.22], [935.53]],
                [[2232.43], [3077.87], [1298.87]],
                [[1580.1], [1752.07], [2463.04]],
                [[1962.4], [1594.97], [1835.95]],
                [[1495.18], [1957.44], [3498.02]],
                [[1125.17], [1594.39], [2937.73]],
                [[24.22], [3447.31], [2145.01]],
                [[1269.07], [1910.72], [2701.97]],
                [[1802.07], [1725.81], [1966.35]],
                [[1817.36], [1927.4], [2328.79]],
                [[1860.45], [1782.88], [1875.13]]])
N1 = X1.shape[0]                                             # X1 的行数
N2 = X2.shape[0]

# 类均值向量
m1 = np.array([[0], [0], [0]])
for i in range(0, N1):
    m1 = m1 + X1[i]
m1 = m1 / N1                                                 # 求得第一类样本均值
m2 = np.array([[0], [0], [0]])
for i in range(0, N2):
    m2 = m2 + X2[i]
m2 = m2 / N2                                                 # 求得第二类样本均值

# 类内离散度矩阵
S1 = np.zeros((3, 3))
for i in range(0, N1):
    S1 = S1 + np.dot(X1[i] - m1, np.transpose(X1[i] - m1))   # 求得第一类的类内离散度
S2 = np.zeros((3, 3))
for i in range(0, N2):
    S2 = S2 + np.dot(X2[i] - m2, np.transpose(X2[i] - m2))   # 求得第二类的类内离散度
Sw = S1 + S2

# 类间离散度矩阵
Sb = np.dot(m1 - m2, np.transpose(m1 - m2))

# 最佳投影方向向量
w = np.dot(np.linalg.inv(Sw), m1 - m2)

# 投影后均值
m11 = np.dot(np.transpose(w), m1)
m21 = np.dot(np.transpose(w), m2)
y0 = -(m11 + m21) / 2

# 测试样本
for i in range(30):
```

```
    y = np.dot(np.transpose(w), test[i, 0:3]) + y0
    if y > 0:
        print('测试样本属于第一类!')
    else:
        print('测试样本属于第二类!')

# 可视化
for i in range(29):
    a = mySheet1.cell(i + 1, 4).value
    a = int(a)
    a = str(a)
    data.iloc[i, 4] = '第' + a + '类'
data.to_excel('result_new3.xlsx', index = True)
fig = px.scatter_3d(data, x = 'A', y = 'B', z = 'C', color = '算法分类', title = '训练样本分类图')
fig.show()
```

测试样本分为第一（1、3）类、二（2、4）类的程序代码如下：

```
import xlrd
import plotly.express as px
import numpy as np
import pandas as pd
from numpy.linalg import norm

# 创建样本集
data = pd.read_excel('data1,3.xls', index_col = '序号')
mydata = xlrd.open_workbook('F:/pycharm/第3章/Fisher/方法二/data1,3.xls')   # 创建一个工作簿
mySheet1 = mydata.sheet_by_name("Sheet1")
X1 = np.array([[[864.45], [1647.31], [2665.9]],
       [[877.88], [2031.66], [3071.18]],
       [[1418.79], [1775.89], [2772.9]],
       [[1449.58], [1641.58], [3045.12]],
       [[1739.94], [1675.15], [2395.96]],
       [[1756.77], [1652], [1514.98]],
       [[1803.58], [1583.12], [2163.05]],
       [[1571.17], [1731.04], [1735.33]],
       [[1845.59], [1918.81], [2226.49]],
       [[1692.62], [1867.5], [2108.97]],
       [[1680.67], [1575.78], [1725.1]],
       [[1651.52], [1713.28], [1570.38]]])
X2 = np.array([[[2352.12], [2557.04], [1411.53]],
       [[2297.28], [3340.14], [535.62]],
       [[2092.62], [3177.21], [584.32]],
       [[2205.36], [3243.74], [1202.69]],
       [[2949.16], [3244.44], [662.42]],
       [[2802.88], [3017.11], [1984.98]],
       [[2063.54], [3199.76], [1257.2]],
       [[373.3], [3087.05], [2429.47]],
       [[222.85], [3059.54], [2002.33]],
       [[401.3], [3259.94], [2150.98]],
       [[363.34], [3477.95], [2462.86]],
       [[104.8], [3389.83], [2421.83]],
       [[499.85], [3305.75], [2196.22]],
       [[172.78], [3084.49], [2328.65]],
       [[341.59], [3076.62], [2438.63]],
       [[291.02], [3095.68], [2088.95]],
```

```
            [[237.63], [3077.78], [2251.96]]])
test = np.array([[[1702.8], [1639.79], [2068.74]],
          [[1877.93], [1860.96], [1975.3]],
          [[867.81], [2334.68], [2535.1]],
          [[1831.49], [1713.11], [1604.68]],
          [[460.69], [3274.77], [2172.99]],
          [[2374.98], [3346.98], [975.31]],
          [[2271.89], [3482.97], [946.7]],
          [[1783.64], [1597.99], [2261.31]],
          [[198.83], [3250.45], [2445.08]],
          [[1494.63], [2072.59], [2550.51]],
          [[1597.03], [1921.52], [2126.76]],
          [[1598.93], [1921.08], [1623.33]],
          [[1243.13], [1814.07], [3441.07]],
          [[2336.31], [2640.26], [1599.63]],
          [[354], [3300.12], [2373.61]],
          [[2144.47], [2501.62], [591.51]],
          [[426.31], [3105.29], [2057.8]],
          [[1507.13], [1556.89], [1954.51]],
          [[343.07], [3271.72], [2036.94]],
          [[2201.94], [3196.22], [935.53]],
          [[2232.43], [3077.87], [1298.87]],
          [[1580.1], [1752.07], [2463.04]],
          [[1962.4], [1594.97], [1835.95]],
          [[1495.18], [1957.44], [3498.02]],
          [[1125.17], [1594.39], [2937.73]],
          [[24.22], [3447.31], [2145.01]],
          [[1269.07], [1910.72], [2701.97]],
          [[1802.07], [1725.81], [1966.35]],
          [[1817.36], [1927.4], [2328.79]],
          [[1860.45], [1782.88], [1875.13]]])
N1 = X1.shape[0]
N2 = X2.shape[0]

# 类均值向量
m1 = np.array([[0], [0], [0]])
for i in range(0, N1):
    m1 = m1 + X1[i]
m1 = m1 / N1                                        # 求得第一类样本均值
m2 = np.array([[0], [0], [0]])
for i in range(0, N2):
    m2 = m2 + X2[i]
m2 = m2 / N2                                        # 求得第二类样本均值

# 类内离散度矩阵
S1 = np.zeros((3, 3))
for i in range(0, N1):
    S1 = S1 + np.dot(X1[i] - m1, np.transpose(X1[i] - m1))   # 求得第一类的类内离散度
S2 = np.zeros((3, 3))
for i in range(0, N2):
    S2 = S2 + np.dot(X2[i] - m2, np.transpose(X2[i] - m2))   # 求得第二类的类内离散度
Sw = S1 + S2

# 类间离散度矩阵
Sb = np.dot(m1 - m2, np.transpose(m1 - m2))

# 最佳投影方向向量
w = np.dot(np.linalg.inv(Sw), m1 - m2)
```

```
w0 = w / norm(w)
# print(w0)
# 投影后均值
m11 = np.dot(np.transpose(w), m1)
m21 = np.dot(np.transpose(w), m2)
y0 = - (m11 + m21) / 2

# 测试样本
for i in range(30):
    y = np.dot(np.transpose(w), test[i, :]) + y0
    if y > 0:
        c = '一'
        print('测试样本属于第一类!')
    else:
        c = '二'
        print('测试样本属于第二类!')
    mySheet1.cell(i + 29, 4).value = c
    c = str(c)
    data.iloc[i + 29, 4] = '测试样本第' + c + '类'

# 可视化
for i in range(29):
    a = mySheet1.cell(i + 1, 4).value
    if a % 2 == 1:
        b = '一'
    else:
        b = '二'
    mySheet1.cell(i + 1, 5).value = b
    b = str(b)
    data.iloc[i, 4] = '训练样本第' + b + '类'
data.to_excel('result_new1,3.xlsx', index = True)
fig = px.scatter_3d(data, x = 'A', y = 'B', z = 'C', color = '算法分类', title = '分为一、二类分类图')
fig.show()
```

程序运行后,出现图 3-6 所示的第一、二类数据分类结果图界面。

分为一、二类分类图

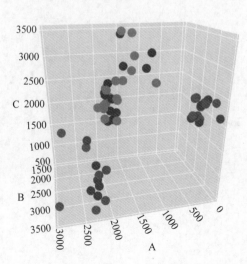

扫码看彩图

图 3-6　第一、二类数据分类结果图界面

运行 Python 程序的结果如下：

```
w =
[[ - 0.00276709]   [ - 0.9986967 ]   [ 0.0509631 ]]
测试样本属于第一类!
测试样本属于第一类!
测试样本属于第一类!
测试样本属于第一类!
测试样本属于第二类!
测试样本属于第二类!
测试样本属于第二类!
测试样本属于第一类!
测试样本属于第二类!
测试样本属于第一类!
测试样本属于第一类!
测试样本属于第一类!
测试样本属于第二类!
测试样本属于第二类!
测试样本属于第二类!
测试样本属于第一类!
测试样本属于第二类!
测试样本属于第二类!
测试样本属于第二类!
测试样本属于第一类!
测试样本属于第一类!
测试样本属于第一类!
测试样本属于第一类!
测试样本属于第二类!
测试样本属于第一类!
测试样本属于第一类!
测试样本属于第一类!
测试样本属于第一类!
```

测试样本第一类分为 1、3 类的程序代码如下：

```
import xlrd
import plotly.express as px
import numpy as np
import pandas as pd
from numpy.linalg import norm

# 创建样本集
data = pd.read_excel('data1,3,1.xls', index_col = '序号')
mydata = xlrd.open_workbook('F:/pycharm/第 3 章/Fisher/方法二/data1,3,1.xls')   # 创建一个工作簿
mySheet1 = mydata.sheet_by_name("Sheet1")
X = np.array([[[864.45], [1647.31], [2665.9]],
      [[877.88], [2031.66], [3071.18]],
      [[1418.79], [1775.89], [2772.9]],
      [[1449.58], [1641.58], [3045.12]],
      [[1739.94], [1675.15], [2395.96]],
      [[1756.77], [1652], [1514.98]],
      [[1803.58], [1583.12], [2163.05]],
      [[1571.17], [1731.04], [1735.33]],
      [[1845.59], [1918.81], [2226.49]],
```

```
          [[1692.62], [1867.5], [2108.97]],
          [[1680.67], [1575.78], [1725.1]],
          [[1651.52], [1713.28], [1570.38]]])
test = np.array([[[1702.8], [1639.79], [2068.74]],
          [[1877.93], [1860.96], [1975.3]],
          [[867.81], [2334.68], [2535.1]],
          [[1831.49], [1713.11], [1604.68]],
          [[1783.64], [1597.99], [2261.31]],
          [[1494.63], [2072.59], [2550.51]],
          [[1597.03], [1921.52], [2126.76]],
          [[1598.93], [1921.08], [1623.33]],
          [[1243.13], [1814.07], [3441.07]],
          [[1507.13], [1556.89], [1954.51]],
          [[1580.1], [1752.07], [2463.04]],
          [[1962.4], [1594.97], [1835.95]],
          [[1495.18], [1957.44], [3498.02]],
          [[1125.17], [1594.39], [2937.73]],
          [[1269.07], [1910.72], [2701.97]],
          [[1802.07], [1725.81], [1966.35]],
          [[1817.36], [1927.4], [2328.79]],
          [[1860.45], [1782.88], [1875.13]]])
X1 = X[0:4, :]
N1 = X1.shape[0]
X2 = X[4:, :]
N2 = X2.shape[0]

# 类均值向量
m1 = np.array([[0], [0], [0]])
for i in range(0, N1):
    m1 = m1 + X1[i]
m1 = m1 / N1                                              # 求得第一类样本均值
m2 = np.array([[0], [0], [0]])
for i in range(0, N2):
    m2 = m2 + X2[i]
m2 = m2 / N2                                              # 求得第二类样本均值

# 类内离散度矩阵
S1 = np.zeros((3, 3))
for i in range(0, N1):
    S1 = S1 + np.dot(X1[i] - m1, np.transpose(X1[i] - m1))   # 求得第一类的类内离散度
S2 = np.zeros((3, 3))
for i in range(0, N2):
    S2 = S2 + np.dot(X2[i] - m2, np.transpose(X2[i] - m2))   # 求得第二类的类内离散度
Sw = S1 + S2

# 类间离散度矩阵
Sb = np.dot(m1 - m2, np.transpose(m1 - m2))

# 最佳投影方向向量
w = np.dot(np.linalg.inv(Sw), m1 - m2)
w0 = w / norm(w)
# print(w0)
# 投影后均值
m11 = np.dot(np.transpose(w), m1)
m21 = np.dot(np.transpose(w), m2)
y0 = -(m11 + m21) / 2
```

```
# 测试样本
for i in range(18):
    y = np.dot(np.transpose(w), test[i, :]) + y0
    if y > 0:
        c = 1
        print('测试样本属于第 1 类!')
    else:
        c = 3
        print('测试样本属于第 3 类!')
    mySheet1.cell(i + 12, 4).value = c
    c = str(c)
    data.iloc[i + 12, 4] = '测试样本第' + c + '类'

# 可视化
for i in range(12):
    a = mySheet1.cell(i + 1, 4).value
    if a <= 1:
        b = 1
    else:
        b = 3
    mySheet1.cell(i + 1, 5).value = b
    b = str(b)
    data.iloc[i, 4] = '训练样本第' + b + '类'
data.to_excel('result_new1,3,1.xlsx', index = True)
fig = px.scatter_3d(data, x = 'A', y = 'B', z = 'C', color = '算法分类', title = '分为 1、3 类分类图')
fig.show()
```

程序运行后,出现图 3-7 所示的第 1、3 类数据分类结果图界面。

扫码看彩图

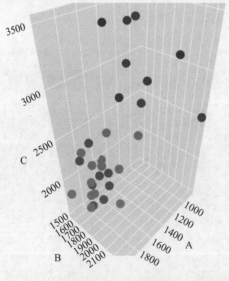

图 3-7　第 1、3 类数据分类结果图界面

运行 Python 程序的结果如下:

```
w =
[[ - 0.71562877]    [ - 0.48374162]    [ 0.50385464]]
```

测试样本属于第 3 类!
测试样本属于第 3 类!
测试样本属于第 1 类!
测试样本属于第 3 类!
测试样本属于第 3 类!
测试样本属于第 3 类!
测试样本属于第 3 类!
测试样本属于第 3 类!
测试样本属于第 1 类!
测试样本属于第 3 类!
测试样本属于第 3 类!
测试样本属于第 3 类!
测试样本属于第 1 类!
测试样本属于第 1 类!
测试样本属于第 1 类!
测试样本属于第 3 类!
测试样本属于第 3 类!
测试样本属于第 3 类!

测试样本第二类分为 2、4 类的程序代码如下：

```python
import xlrd
import plotly.express as px
import numpy as np
import pandas as pd
from numpy.linalg import norm

# 创建样本集
data = pd.read_excel('data1,3,2.xls', index_col = '序号')
mydata = xlrd.open_workbook('F:/pycharm/第 3 章/Fisher/方法二/data1,3,2.xls')  # 创建一个工作簿
mySheet1 = mydata.sheet_by_name("Sheet1")
X = np.array([[[2352.12], [2557.04], [1411.53]],
        [[2297.28], [3340.14], [535.62]],
        [[2092.62], [3177.21], [584.32]],
        [[2205.36], [3243.74], [1202.69]],
        [[2949.16], [3244.44], [662.42]],
        [[2802.88], [3017.11], [1984.98]],
        [[2063.54], [3199.76], [1257.2]],
        [[373.3], [3087.05], [2429.47]],
        [[222.85], [3059.54], [2002.33]],
        [[401.3], [3259.94], [2150.98]],
        [[363.34], [3477.95], [2462.86]],
        [[104.8], [3389.83], [2421.83]],
        [[499.85], [3305.75], [2196.22]],
        [[172.78], [3084.49], [2328.65]],
        [[341.59], [3076.62], [2438.63]],
        [[291.02], [3095.68], [2088.95]],
        [[237.63], [3077.78], [2251.96]]])
test = np.array([[[460.69], [3274.77], [2172.99]],
        [[2374.98], [3346.98], [975.31]],
        [[2271.89], [3482.97], [946.7]],
        [[198.83], [3250.45], [2445.08]],
        [[2336.31], [2640.26], [1599.63]],
        [[354], [3300.12], [2373.61]],
        [[2144.47], [2501.62], [591.51]],
        [[426.31], [3105.29], [2057.8]],
```

```
        [[343.07], [3271.72], [2036.94]],
        [[2201.94], [3196.22], [935.53]],
        [[2232.43], [3077.87], [1298.87]],
        [[24.22], [3447.31], [2145.01]]])
    X1 = X[0:7, :]
    N1 = X1.shape[0]
    X2 = X[7:, :]
N2 = X2.shape[0]


# 类均值向量
m1 = np.array([[0], [0], [0]])
for i in range(0, N1):
    m1 = m1 + X1[i]
m1 = m1 / N1                                                    # 求得第一类样本均值
m2 = np.array([[0], [0], [0]])
for i in range(0, N2):
    m2 = m2 + X2[i]
m2 = m2 / N2                                                    # 求得第二类样本均值

# 类内离散度矩阵
S1 = np.zeros((3, 3))
for i in range(0, N1):
    S1 = S1 + np.dot(X1[i] - m1, np.transpose(X1[i] - m1))      # 求得第一类的类内离散度
S2 = np.zeros((3, 3))
for i in range(0, N2):
    S2 = S2 + np.dot(X2[i] - m2, np.transpose(X2[i] - m2))      # 求得第二类的类内离散度
Sw = S1 + S2

# 类间离散度矩阵
Sb = np.dot(m1 - m2, np.transpose(m1 - m2))

# 最佳投影方向向量
w = np.dot(np.linalg.inv(Sw), m1 - m2)
w0 = w / norm(w)
# print(w0)
# 投影后均值
m11 = np.dot(np.transpose(w), m1)
m21 = np.dot(np.transpose(w), m2)
y0 = -(m11 + m21) / 2

# 测试样本
for i in range(12):
    y = np.dot(np.transpose(w), test[i, :]) + y0
    if y > 0:
        c = 2
        print('测试样本属于第 2 类!')
    else:
        c = 4
        print('测试样本属于第 4 类!')
    mySheet1.cell(i + 17, 4).value = c
    c = str(c)
    data.iloc[i + 17, 4] = '测试样本第' + c + '类'

# 可视化
for i in range(17):
```

```
    a = mySheet1.cell(i + 1, 4).value
    if a <= 3:
        b = 2
    else:
        b = 4
    mySheet1.cell(i + 1, 5).value = b
    b = str(b)
    data.iloc[i, 4] = '训练样本第' + b + '类'
data.to_excel('result_new1,3,2.xlsx', index = True)
fig = px.scatter_3d(data, x = 'A', y = 'B', z = 'C', color = '算法分类', title = '分为2、4类分类图')
fig.show()
```

程序运行后,出现图 3-8 所示的第 2、4 类数据分类结果图界面。

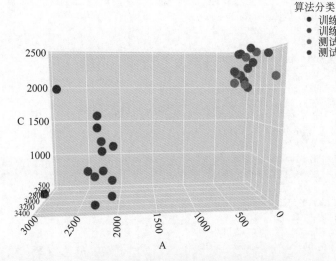

扫码看彩图

图 3-8 第 2、4 类数据分类结果图界面

运行 Python 程序的结果如下:

```
w =
[[ 0.90404952]    [-0.23677985]    [-0.35585075]]
测试样本属于第 4 类!
测试样本属于第 2 类!
测试样本属于第 2 类!
测试样本属于第 4 类!
测试样本属于第 2 类!
测试样本属于第 4 类!
测试样本属于第 2 类!
测试样本属于第 4 类!
测试样本属于第 4 类!
测试样本属于第 2 类!
测试样本属于第 2 类!
测试样本属于第 4 类!
```

2) 选择第三种方法的相关程序及仿真结果

测试样本分为第一(1、4)类、二(2、3)类的程序代码如下:

```
import xlrd
import plotly.express as px
import numpy as np
import pandas as pd
from numpy.linalg import norm


# 创建样本集
data = pd.read_excel('data1,4.xls', index_col = '序号')
mydata = xlrd.open_workbook('F:/pycharm/第 3 章/Fisher/方法三/data1,4.xls')   # 创建一个工作簿
mySheet1 = mydata.sheet_by_name("Sheet1")
X1 = np.array([[[864.45], [1647.31], [2665.9]],
       [[877.88], [2031.66], [3071.18]],
       [[1418.79], [1775.89], [2772.9]],
       [[1449.58], [1641.58], [3045.12]],
       [[373.3], [3087.05], [2429.47]],
       [[222.85], [3059.54], [2002.33]],
       [[401.3], [3259.94], [2150.98]],
       [[363.34], [3477.95], [2462.86]],
       [[104.8], [3389.83], [2421.83]],
       [[499.85], [3305.75], [2196.22]],
       [[172.78], [3084.49], [2328.65]],
       [[341.59], [3076.62], [2438.63]],
       [[291.02], [3095.68], [2088.95]],
       [[237.63], [3077.78], [2251.96]]])
X2 = np.array([[[2352.12], [2557.04], [1411.53]],
       [[2297.28], [3340.14], [535.62]],
       [[2092.62], [3177.21], [584.32]],
       [[2205.36], [3243.74], [1202.69]],
       [[2949.16], [3244.44], [662.42]],
       [[2802.88], [3017.11], [1984.98]],
       [[2063.54], [3199.76], [1257.2]],
       [[1739.94], [1675.15], [2395.96]],
       [[1756.77], [1652], [1514.98]],
       [[1803.58], [1583.12], [2163.05]],
       [[1571.17], [1731.04], [1735.33]],
       [[1845.59], [1918.81], [2226.49]],
       [[1692.62], [1867.5], [2108.97]],
       [[1680.67], [1575.78], [1725.1]],
       [[1651.52], [1713.28], [1570.38]]])
test = np.array([[[1702.8], [1639.79], [2068.74]],
        [[1877.93], [1860.96], [1975.3]],
        [[867.81], [2334.68], [2535.1]],
        [[1831.49], [1713.11], [1604.68]],
        [[460.69], [3274.77], [2172.99]],
        [[2374.98], [3346.98], [975.31]],
        [[2271.89], [3482.97], [946.7]],
        [[1783.64], [1597.99], [2261.31]],
        [[198.83], [3250.45], [2445.08]],
        [[1494.63], [2072.59], [2550.51]],
        [[1597.03], [1921.52], [2126.76]],
        [[1598.93], [1921.08], [1623.33]],
        [[1243.13], [1814.07], [3441.07]],
        [[2336.31], [2640.26], [1599.63]],
        [[354], [3300.12], [2373.61]],
        [[426.31], [3105.29], [2057.8]],
        [[2144.47], [2501.62], [591.51]],
```

```
                    [[1507.13], [1556.89], [1954.51]],
                    [[343.07], [3271.72], [2036.94]],
                    [[2201.94], [3196.22], [935.53]],
                    [[2232.43], [3077.87], [1298.87]],
                    [[1580.1], [1752.07], [2463.04]],
                    [[1962.4], [1594.97], [1835.95]],
                    [[1495.18], [1957.44], [3498.02]],
                    [[1125.17], [1594.39], [2937.73]],
                    [[24.22], [3447.31], [2145.01]],
                    [[1269.07], [1910.72], [2701.97]],
                    [[1802.07], [1725.81], [1966.35]],
                    [[1817.36], [1927.4], [2328.79]],
                    [[1860.45], [1782.88], [1875.13]]])
N1 = X1.shape[0]
N2 = X2.shape[0]

# 类均值向量
m1 = np.array([[0], [0], [0]])
for i in range(0, N1):
    m1 = m1 + X1[i]
m1 = m1 / N1                                             # 求得第一类样本均值
m2 = np.array([[0], [0], [0]])
for i in range(0, N2):
    m2 = m2 + X2[i]
m2 = m2 / N2                                             # 求得第二类样本均值

# 类内离散度矩阵
S1 = np.zeros((3, 3))
for i in range(0, N1):
    S1 = S1 + np.dot(X1[i] - m1, np.transpose(X1[i] - m1))   # 求得第一类的类内离散度
S2 = np.zeros((3, 3))
for i in range(0, N2):
    S2 = S2 + np.dot(X2[i] - m2, np.transpose(X2[i] - m2))   # 求得第二类的类内离散度
Sw = S1 + S2

# 类间离散度矩阵
Sb = np.dot(m1 - m2, np.transpose(m1 - m2))

# 最佳投影方向向量
w = np.dot(np.linalg.inv(Sw), m1 - m2)
w0 = w / norm(w)
# print(w0)

# 投影后均值
m11 = np.dot(np.transpose(w), m1)
m21 = np.dot(np.transpose(w), m2)
y0 = -(m11 + m21) / 2

# 测试样本
for i in range(30):
    y = np.dot(np.transpose(w), test[i, :]) + y0
    if y > 0:
        c = '一'
        print('测试样本属于第一类!')
    else:
        c = '二'
```

```
        print('测试样本属于第二类!')
    mySheet1.cell(i + 29, 4).value = c
    c = str(c)
    data.iloc[i + 29, 4] = '测试样本第' + c + '类'

# 可视化
for i in range(29):
    a = mySheet1.cell(i + 1, 4).value
    if 1 < a < 4:
        b = '二'
    else:
        b = '一'
    mySheet1.cell(i + 1, 5).value = b
    b = str(b)
    data.iloc[i, 4] = '训练样本第' + b + '类'
data.to_excel('result_new1,4.xlsx', index = True)
fig = px.scatter_3d(data, x = 'A', y = 'B', z = 'C', color = '算法分类', title = '分为一、二类分类图')
fig.show()
```

程序运行后,出现图 3-9 所示的按照第三种方法分为第一、二类的数据分类结果图界面。

扫码看彩图

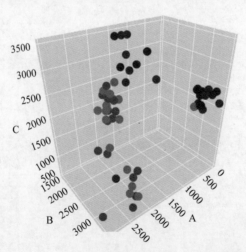

图 3-9　按第三种方法分为第一、二类的数据分类结果图界面

运行 Python 程序的结果如下:

```
w =
[[- 0.55160175]    [ 0.42617467]    [ 0.71701511]]
测试样本属于第二类!
测试样本属于第二类!
测试样本属于第一类!
测试样本属于第二类!
测试样本属于第一类!
测试样本属于第二类!
测试样本属于第二类!
```

测试样本属于第二类!
测试样本属于第一类!
测试样本属于第一类!
测试样本属于第二类!
测试样本属于第二类!
测试样本属于第一类!
测试样本属于第二类!
测试样本属于第一类!
测试样本属于第一类!
测试样本属于第二类!
测试样本属于第二类!
测试样本属于第一类!
测试样本属于第二类!
测试样本属于第二类!
测试样本属于第二类!
测试样本属于第二类!
测试样本属于第一类!
测试样本属于第一类!
测试样本属于第一类!
测试样本属于第一类!
测试样本属于第二类!
测试样本属于第二类!
测试样本属于第二类!

测试样本第一类分为 1、4 类的程序代码如下：

```python
import xlrd
import plotly.express as px
import numpy as np
import pandas as pd
from numpy.linalg import norm

# 创建样本集
data = pd.read_excel('data1,4,1.xls', index_col = '序号')
mydata = xlrd.open_workbook('F:/pycharm/第3章/Fisher/方法三/data1,4,1.xls')    # 创建一个工作簿
mySheet1 = mydata.sheet_by_name("Sheet1")
X = np.array([[[864.45], [1647.31], [2665.9]],
      [[877.88], [2031.66], [3071.18]],
      [[1418.79], [1775.89], [2772.9]],
      [[1449.58], [1641.58], [3045.12]],
      [[373.3], [3087.05], [2429.47]],
      [[222.85], [3059.54], [2002.33]],
      [[401.3], [3259.94], [2150.98]],
      [[363.34], [3477.95], [2462.86]],
      [[104.8], [3389.83], [2421.83]],
      [[499.85], [3305.75], [2196.22]],
      [[172.78], [3084.49], [2328.65]],
      [[341.59], [3076.62], [2438.63]],
      [[291.02], [3095.68], [2088.95]],
      [[237.63], [3077.78], [2251.96]]])
test = np.array([[[867.81], [2334.68], [2535.1]],
        [[460.69], [3274.77], [2172.99]],
        [[198.83], [3250.45], [2445.08]],
        [[1243.13], [1814.07], [3441.07]],
        [[354], [3300.12], [2373.61]],
        [[426.31], [3105.29], [2057.8]],
```

```
                    [[343.07], [3271.72], [2036.94]],
                    [[1495.18], [1957.44], [3498.02]],
                    [[1125.17], [1594.39], [2937.73]],
                    [[24.22], [3447.31], [2145.01]],
                    [[1269.07], [1910.72], [2701.97]]])

X1 = X[0:4, :]
N1 = X1.shape[0]
X2 = X[4:, :]
N2 = X2.shape[0]

# 类均值向量
m1 = np.array([[0], [0], [0]])
for i in range(0, N1):
    m1 = m1 + X1[i]
m1 = m1 / N1                                                # 求得第一类样本均值
m2 = np.array([[0], [0], [0]])
for i in range(0, N2):
    m2 = m2 + X2[i]
m2 = m2 / N2                                                # 求得第二类样本均值

# 类内离散度矩阵
S1 = np.zeros((3, 3))
for i in range(0, N1):
    S1 = S1 + np.dot(X1[i] - m1, np.transpose(X1[i] - m1))  # 求得第一类的类内离散度
S2 = np.zeros((3, 3))
for i in range(0, N2):
    S2 = S2 + np.dot(X2[i] - m2, np.transpose(X2[i] - m2))  # 求得第二类的类内离散度
Sw = S1 + S2

# 类间离散度矩阵
Sb = np.dot(m1 - m2, np.transpose(m1 - m2))

# 最佳投影方向向量
w = np.dot(np.linalg.inv(Sw), m1 - m2)
w0 = w / norm(w)
# print(w0)

# 投影后均值
m11 = np.dot(np.transpose(w), m1)
m21 = np.dot(np.transpose(w), m2)
y0 = - (m11 + m21) / 2

# 测试样本
for i in range(11):
    y = np.dot(np.transpose(w), test[i, :]) + y0
    if y > 0:
        c = 1
        print('测试样本属于第 1 类!')
    else:
        c = 4
        print('测试样本属于第 4 类!')
    mySheet1.cell(i + 14, 4).value = c
    c = str(c)
    data.iloc[i + 14, 4] = '测试样本第' + c + '类'
```

```
# 可视化
for i in range(14):
    a = mySheet1.cell(i + 1, 4).value
    if a <= 1:
        b = 1
    else:
        b = 4
    mySheet1.cell(i + 1, 5).value = b
    b = str(b)
    data.iloc[i, 4] = '训练样本第' + b + '类'
data.to_excel('result_new1,4,1.xlsx', index = True)


fig = px.scatter_3d(data, x = 'A', y = 'B', z = 'C', color = '算法分类', title = '分为1、4类分类图')
fig.show()
```

程序运行后,出现图 3-10 所示的第 1、4 类数据分类结果图界面。

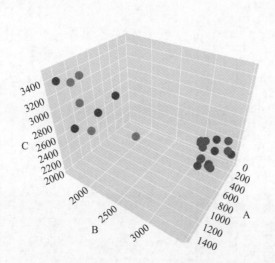

图 3-10 第 1、4 类数据分类结果图界面

运行 Python 程序的结果如下:

```
w =
[[ 0.15730141]    [-0.83026699]    [ 0.53470832]]
测试样本属于第 1 类!
测试样本属于第 4 类!
测试样本属于第 4 类!
测试样本属于第 1 类!
测试样本属于第 4 类!
测试样本属于第 4 类!
测试样本属于第 4 类!
测试样本属于第 1 类!
测试样本属于第 1 类!
测试样本属于第 4 类!
测试样本属于第 1 类!
```

测试样本第二类分为 2、3 类的程序代码如下:

```
import xlrd
import plotly.express as px
import numpy as np
import pandas as pd
from numpy.linalg import norm

# 创建样本集
data = pd.read_excel('data1,4,2.xls', index_col = '序号')
mydata = xlrd.open_workbook('F:/pycharm/第 3 章/Fisher/方法三/data1,4,2.xls')   # 创建一个工作簿
mySheet1 = mydata.sheet_by_name("Sheet1")
X = np.array([[[2352.12], [2557.04], [1411.53]],
        [[2297.28], [3340.14], [535.62]],
        [[2092.62], [3177.21], [584.32]],
        [[2205.36], [3243.74], [1202.69]],
        [[2949.16], [3244.44], [662.42]],
        [[2802.88], [3017.11], [1984.98]],
        [[2063.54], [3199.76], [1257.2]],
        [[1739.94], [1675.15], [2395.96]],
        [[1756.77], [1652], [1514.98]],
        [[1803.58], [1583.12], [2163.05]],
        [[1571.17], [1731.04], [1735.33]],
        [[1845.59], [1918.81], [2226.49]],
        [[1692.62], [1867.5], [2108.97]],
        [[1680.67], [1575.78], [1725.1]],
        [[1651.52], [1713.28], [1570.38]]])
test = np.array([[[1702.8], [1639.79], [2068.74]],
        [[1877.93], [1860.96], [1975.3]],
        [[1831.49], [1713.11], [1604.68]],
        [[2374.98], [3346.98], [975.31]],
        [[2271.89], [3482.97], [946.7]],
        [[1783.64], [1597.99], [2261.31]],
        [[1494.63], [2072.59], [2550.51]],
        [[1597.03], [1921.52], [2126.76]],
        [[1598.93], [1921.08], [1623.33]],
        [[2336.31], [2640.26], [1599.63]],
        [[2144.47], [2501.62], [591.51]],
        [[1507.13], [1556.89], [1954.51]],
        [[2201.94], [3196.22], [935.53]],
        [[2232.43], [3077.87], [1298.87]],
        [[1580.1], [1752.07], [2463.04]],
        [[1962.4], [1594.97], [1835.95]],
        [[1802.07], [1725.81], [1966.35]],
        [[1817.36], [1927.4], [2328.79]],
        [[1860.45], [1782.88], [1875.13]]])
X1 = X[0:7, :]
N1 = X1.shape[0]
X2 = X[7:, :]
N2 = X2.shapc[0]

# 类均值向量
m1 = np.array([[0], [0], [0]])
for i in range(0, N1):
    m1 = m1 + X1[i]
m1 = m1 / N1                                    # 求得第一类样本均值
```

```
m2 = np.array([[0], [0], [0]])
for i in range(0, N2):
    m2 = m2 + X2[i]
m2 = m2 / N2                                                    # 求得第二类样本均值

# 类内离散度矩阵
S1 = np.zeros((3, 3))
for i in range(0, N1):
    S1 = S1 + np.dot(X1[i] - m1, np.transpose(X1[i] - m1))      # 求得第一类的类内离散度
S2 = np.zeros((3, 3))
for i in range(0, N2):
    S2 = S2 + np.dot(X2[i] - m2, np.transpose(X2[i] - m2))      # 求得第二类的类内离散度
Sw = S1 + S2

# 类间离散度矩阵
Sb = np.dot(m1 - m2, np.transpose(m1 - m2))

# 最佳投影方向向量
w = np.dot(np.linalg.inv(Sw), m1 - m2)
w0 = w / norm(w)
# print(w0)

# 投影后均值
m11 = np.dot(np.transpose(w), m1)
m21 = np.dot(np.transpose(w), m2)
y0 = -(m11 + m21) / 2

# 测试样本
for i in range(19):
    y = np.dot(np.transpose(w), test[i, :]) + y0
    if y > 0:
        c = 2
        print('测试样本属于第2类!')
    else:
        c = 3
        print('测试样本属于第3类!')
    mySheet1.cell(i + 15, 4).value = c
    c = str(c)
    data.iloc[i + 15, 4] = '测试样本第' + c + '类'

# 可视化
for i in range(15):
    a = mySheet1.cell(i + 1, 4).value
    if a <= 2:
        b = 2
    else:
        b = 3
    mySheet1.cell(i + 1, 5).value = b
    b = str(b)
    data.iloc[i, 4] = '训练样本第' + b + '类'
data.to_excel('result_new1,4,2.xlsx', index = True)
fig = px.scatter_3d(data, x = 'A', y = 'B', z = 'C', color = '算法分类', title = '分为2、3类分类图')
fig.show()
```

程序运行完之后,出现图 3-11 所示的第 2、3 类数据分类结果图界面。

分为2、3类分类图

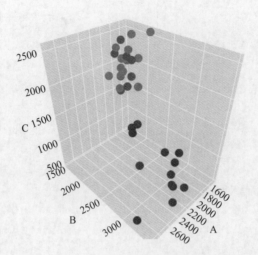

扫码看彩图

算法分类
- ● 训练样本第2类
- ● 训练样本第3类
- ● 测试样本第3类
- ● 测试样本第2类

图 3-11 第 2、3 类数据分类结果图界面

运行 Python 程序的结果如下：

```
w =
[[ 0.35532946]    [ 0.93411004]    [ - 0.03434261]]
测试样本属于第 3 类!
测试样本属于第 3 类!
测试样本属于第 3 类!
测试样本属于第 2 类!
测试样本属于第 2 类!
测试样本属于第 3 类!
测试样本属于第 3 类!
测试样本属于第 3 类!
测试样本属于第 3 类!
测试样本属于第 2 类!
测试样本属于第 3 类!
测试样本属于第 2 类!
测试样本属于第 2 类!
测试样本属于第 3 类!
测试样本属于第 3 类!
测试样本属于第 3 类!
测试样本属于第 3 类!
```

将两种分类方法的分类结果进行比较,即利用第二、三种分类方法得出的分类结果进行比较,如表 3-3 所示。

表 3-3 两种分类结果的比较

x	y	z	设计分类器分类结果第二种(1、3 和 2、4 类)	设计分类器分类结果第三种(1、4 和 2、3 类)
1702.80	1639.79	2068.74	3	3
1877.93	1860.96	1975.30	3	3

续表

x	y	z	设计分类器分类结果 第二种（1、3和2、4类）	设计分类器分类结果 第三种（1、4和2、3类）
867.81	2334.68	2535.10	1	1
1831.49	1713.11	1604.68	3	3
460.69	3274.77	2172.99	4	4
2374.98	3346.98	975.31	2	2
2271.89	3482.97	946.70	2	2
1783.64	1597.99	2261.31	3	3
198.83	3250.45	2445.08	4	4
1494.63	2072.59	2550.51	3	3
1597.03	1921.52	2126.76	3	3
1598.93	1921.08	1623.33	3	3
1243.13	1814.07	3441.07	1	1
2336.31	2640.26	1599.63	2	2
354.00	3300.12	2373.61	4	4
2144.47	2501.62	591.51	2	2
426.31	3105.29	2057.80	4	4
1507.13	1556.89	1954.51	3	3
343.07	3271.72	2036.94	4	4
2201.94	3196.22	935.53	2	2
2232.43	3077.87	1298.87	2	2
1580.10	1752.07	2463.04	3	3
1962.40	1594.97	1835.95	3	3
1495.18	1957.44	3498.02	1	1
1125.17	1594.39	2937.73	1	1
24.22	3447.31	2145.01	4	4
1269.07	1910.72	2701.97	1	1
1802.07	1725.81	1966.35	3	3
1817.36	1927.40	2328.79	3	3
1860.45	1782.88	1875.13	3	3

比较这两种分类方法，方法二有一个错误分类，方法三也有一个错误分类，所以无法比较方法二和方法三的优劣。

3.5.5 结论

本节主要论述了 Fisher 分类法的内容、特点及其分类器设计，重点讨论了利用 Fisher 分类法设计分类器的全过程。在设计该分类器过程中，首先利用训练样本求得最佳投影方向 w^*，并确定阈值点 y_0；其次分析归纳给定样本数据的分类情况；最后利用 Python 中的相关函数、工具设计基于 Fisher 分类法的分类器，并对测试数据进行成功分类。整个讨论和设计过程的关键点和创新点在于对测试数据的处理过程，通过两种方法实现了快速且相对准确的分类。

3.6　基于支持向量机的分类法

3.6.1　支持向量机的基本思想

支持向量机(Support Vector Machine,SVM)是由线性可分情况下的最优分类面方法发展而来的,其基本思想可用图 3-12 的两类线性分割图

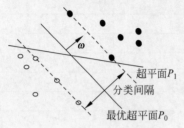

图 3-12　两类线性分割图

说明。在图 3-12 中,实心点和空心点代表两类样本,实线 P_0、P_1 为分类线。两条虚线分别为过各类中离分类线最近的样本且平行于分类线的直线,它们之间的距离叫作分类间隔。所谓最优分类线就是要求分类线不但能将两个类正确分开(训练错误率为 0),而且确保分类间隔最大。

分类线方程为

$$\omega x + b = 0, \quad \omega \in \mathbf{R}^m, b \in \mathbf{R} \tag{3-33}$$

此时分类间隔为 $2/\|\omega\|$,使间隔最大等价于 $\|\omega\|^2$ 最小,则可以通过求 $\|\omega\|^2/2$ 的极小值获得分类间隔最大的最优超平面。

这里的约束条件为

$$y_i(\omega x_i + b) - 1 \geqslant 0, \quad i = 1, \cdots, n \tag{3-34}$$

该约束优化问题可以用拉格朗日方法求解,令

$$L(\omega, b, \alpha) = \frac{1}{2}\|\omega\|^2 - \sum_{i=1}^{m}[y_i(\omega x_i + b) - 1] \tag{3-35}$$

其中,$\alpha_i \geqslant 0$ 为每个样本的拉氏乘子,由 L 对 b 和 ω 导数均为 0,可以导出:

$$\sum_{i=1}^{m} \alpha_i y_i = 0 \tag{3-36}$$

$$\omega = \sum_{i=1}^{m} \alpha_i y_i x_i \tag{3-37}$$

因此,解向量有一个由训练样本集的一个子集样本向量构成的展开式,该子集样本的拉氏乘子均不为 0,即支持向量。拉氏乘子为 0 的样本向量的贡献为 0,对选择分类超平面是无意义的。于是,就从训练集中得到了描述最优分类超平面的决策函数,即支持向量机,它的分类功能由支持向量决定。这样决策函数可表示为

$$f(x) = \text{sgn}\left(\sum_{i=1}^{m} \alpha_i y_i (x + x_i) + b\right) \tag{3-38}$$

3.6.2　支持向量机的主要优点

(1) 它专门针对有限样本情况,目标是得到现有信息下的最优解,而不仅仅是样本数趋于无穷大时的最优值。

(2) 算法最终将转化为一个二次型寻优问题。从理论上说,得到的将是全局最优点,可解决神经网络方法中无法避免的局部极值问题。

(3) 算法将实际问题通过非线性变换转换到高维特征空间。在高维空间中构造线性判

别函数,实现原空间中的非线性判别函数,特殊性质能保证机器有较好的推广能力;同时巧妙地解决了维数问题,其算法复杂度与样本维数无关。

3.6.3 训练集为非线性情况

对于实际上难以线性分类的问题,待分类样本可以通过选择适当的非线性变换映射到某个高维特征空间,使这些样本在目标高维空间线性可分,从而转化为线性可分问题。Cover 定理表明,通过这种非线性转换将非线性可分样本映射到足够高维的特征空间,使非线性可分的样本以极大的可能性变为线性可分。如果该非线性转换为 $\phi(x)$,则超平面决策函数式可重写为

$$f(x) = \text{sgn}\left(\sum_{i=1}^{m} \alpha_i y_i \phi(x)\phi(x_i) + b \right) \tag{3-39}$$

3.6.4 核函数

上面的问题中只涉及训练样本之间的内积运算。实际上在高维空间只需进行内积运算,用原空间中的函数即可实现,甚至无须知道变换的形式。根据泛函的有关理论,只要一种核函数 $K(x, x_i)$ 满足 Mercer 条件,就对应某一变换空间中的内积。因此,在最优分类面中采用适当的内积函数 $K(x, x_i)$,就可以实现某一非线性变换后的线性分类,而不增加计算复杂度。核函数存在性定理表明:给定一个训练样本集,就一定存在一个相应的函数,训练样本通过核函数映射到高维特征空间的相是线性可分的。

对于一个特定的核函数,给定样本集中的任意一个样本都可能成为一个支持向量。这意味着在一个支持向量机算法下观察到的特征在其他支持向量机算法下(其他核函数)并不能保持。因此对于解决具体问题来说,选择合适的核函数是很重要的。

常见的核函数分为 3 类。

(1) 多项式核函数。

$$K(x, x_i) = [(x, x_i) + 1]^q \tag{3-40}$$

(2) 径向基函数。

$$K(x, x_i) = \exp\left(\frac{|x - x_i|^2}{\sigma^2} \right) \tag{3-41}$$

(3) 采用 Sigmoid 函数作为内积。

$$K(x, x_i) = \tanh(v(x, x_i) + c) \tag{3-42}$$

3.6.5 多类分类问题

基本的支持向量机仅能解决两类分类问题。一些学者从两个方向研究用支持向量机解决多类分类问题:一个方向是将基本的两类支持向量机(Binary-class SVM,BSVM)扩展为多类支持向量机(multi-class SVM,MSVM),使支持向量机本身成为解决多类分类问题的多类分类器;另一个方向则相反,将多类分类问题逐步转化为两类分类问题,即用多个两类支持向量机组成多类分类器。

1. MSVM

实际应用研究中多类分类问题更常见,只要将目标函数由两类改为多类(k 类)情况,就

可以很自然地将 BSVM 扩展为 MSVM,以相似的方式可得到决策函数。

2. 基于 BSVM 的多类分类器

这种方案是为每个类构建一个 BSVM,如图 3-13 所示,对于每个类的 BSVM,其训练样本集的构成如下:属于该类的样本为正样本,不属于该类的其他样本都是负样本,即该 BSVM 分类器可将该类样本和其他样本分开。在 1-a-1 分类过程中训练样本需要重新标注,因为一个样本只有对于对应类别的 BSVM 分类器才是正样本,对于其他的 BSVM 分类器都是负样本。

1) 1-a-1 分类器

对于 1-a-1 分类器(one-against-one classifiers),解决 k 类分类问题就要用到 BSVM,这种方案是每两个类别训练一个 BSVM 分类器,其分类原理如图 3-14 所示。最后一个待识别样本的类别是由所有 $k(k-1)/2$ 个 BSVM"投票"决定的。

图 3-13　BSVM 分类原理　　　图 3-14　1-a-1 分类原理

2) 多级 BSVM 分类器

这种方案是将多类分类问题分解为多级的两类分类子问题,如图 3-15 所示,两种典型方案中,A、B、C、D、E、F 分别为 6 个不同的类。

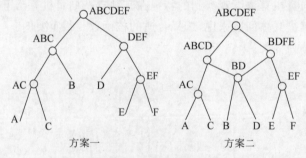

方案一　　　　方案二

图 3-15　多级 BSVM 分类

3.6.6　基于 SVM 的 Python 实现

1. 建立模型流程

基于 SVM 的数据分类设计流程如图 3-16 所示。

图 3-16　数据分类设计流程

2. 数据预处理

对训练集和测试集进行归一化预处理,采用[0,1]区间归一化。

$$f:x \rightarrow y = \frac{x - x_{\min}}{x_{\max} - x_{\min}}$$

3. 训练和预测

以下是 Python 中的 SVM 训练和预测语句。

```
•clf = svm.SVC(C = 2, kernel = 'rbf', gamma = 'auto')  ♯ C为惩罚函数：C值越小,对误分类的惩
♯ 罚越小,容许出错。kernel：核函数,默认是 rbf; gamma:核函数参数,默认为'auto'
clf.fit(X_train, y_train)
--X_train: 训练集的标签
-- y_train: 训练集的属性
-- C = 2, kernel = 'rbf', gamma = 'auto': 一些选项参数
•predict_y = clf.predict(X_test_std)
--X_test_std: 测试集的标签
-- predict_y: 预测得到的测试集的属性
-- accuracy: 分类准确率
```

4. LibSVM 工具箱简介

LibSVM 是台湾大学林智仁教授等开发设计的一个简单易用且快速有效的用于 SVM 模式识别与回归的软件包。它不但提供了编译好的可在 Windows 系统中执行的文件,还提供了源代码,方便用户改进、修改,以及在其他操作系统上应用。该软件还有一个特点,就是对 SVM 涉及的参数调节相对较少,提供了很多默认参数,利用这些默认参数就可以解决很多问题；同时还提供交互检验功能。

以下是 LibSVM 工具箱的安装过程。

（1）在 Python 的终端输入 pip install svm,下载 svm 软件包,如图 3-17 所示。

图 3-17　软件包下载展示

（2）在 Python 的 .py 文件中输入 from sklearn import svm,即可使用。

5.　Python 源程序

程序开始时要对数据进行归一化处理,归一化程序如下：

```
std = StandardScaler()
```

SVM 的完整 Python 源程序如下：

```
from sklearn import svm
from sklearn.preprocessing import StandardScaler
import plotly.express as px
import pandas as pd

♯ 数据集引入
data = pd.read_excel('data.xls', index_col = '序号')
X1 = data.iloc[:29, :3]                              ♯ 训练数据集
```

```
X2 = data.iloc[29:, :3]                                 # 测试数据集
y = data.iloc[:29, 3]
data1 = data.iloc[29:59, ]

# 标准化
std = StandardScaler()
X_train_std = std.fit_transform(X1)                     # 训练数据集的标准化
X_test_std = std.fit_transform(X2)                      # 测试数据集的标准化

# 拆分训练集
X_train = X_train_std
X_test = X_test_std
y_train = y

# SVM 建模
clf = svm.SVC(C = 2, kernel = 'rbf', gamma = 'auto')    # C 为惩罚函数:C 值越小,对误分类的
# 惩罚越小,容许出错。kernel: 核函数,默认是 rbf; gamma:核函数参数,默认为'auto'
clf.fit(X_train, y_train)

# 模型效果
predict_y = clf.predict(X_test_std)
a = predict_y
cnt = 0
for i in range(30):
    b = a[i]
    print(b)
    data.iloc[i + 29:, 4] = b                           # 输出算法分类
    if data.iloc[i + 29, 3] == data.iloc[i + 29, 4]:
        cnt += 1
accuracy = cnt / len(data1)
data.to_excel('data_new.xlsx', index = True)
print(accuracy)                                         # 输出准确率
fig = px.scatter_3d(data1, x = 'A', y = 'B', z = 'C', color = '算法分类', title = '支持向量机分类图')
fig.show()
```

程序运行后,出现图 3-18 所示的分类结果图界面。

扫码看彩图

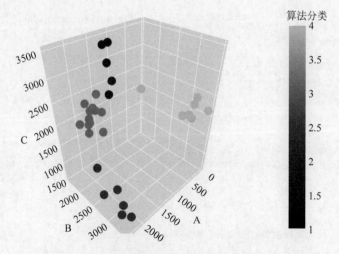

图 3-18　支持向量机分类结果图界面

在 Python 命令窗口出现如下结果：

```
predict_label =
4
1
1
1
1
1
2
2
2
2
2
2
3
3
3
3
3
3
3
3
3
3
3
3
3
4
4
4
4
4
4
accuracy = 0.9666666666666667
```

从程序运行结果可以看出，分类正确率约为 96.67%，有一个样本分错了。

3.6.7 结论

SVM 具有优良的学习能力和推广能力，能够有效解决"维数灾难"和"过学习"问题，而 SVM 的参数是影响分类精度、回归预测的重要因素。仿真结果表明，预测结果可靠，可以为数据提供有效的参考信息。

习题

（1）什么是判别函数法？

（2）怎样确定线性判别函数的系数？

（3）线性判别函数的分类器设计方法有哪些？非线性判别函数的分类器设计方法有哪些？它们有哪些异同？

第4章

聚 类 分 析

4.1 聚类分析简介

聚类分析是一种探索性的分析，在分类过程中，不必事先给出一种分类标准，聚类分析能够从样本数据出发，自动进行分类。

4.1.1 聚类的定义

Everett 提出，一个聚合类是一些相似的实体集合，而且不同聚合类的实体是不相似的。一个聚合类内两点间的距离小于这个类内任一点与这个类外任一点间的距离。聚合类可被描述为 n 维空间内存在较高密度点的连续区域和较低密度点的区域，而较低密度点的区域将其他较高密度点的区域分开。

在模式空间 R 中，若给定 N 个样本 $X_1, X_2, \cdots, X_N$，则聚类的定义如下：按照相互类似的程度找到相应的区域 $R_1, R_2, \cdots, R_M$，将任意 $X_i (i=1,2,\cdots,N)$ 归入其中一类，且不同时属于两类，即

$$R_1 \bigcup R_2 \bigcup \cdots \bigcup R_M = R \tag{4-1}$$

$$R_i \bigcap R_j = \phi, \quad (i \neq j) \tag{4-2}$$

其中，$\bigcap$ 和 $\bigcup$ 分别为交集和并集。

选择聚类的方法应以一个理想的聚类概念为基础。然而，如果数据不满足聚类技术所做的假设，则算法不是去发现真实的结构，而是在数据上强加某种结构。

4.1.2 聚类准则

设有未知类别的 N 个样本，要把它们划分到 M 类中，可以有多种优劣不同的聚类方法，评价聚类的优劣，就需要确定一种聚类准则。但客观地说，聚类的优劣是就某一种评价准则而言的，很难有对各种准则均表现优良的聚类方法。

聚类准则的确定基本上有两种方法。一种是试探法，根据所分类的问题确定一种准则，并用它判断样本分类是否合理。例如，将距离函数作为相似性的度量，用不断修改的阈值探究对此种准则的满足程度，当取得极小值时，就认为得到了最佳划分。另一种是规定一种准则函数，其函数值与样本的划分有关，当取得极小值时，就认为得到了最佳划分。以下给出一种简单而应用广泛的准则，即误差平方和准则：

设有 N 个样本,分属于 $\omega_1,\omega_2,\cdots,\omega_M$ 类,设有 N_i 个样本的 ω_j 类,其均值为

$$m_i = \frac{1}{N_i}\sum_{i=1}^{N_i} X, \quad i=1,2,\cdots,M \tag{4-3}$$

$$\overline{X^{(\omega_i)}} = \frac{1}{N_i}\sum_{i=1} X, \quad i=1,2,\cdots,M \tag{4-4}$$

因为有若干种方法可将 N 个样本划分到 M 类中,因此对应一种划分,可求得一个误差平方和 J,要找到使 J 值最小的那种划分。定义误差平方和:

$$J = \sum_{i=1}^{M}\sum_{k=1}^{N_i} \| X_k - m_i \|^2 \tag{4-5}$$

$$J = \sum_{i=1}^{M}\sum_{k=1}^{N_i} \| X_k - \overline{X^{(\omega_i)}} \|^2 \tag{4-6}$$

经验表明,当各类样本均很密集、各类样本个数相差不大而类间距离较大时,适合采用误差平方和准则。若各类样本数相差很大、类间距离较小,就有可能将样本数多的类一分为二,而得到的 J 值却比大类保存完整时小,误以为得到了最优划分,实际上得到了错误分类。

4.1.3 基于试探法的聚类设计

基于试探法的聚类设计采用某种分类方案,确定一种聚类准则,计算 J 值,找到 J 值最小的那种分类方案,认为该种方法为最优分类。基于试探法的未知类别聚类算法,包括最邻近规则试探法、最大最小距离试探法和层次聚类试探法。

1. 最邻近规则试探法

假设前 i 个样本已经被分到 k 个类中。则第 $i+1$ 个样本应该归入哪一类?假设归入 ω_a 类,要使 J 最小,则应满足第 $i+1$ 个样本到 ω_a 类的距离小于给定的阈值;若大于给定的阈值 T,则应为其建立一个新的类 ω_{k+1}。在未将所有的样本分类前,类数是不能确定的。

这种算法与第一个中心的选取、阈值 T 的大小、样本排列次序及样本分布的几何特性有关。这种方法运算简单,当用有关模式几何分布的先验知识做指导给出阈值 T 及初始点时,能较快地获得合理的聚类结果。

2. 最大最小距离试探法

最邻近规则试探法受阈值 T 的影响很大。阈值的选取是聚类成败的关键之一。最大最小距离试探法充分利用样本内部特性,计算出所有样本间的最大距离作为归类阈值的参考,改善了分类的准确性。例如,若某样本到某个聚类中心的距离小于最大距离的一半,则归入该类,否则建立新的聚类中心。

3. 层次聚类试探法

层次聚类试探法对给定的数据集进行层次分解,直到满足某种条件为止。具体可分为合并、分裂两种方案。

合并的层次聚类采用一种自底向上的策略,首先将每个对象作为一个类,然后根据类间距离的不同,合并距离小于阈值的类,再合并一些相似的样本,直到满足终结条件。合并算法每一步会减少聚类中心数量,聚类产生的结果来自前一步两个聚类的合并。绝大多数层

次聚类方法属于这一类,它们只在相似度的定义上有所不同。

分裂的层次聚类与合并的层次聚类相反,采用自顶向下的策略,它首先将所有对象置于同一簇中,然后逐渐细分为越来越小的样本簇,直到满足某个终止条件。分裂算法与合并算法的原理相反,在每一步增加聚类中心数量,每一步聚类产生的结果都是由前一步的一个聚类中心分裂成两个得到的。

4.2　数据聚类——K 均值聚类

4.2.1　K 均值聚类简介

K 均值聚类于 1956 年提出,是一种迭代求解的聚类算法,其目的是将 n 个数据点分为 k 个聚类。每个聚类都有一个质心,这些质心最小化了其内部数据点与质心之间的距离。

动态聚类方法是模式识别中一种普遍采用的方法,它具有以下 3 个要点。

(1) 选定某种距离度量作为样本间的相似性度量。

(2) 确定某个评价聚类结果质量的准则函数。

(3) 给定某个初始分类,用迭代算法找出使准则函数取极值的最优聚类结果。

K 均值聚类算法使用的聚类准则函数是误差平方和准则 J_K:

$$J_K = \sum_{j=1}^{K} \sum_{k=1}^{n_j} \| x_k - m_j \|^2 \tag{4-7}$$

为使聚类结果优化,应该使准则 J_K 最小化。

(1) 给出 n 个混合样本,令 $I=1$,表示迭代次数,选取 K 个初始聚类中心 $Z_j(I)$,$j=1$,$2,\cdots,K$。

(2) 计算每个样本与聚类中心的距离 $D(x_k, Z_j(I))(k=1,2,\cdots,n; j=1,2,\cdots,K)$。若 $D(x_k, Z_i(I)) = \min\limits_{j=1,2,\cdots,c} \{D(x_k, Z_j(I)), k=1,2,\cdots,n\}$,则 $x_k \in w_i$。

(3) 计算 K 个新的聚类中心:$Z_j(I+1) = \dfrac{1}{n_j} \sum_{k=1}^{n_j} x_k^{(j)}$($j=1,2,\cdots,K$)。

(4) 判断:若 $Z_j(I+1) \neq Z_j(I)(j=1,2,\cdots,K)$,则 $I=I+1$,返回(2);否则,算法结束。

K 均值聚类算法的执行过程如图 4-1 所示。

接下来介绍初始分类的选取和调整方法。

(1) 选取代表点也就是聚类中心。选取一批代表点,计算其他样本到聚类中心的距离,把所有样本归于最近的聚类中心点,形成初始分类,再重新计算各聚类中心,称为成批处理法(本书采用此法)。

(2) 选取一批代表点后,依次计算其他样本的归类。当计算完第 1 个样本时,把它归于最近的一类,形成新的分类。然后计算新的聚类中心,再计算第 2 个样本到新的聚类中心的距离,对第 2 个样本进行归类,即每个样本的归类都改变 1 次聚类中心。此法称为逐个处理法。

(3) 直接用样本进行初始分类,先规定距离 d,把第 1 个样本作为第一类的聚类中心。考查第 2 个样本,若第 2 个样本距第 1 个聚类中心的距离小于 d,就把第 2 个样本归于第一

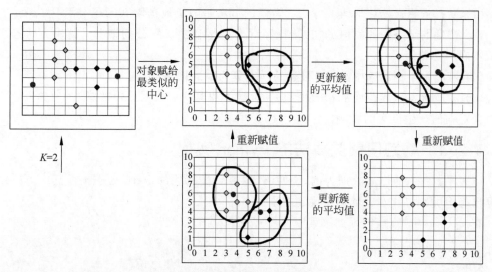

图 4-1　K 均值聚类算法的执行过程

类；否则，第 2 个样本就成为第二类的聚类中心。再考虑其他样本，根据样本到聚类中心的距离大于 d 还是小于 d，决定是分裂还是合并。

（4）最佳初始分类。如图 4-2 所示，随着初始分类 K 的增大，准则函数下降很快，经过拐点 A 后，下降速度减慢，则拐点 A 就是最佳初始分类。

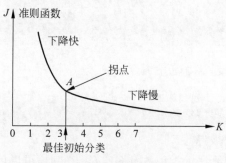

图 4-2　最佳初始分类

4.2.2　K 均值聚类算法的优缺点

K 均值聚类算法在实际生活中非常实用，也非常方便，它不仅能够使烦琐数据的计算简单化，而且使用范围比较广。例如，它在交通事故多发地带分析方面尤为突出。下面是关于 K 均值算法的几个优点。

（1）如果变量很大，则 K 均值聚类比层次聚类的计算速度更快。

（2）与层次聚类相比，K 均值聚类可以得到更紧密的簇，尤其是对于球状簇。

（3）对大数据集合，效率比较高。

（4）算法尝试找出使平方误差函数最小的 K 个划分。当结果簇密集且簇与簇之间区别明显的时候，效果较好。

任何事情都不是完美的，虽然 K 均值聚类算法在实际生活中非常实用，但它也有不足的一面。下面是关于 K 均值聚类算法的几点不足。

（1）没有指明初始化均值的方法。常用的方法是随机地选取 K 个样本作为均值。

（2）产生的结果依赖均值的初始值，经常发生得到次优划分的情况。解决方法是多次尝试不同的初始值。

（3）可能发生距离簇中心 m_j 最近的样本集为空的情况，因此 m_j 将得不到更新。

（4）不适合发现非凸面形状的簇，并且对噪声和离群点数据比较敏感，因为少量这类数据就会对均值产生极大的影响。

4.2.3　K 均值聚类算法的 Python 实现

以表 1-1 所示的样本数据为例，说明 K 均值聚类算法的 Python 实现。其中，前 29 组数据已确定类别，后 30 组数据待确定类别。

在 Python 中，直接调用如下程序即可实现 K 均值聚类算法。

```
kmeans = KMeans(k, times)
kmeans.fit(data1)                        ♯ 调用实现 K 均值聚类算法
```

其中，data1：要聚类的数据集合，每一行为一个样本；k：分类的个数；times：迭代的次数。

如果使用命令 kmeans = KMeans(k, times)进行聚类，要想画出 4 个聚类的图形，可用如下程序代码：

```
print('4 类聚类中心 C 为', '\n' + str(kmeans.cluster_centers_))
a1 = data1[kmeans.labels_ == 0]          ♯ 找到属于第一类的点
a2 = data1[kmeans.labels_ == 1]          ♯ 找到属于第二类的点
a3 = data1[kmeans.labels_ == 2]          ♯ 找到属于第三类的点
a4 = data1[kmeans.labels_ == 3]          ♯ 找到属于第四类的点
```

为了提高图形的区分度，添加如下命令：

```
colors = data1['cluster'].map({0: 'r', 1: 'g', 2: 'y', 3: 'b'})
ax3D.scatter(xs = x, ys = y, zs = z, c = colors, linewidth = None, marker = 'o', alpha = 1)
```

（1）初始分类的选取和调整。

假定已知 K 均值聚类算法的类型数量 K。K 未知时，可以使 K 逐渐增加。使用 K 均值聚类算法，误差平方和 J_k 随 K 的增加而单调减少。最初，由于 K 较小，类型的分裂会使 J_k 迅速减小，但当 K 增加到一定数值时，J_k 的减小速度会减慢，即随着初始分类 K 的增大，准则函数下降很快，经过拐点后，下降速度减慢。拐点处的 K 值就是最佳初始分类。

（2）当分类的数量 $K=2$ 时，调用如下程序实现 K 均值聚类：

```
kmeans = KMeans(2, 50)
kmeans.fit(data1)                        ♯ 调用实现 K 均值聚类算法
SUMD =
  17403.72687067252
  10027.568941411835
Jc = 25.409 * 106
```

（3）当分类的数量 $K=3$ 时，调用如下程序实现 K 均值聚类：

```
kmeans = KMeans(3, 50)
kmeans.fit(data1)                        ♯ 调用实现 K 均值聚类算法
SUMD =
```

```
  1365.339869512837
  2644.9263706641527
  10188.738330068374
Jc = 9.0934 * 106
```

（4）当分类的数量 $K = 4$ 时,调用如下程序实现 K 均值聚类：

```
kmeans = KMeans(4, 50)
kmeans.fit(data1)              ♯ 调用实现 K 均值聚类算法
SUMD =
  2901.280723292744
  2644.9263706641527
  1365.339869512837
  3463.4722875899656
Jc = 4.4472 * 106
```

（5）当分类的数量 $K = 5$ 时,调用如下程序实现 K 均值聚类：

```
kmeans = KMeans(5, 50)
kmeans.fit(data1)              ♯ 调用实现 K 均值聚类算法
SUMD =
  2389.909820353369
  2644.9263706641527
  1365.339869512837
  1966.2999436532054
  1199.2526076567376
Jc = 3.5095 * 106
```

（6）当分类的数量 $K = 6$ 时,调用如下程序实现 K 均值聚类：

```
kmeans = KMeans(5, 50)
kmeans.fit(data1)              ♯ 调用实现 K 均值聚类算法
SUMD =
  2389.909820353369
  2644.9263706641527
  1365.339869512837
  1966.2999436532054
  312.54359215955776
  472.2636964452798
Jc = 3.1187 * 106
```

如图 4-3 所示,随着初始分类 K 的增大,准则函数下降很快,经过拐点后,下降速度减慢。拐点就是最佳初始分类,即 $K = 4$ 时为最佳初始分类。

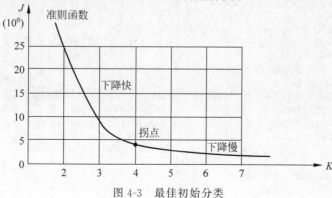

图 4-3　最佳初始分类

完整分类的 Python 源程序代码如下：

```python
import numpy as np
import pandas as pd
import matplotlib as mpl
import matplotlib.pyplot as plt

data = pd.read_excel('data.xls', index_col = '序号')
data1 = data.iloc[29:59, :3]


class KMeans:
    """使用 Python 实现 K 均值聚类算法"""

    def __init__(self, k, times):
        self.k = k
        self.times = times

    def fit(self, X):
        X = np.asarray(X)
        np.random.seed(0)                        # 设置随机种子,以便产生相同的随机序列
        self.cluster_centers_ = X[np.random.randint(0, len(X), self.k)]
        self.labels_ = np.zeros(len(X))

        for data1 in range(self.times):
            for index, x in enumerate(X):
                dis = np.sqrt(np.sum((x - self.cluster_centers_) ** 2, axis = 1))
                self.labels_[index] = dis.argmin()   # 将最小距离的索引赋值给 label 标
# 签,索引的值就是当前的簇,范围为[0,k-1]
            for i in range(self.k):
                self.cluster_centers_[i] = np.mean(X[self.labels_ == i], axis = 0)
# 计算每个簇内所有点的均值,更新聚类中心

    def predict(self, X):
        X = np.asarray(X)
        result = np.zeros(len(X))
        for index, x in enumerate(X):
            dis = np.sqrt(np.sum((x - self.cluster_centers_) ** 2, axis = 1))
            print('dis = ', '\n', dis)
            result[index] = dis.argmin()
            # print(result[index])
        return result


kmeans = KMeans(4, 50)
kmeans.fit(data1)                                # 调用实现 K 均值聚类算法
# result = kmeans.predict(data1)
# print(result)
print('4 类聚类中心 C 为' + str(kmeans.cluster_centers_))
a1 = data1[kmeans.labels_ == 0]                  # 找到属于第一类的点
a2 = data1[kmeans.labels_ == 1]                  # 找到属于第二类的点
a3 = data1[kmeans.labels_ == 2]                  # 找到属于第三类的点
a4 = data1[kmeans.labels_ == 3]                  # 找到属于第四类的点
print('第一类的点 index1 = ' + str(a1.index.values))   # 输出第一类点的索引
print('第二类的点 index2 = ' + str(a2.index.values))   # 输出第二类点的索引
print('第三类的点 index3 = ' + str(a3.index.values))   # 输出第三类点的索引
print('第四类的点 index4 = ' + str(a4.index.values))   # 输出第四类点的索引

mpl.rcParams['font.sans-serif'] = 'SimHei'
mpl.rcParams['axes.unicode_minus'] = False
```

```
x = list(data1['A'])
y = list(data1['B'])
z = list(data1['C'])
# 可视化
plt.figure(figsize = (8, 8))
ax3D = plt.subplot(projection = '3d')
data1['cluster'] = kmeans.predict(data1)
colors = data1['cluster'].map({0: 'r', 1: 'g', 2: 'y', 3: 'b'})
ax3D.scatter(xs = x, ys = y, zs = z, c = colors, linewidth = None, marker = 'o', alpha = 1)
ax3D.set_xlabel('第一特征坐标')
ax3D.set_ylabel('第二特征坐标')
ax3D.set_zlabel('第三特征坐标')
ax3D.set_title('K均值聚类分类图')
plt.show()
```

4.2.4 待聚类样本的分类结果

待聚类样本按下述步骤分类。

(1) 所分 4 类的聚类中心 C，代码实现的结果如下：

```
4 类聚类中心 C 为
[[1249.165          1947.315         2944.06666667]      (index1 聚类中心)
 [2260.33666667     3040.98666667    1057.925      ]      (index2 聚类中心)
 [ 301.18666667     3274.94333333    2205.23833333]      (index4 聚类中心)
 [1743.44416667     1749.53916667    2006.99083333]]     (index3 聚类中心)
```

(2) 所分的 4 类，代码实现的结果如下：

```
第一类的点 index1 = [32   39   42   53   54   56]
第二类的点 index2 = [35   36   43   45   49   50]
第三类的点 index3 = [34   38   44   46   48   55]
第四类的点 index4 = [30   31   33   37   40   41   47   51   52   57   58   59]
```

执行上述代码后，待分类样本 K 均值聚类算法的 Python 分类图界面如图 4-4 所示。

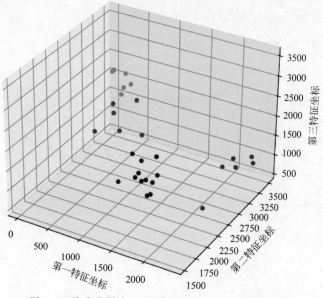

图 4-4 待分类样本 K 均值聚类 Python 分类图界面

4.2.5　结论

对 30 个样本进行分类的 Python 程序代码运行结果如下：

```
dis =
 [1032.74058322 1815.47409719 2157.98010989  132.32455347]
dis =
 [1158.15001865 1542.81388488 2130.33801151  177.49746586]
dis =
 [ 680.24775905 2149.42913477 1146.28349767 1178.14442263]
dis =
 [1479.15889292 1498.70174999 2267.55859127  413.44063609]
dis =
 [1725.80092378 2129.96542836  162.73075429 1999.83576085]
dis =
 [2665.05616057  337.04636498 2412.16329793 2003.75149823]
dis =
 [2719.13153521  455.90980147 2347.52326049 2099.58426932]
dis =
 [ 934.79845268 1938.45674449 2238.96949499  298.76595099]
dis =
 [1746.52573241 2493.56845078  261.91761235 2197.83720312]
dis =
 [ 480.45160186 1936.98445673 1728.92251181  679.47289496]
dis =
 [ 888.63132267 1683.92090344 1875.39956078  255.65439272]
dis =
 [1366.51716898 1418.2145588   1963.59389716  444.41673787]
dis =
 [ 514.59009376 2866.95204018 2132.76535221 1520.21759958]
dis =
 [1862.67736732  678.08415096 2216.14786711 1144.90888188]
dis =
 [1719.54137891 2330.72876808  178.24738668 2114.06377064]
dis =
 [2577.46929098  722.41569597 2569.01567894 1652.28123768]
dis =
 [1674.35511648 2089.86572496  257.24728219 1890.89510722]
dis =
 [1094.62323125 1890.43060199 2113.97050039  309.37408529]
dis =
 [1843.3490018  2165.09115569  173.46161677 2068.56937245]
dis =
 [2549.85557258  206.12640413 2287.18601105 1857.72230973]
dis =
 [2225.22734575  245.34395315 2142.4383928  1582.72077847]
dis =
 [ 615.65025647 2024.44467929 2005.29903079  484.42601532]
dis =
 [1364.10179649 1668.84791346 2391.29964929  317.94378576]
dis =
 [ 606.20969257 2777.33716218 2198.3447298  1525.78695394]
dis =
 [ 374.12694235 2629.62204797 2009.91345125 1128.09999798]
dis =
```

```
[2094.98611203 2519.33923785   331.73521724 2420.16669429]
dis =
 [ 245.65463371 2227.77833373 1744.89134299  856.74159064]
dis =
 [1144.85732051 1662.80906389 2170.14573255   75.17804878]
dis =
 [ 837.73954293 1746.82610457 2032.22036853  375.03697167]
dis =
 [1242.30987189 1552.59967246 2183.237652     179.41364376]
```

其中,dis 为每个样本与聚合中心的最小距离。

分类结果如下:

```
index1 =
    32    39    42    53    54    56
index2 =
    35    36    43    45    49    50
index3 =
    34    38    44    46    48    55
index4 =
    30    31    33    37    40    41    47    51    52    57    58    59
```

对分类结果的验证表明,该算法能有效地对样本进行分类。使用该算法得到的结果显示,全部样本分类结果与正确样本的分类结果完全符合。

在 K 均值聚类算法中,KMeans 算法主要通过迭代搜索获得聚类的划分结果。虽然 KMeans 算法运算速度快、占用内存小,比较适用于大样本量的情况,但是聚类结果受初始凝聚点的影响很大,选择不同的初始点会产生截然不同的结果。并且按最近邻归类时,如果遇到与两个聚类中心距离相等的情况,不同的选择也会产生不同的结果。因此,K 均值动态聚类法会因初始聚类中心的不确定性而存在较大偏差。

K 均值算法使用的聚类准则函数是误差平方和准则。在算法迭代过程中,样本分类不断调整,因此误差平方和 J_k 也在逐步减小,直到样本不再调整为止,此时 J_k 不再变化,聚类达到最优。但是,此算法中没有计算 J_k 值,也就是说 J_k 不是算法结束的明显依据。因此,有待进一步对 K 均值算法进行改进,以优化 K 均值聚类算法。

4.3 数据聚类——基于取样思想的 K 均值算法的改进

K 均值算法是聚类技术中一种基本的划分方法,具有简单、快速的优点,但也存在因初始聚类中心不确定性而存在较大偏差的情况。为此对 K 均值算法的初始聚类中心选择方法进行了改进,提出了一种从数据对象分布出发,动态寻找并确定初始聚类中心的思路及基于这种思路的改进算法。

4.3.1 K 均值算法的改进

在 K 均值算法中,选择不同的初始聚类中心会产生不同的聚类结果且有不同的准确率,该算法的核心是如何找到与数据在空间分布上尽可能一致的初始聚类中心。对数据进行划分,最根本的目的是使一个聚类中的对象相似,而不同聚类中的对象不相似。如果用距离表示对象之间的相似性程度,相似对象之间的距离要比不相似对象之间的距离小。如果能够找到 K 个初始中心,它们分别代表相似程度较大的数据集合,那么就找到了与数据在空间分布上一致的初始聚类中心。

目前,选取初始聚类中心的方法有很多种,在此仅介绍两种。

1. 基于最小距离的初始聚类中心选取法

(1)计算数据对象两两之间的距离。

(2) 找出距离最近的两个数据对象,形成一个数据对象集合 A_1,并将它们从总的数据集合 U 中删除。

(3) 计算 A_1 中每个数据对象与数据对象集合 U 中每个样本的距离,找出 U 中与 A_1 中最近的数据对象,将它并入集合 A_1 并从 U 中删除,直到 A_1 中的数据对象个数达到一定阈值。

(4) 从 U 中找到样本两两间距离最近的两个数据对象,构成 A_2,重复上面的过程,直到形成 k 个对象集合。

(5) 对 k 个对象集合分别进行算术平均,形成 k 个初始聚类中心。

这种方法和 Huffman 算法一样。

2. 基于最小二叉树的方法

(1)计算任意两个数据对象间的距离 $d(x,y)$,找到集合 U 中距离最近的两个数据对象,形成集合 $A_m(1 \leqslant m \leqslant k)$,并从集合 U 中删除这两个对象。

(2) 在 U 中找到距离集合 A_m 最近的数据对象,将其加入集合 A_m,并从集合 U 中删除该对象。

(3) 重复步骤(2),直到集合中的数据对象个数大于或等于 $a\dfrac{n}{k}(0 < a \leqslant 1)$。

(4) 如果 $m < k$,则 $m = m+1$,再从集合 U 中找到距离最近的两个数据对象,形成新的集合 $A_m(1 \leqslant m \leqslant k)$,并从集合 U 中删除这两个数据对象,返回步骤(2)。

(5) 将最终形成的 k 个集合中的数据对象分别进行算术平均,从而形成 k 个初始聚类中心。

说明:$a\dfrac{n}{k}$ 的取值会因实验数据的不同而不同。若 $a\dfrac{n}{k}$ 的取值过小,会使几个初始聚类中心点聚集在同一区域;若 $a\dfrac{n}{k}$ 的取值过大,又会使初始聚类中心点偏离密集区域。所以,阈值 $a\dfrac{n}{k}$ 需要从多次实验中获取。

从这 k 个初始聚类中心出发,应用 K 均值聚类算法形成最终聚类。

4.3.2 基于取样思想的改进 K 均值聚类算法的 Python 实现

首先对样本数据采用 K 均值聚类算法进行聚类,产生一组聚类中心;然后将这组聚类中心作为初始聚类中心,再采用 K 均值聚类算法进行聚类。

也可以在第一步中,对样本数据采用 K 均值算法进行 n 次聚类运算,每次产生一组聚类中心,对 n 个聚类中心进行算术平均,从而得到 k 个初始聚类中心。

确定初始聚类中心的 Python 程序如下:

```
    kmeans = KMeans(k, times)
    kmeans.fit(data1)
    print('C = ', '\n', kmeans.cluster_centers_)
# k: 分类个数; times: 迭代次数; kmeans.cluster_centers_: 聚类中心
```

运行 Python 程序代码后,得到的初始聚类中心如下:

```
 C =
[[2332.69076923      3078.87384615      1075.87076923]
 [ 300.97375         3222.768125        2250.206875   ]
 [1210.569           1878.033           2921.95        ]
 [1733.1595          1735.5575          1976.2075      ]]
```

基于取样思想的改进 K 均值聚类算法的程序如下:

```
import numpy as np
import pandas as pd
import matplotlib as mpl
import matplotlib.pyplot as plt

data = pd.read_excel('data.xls', index_col = '序号')
data1 = data.iloc[:59, :3]
np.set_printoptions(suppress = True)                # 取消科学记数

class KMeans:
    """使用 Python 实现 K 均值聚类算法"""

    def __init__(self, k, times):
        self.k = k
        self.times = times

    def fit(self, X):
        X = np.asarray(X)
        np.random.seed(0)                          # 设置随机种子,以便产生相同的随机序列
        self.cluster_centers_ = X[np.random.randint(0, len(X), self.k)]
        self.labels_ = np.zeros(len(X))

        for data1 in range(self.times):
            for index, x in enumerate(X):
                dis = np.sqrt(np.sum((x - self.cluster_centers_) ** 2, axis = 1))
                self.labels_[index] = dis.argmin()   # 将最小距离的索引赋值给 label 标
# 签,索引的值就是当前的簇,范围为[0, k-1]
            for i in range(self.k):
                self.cluster_centers_[i] = np.mean(X[self.labels_ == i], axis = 0)
# 计算每个簇内所有点的均值,更新聚类中心

    def predict(self, X):
        X = np.asarray(X)
        result = np.zeros(len(X))
        for index, x in enumerate(X):
            dis = np.sqrt(np.sum((x - self.cluster_centers_) ** 2, axis = 1))
            result[index] = dis.argmin()
        return result


kmeans = KMeans(4, 50)
```

```
kmeans.fit(data1)                              # 调用实现 K 均值聚类算法
result = kmeans.predict(data1)
# print(result)
print('C = ', '\n', kmeans.cluster_centers_)
y = np.arange(1, 60)
z = np.column_stack((data1, result))           # 将两个矩阵按列合并
x = np.column_stack((z, y))
x1 = []
x2 = []
x3 = []
x4 = []
for i in range(0, 59):
    if x[i, 3] == 1:
        x1.append(x[i, :])
    elif x[i, 3] == 2:
        x2.append(x[i, :])
    elif x[i, 3] == 3:
        x3.append(x[i, :])
    else:
        x4.append(x[i, :])

x1 = kmeans.cluster_centers_[0, :].reshape(3, 1)
x2 = kmeans.cluster_centers_[1, :].reshape(3, 1)
x3 = kmeans.cluster_centers_[2, :].reshape(3, 1)
x4 = kmeans.cluster_centers_[3, :].reshape(3, 1)
x = np.delete(x, 3, axis=1).T
xx = kmeans.cluster_centers_.T
xxx = np.ones((3, 4))
j = 0

d1 = []
d2 = []
d3 = []
d4 = []
ww1 = []
ww2 = []
ww3 = []
ww4 = []
for i in range(0, 59):
    # x[:3, i] = np.array(data1)
    d1.append(round(1000 * np.sum((x[:3, i] - np.mean(x1, axis=1)) ** 2)) / 1000)
    d2.append(round(1000 * np.sum((x[:3, i] - np.mean(x2, axis=1)) ** 2)) / 1000)
    d3.append(round(1000 * np.sum((x[:3, i] - np.mean(x3, axis=1)) ** 2)) / 1000)
    d4.append(round(1000 * np.sum((x[:3, i] - np.mean(x4, axis=1)) ** 2)) / 1000)
    min_val = np.min([d1[i], d2[i], d3[i], d4[i]])
    if min_val == d1[i]:
        ww1.append(x[:, i])
    elif min_val == d2[i]:
        ww2.append(x[:, i])
    elif min_val == d3[i]:
        ww3.append(x[:, i])
    else:
        ww4.append(x[:, i])

ww1 = np.array(ww1)
ww2 = np.array(ww2)
```

```
ww3 = np.array(ww3)
ww4 = np.array(ww4)
x1 = ww1[:, 0:3]
x2 = ww2[:, 0:3]
x3 = ww3[:, 0:3]
x4 = ww4[:, 0:3]
mean_x1 = np.mean(x1, axis = 0)   # 求得 x1 在列方向的均值
new_cluster_centers_ = np.vstack((mean_x1, np.mean(x2, axis = 0), np.mean(x3, axis = 0), np.
mean(x4, axis = 0)))
# print(new_cluster_centers_)
print('ww1 = ', '\n', ww1)
print('ww2 = ', '\n', ww2)
print('ww3 = ', '\n', ww3)
print('ww4 = ', '\n', ww4)

# 可视化
mpl.rcParams['font.sans - serif'] = 'SimHei'
mpl.rcParams['axes.unicode_minus'] = False

x = list(data1['A'])
y = list(data1['B'])
z = list(data1['C'])

plt.figure(figsize = (8, 8))
ax3D = plt.subplot(projection = '3d')
data1['cluster'] = kmeans.predict(data1)
# print(type(data1['cluster']))
colors = data1['cluster'].map({0: 'r', 1: 'g', 2: 'y', 3: 'b'})
ax3D.scatter(xs = x, ys = y, zs = z, c = colors, linewidth = None, marker = 'o', alpha = 1)
ax3D.set_xlabel('第一特征坐标')
ax3D.set_ylabel('第二特征坐标')
ax3D.set_zlabel('第三特征坐标')
ax3D.set_title('改进 K 均值聚类算法聚类分类图')
plt.show()
```

运行 Python 程序代码后,结果如下:

```
C =
[[2332.69076923 3078.87384615 1075.87076923]
 [ 300.97375     3222.768125   2250.206875  ]
 [1210.569       1878.033      2921.95      ]
 [1733.1595       1735.5575     1976.2075    ]]
ww1 =
[[2352.12 2557.04 1411.53     8.  ]
 [2297.28 3340.14  535.62    14.  ]
 [2092.62 3177.21  584.32    15.  ]
 [2205.36 3243.74 1202.69    18.  ]
 [2949.16 3244.44  662.42    19.  ]
 [2802.88 3017.11 1984.98    22.  ]
 [2063.54 3199.76 1257.21    24.  ]
 [2374.98 3346.98  975.31    35.  ]
 [2271.89 3482.97  946.7     36.  ]
 [2336.31 2640.26 1599.63    43.  ]
 [2144.47 2501.62  591.51    45.  ]
 [2201.94 3196.22  935.53    49.  ]
 [2232.43 3077.87 1298.87    50.  ]]
```

```
ww2 =
[[ 373.3   3087.05 2429.47    2.  ]
 [ 222.85 3059.54 2002.33    5.  ]
 [ 401.3   3259.94 2150.98    9.  ]
 [ 363.34 3477.95 2462.86   10.  ]
 [ 104.8   3389.83 2421.83   12.  ]
 [ 499.85 3305.75 2196.22   13.  ]
 [ 172.78 3084.49 2328.65   23.  ]
 [ 341.59 3076.62 2438.63   27.  ]
 [ 291.02 3095.68 2088.95   28.  ]
 [ 237.63 3077.78 2251.96   29.  ]
 [ 460.69 3274.77 2172.99   34.  ]
 [ 198.83 3250.45 2445.08   38.  ]
 [ 354.    3300.12 2373.61   44.  ]
 [ 426.31 3105.29 2057.8    46.  ]
 [ 343.07 3271.72 2036.94   48.  ]
 [  24.22 3447.31 2145.01   55.  ]]
ww3 =
[[ 864.45 1647.31 2665.9     4.  ]
 [ 877.88 2031.66 3071.18    6.  ]
 [1418.79 1775.89 2772.9    16.  ]
 [1449.58 1641.58 3045.12   25.  ]
 [ 867.81 2334.68 2535.1    32.  ]
 [1494.63 2072.59 2550.51   39.  ]
 [1243.13 1814.07 3441.07   42.  ]
 [1495.18 1957.44 3498.02   53.  ]
 [1125.17 1594.39 2937.73   54.  ]
 [1269.07 1910.72 2701.97   56.  ]]
ww4 =
[[1739.94 1675.15 2395.96    1.  ]
 [1756.77 1652.   1514.98    3.  ]
 [1803.58 1583.12 2163.05    7.  ]
 [1571.17 1731.04 1735.33   11.  ]
 [1845.59 1918.81 2226.49   17.  ]
 [1692.62 1867.5  2108.97   20.  ]
 [1680.67 1575.78 1725.1    21.  ]
 [1651.52 1713.28 1570.38   26.  ]
 [1702.8  1639.79 2068.74   30.  ]
 [1877.93 1860.96 1975.3    31.  ]
 [1831.49 1713.11 1604.68   33.  ]
 [1783.64 1597.99 2261.31   37.  ]
 [1597.03 1921.52 2126.76   40.  ]
 [1598.93 1921.08 1623.33   41.  ]
 [1507.13 1556.89 1954.51   47.  ]
 [1580.1  1752.07 2463.04   51.  ]
 [1962.4  1594.97 1835.95   52.  ]
 [1802.07 1725.81 1966.35   57.  ]
 [1817.36 1927.4  2328.79   58.  ]
 [1860.45 1782.88 1875.13   59.  ]]
```

分类效果图界面如图 4-5 所示。

4.3.3 结论

本节鉴于初始聚类中心对 K 均值聚类算法的影响,以及 K 均值聚类算法的不足,构造了改进 K 均值聚类算法。该算法通过两种方法选取初始聚类中心,在给定初始聚类中心的

改进K均值聚类算法聚类分类图

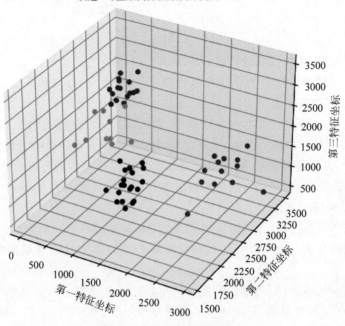

图 4-5 分类效果图界面

基础上再次使用 K 均值聚类算法,从而得出聚类结果。全部样本与已知样本完全符合。

4.4 数据聚类——K 近邻法聚类

4.4.1 K 近邻法简介

K 近邻法的核心思想如下:在特征空间中,如果一个样本附近 k 个最近样本中的大多数属于某一个类别,则该样本也属于这个类别。例如,图 4-6 中 $K=3$ 时,即选择最近的 3 个点,判断它们的类别,于是可以得出圆形的输入实例应该为三角形;同理,当 $K=5$ 时,结果变成方形,此时测试样本 X 被归为方形类别。

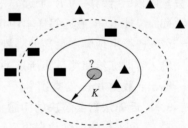

K 近邻法的特点包括简单易懂、易于实现,但其也有一些缺点,例如计算量大,对于不平衡数据集可能产生误导性结果。

图 4-6 K 近邻法示例

4.4.2 K 近邻法的算法研究

1. K 近邻法的数学模型

K 近邻法的基本思想是在多维空间 R_n 中找到与未知样本最邻近的 K 个点,并根据这 K 个点的类别判断未知样本的类。这 K 个点就是未知样本的 K 个最近邻。算法假设所有的实例对应 n 维空间中的点。一个实例的最近邻是根据标准欧氏距离定义,设 x 的特征向量为 $[a_1(x), a_2(x), \cdots, a_n(x)]$。

其中,$a_r(x)$表示实例 x 的第 r 个属性值。两个实例 x_i 和 x_j 间的距离定义为 $d(x_i,x_j)$,

$$d(x_i,x_j) = \sqrt{\sum_{r=1}^{n}(a_r(x_i)-a_r(x_j))^2} \tag{4-8}$$

在最近邻学习中,离散目标分类函数为 $f:R^n \rightarrow V$,其中,V 是有限集合 $\{v_1,v_2,\cdots,v_s\}$,即各不同分类集。最近邻数 K 值的选取是根据每类样本中的数量和分散程度进行的,不同的应用可以选取不同的 K 值。

如果未知样本 s_i 周围的样本点个数较少,那么 K 个点覆盖的区域会很大,反之则小。因此 K 近邻法易受噪声数据的影响,尤其是样本空间中孤立点的影响。其根源在于基本的 K 最近邻算法中,待预测样本的 K 个最近邻样本的地位是平等的。在自然社会中,通常一个对象受其近邻的影响是不同的,通常距离越近的对象对其影响越大。

2. K 近邻法的研究方法

该算法没有学习的过程,分类时通过类别已知的样本对新样本的类别进行预测,因此属于基于实例的推理方法。如果取 $K=1$,待分样本的类别就是最近邻居的类别,称为 KNN 算法。

只要训练样本足够多,K 近邻法就能取得很好的分类效果。当训练样本数趋近于 $-\infty$ 时,K 近邻法的分类误差最差,是最优贝叶斯误差的两倍;当 K 趋近于 ∞ 时,K 近邻法的分类误差收敛于最优贝叶斯误差。以下是对 K 近邻算法的描述。

(1)构建训练样本集和测试样本集。

(2)设定 K 值,一般先确定一个初始值,再根据实验结果将其调整到最优。

(3)计算测试样本与训练样本的欧氏距离。

(4)选择 K 个近邻的样本,对计算出的距离降序排列,选择距离相对较小的 K 个样本,作为测试样本的 K 个近邻。

(5)找出主要类别,根据 K 个近邻类别,并应用最大概率对所查询的测试样本进行分类。所用概率是指每个类别出现 K 个近邻中的比例,用每一类别出现在 K 个近邻中的样本数量除以 K 计算,为 K 个近邻中每一类别样本数量的集合。

(6)统计 K 个最近邻样本中每个类别出现的次数。

(7)选择出现频率最高的类别作为未知样本的类别。

输入:训练集和测试集所选的数据集是标准的完整三元色数据。

输出:数据 data 的类别号。

3. K 近邻法需要解决的问题

1)寻找适当的训练数据集

训练数据集应该能对历史数据进行很好的覆盖,这样才能保证 K 近邻法有利于预测,选择训练数据集的原则是使各类样本的数量大体一致。另外,选取的历史数据要有代表性。常用的方法是根据类别对历史数据分组,然后再从每组中选取一些有代表性的样本组成训练集。这样既能降低训练集的大小,又能保持较高的准确度。

2)确定距离函数

距离函数决定哪些样本是待分样本的 K 个最近邻,它的选取取决于实际的数据和决策问题。如果样本是空间中点,则最常用的是欧几里得距离。其他常用的距离函数有绝对距离、平方差和标准差。

3）决定 K 的取值

多数法是最简单的一种综合方法，从邻居中选择一个出现频率最高的类别作为最后的结果，如果频率最高的类别不止一个，就选择最近邻的类别。权重法是一种较复杂的方法，它对 K 个最近邻居设置权重，距离越大，权重越小。在统计类别时，计算每个类别的权重和，最大的那个就是新样本的类别。

4）K 值的选取

如果 K 值过小，则会对数据中存在的噪声过于敏感；如果 K 值过大，则近邻中可能包含其他类的样本。一个经验的取值法为 $k \leqslant \sqrt{q}$，q 为训练样本的数量。商业算法通常以 10 为默认值。

4.4.3 K 近邻法数据分类器的 Python 实现

以表 1-1 所示数据为例，说明 K 近邻法数据分类器的 Python 实现。其中，前 29 组数据已确定类别，后 30 组数据待确定类别。

1. KNN 函数介绍

首先在 Python 中定义 KNN 函数，代码如下：

```
class KNN:

    def __init__(self, k):                         # k 为整数类型，用于指出邻居的个数
        self.k = k


    def fit(self, X, y):                           # X 表示矩阵，y 表示向量。
        self.X = np.asarray(X)
        self.y = np.asarray(y).flatten()

    def predict(self, X):
        X = np.asarray(X)

        result = []
        for x in X:
            dis = np.sqrt(np.sum((x - self.X) ** 2, axis = 1))
            index = dis.argsort()                  # 排序之后给出索引
            args = index[:self.k]                  # 给出周围所需邻居个数的数据的索引
            count = np.bincount(self.y[args])      # 所需的索引中每个索引出现的次数
            result.append(count.argmax())          # 将出现次数最多的索引存放到 result 中
        return np.asarray(result)

knn = KNN(k = 4)
knn.fit(train_X, train_y)
result = knn.predict(test_X)                       # 调用实现 KNN 的算法
```

其中，knn＝KNN(k＝4)为定义的 KNN 功能函数，它包含 4 个参数，即 k 值、训练数据、训练数据分类及测试数据，该函数的返回值是测试样本的分类结果。

2. Python 完整程序

本例 K 近邻法的完整 Python 程序如下：

```python
import numpy as np
import pandas as pd
import matplotlib as mpl
import matplotlib.pyplot as plt

data = pd.read_excel('data.xls', index_col = '序号')
data1 = data.iloc[29:59, :3]


class KMeans:
    """使用 Python 实现 K 均值聚类算法"""

    def __init__(self, k, times):
        self.k = k
        self.times = times

    def fit(self, X):
        X = np.asarray(X)
        np.random.seed(0)                               # 设置随机种子,以便产生相同的随机序列
        self.cluster_centers_ = X[np.random.randint(0, len(X), self.k)]
        self.labels_ = np.zeros(len(X))

        for data1 in range(self.times):
            for index, x in enumerate(X):
                dis = np.sqrt(np.sum((x - self.cluster_centers_) ** 2, axis = 1))
                self.labels_[index] = dis.argmin()   # 将最小距离的索引赋值给 label 标
# 签,索引的值就是当前的簇,范围为[0,k-1]
            for i in range(self.k):
                self.cluster_centers_[i] = np.mean(X[self.labels_ == i], axis = 0)
# 计算每个簇内所有点的均值,更新聚类中心

    def predict(self, X):
        X = np.asarray(X)
        result = np.zeros(len(X))
        for index, x in enumerate(X):
            dis = np.sqrt(np.sum((x - self.cluster_centers_) ** 2, axis = 1))
            print('dis = ', '\n', dis)
            result[index] = dis.argmin()
            # print(result[index])
        return result


kmeans = KMeans(4, 50)
kmeans.fit(data1)                                       # 调用实现 K 均值聚类算法
# result = kmeans.predict(data1)
# print(result)
print('4 类聚类中心 C 为', '\n' + str(kmeans.cluster_centers_))
a1 = data1[kmeans.labels_ == 0]                          # 找到属于第一类的点
a2 = data1[kmeans.labels_ == 1]                          # 找到属于第二类的点
a3 = data1[kmeans.labels_ == 2]                          # 找到属于第三类的点
a4 = data1[kmeans.labels_ == 3]                          # 找到属于第四类的点
print('第一类的点 index1 = ' + str(a1.index.values))     # 输出第一类点的索引
print('第二类的点 index2 = ' + str(a2.index.values))     # 输出第二类点的索引
print('第三类的点 index3 = ' + str(a3.index.values))     # 输出第三类点的索引
print('第四类的点 index4 = ' + str(a4.index.values))     # 输出第四类点的索引
```

```
mpl.rcParams['font.sans - serif'] = 'SimHei'
mpl.rcParams['axes.unicode_minus'] = False

x = list(data1['A'])
y = list(data1['B'])
z = list(data1['C'])
# 可视化
plt.figure(figsize = (8, 8))
ax3D = plt.subplot(projection = '3d')
data1['cluster'] = kmeans.predict(data1)
colors = data1['cluster'].map({0: 'r', 1: 'g', 2: 'y', 3: 'b'})
ax3D.scatter(xs = x, ys = y, zs = z, c = colors, linewidth = None, marker = 'o', alpha = 1)
ax3D.set_xlabel('第一特征坐标')
ax3D.set_ylabel('第二特征坐标')
ax3D.set_zlabel('第三特征坐标')
ax3D.set_title('K 均值聚类分类图')
plt.show()
```

单步运行该程序,首先会出现测试样本分类图界面,如图 4-7 所示。

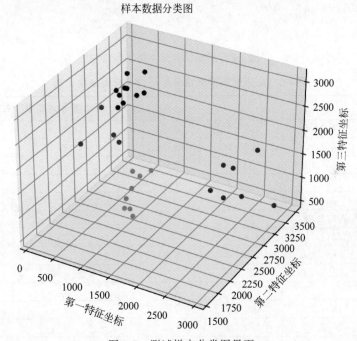

图 4-7　测试样本分类图界面

继续运行程序,会出现测试样本分类结果界面,如图 4-8 所示。

程序运行后,在命令窗口出现如下运行结果:

```
testResults =
1 至 15 列
3    3    1    3    4    2    2    3    4    3    3    3    1    2    4
16 至 30 列
2    4    3    4    2    2    3    3    1    1    4    1    3    3    3
```

将 K 近邻法分类结果与 K 均值分类结果进行比较,如表 4-1 所示。

测试数据分类图

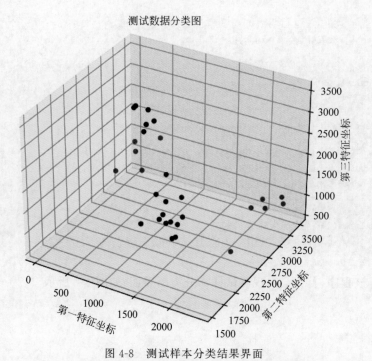

图 4-8　测试样本分类结果界面

表 4-1　*K* 近邻法分类结果与 *K* 均值分类结果比较

序　号	*A*	*B*	*C*	*K* 均值分类结果	*K* 近邻法分类结果
1	1702.80	1639.79	2068.74	3	3
2	1877.93	1860.96	1975.30	3	3
3	867.81	2334.68	2535.10	1	1
4	1831.49	1713.11	1604.68	3	3
5	460.69	3274.77	2172.99	4	4
6	2374.98	3346.98	975.31	2	2
7	2271.89	3482.97	946.70	2	2
8	1783.64	1597.99	2261.31	3	3
9	198.83	3250.45	2445.08	4	4
10	1494.63	2072.59	2550.51	1	3
11	1597.03	1921.52	2126.76	3	3
12	1598.93	1921.08	1623.33	3	3
13	1243.13	1814.07	3441.07	1	1
14	2336.31	2640.26	1599.63	2	2
15	354.00	3300.12	2373.61	4	4
16	2144.47	2501.62	591.51	2	2
17	426.31	3105.29	2057.80	4	4
18	1507.13	1556.89	1954.51	3	3
19	343.07	3271.72	2036.94	4	4
20	2201.94	3196.22	935.53	2	2
21	2232.43	3077.87	1298.87	2	2
22	1580.10	1752.07	2463.04	3	3

序 号	A	B	C	K 均值分类结果	K 近邻法分类结果
23	1962.40	1594.97	1835.95	3	3
24	1495.18	1957.44	3498.02	1	1
25	1125.17	1594.39	2937.73	1	1
26	24.22	3447.31	2145.01	4	4
27	1269.07	1910.72	2701.97	1	1
28	1802.07	1725.81	1966.35	3	3
29	1817.36	1927.40	2328.79	3	3
30	1860.45	1782.88	1875.13	3	3

从表 4-1 可以看出，K 近邻法与 K 均值分类仅有一个分类不一致，即(1494.63, 2072.59, 2550.51)。

4.4.4　结论

K 近邻法数据分类器基本实现了数据分类，并且数据测试结果表明，基本实现了预定目标，达到了分类的效果。

K 近邻法具有主观性，因为必须定义一个距离尺度，分类的结果完全依赖该距离。这样对于同一组数据，利用 K 近邻法两种不同的分类算法会产生两种基本相同的分类结果，一般需要专家评测结果是否有效。由于对结果的认识往往属于经验性的，因此限制了各种距离公式的使用。

4.5　数据聚类——PAM 聚类

4.5.1　PAM 算法的主要流程

对于 PAM 算法，它的输入是簇的数量 k 和包含 n 个对象的数据库；输出是 k 个簇，使所有对象与其最近中心点的相异度总和最小。

PAM 算法的主要流程如下。

(1) 任意选择 k 个对象作为初始的簇中心点。

(2) 重复。

(3) 将每个剩余对象分配到离它最近的中心点表示的簇。

(4) 重复。

(5) 选择一个未被选择的中心点 O_i。

(6) 重复。

(7) 选择一个未被选择过的非中心点对象 O_h。

(8) 计算用 O_h 代替 O_i 的总代价并记录在 S 中。

(9) 直到所有非中心点都被选择。

(10) 直到所有的中心点都被选择。

(11) 如果 S 中的所有非中心点替代所有中心点后计算出的总代价有小于 0 的，那么找出 S 中用非中心点替代中心点后代价最小的一个，并用该非中心点替代对应的中心点，形

成一个新的 k 个中心点的集合。

(12) 直到不再发生簇的重新分配,即所有的 S 都大于 0。

PAM 算法需将簇中位置最靠近中心的对象作为代表对象,然后反复用非代表对象代替代表对象,试图找出更好的中心点。在反复迭代的过程中,分析所有可能的"对象对",每对中的一个对象是中心点,另一个是非代表对象。一个对象可以被使最大平方-误差值减少的对象代替。

一个非代表对象 O_h 是不是当前一个代表对象 O_i 的好的替代,对于每个非中心点对象 O_j,有以下四种情况需要考虑。

情况一数据分布图如图 4-9 所示,O_j 当前隶属于 O_i,如果 O_i 被 O_h 替换,且 O_j 离另一个 O_m 最近,那么 O_j 被分配给 O_m,则替换代价为 $C_{jih}=d(j,m)-d(j,i)$。

情况二数据分布图如图 4-10 所示,O_j 当前隶属于 O_i,如果 O_i 被 O_h 替换,且 O_j 离 O_h 最近,那么 O_j 被分配给 O_h,则替换代价为 $C_{jih}=d(j,h)-d(j,i)$。

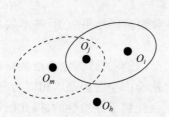

图 4-9　情况一数据分布图

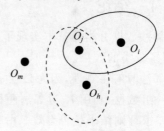

图 4-10　情况二数据分布图

情况三如图 4-11 所示,O_j 当前隶属于 O_m,$m!=i$,如果 O_i 被 O_h 替换,且 O_j 仍然离 O_m 最近,那么 O_j 被分配给 O_m,则替换代价为 $C_{jih}=0$。

情况四数据分布图如图 4-12 所示,O_j 当前隶属于 O_m,$m!=i$,如果 O_i 被 O_h 替换,且 O_j 离 O_h 最近,那么 O_j 被分配给 O_h,则替换代价为 $C_{jih}=d(j,h)-d(j,m)$。

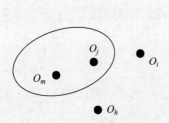

图 4-11　情况三数据分布图

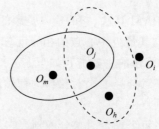

图 4-12　情况四数据分布图

每当重新分配时,平方-误差值 E 产生的差别对代价函数有影响。因此,如果一个当前的中心点对象被非中心点对象代替,代价函数计算平方-误差值产生的差别。替换的总代价是所有非中心点对象产生的代价之和。如果总代价是负的,那么实际的平方-误差值将会减小,O_i 可以被 O_h 替代;如果总代价是正的,则当前的中心点 O_i 被认为是可接受的,在本次迭代中没有变化。

4.5.2　PAM 算法的 Python 实现

将三元色的后 30 组数据进行聚类,PAM 数据分类的完整程序如下:

```python
import numpy as np
import random
import matplotlib as mpl
import matplotlib.pyplot as plt
import copy
import pandas as pd

data = pd.read_excel('data.xls')
data.drop('序号', axis=1, inplace=True)
dataSet = np.array(data.iloc[:, 0:3])


# 计算欧氏距离
def distance(dataSet, medoids, k):
    dis_list = []
    for data in dataSet:
        diff = (np.tile(data, (k, 1))) - medoids    # 将data数据重复聚类中心个数的次数
        squaredDiff = diff ** 2
        squaredDist = np.sum(squaredDiff, axis=1)
        distance = squaredDist ** 0.5
        dis_list.append(distance)
    dis_list = np.array(dis_list)
    return dis_list


# 根据欧氏距离计算 cost
def cost(dataSet, medoids):
    medoids_index = medoids["cen_index"]            # 从中心集字典中取出medoids列表
    k = len(medoids_index)                          # 中心对象的个数
    cost = 0                                        # 设定初始的cost为0
    medoids_Object = dataSet[medoids_index, :]
    dis = distance(dataSet, medoids_Object, k)
    cost = dis.min(axis=1).sum()
    medoids["t_cost"] = cost


def Assment(dataSet, medoids):
    medoids_index = medoids["cen_index"]            # 中心点数组的索引
    # 求出中心点数组
    medoids_Object = dataSet[medoids_index]
    # 中心点数组长度,即有几个中心点
    k = len(medoids_index)
    # 分别求样本数据到每个中心点的欧氏距离
    dis = distance(dataSet, medoids_Object, k)
    # 最小距离对应的索引
    index = dis.argmin(axis=1)
    # 将最小距离索引存储到列表中
    for i in range(k):
        medoids[i] = np.where(index == i)
    for d in range(30):
        a = index[d]
        data.iloc[d, 4] = a
    data.to_excel('data_new.xlsx', index=True)      # 将算法所得结果写入新的文件中
```

```python
def K_Medoids(dataSet, k):
    # 初始化中心点数集,并做聚类
    current_medoids = {}                                    # 当前的中心
    # 在数据集中随机找出 k 个中心
    current_medoids["cen_index"] = random.sample(list(set(range(dataSet.shape[0]))), k)
    # 按照当前的中心对数据集进行聚类
    Assment(dataSet, current_medoids)
    # 计算当前需要的 cost
    cost(dataSet, current_medoids)

    # 定义旧的中心点集字典,当前中心不满足要求时,将当前质心存储到旧中心点集里面
    old_medoids = {}
    old_medoids["cen_index"] = []
    counter = 1                                             # 计算一共循环几次
    # 比较新旧中心点集是否相等
    while set(old_medoids["cen_index"]) != set(current_medoids["cen_index"]):
        # print(counter)
        counter = counter + 1

        # deepcopy 表示复制当前中心点集,并在内存中开辟新的地址进行存储
        # 防止 current_medoids 的修改影响 best_medoids,导致混乱
        best_medoids = copy.deepcopy(current_medoids)
        old_medoids = copy.deepcopy(current_medoids)

        for i in range(dataSet.shape[0]):
            for j in range(k):
                if i != j:
                    # 用非中心点代表中心点,改善聚类质量
                    tmp_medoids = copy.deepcopy(current_medoids)
                    tmp_medoids["cen_index"][j] = i

                    # 再次进行分配和计算需要的 cost
                    Assment(dataSet, tmp_medoids)
                    cost(dataSet, tmp_medoids)

                    # 找出 cost 最小的 medoids
                    if (best_medoids["t_cost"] > tmp_medoids["t_cost"]):
                        best_medoids = copy.deepcopy(tmp_medoids)

        # 将最好的中心点对象对应的字典信息返回
        current_medoids = copy.deepcopy(best_medoids)
        # print('cost is:', current_medoids["t_cost"])
    return current_medoids


if __name__ == '__main__':
    dataSet = np.array(data.iloc[:, 0:3])
    column_count = data.shape[1]
    # dataSet, column_count = load_data('data.xlsx')
    k = 4
    # 生成一个字典,存储对应的中心点的索引以及聚类出的簇
    cluster = np.array(K_Medoids(dataSet, k))
    print(cluster)

# 可视化
mpl.rcParams['font.sans-serif'] = 'SimHei'
```

```
mpl.rcParams['axes.unicode_minus'] = False

x = list(data['A'])
y = list(data['B'])
z = list(data['C'])

plt.figure(figsize = (8, 8))
ax3D = plt.subplot(projection = '3d')
colors = data['算法分类'].map({0: 'r', 1: 'g', 2: 'b', 3: 'black'})
ax3D.scatter(xs = x, ys = y, zs = z, c = colors, linewidth = None, marker = 'o', alpha = 1)
ax3D.set_xlabel('第一特征坐标')
ax3D.set_ylabel('第二特征坐标')
ax3D.set_zlabel('第三特征坐标')
ax3D.set_title('数据分类图')
plt.show()
```

PAM 算法通过不断计算中心点及其他点距离中心点的距离进行优化分类,所以需要多次运行程序,找到最优分类。第一次运行程序,将出现图 4-13 所示的分类结果界面。

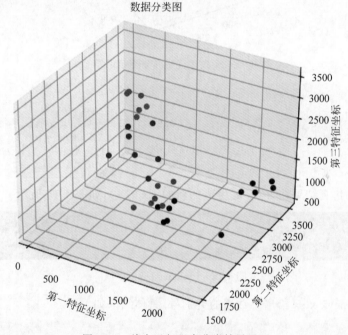

图 4-13　首次运行程序分类结果界面

Python 程序运行结果如下:

```
选择的聚类中心的索引: 'cen_index':[4,  27,  26,  19]
聚类中心 0 的点: (array([ 4,  8,  14,  16,  18,  25], dtype = int64),),
聚类中心 1 的点: (array([ 0,  1,  3,  7,  10,  11,  17,  22,  27,  28,  29], dtype =
int64),),
聚类中心 2 的点: (array([ 2,  9,  12,  21,  23,  24,  26], dtype = int64),),
聚类中心 3 的点: (array([ 5,  6,  13,  15,  19,  20], dtype = int64),)
```

多次运行后将出现图 4-14 所示的分类结果界面。
Python 程序运行后出现如下结果:

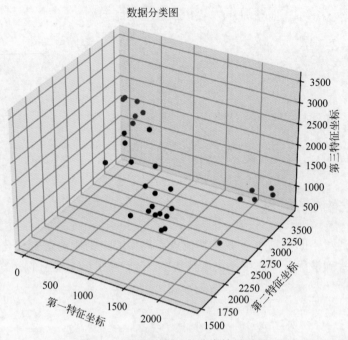

图 4-14　多次运行后的分类结果界面

```
选择的聚类中心的索引: 'cen_index': [4, 19, 26, 27],
聚类中心 0 的点: (array([ 4, 8, 14, 16, 18, 25], dtype = int64),),
聚类中心 1 的点: (array([ 5, 6, 13, 15, 19, 20], dtype = int64),),
聚类中心 2 的点: (array([ 2, 9, 12, 21, 23, 24, 26], dtype = int64),),
聚类中心 3 的点: (array([ 0, 1, 3, 7, 10, 11, 17, 22, 27, 28, 29], dtype =
int64),)
```

相关参数的仿真结果在 Python 生成的新的 Excel 中,如图 4-15 所示。

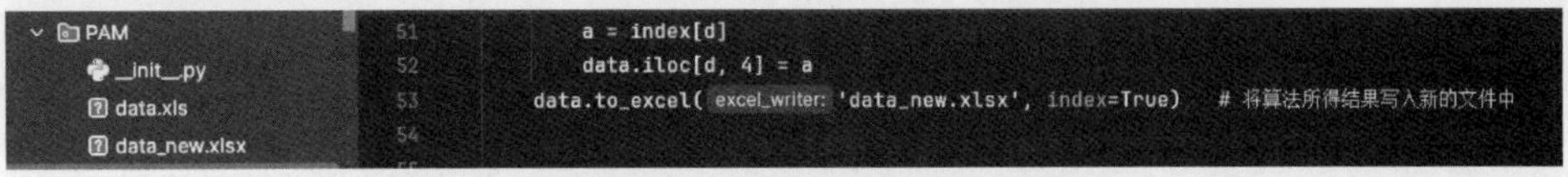

```
∨ 🗅 PAM                      51          a = index[d]
  🐍 __init__.py              52          data.iloc[d, 4] = a
  📄 data.xls                 53      data.to_excel( excel_writer: 'data_new.xlsx', index=True)   # 将算法所得结果写入新的文件中
  📄 data_new.xlsx            54
```

图 4-15　Python 运行工作区

其中,data_new.xlsx 给出了数据的类别号,具体结果如下:

```
3 3 2 3 0 1 1 3 0 2 3 3 3 2 1 0 1 0 3 0 1 1 2 3 2
2 0 2 3 3 3
```

与标准数据对比,发现 1580.1,1752.07,2463.04 这一个数据的分类不正确,正确率约为 96.67%。这可能是仿真次数不够造成的。

4.5.3　K 均值聚类算法与 PAM 算法的分析比较

K 均值聚类算法先任意选取中心点,通过 k 值将数据分为几类,然后在簇中通过求取平均值的方法重新确定中心点,重新赋值,再重新求取平均值,重复此工作,直至准则 J_K 最小化。而 PAM 算法先计算除聚类中心以外的样本点到每个聚类中心的距离,再计算每个类中除聚类中心点外的其他样本点到其他所有点距离和的最小值,将该最小值点作为新的聚类中心,便实现了一次聚类优化,也就是将样本归类到距离样本中心最近的样本点。这便实现了最初的聚类选取数据中的点作为中心点。检测非中心点 O_j 到中心点的距离与到另一个非中心点 O_h 的距离之差是正是负,若为正,则将 O_j 的中心点换为 O_h,以此类推,遍历所有数据,直至所有非中心点被选择过,所有的中心点被选择过,从而更好地消除孤立点。通过前面的仿真可以知道,PAM 对数据的分类可以减小孤立点的影响(参见图 4-16、图 4-17)。

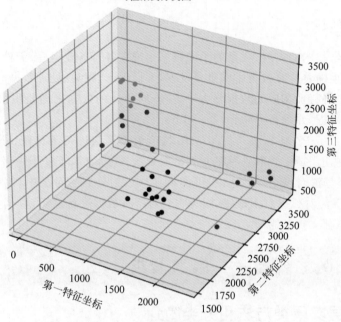

图 4-16 K 均值聚类结果图界面

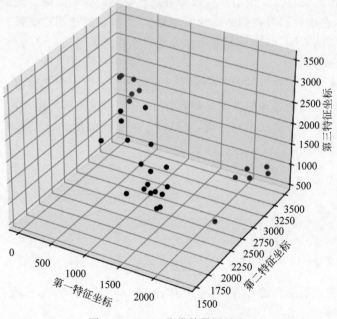

图 4-17 PAM 聚类结果图界面

K 均值聚类算法对孤立点敏感,即使是一个远离聚类中心的目标,算法也强行将其划分到一个类中,从而扭曲了聚类的形状。而 PAM 算法以真实数据点为聚类原型,消除了孤立点的影响,但也存在一些不足。

(1) 比 K 均值聚类算法运算过程复杂,耗时长。

(2) 必须指定 k 的值。

(3) 对大数据集效率不高,特别是 n 和 k 值都很大的时候。

4.5.4　结论

由于当前科学技术的发展,大量的不同数据出现在各行各业,使人们处理这些复杂的数据时出现困难。但随着计算机技术的迅猛发展,人们生产、搜集、处理数据的能力不断提高。使用聚类算法,可将特性相似的数据分为一类,不同特性的数据之间差距很大,为各行各业提供需要的有用数据,并进行分析。

本节主要介绍了 PAM 算法并将其与 K 均值聚类算法进行了比较。K 均值聚类算法是最经典的,也是使用最广泛的一种基于划分的聚类算法,它属于基于距离的聚类算法。但由于 K 均值聚类算法对孤立点敏感,很可能将孤立点划分到一个类中,使分类的聚类形状扭曲。而 PAM 算法对孤立点不敏感,因为它会对所有数据进行遍历,以真实的数据作为聚类原型,从而消除孤立点的影响。

4.6　数据聚类——层次聚类

4.6.1　层次聚类方法和分类简介

层次聚类是将数据集按照某种方法进行层次分解,直到满足某种条件为止。一个完全层次聚类的质量因无法对已经做的合并或分解进行调整而受到影响。但是层次聚类算法没有使用准则函数,它所含的对数据结构的假设更少,所以它的通用性更强。

按照分类原理的不同,可以分为凝聚和分裂两种方法。

1. 凝聚层次聚类

凝聚的层次聚类是一种自下而上的策略。这种类型的层次聚类将每个样本点作为一个单独的簇,从此开始,逐渐将相似度最高的簇合并,直到形成完整的生命树。

绝大多数层次聚类方法属于这一类,它们只是簇间相似度的定义有所不同。凝聚层次聚类算法如图 4-18 所示。

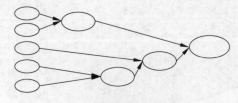

图 4-18　凝聚层次聚类算法

凝聚方法使每个对象自成一簇,这些簇根据某种准则逐步合并,簇合并过程反复进行,直到所有对象最终合并成一个簇。

2. 分裂层次聚类

分裂层次聚类与凝聚层次聚类相反,采用自上而下的策略。这种类型的层次聚类从所有样本点构成一个总体簇开始,然后分割出不相似的子簇,逐渐形成聚类树。分裂层次聚类算法如图 4-19 所示。

所有的对象形成一个初始簇,根据某种原则将簇分裂,簇的分裂过程反复进行,直到最终每个新的簇包含一个对象。

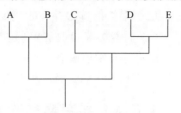

图 4-19　分裂层次聚类算法

4.6.2　簇间距离度量方法

无论是使用凝聚方法还是分类方法,一个核心问题是度量两个簇之间的距离,其中每个簇一般是一个对象集。在凝聚和分裂层次聚类之间,又依据簇间距离的不同,广泛采用 4 种簇间距离度量方法,其中$|p-p'|$是两个对象或点 p 与 p' 之间的距离。

(1) 单连锁(single linkage)又称最近邻方法,指两个不一样的簇中任意两点之间的最近距离。这里的距离表示两点之间的相似度,所以距离越近,两个簇的相似度越大。这种方法最适用于处理非椭圆结构,却对噪声和孤立点特别敏感。取出距离很远的两个类中出现的一个孤立点时,这个点就很有可能把两类合并在一起。该方法的距离公式为

$$d_{\min}(c_i,c_j) = \min_{p\in c_i, p'\in c_j} |p-p'| \qquad (4\text{-}9)$$

(2) 全连锁(complete linkage)又称最远邻方法,指两个不一样的簇中任意两点之间的最远距离。它对噪声和孤立点很不敏感,趋向于寻求某些紧凑的分类,但是,有可能使比较大的簇破裂。该方法的距离公式为

$$d_{\max}(c_i,c_j) = \max_{p\in c_i, p'\in c_j} |p-p'| \qquad (4\text{-}10)$$

(3) 组平均方法(group average linkage),定义距离为数据两两距离的平均值。这种方法倾向于合并差异小的两个类,产生的聚类具有相对健壮性。该方法的距离公式如式(4-11)所示。

$$d_{\text{avg}}(c_i,c_j) = \sum_{p\in c_i}\sum_{p'\in c_j} |p-p'| /n_i n_j \qquad (4\text{-}11)$$

(4) 平均值方法(centroid linkage),先计算各个类的平均值,然后定义平均值之差为两类的距离。该方法的距离公式为

$$d_{\text{mean}}(c_i,c_j) = |m_i - m_j| \qquad (4\text{-}12)$$

其中,c_i、c_j 是两个类;m_i、m_j 分别为类 c_i、c_j 的平均值。

当算法使用最小距离衡量簇间距离时,有时称它为最近邻聚类算法。此外,如果最近的两个簇之间的距离超过用户给定的阈值,聚类过程就会终止,则称为单连锁算法。

当一个算法使用最大距离度量簇间距离时,有时称为最远邻聚类算法。如果最近两个簇之间的最大距离超过用户给定的阈值,聚类过程便终止,则称为全连锁算法。

以上最小和最大距离代表簇间距离度量的两个极端。它们趋向于对离群点或噪声数据过分敏感。使用均值距离或平均距离是对最小和最大距离的一种折中方法,并且可以克服离群点敏感性问题。

4.6.3　层次聚类方法存在的不足

层次聚类的方法存在的主要不足如下。

（1）计算复杂度高,特别是对于大规模数据集。

（2）对异常值敏感。

（3）聚类结果解释性相对较差。

4.6.4　层次聚类的 Python 实现

这里使用平均值方法实现酒瓶颜色的聚类,数据采用表 1-1。下面具体介绍程序算法。

1. 重要代码介绍

```
clustering = AgglomerativeClustering(n_clusters = 4, metric = 'euclidean', linkage = 'average')
 # 欧氏距离矩阵,方法采用平均法
n_clusters: 一个整数,指定簇的数量
metric = 'euclidean': 用欧氏距离矩阵计算距离
Linkage: 计算两个簇之间距的方法(linkage = 'average'采用平均法)
```

2. 完整 Python 程序

层次聚类的完整 Python 程序代码如下:

```
import numpy as np
import pandas as pd
import matplotlib.pyplot as plt
from sklearn.cluster import AgglomerativeClustering
import matplotlib as mpl

data = pd.read_excel('data.xls')
data.drop('序号', axis = 1, inplace = True)
data = np.array(data)                              # 数据转换为层次聚类所需的 np 形式
data1 = data[:29, ]
data2 = data[29:, ]
train_X = data1[:, 0:3]
test_X = data2[:, 0:3]

clustering = AgglomerativeClustering(n_clusters = 4, metric = 'euclidean', linkage = 'average')
   # 欧氏距离矩阵,方法采用平均法
pre = clustering.fit_predict(train_X) + 1
pre1 = clustering.fit_predict(test_X) + 1

data = pd.DataFrame(data)
for i in range(29):
    a = pre[i]
    print(a)
    data1[i, 4] = a
data.to_excel('data_new.xlsx', index = True)
print(' ==================== ')
for i in range(30):
    b = pre1[i]
    print(b)
    data2[i, 4] = b
data.to_excel('data_new.xlsx', index = True)

# 可视化
```

```
mpl.rcParams['font.sans - serif'] = 'SimHei'
mpl.rcParams['axes.unicode_minus'] = False          ♯ 在图像中添加中文

data1 = pd.DataFrame(data1)
x = list(data1.iloc[:, 0])
y = list(data1.iloc[:, 1])
z = list(data1.iloc[:, 2])

plt.figure(figsize = (8, 8))
ax3D = plt.subplot(projection = '3d')
colors = data1.iloc[:, 4].map({1: 'r', 2: 'g', 3: 'y', 4: 'b'})
ax3D.scatter(xs = x, ys = y, zs = z, c = colors, linewidth = None, marker = 'o', alpha = 1)
ax3D.set_xlabel('样本')
ax3D.set_ylabel('类间距离')
ax3D.set_zlabel('Z')
ax3D.set_title('训练样本')
plt.show()

data2 = pd.DataFrame(data2)
x = list(data2.iloc[:, 0])
y = list(data2.iloc[:, 1])
z = list(data2.iloc[:, 2])

plt.figure(figsize = (8, 8))
ax3D = plt.subplot(projection = '3d')
colors = data2.iloc[:, 4].map({1: 'r', 2: 'g', 3: 'black', 4: 'blue'})
ax3D.scatter(xs = x, ys = y, zs = z, c = colors, linewidth = None, marker = 'o', alpha = 1)
ax3D.set_xlabel('样本 1')
ax3D.set_ylabel('类间距离 1')
ax3D.set_zlabel('Z')
ax3D.set_title('测试样本')
plt.show()
```

运行程序,出现如图 4-20 和图 4-21 所示的聚类结果图界面。

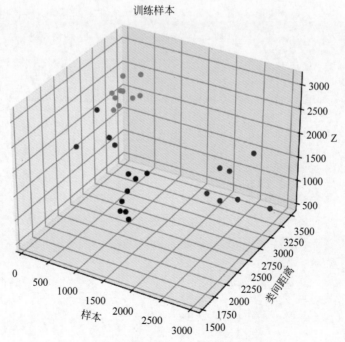

图 4-20 训练数据聚类结果图界面

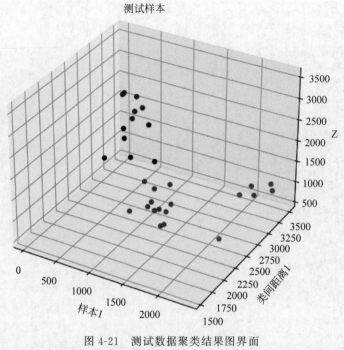

图 4-21　测试数据聚类结果图界面

程序运行后,在命令窗口出现如下运行结果:

```
T1  =
   4
   3
   4
   2
   3
   2
   4
   1
   3
   3
   4
   3
   3
   1
   1
   2
   1
   1
   4
   4
   1
   3
   1
   2
   4
   3
   3
```

```
3

T2 =
2
2
3
2
4
1
1
2
4
3
2
2
3
1
4
1
4
2
4
1
1
2
2
3
3
4
3
2
2
2
```

从结果中可以看出,聚类结果完全正确。

4.6.5 结论

层次聚类方法是聚类分析中应用广泛的一种方法。它是以给定的簇间距离度量为准则,构造和维护一棵由簇和子簇形成的聚类树,直至满足某个终结条件为止。其中,簇间距离度量方法有最小距离、最大距离、平均值距离和平均距离四种。层次聚类算法简单,且能够有效处理大数据集,但是一旦将一组对象合并或者分裂,所做的处理便不能撤销和更改。如果某一步没有做好合并或分裂抉择,则可能导致低质量的聚类效果。

(1)最大和最小度量代表簇间距度量的两个极端。它们趋向于对离群点和噪声数据过分敏感。

(2)使用均值距离和平均距离是对最大距离和最小距离的一种折中方法,并可以克服对离群点敏感的问题。

(3)尽管层次聚类方法简单,但经常遇到合并或分裂点选择困难问题。一旦一组对象合并或分裂,下一步的处理将对新生成的簇进行。

(4)可伸缩性不强,因为做出合并或分裂的决定需要检查和估算大量的对象或簇。

(5) 类间距离的定义方法不同,会使分类结果不一致。实际问题中常用几种不同的方法进行计算,比较其分类结果,从中选择一种比较切合实际的分类方法。

4.7　数据聚类——ISODATA 算法概述

4.7.1　ISODATA 算法简介

ISODATA 算法是一种聚类划分算法,称为迭代自组织数据分析或动态聚类,是一种软性分类,可以认识到大多数分类对象在初始认知或初始分类时不太可能显示的最本质属性。这种模糊聚类的过程以一种逐步进化的方式逼近事物的本质,可以客观地反映人们认识事物的过程,是一种更科学的聚类方式。ISODATA 算法与 K 均值算法有相似之处,即通过对均值的迭代运算决定聚类中心。但 ISODATA 算法能够吸取中间结果所得的经验,具有自组织性。

动态聚类的特点在于聚类过程通过不断地迭代完成,且迭代过程中通常允许样本从一个聚类中转移到另一个聚类中。ISODATA 聚类法认为,同类事物在某种属性空间上具有一种密集型的特点,它假定样本集中的全体样本分为 m 类,并选定 Z_k 为初始聚类中心,然后根据最小距离原则将每个样本分配到某一类中;之后不断迭代,计算各类的聚类中心,并用新的聚类中心调整聚类情况,并在迭代过程中根据聚类情况自动进行类的合并和分裂。

ISODATA 算法的特点如下。

(1) 无先验知识,启发性推理。

(2) 无监督分类。

ISODATA 算法的基本思想是在每轮迭代过程中,样本重新调整类别之后计算类内及类间的有关参数,并与设定的门限比较,确定是两类合并为一类,还是一类分裂为两类,不断地"自组织",在各参数满足设计要求的条件下,使各模式到其类心的距离平方和最小。与 K 均值聚类算法相比,它在下列几方面做了改进。

(1) 考虑了类别的合并与分裂,因而有了自行调整类别数的能力。合并主要发生在某一类内样本个数太少时,或两类聚类中心之间距离太小时。

为此设有最小类内样本数限制,以及类间中心距离参数。若出现两类聚类中心距离太小的情况,可考虑将这两类合并。

分裂主要发生在某一类别的某分量出现类内方差过大时,因而宜分裂成两个类别,以维持合理的类内方差。需要给出一个对类内分量方差的限制参数,以决定是否需要将某一类分裂成两类。

(2) 由于算法有自我调整能力,因而需要设置若干个控制用参数,如聚类数期望值 K、每次迭代允许合并的最大聚类对数 L,及允许迭代次数 I 等。

下面介绍 ISODATA 算法的步骤。

首先明确几个参数。

N_C:预选聚类中心个数;

K:希望的聚类中心的个数;

θ_N:每个聚类中心的最少样本数;

θ_S：一个聚类域中样本距离分布的样本差；

θ_C：两个聚类中心之间的最小距离；

L：一次迭代中允许合并的聚类中心的最大对数；

I：允许迭代的次数。

ISODATA 聚类算法的详细步骤如下：设有 N 个模式样本 $X_1,X_2,\cdots,X_N$。

第一步：预选 N_C 个聚类中心 $\{Z_1,Z_2,\cdots Z_{N_C}\}$，$N_C$ 不要求等于希望的聚类数量。

第二步：计算每个样本与聚合中心的距离，把 N 个样本按最近邻原则（最小距离原则）分配到 N_C 个聚类中，若 $\|X-Z_j\|=\min\{\|X-Z_i\|,i=1,2,\cdots,N_C\}$，则 $X\in S_j$。

第三步：判断 S_j 中的样本个数，若 $N_j<\theta_N$，则删除该类，且 N_C 减 1，并转至第二步。

第四步：计算分类后的参数，包括各聚类样本中心、类内平均距离与总体平均距离。

各聚类样本中心：

$$Z_j=\frac{1}{N_j}\sum_{X\in S_j}X,\quad j=1,2,\cdots,N_C \tag{4-13}$$

类内平均距离：

$$\overline{D}_j=\frac{1}{N_j}\sum_{X\in S_j}\|X-Z_j\|,\quad j=1,2,\cdots,N_C \tag{4-14}$$

总体平均距离：

$$\overline{D}=\frac{1}{N}\sum_{j=1}^{N_C}\sum_{X\in S_j}\|X-Z_j\|=\frac{1}{N}\sum_{j=1}^{N_C}N_j\overline{D}_j \tag{4-15}$$

第五步：根据迭代次数和 N_C 的大小判决算法是分裂、合并还是结束。

(1) 若迭代次数已到 I 次，即最后一次迭代，则置 $\theta_C=0$，并跳到最后一步。

(2) 若 $N_C\leqslant\dfrac{K}{2}$，即聚类中心数量不大于希望数量的一半，则进入分裂步骤。

(3) 若 $N_C\geqslant 2K$，即聚类中心数量不小于希望数量的两倍，或者迭代次数为偶数，则进入合并步骤，否则进入分裂步骤。

第六步：分裂步骤如下。

(1) 计算各类类内距离的标准差向量：

$$\boldsymbol{\sigma}_j=[\sigma_{j1},\sigma_{j2},\cdots,\sigma_{jn}]^{\mathrm{T}},\quad j=1,2,\cdots,N_C \tag{4-16}$$

每个分量为

$$\boldsymbol{\sigma}_{ij}=\sqrt{\frac{1}{N_j}\sum_{x_{ji}\in X_j}(x_{ji}-z_{ji})^2} \tag{4-17}$$

式中，$i=1,2,\cdots,n$ 是维数；x_{ji} 是 S_j 类的样本 X 的第 i 个分量；z_{ji} 是 S_j 类聚类中心 Z_j 的第 i 个分量。

(2) 求每个标准差的最大分量，即为 $\sigma_{j\max}$。

(3) 在集合 $\{\sigma_{j\max}\}$ 中，若有 $\sigma_{j\max}>\theta_S$，则说明 S_j 类样本在对应方向上的标准差大于允许值。若再满足下面条件之一：

① $\overline{D}_j>\overline{D}$ 和 $N_j>2(\theta_N+1)$

② $N_C\leqslant\dfrac{K}{2}$

则 Z_j 分裂为 Z_j^+ 和 Z_j^-，N_C 加 1。Z_j^+ 构成为 Z_j 中对应 $\sigma_{j\max}$ 分量加上 $k\sigma_{j\max}$；Z_j^- 构成为 Z_j 中对应 $\sigma_{j\max}$ 分量减去 $k\sigma_{j\max}$，$0<k<1$，k 为分裂系数。若完成分裂，则迭代次数加 1，转回第二步，否则继续下一步。

第七步：合并步骤如下。

(1) 计算所有聚类中心之间的距离：

$$D_{ij}=\|Z_i-Z_j\| \qquad \begin{array}{l} i=1,2,\cdots,Nc-1 \\ j=i+1,i+2,\cdots,Nc \end{array} \tag{4-18}$$

(2) 比较所有 D_{ij} 与 θ_C 的值，将小于 θ_C 的 D_{ij} 按升序排列，形成集合 $\{D_{i_1,j_1},D_{i_2,j_2},\cdots,D_{i_L,j_L}\}$。

(3) 将集合 $\{D_{i_1,j_1},D_{i_2,j_2},\cdots,D_{i_L,j_L}\}$ 中每个元素对应的两类合并，得到新的聚类，其中心为

$$\mathbf{Z}_l^*=\frac{1}{N_{i_l}+N_{j_l}}(N_{i_l}\mathbf{Z}_{i_l}+N_{j_l}\mathbf{Z}_{j_l}),\quad l=1,2,\cdots,L \tag{4-19}$$

每合并一对，N_C 减 1。

第八步：若是最后一次迭代运算，则算法结束；否则有两种情况，需要操作者修改参数时，跳到第一步，不需要改变参数时，跳到第二步，选择两者之一，迭代次数加 1，然后继续进行运算。

4.7.2　ISODATA 算法的 Python 实现

这里还采用表 1-1 所示数据。

运用 Python 语言实现 ISODATA 算法的主要思想如下：把类的分裂、合并操作看作一种三维数组中行向量位置移动的过程，每个样本作为数组中的一个行向量，而每一行的每一列都是样本的属性值，使用 Python 的矩阵运算完成对样本位置的调整，从而模拟对类的调整，最终得到聚类分析的结果。程序实现流程如下：对输入样本初始化分类后，判断分类是分裂、合并还是终止，再根据判断结果进行分类，如此周而复始。

1. ISODATA 算法的重要源代码

(1) 初始化程序代码如下：

```
# step1:初始化
T = input('是否要设置输入参数?是,请输入'1',否,请输入'0': ')
T = int(T)                                          # 将输入的字符串转换为整数
if T == 1:
    K = input('请输入预期聚类中心数量：K = ')           # 预期的聚类中心个数
    Qn = input('请输入每一聚类中最少样本数：Qn = ')      # 每一类中最少的样本数量
    Qs = input('请输入一个聚类中样本距离分布的标准差：Qs = ')
                                                     # 一个聚类中样本距离分布的标准差
    Qc = input('请输入两个类的聚类中心间的最小距离：Qc = ')
                                                     # 两个类的聚类中心间的最小距离
```

这里参数的设置如下：

```
是否要设置输入参数?是,请输入'1',否,请输入'0': T = 1
请输入预期聚类中心数量：K = 4
请输入每一聚类中最少样本数：Qn = 4
请输入一个聚类中样本距离分布的标准差：Qs = 2
请输入两个类的聚类中心间的最小距离：Qc = 3
```

（2）将待分类数据分别分配给距离最近的聚类中心程序，代码如下：

```python
# step2: 将待分类数据分别分配给距离最近的聚类中心
distance = np.zeros((n, Nc))               # %n 为 x 的行数,NC 为初始聚类中心个数
for i in range(n):
    for j in range(Nc):
        distance[i, j] = np.linalg.norm(x[i, :] - np.array(center)[j, :])
                                           # 遍历到聚类中心的欧氏距离
m = distance.min(1).reshape(30, 1)         # distance 每行数据中的最小值
index = (np.argmin(distance, axis = 1) + 1).reshape(30, 1)
                                           # distance 每行数据中最小值所在的索引[1,2,3,4,5]
z1 = np.column_stack((m, index))           # 这里的 z 等价于 MATLAB 中的[m, index]
c = index                                  # 这里的 c 等价于 MATLAB 中的 class   class = index

# 统计各子集的样本数量
num = np.zeros((1, Nc))
for i in range(1, Nc + 1):
    index = np.array(np.where(c == i)) + 1
    num[:, i - 1] = index.shape[1]         # 找到最小值索引为 i 的值的行数值
# print(num)
```

（3）取消样本数量小于 Q_n 的子集程序，代码如下：

```python
# step3: 取消样本数量小于 Qn 的子集
index = np.array(np.where(num >= int(Qn))) + 1   # Qn 为每一类中最少样本数量
# print(index)
Nc = index.shape[1]
center_hat = np.zeros((Nc, d))
for i in range(Nc):
    center_hat[i, :] = np.array(center)[index[1, i] - 1, :]
center = center_hat

# 重新将待分类数据分别分配给距离最近的聚类中心
distance = np.zeros((n, Nc))               # %n 为 x 的行数,NC 为初始聚类中心个数
for i in range(n):
    for j in range(Nc):
        distance[i, j] = np.linalg.norm(x[i, :] - np.array(center)[j, :])
                                           # 遍历到聚类中心的欧氏距离
m = distance.min(1).reshape(30, 1)         # distance 每行数据中的最小值
# print(distance)
index = (np.argmin(distance, axis = 1) + 1).reshape(30, 1)
                                           # distance 每行数据中最小值所在的索引[1,2,3,4,5]
z2 = np.column_stack((m, index))           # 这里的 z 等价于 MATLAB 中的[m, index]
c = index                                  # 这里的 c 等价于 MATLAB 中的 class   class = index
# print(c)
```

（4）计算分类后的参数（各聚类样本中心、类内平均距离与总体平均距离）的程序代码如下：

```python
# step4: 修正聚类中心
new_center = np.zeros((Nc, d))
num = np.zeros((1, Nc))
for i in range(Nc):
    index = np.array(np.where(c == i + 1)) + 1
    num[:, i] = index.shape[1]                                    # 子集 i 的样本数量
    new_center[i, :] = np.mean(x[(index - 1)[0], :], axis = 0)    # 子集 i 的聚类中心
center = new_center
```

```
# print(center)

# step5:计算各子集中的样本到中心的平均距离 dis
# step6:计算全部模式样本与其对应聚类中心的总平均距离 ddis
dis = np.zeros((1, Nc))
ddis = 0
for i in range(Nc):
    index = np.array(np.where(c == i + 1)) + 1
    for j in range(int(num[:, i][0])):
        dis[:, i] = dis[:, i] + np.linalg.norm(x[index[0, j] - 1, :] - center[i, :])
    ddis = ddis + dis[:, i]
    dis[:, i] = dis[:, i] / num[:, i]
ddis = ddis / n
```

(5) 判断分裂、合并及迭代的程序代码如下：

```
# step7:判断分裂、合并及迭代
if I == Imax:                    # (1)如果迭代次数达到 Imax 次,则置 Qc = 0,跳出循环至 step14
    Qc = 0
    break
K = int(K)
if Nc <= K / 2:                  # (2)如果不进入分裂,则跳到 step11,合并
    seperate = 1
if I % 2 == 0 or Nc >= 2 * K:    # (3)
    break
else:
    seperate = 1
```

(6) 分裂的相关程序代码如下：

```
# step8:分裂
# 计算每个聚类中,各样本到中心的标准差向量
        sigma = np.zeros((Nc, d))                    # sigma(i)代表第 i 个聚类的标准差向量
for i in range(Nc):
    index = np.array(np.where(c == i + 1)) + 1
    for j in range(int(num[:, i][0])):
        sigma[i, :] = sigma[i, :] + (x[index[0, j] - 1, :] - center[i, :]) ** 2
    sigma[i, :] = np.sqrt(sigma[i, :] / num[:, i])
# print(sigma)

# step9:求各标准差{sigma_j}的最大分量 print(sigma)
sigma_max = np.max(sigma, axis = 1).reshape((Nc, 1))
# print(sigma_max)
max_index = (np.argmax(sigma, axis = 1) + 1).reshape(Nc, 1)
# print(max_index)
z3 = np.column_stack((sigma_max, max_index))    # 这里的 z3 表示[sigma_max,max_index]的组合

# step10:分裂
k = 0.5                          # 分裂聚类中心时使用的系数
temp_Nc = Nc
for i in range(temp_Nc):
    if np.array(sigma_max[i]) > float(Qs) and (
            (dis[:, i] > ddis and num[:, i] > 2 * (int(Qn) + 1)) or Nc <= int(K) / 2):
        Ncc = Nc + 1
        # 将 z(i)分裂为两个新的聚类中心
        center = np.insert(center, Ncc - 1, center[i, :], axis = 0)
                                        # matlab 中 center(Ncc,:) = center(i,:)
```

```
                center[i, max_index[i] - 1] = center[i, max_index[i] - 1] + k * sigma_max[i]
                center[Ncc - 1, max_index[i] - 1] = center[Ncc - 1, max_index[i] - 1] + k *
sigma_max[i]
        record[:, I] = Nc

        # 绘制聚类效果图
        # print(c.flatten())
        c = pd.Series(c.flatten())
        mpl.rcParams['font.sans - serif'] = 'SimHei'
        mpl.rcParams['axes.unicode_minus'] = False
        X = x[:, 0]
        y = x[:, 1]
        z = x[:, 2]
        plt.figure(figsize = (8, 8))
        ax3D = plt.subplot(projection = '3d')
        colors = c.map({1: 'red', 2: 'blue', 3: 'green', 4: 'black', 5: 'yellow'})
        ax3D.scatter(xs = X, ys = y, zs = z, c = colors, linewidth = None, marker = 'o', alpha = 1)
        ax3D.set_xlabel('第一特征坐标')
        ax3D.set_ylabel('第二特征坐标')
        ax3D.set_zlabel('第三特征坐标')
        ax3D.set_title('聚类效果图')
        plt.show()
        I = I + 1
if I > = Imax:
    break
```

（7）合并的相关程序代码如下：

```
# step11:合并
#   计算全部聚类中心间的距离
    center_Dis = np.zeros((Nc - 1, Nc))
    for i in range(Nc):
        for j in range(i + 1, Nc):
            center_Dis[i, j] = np.linalg.norm(center[i, :] - center[j, :])
    # print(center_Dis)

    # step12, 13: 如果距离最小的两个中心之间的距离小于Qc,则将其合并
    # 找出距离最近的两个中心
    min_Dis = center_Dis[0, 2]                               # 最小距离
    min_index = [0, 2]
    for i in range(Nc):
        for j in range(i + 1, Nc):
            if center_Dis[i, j] < min_Dis:
                min_Dis = center_Dis[i, j]
                min_index = [i, j]
    if min_Dis < float(Qc):
        # 合并距离最近的两个中心
        # 合并产生的新中心为
        new_center = (center[min_index[0], :] * num[:, min_index[0]] + center[min_index
[1], :] * num[:,min_index[1]]) / ( num[:, min_index[0]] + num[:, min_index[1]])
        # print(new_center)
        temp_center = center
        temp_center[min_index[0], :] = new_center
        temp_center[min_index[1], :] = center[Nc - 1, :]
        Nc = Nc - 1                                          # 聚类数量减1
        center = temp_center[1:Nc, :]
record[:, I] = Nc
I = I + 1
```

2. ISODATA 的完整 Python 程序

完整的 Python 程序代码如下:

```python
import matplotlib.pyplot as plt
import matplotlib as mpl
import pandas as pd
import numpy as np
import random


data = pd.read_excel('data.xls')
data.drop('序号', axis = 1, inplace = True)
x = np.array(data.iloc[29:, 0:3])
label = np.vstack([np.ones((10, 1)), np.ones((10, 1)) * 2, np.ones((10, 1)) * 3])
in_data = np.column_stack((x, label))


Imax = 6                                        # 迭代次数
Nc = 5                                          # 预选初始聚类中心个数
record = np.zeros((1, Imax))                    # 记录聚类数量
# 随机选取 Nc 个初始聚类中心
r = list(range(30))
random.shuffle(r)
center = []
for i in range(Nc):
    a = x[r[i], :]
    center.append(a)
    # print(np.array(center))
n = x.shape[0]                                  # n 为数据行数 d 为数据列数
d = x.shape[1]


I = 1
while I < Imax:
    # step1:初始化
    T = input('是否要设置输入参数?是,请输入'1',否,请输入'0': ')
    T = int(T)                                  # 将输入的字符串转换为整数
    if T == 1:
        K = input('请输入预期聚类中心数量: K = ')        # 预期的聚类中心个数
        Qn = input('请输入每一聚类中最少样本数: Qn = ')   # 每一类中最少的样本数量
        Qs = input('请输入一个聚类中样本距离分布的标准差: Qs = ')
                                                # 一个聚类中样本距离分布的标准差
        Qc = input('请输入两个类的聚类中心间的最小距离: Qc = ')
                                                # 两个类的聚类中心间的最小距离


    seperate = 1                                # 分裂标识,为 1 时进入分裂循环,为 0 时跳出分裂循环
    while seperate == 1:
        # disp('正在运行 while 循环')
        # step2:将待分类数据分别分配给距离最近的聚类中心
        distance = np.zeros((n, Nc))            # %n 为 x 的行数,NC 为初始聚类中心个数
        for i in range(n):
            for j in range(Nc):
                distance[i, j] = np.linalg.norm(x[i, :] - np.array(center)[j, :])
                                                # 遍历到聚类中心的欧氏距离
        m = distance.min(1).reshape(30, 1)      # distance 每行数据中的最小值
        index = (np.argmin(distance, axis = 1) + 1).reshape(30, 1)
                                                # distance 每行数据中最小值所在的索引[1,2,3,4,5]
        z1 = np.column_stack((m, index))        # 这里的 z 等价于 MATLAB 中的[m,index]
```

```
    c = index                              # 这里的 c 等价于 MATLAB 中的 class    class = index

# 统计各子集的样本数量
num = np.zeros((1, Nc))
for i in range(1, Nc + 1):
    index = np.array(np.where(c == i)) + 1
    num[:, i - 1] = index.shape[1]         # 找到最小值索引为 i 的值的行数值
# print(num)

# step3: 取消样本数量小于 Qn 的子集
index = np.array(np.where(num >= int(Qn))) + 1    # Qn 为每一类中最少样本数量
# print(index)
Nc = index.shape[1]
center_hat = np.zeros((Nc, d))
for i in range(Nc):
    center_hat[i, :] = np.array(center)[index[1, i] - 1, :]
center = center_hat

# 重新将待分类数据分别分配给距离最近的聚类中心
distance = np.zeros((n, Nc))               # %n 为 x 的行数,NC 为初始聚类中心个数
for i in range(n):
    for j in range(Nc):
        distance[i, j] = np.linalg.norm(x[i, :] - np.array(center)[j, :])
                                           # 遍历到聚类中心的欧氏距离
m = distance.min(1).reshape(30, 1)         # distance 每行数据中的最小值
# print(distance)
index = (np.argmin(distance, axis=1) + 1).reshape(30, 1)
                                           # distance 每行数据中最小值所在的索引[1,2,3,4,5]
z2 = np.column_stack((m, index))           # 这里的 z 等价于 MATLAB 中的[m,index]
c = index                                  # 这里的 c 等价于 MATLAB 中的 class    class = index
# print(c)

# step4: 修正聚类中心
new_center = np.zeros((Nc, d))
num = np.zeros((1, Nc))
for i in range(Nc):
    index = np.array(np.where(c == i + 1)) + 1
    num[:, i] = index.shape[1]             # 子集 i 的样本数量
    new_center[i, :] = np.mean(x[(index - 1)[0], :], axis=0)  # 子集 i 的聚类中心
center = new_center
# print(center)

# step5:计算各子集中的样本到中心的平均距离 dis
# step6:计算全部模式样本与其对应聚类中心的总平均距离 ddis
dis = np.zeros((1, Nc))
ddis = 0
for i in range(Nc):
    index = np.array(np.where(c == i + 1)) + 1
    for j in range(int(num[:, i][0])):
        dis[:, i] = dis[:, i] + np.linalg.norm(x[index[0, j] - 1, :] - center[i, :])
    ddis = ddis + dis[:, i]
    dis[:, i] = dis[:, i] / num[:, i]
ddis = ddis / n

# step7:判断分裂、合并及迭代
if I == Imax:    # (1)如果迭代次数达到 Imax 次,则置 Qc = 0,跳出循环至 step14
    Qc = 0
```

```python
        break
K = int(K)
if Nc <= K / 2:                         # (2)如果不进入分裂,则跳到step11,合并
    seperate = 1
if I % 2 == 0 or Nc >= 2 * K:    # (3)
    break
else:
    seperate = 1


# step8:分裂
# 计算每个聚类中,各样本到中心的标准差向量
sigma = np.zeros((Nc, d))              # sigma(i)代表第i个聚类的标准差向量
for i in range(Nc):
    index = np.array(np.where(c == i + 1)) + 1
    for j in range(int(num[:, i][0])):
        sigma[i, :] = sigma[i, :] + (x[index[0, j] - 1, :] - center[i, :]) ** 2
    sigma[i, :] = np.sqrt(sigma[i, :] / num[:, i])
# print(sigma)


# step9:求各标准差{sigma_j}的最大分量 print(sigma)
sigma_max = np.max(sigma, axis = 1).reshape((Nc, 1))
# print(sigma_max)
max_index = (np.argmax(sigma, axis = 1) + 1).reshape(Nc, 1)
# print(max_index)
z3 = np.column_stack((sigma_max, max_index))
                                # 这里的z3表示[sigma_max,max_index]的组合


# step10:分裂
k = 0.5                             # 分裂聚类中心时使用的系数
temp_Nc = Nc
for i in range(temp_Nc):
    if np.array(sigma_max[i]) > float(Qs) and (
        (dis[:, i] > ddis and num[:, i] > 2 * (int(Qn) + 1)) or Nc <= int(K) / 2):
        Ncc = Nc + 1
        # 将z(i)分裂为两个新的聚类中心
        center = np.insert(center, Ncc - 1, center[i, :], axis = 0)
                            # matlab 中 center(Ncc,:) = center(i,:)
        center[i, max_index[i] - 1] = center[i, max_index[i] - 1] + k * sigma_max[i]
        center[Ncc - 1, max_index[i] - 1] = center[Ncc - 1, max_index[i] - 1] +
k * sigma_max[i]
    record[:, I] = Nc


# 绘制聚类效果图
# print(c.flatten())
c = pd.Series(c.flatten())
mpl.rcParams['font.sans - serif'] = 'SimHei'
mpl.rcParams['axes.unicode_minus'] = False
X = x[:, 0]
y = x[:, 1]
z = x[:, 2]
plt.figure(figsize = (8, 8))
ax3D = plt.subplot(projection = '3d')
colors = c.map({1: 'red', 2: 'blue', 3: 'green', 4: 'black', 5: 'yellow'})
ax3D.scatter(xs = X, ys = y, zs = z, c = colors, linewidth = None, marker = 'o', alpha = 1)
ax3D.set_xlabel('第一特征坐标')
ax3D.set_ylabel('第二特征坐标')
```

```python
        ax3D.set_zlabel('第三特征坐标')
        ax3D.set_title('聚类效果图')
        plt.show()
        I = I + 1
    if I >= Imax:
        break


# disp('正在运行合并')
if I < Imax:
    # step11:合并
    #   计算全部聚类中心间的距离
    center_Dis = np.zeros((Nc - 1, Nc))
    for i in range(Nc):
        for j in range(i + 1, Nc):
            center_Dis[i, j] = np.linalg.norm(center[i, :] - center[j, :])
    # print(center_Dis)

    # step12, 13: 如果距离最小的两个中心之间的距离小于Qc,则将其合并
    # 找出距离最近的两个中心
    min_Dis = center_Dis[0, 2]                    # 最小距离
    min_index = [0, 2]
    for i in range(Nc):
        for j in range(i + 1, Nc):
            if center_Dis[i, j] < min_Dis:
                min_Dis = center_Dis[i, j]
                min_index = [i, j]
    if min_Dis < float(Qc):
        # 合并距离最近的两个中心
        # 合并产生的新中心为
        new_center = (center[min_index[0], :] * num[:, min_index[0]] + center[min_
index[1], :] * num[:, min_index[1]]) / ( num[:, min_index[0]] + num[:, min_index[1]])
        # print(new_center)
        temp_center = center
        temp_center[min_index[0], :] = new_center
        temp_center[min_index[1], :] = center[Nc - 1, :]
        Nc = Nc - 1                               # 聚类数量减1
        center = temp_center[1:Nc, :]
    record[:, I] = Nc
    I = I + 1


# 绘制聚类效果图
# print(c.flatten())
c = pd.Series(c.flatten())
mpl.rcParams['font.sans - serif'] = 'SimHei'
mpl.rcParams['axes.unicode_minus'] = False
X = x[:, 0]
y = x[:, 1]
z = x[:, 2]
plt.figure(figsize = (8, 8))
ax3D = plt.subplot(projection = '3d')
colors = c.map({1: 'red', 2: 'blue', 3: 'green', 4: 'black', 5: 'yellow', 6: 'purple', 7:
'orange'})
ax3D.scatter(xs = X, ys = y, zs = z, c = colors, linewidth = None, marker = 'o', alpha = 1)
ax3D.set_xlabel('第一特征坐标')
ax3D.set_ylabel('第二特征坐标')
ax3D.set_zlabel('第三特征坐标')
```

```
        ax3D.set_title('聚类效果图')
        plt.show()
        print('+++++++++++++++++++++++++++++++')
        if I >= Imax:
            break

print('I = ', I)
print('Nc = ', Nc)
print('center = ', center)
print(c.T)
```

程序运行后,得到 ISODATA 算法聚类结果图界面如图 4-22 所示。

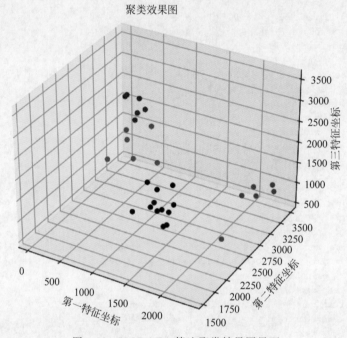

图 4-22　ISODATA 算法聚类结果图界面

程序运行后,在命令窗口出现如下结果:

```
是否要设置输入参数?是,请输入'1',否,请输入'0': T = 1
请输入预期聚类中心数量: K = 4
请输入每一聚类中最少样本数: Qn = 3
请输入一个聚类中样本距离分布的标准差: Qs = 2
请输入两个类的聚类中心间的最小距离: Qc = 3
I =
    6
Nc =
    4
center =
[[1249.165      1947.315      2944.06666667]
 [ 301.18666667 3274.94333333 2205.23833333]
 [2260.33666667 3040.98666667 1057.925      ]
 [1743.44416667 1749.53916667 2006.99083333]]
ans =
1 至 27 列
```

| 4 | 4 | 1 | 4 | 2 | 3 | 3 | 4 | 2 | 1 | 4 | 4 | 1 | 3 |
| 2 | 3 | 2 | 4 | 2 | 3 | 3 | 4 | 4 | 1 | 1 | 2 | 1 | |

28 至 30 列

4	4	4

4.7.3　结论

Python 编程实现的优点主要在于,通过模拟 ISODATA 算法的思想,根据同类样本分布密集性的特点很容易归类。但是,由于大量采用矩阵运算,每次迭代都会产生新的重排矩阵,对于计算时间和空间要求较高。特别是 ISODATA 这种算法,在样本数量非常大时是非常费时的,因此有必要进一步改进。

习题

(1) 什么是聚类? 聚类的准则是什么?

(2) 简述 K 均值聚类的原理。

(3) 简述 K 均值算法的优缺点。

(4) 简述 K 均值算法、KNN 算法及 PAM 算法的区别。

(5) 简述层次聚类算法的原理。

(6) 简述 IOSDATA 算法的原理。

第5章

模糊聚类分析

模糊逻辑的发展

许多概念没有一个清晰的外延,比如我们不能在年龄上画线,线内是年轻人,而线外是老年人;比如智慧,我们不可能列举出应满足的全部条件。因此出现了"模糊"的概念。模糊性是随着复杂性出现的,模糊性也起源于事物的发展变化性,比如人从年轻逐渐走向年老,这一过程是渐变的,处于过渡阶段的事物的基本特征是不确定的,其类属也是不清晰的。所以,总是存在不确定性,即模糊。

模糊逻辑的第一次提出要追溯到 1965 年,美国系统理论学家 L. A. Zadeh 教授将经典集合与 J. Lukasievicz 的多值逻辑融为一体,创立了模糊逻辑理论。1974 年模糊逻辑首次应用于控制蒸汽机。之后德国的 Hans-Jürgen Zimmermann 将模糊逻辑用于决策支持系统。从 1980 年左右开始,模糊逻辑在决策支持和数据分析应用方面势头强劲。

5.2 **模糊集合**

5.2.1 由经典集合到模糊集合

医生在评估就诊者是否患有重感冒时要与两个"原型"对照:一个"原型"是理想的重感冒患者,症状为脸色苍白、出汗并伴有寒战等;另一个"原型"是没有发热且没有发热征兆的健康人。如何对医生诊断过程建立数学模型?根据集合理论,首先定义一个包括所有重感冒患者的集合,然后定义一个数学函数,用于表明每个患者是否属于这个集合。在传统数学中,这个指标函数可以唯一鉴定每个患者是集合的成员或非成员,如图 5-1 所示。图中黑色区域为"重感冒患者"的集合,体温高于 102°F 的患者属于重感冒患者。

经典集合中涉及如下概念。

论域:被讨论对象的全体,又称为全域,通常用大写字母 U、E、X、Y 等表示。

元素:组成某个集合的单个对象称为该集合的一个元素,通常用小写字母 a、b、x、y 等表示。

子集:由同一集合的部分元素组成的一个新集合,称为原集合的一个子集,通常用大写字母 A、B、C 等表示。

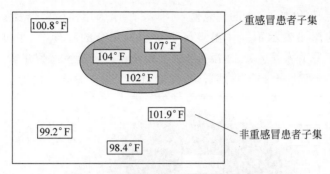

图 5-1 经典集合表示重感冒患者集合

通常将集合分为有限集(含有有限个元素)和无限集(含有无限个元素)。有限集常用枚举法表示,如 $A=\{x_1,x_2,\cdots,x_n\}$,表明集合 A 含有 n 个元素。如果对象个体 x 是集合 A 中的元素,则记为 $x \in A$,读作 x 属于 A;如果对象个体 x 不是集合 A 中的元素,则记为 $x \notin A$,读作 x 不属于 A。无限集常用描述法表示,如 $B=\{x \mid x>2\}$,表明所有大于 2 的数都属于集合 B。

经典集合还有一种表示方法,即特征函数(或隶属度函数)法,它用特征函数确定一个集合。

设集合 A 是论域 U 的一个子集。对于 A 的特征函数 $\chi_A(x)$:$\forall x \in U$,若 $x \in A$,则规定 $\chi_A(x)=1$;否则 $\chi_A(x)=0$,即

$$\chi_A(x)=\begin{cases} 1, & x \in A \\ 0, & x \notin A \end{cases}$$

任一特征函数都唯一确定一个集合。也就是说,对于经典集合,论域 U 中的任意一个元素 x,对于某一确定的集合 A,要么 $x \in A$,要么 $x \notin A$。特征函数示意图如图 5-2 所示。

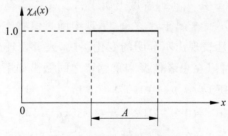

图 5-2 特征函数示意图

显然,如果根据患者是重感冒还是非重感冒定义一个 U 上的经典集合,则存在一定的困难。对于某些不具有清晰边界的集合,经典集合无法定义。

由于经典理论存在这样的局限性,而人们又希望使用集合的概念表述模糊的事物,就需要新的理论弥补经典集合的局限性,因而引出了模糊集合理论。

5.2.2 模糊集合的基本概念

模糊集合理论是一种用清晰的数学方法描述边界不清的事物的数学理论。1965 年美国教授 L. A. Zadeh 将经典集合中特征函数的取值范围由 $\{0,1\}$ 扩展到闭区间 $[0,1]$,认为某一事物属于某个集合的特征函数不只有 0 或 1,而可以取 0~1 的任意数值,即一个事物属

于某个集合的程度,可以是 0~1 的任意值。图 5-3 所示为用模糊集合表示的重感冒患者集合。图中用颜色的深浅表示不同体温隶属于重感冒集合的程度,从中可以看出:体温为 94℉的患者肯定不是重感冒患者,体温为 110℉的患者一定是重感冒患者,而体温介于两者之间的患者仅在一定程度上趋于重感冒,这样就引出了模糊集合的概念。

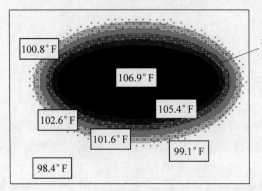

图 5-3　用模糊集合表示的重感冒患者集合

定义 1:设 U 是论域,U 上的一个实值函数用 $\mu_A(x)$ 表示,即 $\mu_A(x):x\rightarrow[0,1]$,则称集合 A 为论域 U 上的模糊集合或模糊子集;对于 $x\in A$,$\mu_A(x)$ 称为 x 对 A 的隶属度,而 $\mu_A(x)$ 称为隶属度函数。

这样对于论域 U 中的一个元素 x 和 U 上的一个模糊子集 A,我们不再简单地问 x 绝对属于 A 还是不属于 A,而是问 x 在多大程度上属于 A。隶属度 $\mu_A(x)$ 正是 x 属于 A 的程度的数量指标。若:

$\mu_A(x)=1$,则认为 x 完全属于 A;

$\mu_A(x)=0$,则认为 x 完全不属于 A;

$0<\mu_A(x)<1$,则认为 x 在 $\mu_A(x)$ 程度上属于 A。

这时在完全属于 A 和不完全属于 A 之间,呈现中间过渡状态,或者叫作连续变化状态,这就是我们所说的 A 的外延表现出不分明的变化层次,或者表现出模糊性。

此时根据模糊的定义可以在患者体温和重感冒之间做出如下分析:

$$\mu_A(94℉)=0,\mu_A(100℉)=0.1,\mu_A(106℉)=0.9$$

$$\mu_A(96℉)=0,\mu_A(102℉)=0.35,\mu_A(108℉)=1$$

$$\mu_A(98℉)=0,\mu_A(104℉)=0.65,\mu_A(110℉)=1$$

为判断患者的体温是否属于重感冒程度,可用图 5-4 所示的体温的重感冒隶属度函数表示。从图中可以看出,102℉和 101.9℉的体温被评估为重感冒的程度是不同的,但它们之间的差别特别小。这样的表示方法更接近人的思维习惯。

综上所述,可以得出这样的结论:模糊集是传统集合的推广;传统指标函数中的 $\mu=0$ 和 $\mu=1$ 刚好是模糊集合的特例。

模糊集合 A 是一个抽象的东西,而函数 $\mu_A(x)$ 是具体的,即重感冒患者的模糊集合很难把握,因此只能通过体温的重感冒隶属度函数认识和掌握集合 A。

常用的模糊集合有以下 3 种表示方法。

(1) 序偶表示法:$A=\{(x,\mu_A(x)),x\in U\}$。

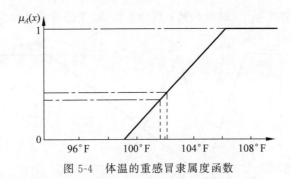

图 5-4　体温的重感冒隶属度函数

（2）Zadeh 表示法：当论域 U 为有限集，即 $U=\{x_1,x_2,\cdots,x_n\}$ 时，U 上的模糊集合 A 可表示为 $A=\{\mu_A(x_1)/x_1+\mu_A(x_2)/x_2+\cdots+\mu_A(x_n)/x_n\}$；当论域 U 为无限集时，记作 $A=\int_x \mu_A(x)/x$。

（3）隶属度函数解析式表示法：当论域 U 上为实数集 $\mathbf{R}$ 上的某区间时，直接给出模糊集合隶属度函数的解析式，是使用十分方便的一种表达形式。如 Zadeh 给出"年轻"的模糊集合 Y，其隶属度函数为

$$\mu_Y(x)=\begin{cases}1 & 0\leqslant x\leqslant 25\\ \left[1+\left(\dfrac{x-25}{5}\right)^2\right]^{-1} & 25<x\leqslant 100\end{cases} \tag{5-1}$$

Zadeh 给出"年轻"的模糊集合 Y 的隶属度函数如图 5-5 所示。

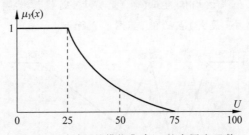

图 5-5　"年轻"的模糊集合 Y 的隶属度函数

为书写方便，模糊集合可写成 F 集（Fuzzy 的首个大写字母）；F 集合对 A 的隶属度函数 $\mu_A(x)$ 简记为 $A(x)$。

定义 2：设 A 和 B 均为 U 上的模糊集，如果对所有的 x，即 $\forall x\in U$，均有 $\mu_A(x)=\mu_B(x)$，则称 A 和 B 相等，记作 $A=B$。

定义 3：设 A 和 B 均为 U 上的模糊集，如果对所有 $\forall x\in U$，均有 $\mu_A(x)\leqslant\mu_B(x)$，则称 B 包含 A，或者称 A 是 B 的子集，记作 $A\subseteq B$。

定义 4：设 A 为 U 上的模糊集，如果对所有 $\forall x\in U$，均有 $\mu_A(x)=0$，则称 A 为空集，记作 $\varnothing$。

定义 5：设 A 为 U 上的模糊集，如果对所有 $\forall x\in U$，均有 $\mu_A(x)=1$，则称 A 为全集，记作 Ω。

显然，$\varnothing\leqslant A\leqslant\Omega$。

对于同样的背景，我们可能有多种主观判断，如图 5-6 所示。其中，低烧曲线为"体温低于正常体温"隶属度函数；正常曲线为"正常体温"隶属度函数；发烧曲线为"体温高于正常

体温但低于重感冒患者体温"隶属度函数;高烧曲线为"重感冒患者体温"隶属度函数。

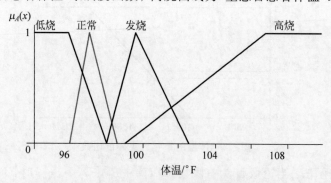

图 5-6　同样背景不同主观判断的隶属度函数

定义 6：论域 U 上的模糊集 A 包含了 U 中所有在 A 上具有非零隶属度值的元素,即 $\text{sup}p(A)=\{x\in U|\mu_A(x)>0\}$,式中,$\text{sup}p(A)$ 表示模糊集合 A 的支集。模糊集的支集是经典集合。

定义 7：如果一个模糊集的支集是空的,则称该模糊集为空模糊集。

定义 8：如果模糊集合的支集仅包含 U 中的一个元素,则称该模糊集为模糊单值。

定义 9：论域 U 上的模糊集 A 包含 U 中所有在 A 上隶属度值为 1 的元素,即 $\text{Ker}(A)=\{x\in U|\mu_A(x)=1\}$,式中,$\text{Ker}(A)$ 表示模糊集合 A 的核。模糊集的核也是经典集合。

定义 10：如果使模糊集的隶属度函数达到最大值的所有点的均值是有限值,则将该均值定义为模糊集的中心;如果该均值为正(负)无穷大,则将该模糊集的中心定义为所有达到最大隶属度值的点中最小(最大)点的值,如图 5-7 所示。

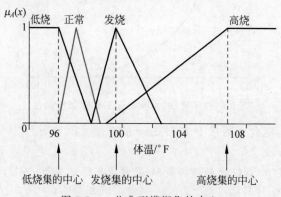

图 5-7　一些典型模糊集的中心

定义 11：一个模糊集的交叉点是 U 中隶属于 A 的隶属度值等于 0.5 的点。

定义 12：模糊集的高度是指任意点达到的最大隶属度值。图 5-8 所示的隶属度函数的高度均等于 1。

如果一个模糊集的高度等于 1,则称为标准模糊集。

定义 13：设 A 是以实数集 $\mathbf{R}$ 为论域的模糊集,其隶属度函数为 $\mu_A(x)$,如果对任意实数 $a<x<b$,都有

$$\mu_A(x) \geqslant \min(\mu_A(a),\mu_A(b)), \quad a,b,x \in \mathbf{R}$$

则称 A 是一个凸模糊集。

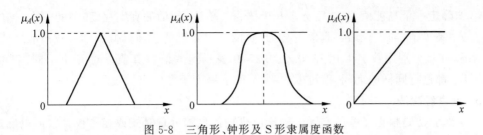

图 5-8 三角形、钟形及 S 形隶属度函数

与凸模糊集相对的是非凸模糊集,凸模糊集与非凸模糊集示意图如图 5-9 所示。

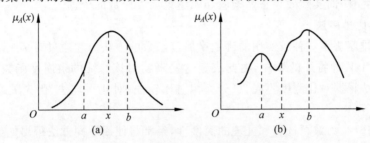

图 5-9 凸模糊集与非凸模糊集示意图

(a) 凸模糊集;(b) 非凸模糊集

5.2.3 隶属度函数

经典集合使用特征函数描述,模糊集合使用隶属度函数进行定量描述。因此,隶属度函数是模糊集合的核心。定义一个模糊集合就是定义论域中各元素对该模糊集合的隶属度。

经典集合的特征函数的值域为集合 $\{0,1\}$,模糊集合的隶属度函数的值域为区间 $[0,1]$。隶属度函数是特征函数的扩展和一般化。

对于同一个模糊概念,不同的人会建立不完全相同的隶属度函数,尽管形式不完全相同,只要能反映同一模糊概念,在解决和处理实际模糊信息的问题中就能殊途同归,这是因为隶属度函数是人们长期实践经验的总结,可以反映客观实际,并具有一定的客观性、科学性和准确性。至今为止,确定隶属度函数的方法大多依靠经验、实践和实验数据,常用的确定隶属度函数的方法有以下 4 种。

1. 模糊统计法

模糊统计法的基本思想:对论域 U 中的一个确定元素 x_1 是否属于论域上的一个可变动的经典集合 B 做出清晰的判断。对于不同的试验者,经典集合 B 可以有不同的边界,但它们对应同一个模糊集 A。在每次统计中,x_1 是固定的,B 的值是可变的,进行 n 次试验,其模糊统计可按下式计算:

$$x_1 \text{ 对 } A \text{ 的隶属频率} = \frac{x_1 \in A \text{ 的次数}}{\text{试验总次数} n} \tag{5-2}$$

随着 n 的增大,隶属频率会趋向稳定,这个稳定值就是 x_1 对 A 的隶属度值。这种方法可较直观地反映模糊概念中的隶属程度,但其计算量较大。

2. 例证法

例证法的主要思想是根据已知有限个 $\mu_A(x)$ 的值,估计论域 U 上模糊子集 A 的隶属度函数。如论域 U 代表全体人类,A 代表“高个子的人”,显然 A 是一个模糊子集。为了确

定 μ_A,先确定一个高度值 h,然后选定几个语言真值(一句话的真实程度)中的一个,回答某人是否算"高个子"的人。语言真值可分为"真的""大致真的""似真似假""大致假的""假的"5 种情况,并且分别用数字 1、0.75、0.5、0.25、0 表示这些语言真值。对 n 个不同高度 h_1,h_2,…,h_n 都进行同样的询问,就可以得到 A 的隶属度函数的离散表示。

3. 专家经验法

专家经验法是根据专家的实际经验给出模糊信息的处理算式或相应权系数值以确定隶属度函数的一种方法。在许多情况下,首先确定粗略的隶属度函数,再通过"学习"和实践检验逐步修改和完善,而实际效果正是检验和调整隶属度函数的依据。

4. 二元对比排序法

二元对比排序法是一种较实用的确定隶属度函数的方法。它通过对多个事物之间的两两对比确定基于某种特征的顺序,由此决定这些事物对该特征的隶属度函数的大体形状。二元对比排序法根据对比测度不同,可分为相对比较法、对比平均法、优先关系定序法和相似优先对比法等。

在实际工作中,为兼顾计算和处理的简便性,经常将使用不同方法得出的数据近似表示成常用的解析函数形式,构成常用的隶属度函数。

(1) 三角形:三角形隶属度曲线对应的数学表达式为

$$f(x,a,b,c)=\begin{cases} 0 & x \leqslant a \\ \dfrac{x-a}{b-a} & a \leqslant x \leqslant b \\ \dfrac{c-x}{c-b} & b \leqslant x \leqslant c \\ 0 & x \geqslant c \end{cases} \tag{5-3}$$

(2) 钟形:钟形隶属度曲线对应的数学表达式为

$$f(x,a,b,c)=\dfrac{1}{1+\left|\dfrac{x-c}{a}\right|^{2b}} \tag{5-4}$$

式中,c 决定函数的中心位置,a、b 决定函数的形状。

(3) 高斯:高斯隶属度曲线对应的数学表达式为

$$f(x,\sigma,c)=\mathrm{e}^{-\frac{(x-c)^2}{2\sigma^2}} \tag{5-5}$$

式中,c 决定函数的中心位置,σ 决定函数曲线的宽度。

(4) 梯形:梯形隶属度曲线对应的数学表达式为

$$f(x,a,b,c,d)=\begin{cases} 0 & x \leqslant a \\ \dfrac{x-a}{b-a} & a \leqslant x \leqslant b \\ 1 & b \leqslant x \leqslant c \\ \dfrac{d-x}{d-c} & c \leqslant x \leqslant d \\ 0 & x \geqslant d \end{cases} \tag{5-6}$$

式中,$a \leqslant b$,$c \leqslant d$。

（5）Sigmoid 形：Sigmoid 形隶属度曲线对应的数学表达式为

$$f(x,a,c)=\frac{1}{1+e^{-a(x-c)}} \tag{5-7}$$

式中，a、c 决定函数的形状。

5.3   模糊集合的运算

　　和经典集合一样，模糊集合也包含"交""并""补"运算。比如选购衣服，到底选择哪件衣服呢？花色较好、样式不错、价格也合理的衣服应该是理想的选择，这就应用了模糊集合的"交"运算；又如点菜，要荤素搭配，此时就要进行模糊集合的"并"运算；再如租一处面积不大的房子，则可求取"面积大的房子"的集合的补集。可见，通过对模糊集合进行运算，可得到更多衍生结论。

5.3.1   模糊集合的基本运算

　　定义 14：设 A、B 为 U 上的两个模糊集。隶属度函数分别为 $\mu_A(x)$ 和 $\mu_B(x)$，则模糊集 A 和 B 的并集 $A\cup B$、交集 $A\cap B$ 和补集 A^C 的运算可通过它们的隶属度函数定义：

并集：$\mu_{A\cup B}(x)=\mu_A(x)\vee\mu_B(x)$，其中，$\vee$ 表示两者比较后取大值。

交集：$\mu_{A\cap B}(x)=\mu_A(x)\wedge\mu_B(x)$，其中，$\wedge$ 表示两者比较后取小值。

补集：$\mu_{A^C}(x)=1-\mu_A(x)$

模糊集合的基本运算可用图 5-10 所示曲线进行说明。

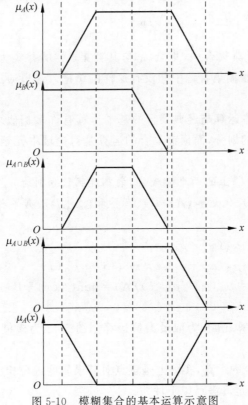

图 5-10   模糊集合的基本运算示意图

例 1：设 $U = \{u_1, u_2, u_3, u_4, u_5\}$，若 $A, B \in F(U)$，$A = \dfrac{0.2}{u_1} + \dfrac{0.7}{u_2} + \dfrac{1}{u_3} + \dfrac{0.5}{u_5}$，$B = \dfrac{0.5}{u_1} + \dfrac{0.3}{u_2} + \dfrac{0.1}{u_4} + \dfrac{0.7}{u_5}$，求 $A \cup B$、$A \cap B$、A^C、$A \cup A^C$ 和 $A \cap A^C$。

解：$A \cup B = \dfrac{0.2 \vee 0.5}{u_1} + \dfrac{0.7 \vee 0.3}{u_2} + \dfrac{1 \vee 0}{u_3} + \dfrac{0 \vee 0.1}{u_4} + \dfrac{0.5 \vee 0.7}{u_5}$

$$= \dfrac{0.5}{u_1} + \dfrac{0.7}{u_2} + \dfrac{1}{u_3} + \dfrac{0.1}{u_4} + \dfrac{0.7}{u_5}$$

$A \cap B = \dfrac{0.2 \wedge 0.5}{u_1} + \dfrac{0.7 \wedge 0.3}{u_2} + \dfrac{1 \wedge 0}{u_3} + \dfrac{0 \wedge 0.1}{u_4} + \dfrac{0.5 \wedge 0.7}{u_5}$

$$= \dfrac{0.2}{u_1} + \dfrac{0.3}{u_2} + \dfrac{0.5}{u_5}$$

$A^C = \dfrac{1-0.2}{u_1} + \dfrac{1-0.7}{u_2} + \dfrac{1-1}{u_3} + \dfrac{1-0}{u_4} + \dfrac{1-0.5}{u_5}$

$$= \dfrac{0.8}{u_1} + \dfrac{0.3}{u_2} + \dfrac{1}{u_4} + \dfrac{0.5}{u_5}$$

$A \cup A^C = \dfrac{0.2 \vee 0.8}{u_1} + \dfrac{0.7 \vee 0.3}{u_2} + \dfrac{1 \vee 0}{u_3} + \dfrac{0 \vee 1}{u_4} + \dfrac{0.5 \vee 0.5}{u_5}$

$$= \dfrac{0.8}{u_1} + \dfrac{0.7}{u_2} + \dfrac{1}{u_3} + \dfrac{1}{u_4} + \dfrac{0.5}{u_5} \quad (\text{不是全集})$$

$A \cap A^C = \dfrac{0.2 \wedge 0.8}{u_1} + \dfrac{0.7 \wedge 0.3}{u_2} + \dfrac{1 \wedge 0}{u_3} + \dfrac{0 \wedge 1}{u_4} + \dfrac{0.5 \wedge 0.5}{u_5}$

$$= \dfrac{0.2}{u_1} + \dfrac{0.3}{u_2} + \dfrac{0.5}{u_5} \quad (\text{不是空集})$$

需要注意的是，在经典集合中，集合 A 与其补集 A^C 的并集为全集，集合 A 与其补集 A^C 的交集为空集，但在模糊集合论中却没有这样的结论。这里通过图示的方法进行理解，如图 5-11 所示。

虽然模糊集合的基本运算与经典集合的基本运算有许多相似之处，但经典运算是对论域中元素的归属进行新的划分，而模糊集合的运算是对论域中元素对模糊集合的隶属度进行新的调整。

定义 15：设 A、B 为 U 上的两个模糊集，隶属度函数分别为 $\mu_A(x)$ 和 $\mu_B(x)$，则模糊集 A 和 B 的代数积($A \cdot B$)、代数和($A+B$)、有界和($A \oplus B$)、有界积($A \odot B$)可通过它们的隶属度函数定义如下。

代数积：$\mu_{A \cdot B}(x) = \mu_A(x) \times \mu_B(x)$。

代数和：$\mu_{A+B}(x) = \mu_A(x) + \mu_B(x) - \mu_A(x) \cdot \mu_B(x)$。

有界和：$\mu_{A \oplus B}(x) = (\mu_A(x) + \mu_B(x)) \wedge 1 = \min(A(x) + B(x), 1)$。

有界积：$\mu_{A \odot B}(x) = (\mu_A(x) + \mu_B(x)) \vee 0 = \max(0, A(x) + B(x) - 1)$。

式中，min 为取最小值运算，max 为取最大值运算。图 5-12 为模糊集合代数和、代数积、有界和、有界积的图示。

总结：两个模糊集合的运算，实际上是逐点对其隶属度进行相应的运算。模糊集合 A，B，$C \in F(U)$ 的并、交、补运算满足以下性质。

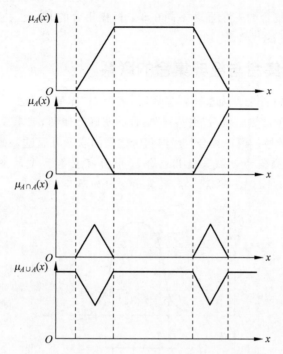

图 5-11　模糊集合 A 及其补集 A^C 的交集及并集

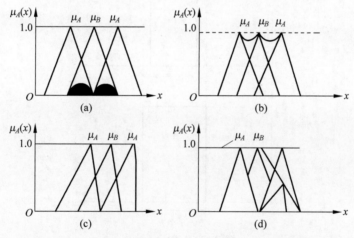

图 5-12　模糊集合代数和、代数积、有界和、有界积的图示

(a) $A \cdot B$；(b) $A+B$；(c) $A \oplus B$；(d) $A \odot B$

(1) 幂等律：$A \cup A=A$，$A \cap A=A$。

(2) 交换律：$A \cup B=B \cup A$，$A \cap B=B \cap A$。

(3) 结合律：$(A \cup B) \cup C=A \cup(B \cup C)$，$(A \cap B) \cap C=A \cap(B \cap C)$。

(4) 吸收律：$(A \cap B) \cup A=A$，$(A \cup B) \cap A=A$。

(5) 分配律：$A \cap(B \cup C)=(A \cap B) \cup(A \cap C)$，$A \cup(B \cap C)=(A \cup B) \cap(A \cup C)$。

(6) 零一律：$A \cup U=U$；$A \cap U=A$；$A \cup \varnothing=A$；$A \cap \varnothing=\varnothing$。

(7) 复原律：$(A^C)^C=A$。

(8) 摩根律：$(A \cup B)^C=A^C \cap B^C$；$(A \cap B)^C=A^C \cup B^C$。

模糊集合与经典集合的一个显著不同在于：模糊集合的并、交、补运算一般不满足补余律，即 $A \cup A^C \neq U$，$A \cap A^C \neq \varnothing$。

5.3.2 模糊集合与经典集合的联系

当医生诊断发热患者是否为重感冒患者时，需要对"重感冒"这一模糊概念有明确的认识和判断。当判断某个发热患者对"重感冒"集合的明确归属时，要求模糊集合与经典集合可以依据某种法则相互转换。模糊集合与经典集合之间的联系可通过 λ-截集和分解定理表示。

定义 16：一个模糊集的 λ-截集是指包含 U 中所有隶属于 A 的隶属度值大于或等于 λ 的元素，即 $A_\lambda = \{x \in U | \mu_A(x) \geqslant \lambda\}$。$\lambda$-截集示意图如图 5-13 所示。

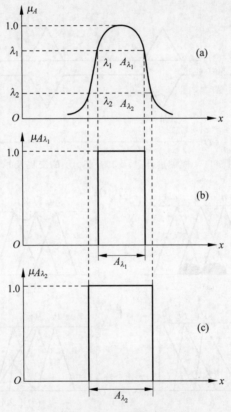

图 5-13　λ-截集示意图

其中，图 5-13(b)所示为 λ_1-截集的特征函数描述；图 5-13(c)所示为 λ_2-截集的特征函数描述。从图中可以看出，λ-截集是经典集合。对于 λ-截集，我们可以这样理解：模糊集合 A 本身是一个没有确定边界的集合，但是如果约定，凡 x 对 A 的隶属度达到或超过某个 λ 水平才算是 A 的成员，那么模糊集合 A 就变成了普通集合 A_λ。

当 $\lambda = 1$ 时，得到最小水平截集 A_1，即模糊集 A 的核；当 $\lambda = 0^+$ 时，得到最大水平截集，即模糊集 A 的支集。

若模糊集 A 的核非空，则称 A 为正规模糊集；否则，称 A 为非正规模糊集。

定义 17：设 A 是一个普通集合，$\lambda \in [0, 1]$，做数量积运算，得到一个特殊的模糊集 λ_A，其隶属度函数为

$$\mu_{\lambda A}(x) = \begin{cases} \lambda & x \in A \\ 0 & x \notin A \end{cases} \tag{5-8}$$

分解定理：设 A 为论域 x 上的模糊集合，A_λ 是 A 的截集，则 $A = \bigcup\limits_{\lambda \in [0,1]} \lambda A_\lambda$。

分解定理可用图 5-14 表示。

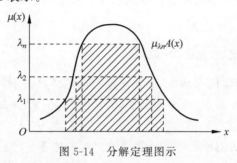

图 5-14 分解定理图示

如果 λ 遍取区间 $[0,1]$ 上的实数，按照模糊集合求并运算的法则，$\bigcup\limits_{\lambda \in [0,1]} \lambda A_\lambda$ 恰好取各 λ 点隶属度函数的最大值，将这些点连成一条曲线，正是 A 的隶属度函数 $\mu_A(x)$。

例 2：设 $A = \dfrac{0.2}{u_1} + \dfrac{0.7}{u_2} + \dfrac{1}{u_3} + \dfrac{0.6}{u_4} + \dfrac{0.5}{u_5}$，则

$$A_{0.2} = \{u_1, u_2, u_3, u_4, u_5\}$$

$$0.2A_{0.2} = \dfrac{0.2}{u_1} + \dfrac{0.2}{u_2} + \dfrac{0.2}{u_3} + \dfrac{0.2}{u_4} + \dfrac{0.2}{u_5}$$

$$A_{0.5} = \{u_2, u_3, u_4, u_5\}$$

$$0.5A_{0.5} = \dfrac{0.5}{u_2} + \dfrac{0.5}{u_3} + \dfrac{0.5}{u_4} + \dfrac{0.5}{u_5}$$

$$A_{0.6} = \{u_2, u_3, u_4\}$$

$$0.6A_{0.6} = \dfrac{0.6}{u_2} + \dfrac{0.6}{u_3} + \dfrac{0.6}{u_4}$$

$$A_{0.7} = \{u_2, u_3\}$$

$$0.7A_{0.7} = \dfrac{0.7}{u_2} + \dfrac{0.7}{u_3}$$

$$A_1 = \{u_3\}$$

$$1 \times A_1 = \dfrac{1}{u_3}$$

则

$$A = \bigcup\limits_{\lambda \in [0,1]} \lambda A_\lambda = 0.2A_{0.2} \bigcup 0.5A_{0.5} \bigcup 0.6A_{0.6} \bigcup 0.7A_{0.7} \bigcup A_1$$

$$= \dfrac{0.2}{u_1} + \dfrac{0.7}{u_2} + \dfrac{1}{u_3} + \dfrac{0.6}{u_4} + \dfrac{0.5}{u_5}$$

A 是模糊集合，A_λ 是经典集合，它们之间的联系和转化由分解定理通过数学语言表达，这个定理也说明了模糊性的成因，大量甚至无限多的清晰事物叠加在一起，整体形成了模糊事物。

5.4 模糊关系与模糊关系的合成

事物都是普遍联系的,集合论中的"关系"抽象地刻画了事物"精确性"的联系,而模糊关系从更深刻的意义上表现了事物间更广泛的联系。从某种意义上讲,模糊关系的抽象更接近人的思维方式。

5.4.1 模糊关系的基本概念

元素间的联系不是简单的有或无,而是不同程度的隶属关系,因此这里引入模糊关系。

定义18:给定集合 X 和 Y,由全体 $(x,y)(x\in X,y\in Y)$ 组成的集合叫作 X 和 Y 的笛卡儿积(或称直积),记作 $X\times Y$,$X\times Y=\{(x,y)|(x\in X,y\in Y)\}$。

例3:国际上常用的人的标准体重计算公式为标准体重=(身高(cm)-100)×0.9(kg),那么实际身高与实际体重之间就存在模糊关系。如果身高的集合为 $X=\{150,155,160,165\}$,体重的集合为 $Y=\{45,49.5,54,58.5\}$,则

$$X\times Y=\{(150,45),(150,49.5),(150,54),(150,58.5),$$
$$(155,45),(155,49.5),(155,54),(155,58.5),$$
$$(160,45),(160,49.5),(160,54),(160,58.5),$$
$$(165,45),(165,49.5),(165,54),(165,58.5)\}$$

定义19:存在集合 X 和 Y,它们的笛卡儿积 $X\times Y$ 的一个子集 R 叫作 X 到 Y 的二元关系,简称关系,$R\subseteq X\times Y$。序偶 (x,y) 是笛卡儿积 $X\times Y$ 的元素,它是无约束的组对。若给组对以约束,便体现了一种特定的关系。受到约束的序偶则形成了 $X\times Y$ 的一个子集。

◆ 若 $X=Y$,则称 R 是 X 中的关系。

◆ 如果 $(x,y)\in R$,则称 X 和 Y 有关系 R,记作 xRy。

例4:身高集合 $X=\{150,155,160,165\}$,体重集合 $Y=\{45,49.5,54,58.5\}$,根据国际上常用的人的标准体重计算公式:标准体重=(身高-100)×0.9,则对应身高"非标准"体重时,可采用模糊关系表示身高、体重与标准体重之间的关系,如表5-1所示。

表5-1 身高、体重与标准体重的模糊关系表

$\mu_R(x,y)$		体 重			
		45	49.5	54	58.5
身 高	150	1	0.75	0.3	0
	155	0.75	1	0.75	0.3
	160	0.3	0.75	1	0.75
	165	0	0.3	0.75	1

◆ 如果 $(x,y)\notin R$,则称 X 和 Y 没有关系,记作 $x\overline{R}y$,也可用特征函数表示为

$$\mu_R(x,y)=\begin{cases}1,&(x,y)\in R\\0,&(x,y)\notin R\end{cases}\tag{5-9}$$

◆ 当 X 和 Y 都是有限集合时,关系可以用矩阵表示,称为关系矩阵。设 $X=\{x_1,x_2,\cdots,x_m\}$,$Y=\{y_1,y_2,\cdots,y_n\}$,则 R 可以表示为 $R=[r_{ij}]$。其中,$r_{ij}=\mu_R(x_i,$

y_j)，$i=1,2,\cdots,m,j=1,2,\cdots,n$。

例 5：身高集合 $X=\{150,155,160,165\}$，体重集合 $Y=\{45,49.5,54,58.5\}$，根据国际上常用的人的标准体重计算公式：标准体重＝（身高（cm）－100）×0.9（kg），则对应身高"非标准"体重时，可采用模糊矩阵表示身高、体重与标准体重之间的关系。

$$\boldsymbol{R}=\begin{bmatrix} 1 & 0.75 & 0.3 & 0 \\ 0.75 & 1 & 0.75 & 0.3 \\ 0.3 & 0.75 & 1 & 0.75 \\ 0 & 0.3 & 0.75 & 1 \end{bmatrix}$$

当矩阵中的元素为 1 或 0 时，称为布尔矩阵。

定义 20：设有集合 X、Y，如果有一对关系存在，对于任意 $x\in X$，有唯一的一个 $y\in Y$ 与之对应，就说其对应关系是一个由 X 到 Y 的映射 f，记作

$$f:X\to Y$$

对任意 $x\in X$ 经映射后变成 $y\in Y$，记作 $Y=f(x)$，此时 X 叫作 f 的定义域，而集合 $f(x)=\{f(x)\,|\,x\in X\}$ 称为 f 的值域，显然 $f(x)\subseteq Y$。

映射有时也叫作函数，但它是常规函数概念的推广。

定义 21：设 $f:X\to Y$

◆ 如果对每一个 $x_1,x_2\in X$，都有 $x_1\neq x_2$，则称 f 为单射（或称一一映射）。

◆ 如果 f 的值域是整个 Y，则称 f 为满射。

◆ 如果 f 既是单射的，又是满射的，则称 f 为一一对应的映射。

模糊关系是指笛卡儿积上的模糊集合，表示多个集合元素间具有某种关系的程度。

定义 22：X、Y 两集合的笛卡儿积 $X\times Y=\{(x,y)\,|\,(x\in X,y\in Y)\}$ 中的一个模糊关系 R，是指以 $X\times Y$ 为论域的一个模糊子集，序偶 (x,y) 的隶属度为 $\mu_R(x,y)$。$\mu_R(x,y)$ 在实轴的闭区间取值，它的大小反映 (x,y) 具有关系 R 的程度。

由于模糊关系是一种模糊集合，因此模糊集合的相等、包含等概念对模糊关系同样具有意义。

设 X 是 m 个元素构成的有限论域，Y 是 n 个元素构成的有限论域。对于 X 到 Y 的一个模糊关系 R，可以用一个 $m\times n$ 阶矩阵表示为

$$\boldsymbol{R}=\begin{bmatrix} r_{11} & \cdots & r_{1n} \\ \vdots & & \vdots \\ r_{m1} & \cdots & r_{mn} \end{bmatrix} \tag{5-10}$$

或 $\boldsymbol{R}=[r_{ij}]$，$r_{ij}=\mu_R(x_i,x_j)$，$i=1,2,\cdots,m,j=1,2,\cdots,n$。

如果一个矩阵是模糊矩阵，它的每一个元素都属于 $[0,1]$，则令

$$\boldsymbol{F}_{m\times n}=\{\boldsymbol{R}=[r_{ij}];0\leqslant r_{ij}\leqslant 1\} \tag{5-11}$$

$\boldsymbol{F}_{m\times n}$ 表示 $m\times n$ 阶模糊矩阵的全体。

在有限论域间，普通集合与布尔矩阵建立了一一对应关系，模糊关系与模糊矩阵建立了一一对应关系。

由于模糊矩阵本身表示一种模糊关系的子集 $\boldsymbol{R}$，因此根据模糊集并、交、补运算的定义，模糊矩阵也可看作相应的运算。

设模糊矩阵 $\boldsymbol{R}$ 和 $\boldsymbol{Q}$ 是 $X \times Y$ 的模糊关系，$\boldsymbol{R}=[r_{ij}]_{m \times n}$，$\boldsymbol{Q}=[q_{ij}]_{m \times n}$，模糊集合的并、交、补运算如下。

模糊矩阵并运算：$\boldsymbol{R} \cup \boldsymbol{Q}=[r_{ij} \vee q_{ij}]_{m \times n}$

模糊矩阵交运算：$\boldsymbol{R} \cap \boldsymbol{Q}=[r_{ij} \wedge q_{ij}]_{m \times n}$

模糊矩阵补运算：$\boldsymbol{R}^{C}=[1-r_{ij}]_{m \times n}$

如果 $r_{ij} \leqslant q_{ij}$，$i=1,2,\cdots,m$，$j=1,2,\cdots,n$，则称 $\boldsymbol{R}$ 被模糊矩阵 $\boldsymbol{S}$ 包含，记为 $\boldsymbol{R} \subseteq \boldsymbol{S}$；如果 $r_{ij}=q_{ij}$，$i=1,2,\cdots,m$，$j=1,2,\cdots,n$，则称 $\boldsymbol{R}$ 与模糊矩阵 $\boldsymbol{S}$ 相等。

必须指出，一般 $\boldsymbol{R} \cup \boldsymbol{R}^{C} \neq \boldsymbol{F}$，$\boldsymbol{R} \cup \boldsymbol{R}^{C} \neq \boldsymbol{O}$，即互补律对模糊矩阵不成立。其中，$\boldsymbol{O}$、$\boldsymbol{F}$ 分别称为零矩阵及全矩阵，即

$$\boldsymbol{O}=\begin{bmatrix} 0 & 0 & \cdots & 0 \\ 0 & 0 & \cdots & 0 \\ \vdots & \vdots & \ddots & \vdots \\ 0 & 0 & \cdots & 0 \end{bmatrix}, \quad \boldsymbol{F}=\begin{bmatrix} 1 & 1 & \cdots & 1 \\ 1 & 1 & \cdots & 1 \\ \vdots & \vdots & \ddots & \vdots \\ 1 & 1 & \cdots & 1 \end{bmatrix} \tag{5-12}$$

与模糊集的 λ-截集相似，模糊矩阵的矩阵截集定义为

$$\boldsymbol{R}_{\lambda}=[\lambda r_{ij}]_{m \times n}, \quad \lambda \in [0,1] \tag{5-13}$$

或

$$\boldsymbol{R}_{\lambda}=\{(x,y) \mid \mu_{R}(x,y) \geqslant \lambda\} \tag{5-14}$$

例 6：身高集合 $X=\{150,155,160,165\}$，体重集合 $Y=\{45,49.5,54,58.5\}$，根据国际上常用的人的标准体重计算公式：标准体重＝(身高－100)×0.9，$X \times Y$ 中的 $\boldsymbol{R}$ 为

$$\boldsymbol{R}=\begin{bmatrix} 1 & 0.75 & 0.3 & 0 \\ 0.75 & 1 & 0.75 & 0.3 \\ 0.3 & 0.75 & 1 & 0.75 \\ 0 & 0.3 & 0.75 & 1 \end{bmatrix}$$

则 $\boldsymbol{R}_{0.75}=\{(x,y) \mid \mu_{R}(x,y) \geqslant 0.75\}$，即 $\boldsymbol{R}_{0.75}=\{(x_1,y_1),(x_1,y_2),(x_2,y_1),(x_2,y_2),(x_2,y_3),(x_3,y_2),(x_3,y_3),(x_3,y_4),(x_4,y_3),(x_4,y_4)\}$。

如果用矩阵表示，则

$$\boldsymbol{R}_{\lambda}=\begin{bmatrix} 1 & 1 & 0 & 0 \\ 1 & 1 & 1 & 0 \\ 0 & 1 & 1 & 1 \\ 0 & 0 & 1 & 1 \end{bmatrix}$$

5.4.2 模糊关系的合成

模糊关系合成是指由第一个集合与第二个集合之间的模糊关系及第二个集合与第三个集合之间的模糊关系，得到第一个集合与第三个集合之间模糊关系的一种运算。

模糊关系合成的计算方法有取大-取小合成法、取大-乘积合成法、加法-相乘合成法。下面给出常用的取大-取小合成法的定义。

定义 23：设 $\boldsymbol{R}$ 是 $X \times Y$ 中的模糊关系，$\boldsymbol{S}$ 是 $Y \times Z$ 中的模糊关系，$\boldsymbol{R}$ 与 $\boldsymbol{S}$ 的合成是下列定义在 $X \times Z$ 上的模糊关系 $\boldsymbol{Q}$，记作

$$\boldsymbol{Q}=\boldsymbol{R} \circ \boldsymbol{S} \tag{5-15}$$

或

$$\mu_{R \circ S}(x,z) = \vee \{\mu_R(x,y) \wedge \mu_S(y,z)\} \tag{5-16}$$

式中，$\wedge$ 代表取小，$\vee$ 代表取大，"$\circ$"表示合成运算。因此，这一计算方法称为取大-取小合成法。

定义 24：设 $Q = (q_{ij})_{n \times m}$、$R = (r_{jk})_{m \times l}$ 是两个模糊矩阵，它们的合成 $Q \circ R$ 指的是一个 n 行 l 列的模糊矩阵 S，S 中第 i 行第 k 列的元素 s_{ik} 等于 Q 中第 i 行元素与第 k 列对应元素两两先取较小者，再在所有结果中取较大者，即

$$s_{ik} = \mathop{\vee}\limits_{i=1}^{m} (q_{ij} \wedge r_{jk}), \quad 1 \leqslant i \leqslant n, 1 \leqslant k \leqslant l \tag{5-17}$$

模糊矩阵 Q 与 R 的合成 $Q \circ R$ 又称 Q 对 R 的模糊乘积，或称模糊矩阵的乘法。

例 7：现对某一餐馆的品质进行评判，评判指标包括饭菜口感、饭菜色相、环境舒适度、服务态度及卫生状况 5 方面，用论域 Y 表示，即

$$Y = \{饭菜口感, 饭菜色相, 环境舒适度, 服务态度, 卫生状况\}$$

而评判论域用 Z 表示，即

$$Z = \{很好, 较好, 可以, 不好\}$$

现邀请一些专家对这一餐馆给出评价，即得出 $Y \times Z$ 中的模糊关系 S，如表 5-2 所示。

表 5-2 $Y \times Z$ 中的模糊关系 S

Y	Z			
	很好	较好	可以	不好
饭菜口感	0.8	0.15	0.05	0
饭菜色相	0.7	0.2	0.1	0
环境舒适度	0.5	0.3	0.15	0.05
服务态度	0.4	0.25	0.2	0.15
卫生状况	0	0.2	0.3	0.5

表 5-2 可用模糊矩阵表示为

$$S = \begin{bmatrix} 0.8 & 0.15 & 0.05 & 0 \\ 0.7 & 0.2 & 0.1 & 0 \\ 0.5 & 0.3 & 0.15 & 0.05 \\ 0.4 & 0.25 & 0.2 & 0.15 \\ 0 & 0.2 & 0.3 & 0.5 \end{bmatrix}$$

在对餐馆进行综合评定时，各指标对综合评定结果的影响因子不同，对餐馆饭菜口感（0.5）和餐馆卫生状况（0.25）要求最高，其次是服务态度（0.1）和饭菜色相（0.1），对环境的舒适度要求最低（0.05），则得出影响因子集合 X 与评判指标 Y 之间的模糊关系 R，如表 5-3 所示。

表 5-3 X 与 Y 之间的模糊关系 R

X	Y				
	饭菜口感	饭菜色相	环境舒适度	服务态度	卫生状况
影响因子	0.5	0.1	0.05	0.1	0.25

表 5-3 可用模糊矩阵表示为 $\boldsymbol{R} = [0.5 \quad 0.1 \quad 0.05 \quad 0.1 \quad 0.25]$。

现要求在不同权重因子下,得出餐馆的综合品质结论。

此时就要求进行模糊关系的合成,即餐馆的综合品质 $\boldsymbol{Q}$ 为

$$\boldsymbol{Q} = \boldsymbol{R} \cdot \boldsymbol{S} = [0.5 \quad 0.1 \quad 0.05 \quad 0.1 \quad 0.25] \circ \begin{bmatrix} 0.8 & 0.15 & 0.05 & 0 \\ 0.7 & 0.2 & 0.1 & 0 \\ 0.5 & 0.3 & 0.15 & 0.05 \\ 0.4 & 0.25 & 0.2 & 0.15 \\ 0 & 0.2 & 0.3 & 0.5 \end{bmatrix}$$

根据取大-取小合成法的原则

$q_1 = (0.5 \wedge 0.8) \vee (0.1 \wedge 0.7) \vee (0.05 \wedge 0.5) \vee (0.1 \wedge 0.4) \vee (0.25 \wedge 0) = 0.5$

$q_2 = (0.5 \wedge 0.15) \vee (0.1 \wedge 0.2) \vee (0.05 \wedge 0.3) \vee (0.1 \wedge 0.25) \vee (0.25 \wedge 0.2)$
$\quad = 0.2$

$q_3 = (0.5 \wedge 0.05) \vee (0.1 \wedge 0.1) \vee (0.05 \wedge 0.15) \vee (0.1 \wedge 0.2) \vee (0.25 \wedge 0.3)$
$\quad = 0.25$

$q_4 = (0.5 \wedge 0) \vee (0.1 \wedge 0) \vee (0.05 \wedge 0.05) \vee (0.1 \wedge 0.15) \vee (0.25 \wedge 0.5) = 0.25$

即 $\boldsymbol{Q} = \boldsymbol{R} \cdot \boldsymbol{S} = [0.5 \quad 0.2 \quad 0.25 \quad 0.25]$。

根据计算结果可知,该餐馆综合品质为"很好"。

根据模糊关系合成的计算方式可知,模糊关系合成不满足交换律。例 7 中的 $\boldsymbol{R} \circ \boldsymbol{S}$ 有意义,而 $\boldsymbol{S} \circ \boldsymbol{R}$ 无意义。

设 $\boldsymbol{R}$、$\boldsymbol{S}(\boldsymbol{T})$ 和 $\boldsymbol{U}$ 分别为 $X \times Y$、$Y \times Z$ 和 $Z \times W$ 中的模糊关系,则具有以下 5 种基本性质。

(1) 结合律:如果 $\boldsymbol{S} \subseteq \boldsymbol{T}$,则有 $\boldsymbol{R} \cdot \boldsymbol{S} \subseteq \boldsymbol{R} \cdot \boldsymbol{T}$ 或 $\boldsymbol{S} \cdot \boldsymbol{U} \subseteq \boldsymbol{T} \cdot \boldsymbol{U}$。

(2) 并运算上的弱分配律:$\boldsymbol{R} \circ (\boldsymbol{S} \cup \boldsymbol{T}) \subseteq (\boldsymbol{R} \cdot \boldsymbol{S}) \cup (\boldsymbol{S} \cdot \boldsymbol{T})$ 或 $(\boldsymbol{S} \cup \boldsymbol{T}) \cdot \boldsymbol{U} \subseteq (\boldsymbol{S} \cdot \boldsymbol{U}) \cup (\boldsymbol{T} \cdot \boldsymbol{U})$。

(3) 交运算上的弱分配律:$\boldsymbol{R} \circ (\boldsymbol{S} \cap \boldsymbol{T}) \subseteq (\boldsymbol{R} \cdot \boldsymbol{S}) \cap (\boldsymbol{S} \cdot \boldsymbol{T})$ 或 $(\boldsymbol{S} \cap \boldsymbol{T}) \cdot \boldsymbol{U} \subseteq (\boldsymbol{S} \cdot \boldsymbol{U}) \cap (\boldsymbol{T} \cdot \boldsymbol{U})$。

(4) $\boldsymbol{O} \cdot \boldsymbol{R} = \boldsymbol{R} \cdot \boldsymbol{O}$ 或 $\boldsymbol{I} \cdot \boldsymbol{R} = \boldsymbol{R} \cdot \boldsymbol{I} = \boldsymbol{R}$($\boldsymbol{O}$ 为零矩阵,$\boldsymbol{I}$ 为单位矩阵)。

(5) 若 $\boldsymbol{R}_1 \subseteq \boldsymbol{R}_2$,$\boldsymbol{S}_1 \subseteq \boldsymbol{S}_2$,则 $\boldsymbol{R}_1 \circ \boldsymbol{S}_1 \subseteq \boldsymbol{R}_2 \circ \boldsymbol{S}_2$。

5.4.3　模糊关系的性质

定义 25:设 $\boldsymbol{R}$ 是 X 中的模糊关系。若对于所有 $\forall x \in X$,都有 $\mu_R(x,x) = 1$,则称 $\boldsymbol{R}$ 为具有自反性的模糊关系。

对应自反关系的模糊矩阵的对角元素为 1。

定义 26:设 $\boldsymbol{R} \in U(X \times X)$,$\boldsymbol{R}^{\mathrm{T}}$ 是 $\boldsymbol{R}$ 的转置。即 $\boldsymbol{R}^{\mathrm{T}} \in U(X \times X)$,并且满足 $\mu_R^{\mathrm{T}}(y,x) \in \mu_R(y,x)$,其中,$(x,y) \in Y \times X$。

关系的转置具有以下性质:

◆ $(\boldsymbol{R}^{\mathrm{T}})^{\mathrm{T}} = \boldsymbol{R}$

◆ $(\boldsymbol{R} \cup \boldsymbol{Q})^{\mathrm{T}} = \boldsymbol{R}^{\mathrm{T}} \cup \boldsymbol{Q}^{\mathrm{T}}$ 或 $(\boldsymbol{R} \cap \boldsymbol{Q})^{\mathrm{T}} = \boldsymbol{R}^{\mathrm{T}} \cap \boldsymbol{Q}^{\mathrm{T}}$

◆ $(\boldsymbol{R} \circ \boldsymbol{Q})^{\mathrm{T}} = \boldsymbol{Q}^{\mathrm{T}} \cdot \boldsymbol{R}^{\mathrm{T}}$ 或 $(\boldsymbol{R}^n)^{\mathrm{T}} = (\boldsymbol{Q}^{\mathrm{T}})^n$

◆ $(\boldsymbol{R}^{\mathrm{T}})_\lambda = (\boldsymbol{R}_\lambda)^{\mathrm{T}}$

定义 27：设 $R \in U(X \times X)$，若 $R^T = R$，则称 R 为对称的模糊关系。在有限论域中时，称为对称模糊矩阵。

例 8：设身高集合 $X = \{150, 155, 160, 165\}$，体重集合 $Y = \{45, 49.5, 54, 58.5\}$，根据国际上常用的人的标准体重计算公式：标准体重 ＝ （身高－100）× 0.9，则对应身高"非标准"体重时，可采用模糊矩阵表示身高、体重与标准体重之间的关系。

$$R = \begin{bmatrix} 1 & 0.75 & 0.3 & 0 \\ 0.75 & 1 & 0.75 & 0.3 \\ 0.3 & 0.75 & 1 & 0.75 \\ 0 & 0.3 & 0.75 & 1 \end{bmatrix}$$

由于 $\mu_R(1,1) = \mu_R(2,2) = \mu_R(3,3) = \mu_R(4,4) = 1$，因此 R 为具有自反性的模糊关系；由于 $R^T = R$，因此 R 为对称的模糊关系，即 R 是自反的对称模糊矩阵。

定义 28：设 $R \in U(X \times X)$，即 R 是 X 中的模糊关系。若 R 满足 $R \circ R \subseteq R$，则称 R 为传递的模糊关系。

由定义可知，传递性关系包含它与自身关系的合成。对于传递性关系，可以等价表示为 $\mu_R(x, y) \geqslant \vee (\mu_R(x, y) \wedge \mu_R(y, z))$，$\forall x, y, z \in X$。

例 9：设 $R = \begin{bmatrix} 0.1 & 0.5 & 0.8 & 1 \\ 0 & 0.2 & 0.6 & 0.8 \\ 0 & 0 & 0.3 & 0.7 \\ 0 & 0 & 0 & 0.4 \end{bmatrix}$

则

$$R \circ R = \begin{bmatrix} 0.1 & 0.5 & 0.8 & 1 \\ 0 & 0.2 & 0.6 & 0.8 \\ 0 & 0 & 0.3 & 0.7 \\ 0 & 0 & 0 & 0.4 \end{bmatrix} \circ \begin{bmatrix} 0.1 & 0.5 & 0.8 & 1 \\ 0 & 0.2 & 0.6 & 0.8 \\ 0 & 0 & 0.3 & 0.7 \\ 0 & 0 & 0 & 0.4 \end{bmatrix}$$

$$= \begin{bmatrix} 0.1 & 0.2 & 0.5 & 0.7 \\ 0 & 0.2 & 0.3 & 0.6 \\ 0 & 0 & 0.3 & 0.4 \\ 0 & 0 & 0 & 0.4 \end{bmatrix}$$

根据定义，$R \circ R \subseteq R$，则 R 为传递的模糊关系。

定义 29：设 R 是 X 中的模糊关系，若 R 具有自反性和对称性，则 R 称为模糊相似关系。若 R 同时具有自反性、对称性和传递性，则称 R 为模糊等价关系。

利用模糊等价关系对事物进行分类，称为模糊聚类分析。

5.4.4 模糊变换

模糊变换是指给定两个集合之间的一个模糊关系，据此由一个集合上的模糊子集经运算得到另一个集合上的模糊子集的过程。

定义 30：称映射 $F: X \rightarrow Y$ 为从 X 到 Y 的模糊变换。模糊变换实现了将 X 上的模糊集变为 Y 上的模糊集，实际上实现了论域的转换。

当 X、Y 均为有限集时,映射 $F:\mu_{1\times m}\to\mu_{1\times n}$ 就是模糊变换。

定义 31:给定一个模糊变换 $F:X\to Y$,若存在 $R\subseteq X\times Y$,使 $\forall A\in X$,有

$$F(A)=A\circ R\in V \tag{5-18}$$

此处,$\mu_{X\cdot R}=\vee(\mu_X(x)\wedge\mu_R(x,y))$,$\forall y\in Y$,则为线性模糊变换。

例 10:某一水位控制系统,当前水位的模糊集合 $\boldsymbol{A}=(0.6,0.3,0.1)$,水位与阀门开度的模糊矩阵为

$$\boldsymbol{R}=\begin{bmatrix}0.1&0.3&0.6\\0.2&0.5&0.3\\0.6&0.3&0.1\end{bmatrix}$$

则当前水位下阀门开度为

$$\boldsymbol{Y}=\boldsymbol{A}\circ\boldsymbol{R}=\begin{bmatrix}0.6&0.3&0.1\end{bmatrix}\circ\begin{bmatrix}0.1&0.3&0.6\\0.2&0.5&0.3\\0.6&0.3&0.1\end{bmatrix}=\begin{bmatrix}0.2&0.3&0.6\end{bmatrix}$$

在模糊集合论中还有一个重要的定义,即扩张原理:模糊集合 A 经过映射 f 之后,记为 $f(A)$,A 和 $f(A)$ 中相应元素的隶属度保持不变,也就是模糊集合 A 中元素的隶属度可以通过映射无保留地传递到模糊集合 $f(A)$ 的相应元素中。

定义 32:设有映射 $f:X\to Y$,且 A 是 X 中的模糊集合,记 A 在 f 下的像为 $f(A)$,它是 Y 中的模糊集合,并具有如下隶属度函数:

$$\mu_{f(A)}(y)=\begin{cases}\displaystyle\bigvee_{x\in f^{-1}(y)}\mu_A(x)&f^{-1}(y)\neq\varnothing\\0&f^{-1}(y)=\varnothing\end{cases} \tag{5-19}$$

即若 $A=\dfrac{\mu_1}{x_1}+\dfrac{\mu_2}{x_2}+\cdots+\dfrac{\mu_m}{x_m}$,则由映射 f 作用之后有 $f(A)=\dfrac{\mu_1}{f(x_1)}+\dfrac{\mu_2}{f(x_2)}+\cdots+\dfrac{\mu_m}{f(x_m)}$。

当 f 为一一映射时,$f(A)$ 的隶属度函数公式可简化为

$$\mu_{f(A)}(y)=\begin{cases}\mu_A(x)&f^{-1}(y)\neq\varnothing\\0&f^{-1}(y)=\varnothing\end{cases}$$

例 11:设 $A=\dfrac{0.1}{x_1}+\dfrac{0.3}{x_2}+\dfrac{0.4}{x_3}+\dfrac{0.7}{x_4}+\dfrac{0.5}{x_5}+\dfrac{0.2}{x_6}$,$Y=\{y_1,y_2,y_3\}$,对于映射 $f:X\to Y$,有 $f(x_1)=y_1,f(x_2)=y_2,f(x_3)=y_2,f(x_4)=y_2,f(x_5)=y_3,f(x_6)=y_3$,则 $f(y_1)=\{x_1\}$,$f(y_2)=\{x_2,x_3,x_4\}$,$f(y_3)=\{x_5,x_6\}$。得

$$\mu_{f(A)}(y_1)=\bigvee_{\{x_1\}}(0.1)=0.1$$

$$\mu_{f(A)}(y_2)=\bigvee_{\{x_2,x_2,x_4\}}(0.3,0.4,0.7)=0.7$$

$$\mu_{f(A)}(y_3)=\bigvee_{\{x_5,x_6\}}(0.5,0.2)=0.5$$

即 $f(A)=\dfrac{0.1}{y_1}+\dfrac{0.7}{y_2}+\dfrac{0.5}{y_3}$。

5.5   模糊逻辑与模糊推理

模糊集合是经典集合的真实概括,经典集合是模糊集合的特例。使用隶属度函数定义的模糊集合称为模糊逻辑。模糊集合中的隶属度函数用于鉴定"陈述"为"真"的程度。例如,体温为 104℉的患者隶属"重感冒患者"集合的程度为 0.65。任一体温的患者隶属"重感冒患者"集合的程度可用图 5-15 所示的"重感冒"隶属度函数表示。

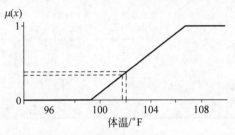

图 5-15   "重感冒"隶属度函数

语言变量是模糊逻辑系统的基本构成,它针对同样背景使用多个主观分类进行描述。以发热为例,将描述发热的程度用高烧、发热、正常和低烧 4 个语言变量描述。图 5-16 展示了所有语言变量就"发热"事件的隶属度函数。

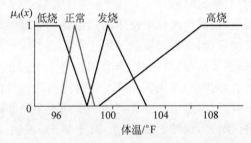

图 5-16   所有语言变量就"发热"事件的隶属度函数

使用模糊隶属函数后,以华氏温度测量的体温可以转换为语言描述。例如,体温为 100℉的患者可基本确诊为发烧状态,并有轻微的高烧现象。

5.5.1   模糊逻辑技术

随着人们对模糊逻辑理解的加深,使用模糊集合的方法不断更新。本书只涉及基于规则的模糊逻辑技术。近期几乎所有的模糊逻辑应用都是基于该方法。这里以集装箱起重机控制系统为例,简要介绍基于规则的模糊逻辑系统的基本技术。

集装箱起重机控制系统界面如图 5-17 所示。

集装箱起重机用于装载集装箱到船上或从港口的船上卸载集装箱。使用连接到起重机头上的软电缆吊起单个集装箱,起重机头采用水平移动方式。当一个集装箱被提起时,起重机头开始移动,此时集装箱随着起重机头的移动并受惯性的作用开始晃动。在运输过程中,集装箱的晃动基本不会影响运输过程,但晃动的集装箱必须稳定后才能放下。

解决这个问题有两种方法。第一种方法是准确定位起重机头到目标位置上方,接着等

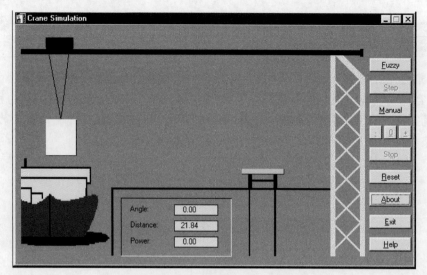

图 5-17　集装箱起重机控制系统界面

待集装箱的摆动达到规定的稳定状态。当然摆动的集装箱最终会稳定,但等待会造成较多时间的浪费。由于成本原因,一个集装箱船需要在最短时间内被装载和卸载,因此第一种方法不符合成本最小化的要求。第二种方法是提起集装箱,然后慢慢移动它,使集装箱不发生晃动,但这种方法也会花费大量的时间。

一个比较折中的方法是,在操作过程中使用附加电缆固定集装箱的位置以构建集装箱起重机。但这种方法花费较高,很少有起重机采用这种方法。

由于这些原因,大多数集装箱起重机在操作员的指导下对起重机电动机采用连续速度控制。操作员需要控制晃动,同时确保集装箱在最短时间内到达目标位置。实现这个目标,对于操作人员来说非常不容易,但熟练的操作员能够做到。为降低操作的难度,工程师曾尝试采用控制策略实现自动控制,如线性 PID(比例-积分-微分)控制、基于模型控制和模糊逻辑控制。

传统的 PID 控制试验未能成功,因为控制任务是非线性的。当集装箱接近目标时,晃动最小化是重要的;在基于模型的控制试验时,工程师推导出描述起重机机械行为的数学模型为五阶微分方程式,这在理论上说明基于模型的控制策略是可行的,但试验也不成功。其原因如下。

(1)起重机电动机行为不是模型中假设的线性行为。

(2)起重机头移动时有摩擦。

(3)模型中未包含干扰量,如风的干扰。

鉴于以上控制策略的不足,引入了模糊逻辑的语言控制策略。

5.5.2　语言控制策略

在人为控制中,操作员并非按照微分方程式进行控制,甚至无须使用基于模型的控制策略中的电缆长度传感器。操作员提起集装箱后,首先使用中功率电动机,查看集装箱如何晃动;然后依据晃动的程度调整电动机功率,使集装箱在起重机头后面一点,这时系统将获得最大传输速度,并使集装箱晃动最小。

当接近目标位置时,操作员减小电动机功率或使用负电压刹车。当起重机接近目标且电压进一步减小或反向时,使集装箱的位置稍微超过起重机头,直到集装箱几乎达到目标位置。最终增加电动机功率使起重机头超过目标位置且摆动为0。在整个操作过程中,不需要微分方程式,系统干扰或非线性通过操作员对集装箱位置的观察,依据经验进行补偿。

在操作员操作过程分析中使用了以下经验规则描述控制策略。

(1) 启动时使用中功率电动机,以便观察集装箱的晃动情况。

(2) 如果已经启动且仍然远离目标,则增加电动机功率,使集装箱到达起重机头后面一点。

(3) 如果接近目标,则减小速度,使集装箱在起重机头前面一点。

(4) 当集装箱超过目标且晃动为0时,停止电动机。

用距离传感器测量起重机头的位置,再用相角传感器测量集装箱晃动相角,并将测量结果应用到自动控制起重机中。使用测量结果描述起重机的当前状况,并采用"如果……则……"句式描述经验控制规则。

(1) 如果起重机头与目标位置之间的距离较远,并且集装箱与垂直方向的相角等于0,则使用中功率电动机。

(2) 如果起重机头与目标位置之间的距离较远,并且集装箱与垂直方向的相角小于0,则使用大功率电动机。

(3) 如果起重机头与目标位置之间的距离较近,并且集装箱与垂直方向的相角小于0,则使用中功率电动机。

(4) 如果起重机头与目标位置之间的距离适中,并且集装箱与垂直方向的相角小于0,则使用中功率电动机。

(5) 如果起重机头到达目标位置,并且集装箱与垂直方向的相角等于0,则停止电动机。

由经验控制规则可知,采用"如果……则……"句式描述经验控制规则的通用式为

$$如果 <状态>,则 <动作>$$

就集装箱起重机而言,状态由两个条件确定:第一个条件描述起重机头与目标位置之间的距离;第二个条件描述集装箱与垂直方向的相角。当两个条件同时满足时,系统给出控制策略。

在设置规则时,使用了语言变量。

5.5.3 模糊语言变量

带有模糊性的语言称为模糊语言,如高、矮、胖、瘦、轻、重、缓、急等。此外,自然语言中有一些词可以表达语气的肯定程度,如"非常""很""极"等;也有一类词,如"大概""近似于"等,将这些词置于某个词前面,会使该词意义变模糊;还有些词,如"偏向""倾向于"等,可使词义由模糊变为肯定,如倾向于短等。在模糊控制中,常见的模糊语言还有正大、正中、正小、零、负小、负中、负大等。

人类自然语言具有模糊性,而通常的计算机语言有严格的语法规则和语义,不存在任何模糊性和歧义,即计算机对模糊性缺乏识别和判断能力。为使自然语言与计算机直接进行对话,必须将人类语言和思维过程提炼为数学模型。

语言变量是指将自然或人工语言的词、词组或句子作为值的变量。如模糊控制中的"偏

差""偏差变化率"等,并且语言变量的取值通常不是数,而是用模糊语言表示的模糊集合,如"偏差很大""偏差大""偏差适中""偏差小""偏差较小"。

定义33:一个语言变量可定义为多元组$(x, T(x), U, G, M)$。其中,x 为变量名;$T(x)$ 为 x 的词集,即语言值名称的集合;U 为论域;G 是产生语言值名称的语法规则;M 是与各语言值含义有关的语法规则。语言变量的每个语言值对应一个定义在论域 U 中的模糊数。语言变量基本词集将模糊概念与精确值联系起来,实现对定性概念的定量化及定量数据的定性模糊化。

依然以偏差为例,$T(偏差) = \{很大、大、适中、小、较小\}$。

上述每个模糊词语(如大、适中等)是定义在论域 U 上的一个模糊集合。设论域 $U = [0,5]$,则可大致认为小于 1 为小,2 左右为适中,大于 3 为大。

语法规则是根据原子单词生成的语言值集合 $T(x)$ 中各合成词语的语法规则。

(1) 前缀限制词 H 方式,在原子单词 C 之前引入算子 H 概念,形成合成语言词 $T = HC$。例如,"极""很""相当"等都可作为算子处理。算子有很多种,经常使用的有语气算子("极""很")、散漫化算子("略""微")、概率算子("大概""将近")、判定化算子("倾向于""多半是")等。

(2) 加连接词"或""且"和否定词"非",如"非大于"等。

(3) 混合式,即上述两种合成方式重复或交叉使用,形成各种复杂的语言值。

以偏差为例的语言变量的结构图如图 5-18 所示。

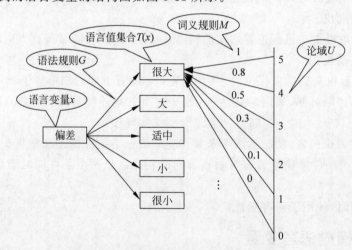

图 5-18　以偏差为例的语言变量的结构图

5.5.4　模糊命题与模糊条件语句

人们把具有模糊概念的陈述句称为模糊命题,如"天气很热"。模糊命题通常以在大写字母 P、Q、R 等下面加波浪"~"表示。

表征模糊命题真实程度的量叫作模糊命题的真值,记作

$$V(\underset{\sim}{P}) = x, \quad 0 \leqslant x \leqslant 1 \tag{5-20}$$

当 $V(\underset{\sim}{P}) = 1$ 时,表示 $\underset{\sim}{P}$ 陈述的信息完全真;当 $V(\underset{\sim}{P}) = 0$ 时,表示 $\underset{\sim}{P}$ 陈述的信息完全假;而当 $V(\underset{\sim}{P})$ 的值为 0~1 时,表示 $\underset{\sim}{P}$ 陈述的信息不完全真,也不完全假,并且 $V(\underset{\sim}{P})$ 的值

越接近 1，$\underset{\sim}{P}$ 陈述的信息越真实。模糊命题比二值逻辑中的命题更符合人的思维方式，反映了真或假的程度。

模糊命题的一般形式为 $\underset{\sim}{P}$：“u 是 A”（或 u is A）。其中，u 是个体变元，它属于论域 U，即 $u\in U$；A 是某个模糊概念对应的模糊集合。模糊命题的真值由该变元对模糊集合的隶属程度表示，定义为

$$V(\underset{\sim}{P})=\mu_A(\boldsymbol{u}) \tag{5-21}$$

在模糊命题中，“is A”部分是表示一个个体模糊性质或多个个体之间模糊关系的部分，称为模糊谓词。与二值逻辑一样，使用析取、合取、取非、蕴涵及等价运算可构成复合模糊命题。

设有模糊命题 $\underset{\sim}{P}$：偏差大；$\underset{\sim}{Q}$：偏差变化率小，则：

◆ 析取：表示两者间的关系为“或”，记为 $\underset{\sim}{P}\cup\underset{\sim}{Q}$，其真值为 $V(\underset{\sim}{P})\vee V(\underset{\sim}{Q})=\mu_A(p)\vee \mu_B(q)$，意为偏差大或偏差变化率小，即两者满足其一即可。

◆ 合取：表示两者间的关系为“且”，记为 $\underset{\sim}{P}\cap\underset{\sim}{Q}$，其真值为 $V(\underset{\sim}{P})\wedge V(\underset{\sim}{Q})=\mu_A(p)\wedge \mu_B(q)$，意为偏差大，并且偏差变化率小，即要求两者同时满足。

◆ 取非：表示两者间的关系为“非”，记为 $\underset{\sim}{P}^C$，其真值为 $1-V(\underset{\sim}{P})=1-\mu_A(p)$，意为偏差不大。

◆ 蕴涵：表示两者间的关系为“若……则……”，记为 $V(\underset{\sim}{P})\rightarrow V(\underset{\sim}{Q})$。

◆ 等价：表示两者间的关系为“互相蕴含”，记为 $V(\underset{\sim}{P})\leftrightarrow V(\underset{\sim}{Q})$。

由真值表达式可知，模糊命题真值之间的运算就是其相应隶属度函数之间的运算。

在使用模糊策略时，会用到一系列模糊控制规则，例如，“如果起重机头与目标位置之间的距离较远，且集装箱与垂直方向的相角等于 0，则使用中等功率电动机”，或者“如果偏差较大，而偏差变化率较小，则阀门半开”等。其中“远”“中等”“大”“小”“半开”等词均为模糊词，这些带模糊词的条件语句就是模糊条件语句。

在模糊控制中，经常用到 3 种条件语句。

(1) if 条件，then 语句，其简记形式为 if A，then B。其中 if A 部分称为前件或条件部分，then B 部分称为后件或结论部分。

例句：如果水位达到要求，则关闭进水阀门。

(2) if 条件，then 语句 1，else 语句 2，其简记形式为 if A，then B，else C。

例句：如果苹果比橘子贵，则买橘子；否则，买苹果。

(3) if 条件 1 and 条件 2，then 语句，其简记形式为 if A and B，then C。

例句：如果他跑得快，并且球技好，则让他当前锋。

5.5.5　判断与推理

判断和推理是思维形式的一种。判断是概念与概念的联合，而推理是判断与判断的联合。推理根据一定的原则，由一个或几个已知判断引出一个新判断。一般情况下，推理包含两个部分的判断：一部分是已知的判断，作为推理的出发点，叫作前提或前件；另一部分是由前提推出的新判断，叫作结论或后件。

只有一个前提的推理称为直接推理，有两个或两个以上前提的推理称为间接推理。间

接推理依据认识的方向,又可分为演绎推理、归纳推理和类比推理等。

演绎推理是前提与结论之间有蕴涵关系的推理。演绎推理中最常用的形式是假言推理,包括肯定式推理和否定式推理两类。

肯定式:

大前提(规则)	若 x 是 A,则 y 是 B
小前提(已知)	x 是 A
结论	y 是 B

否定式:

大前提(规则)	若 x 是 A,则 y 是 B
小前提(已知)	y 不是 B
结论	x 不是 A

这就是"三段论"推理模式,用数学形式表达如下:

$A \rightarrow B$	$A \rightarrow B$
A	B^C
B	A^C
肯定式	否定式

"三段论"给出了在大前提 $A \rightarrow B$ 之下,若小前提是 A,则可推出结论为 B。然而,若小前提不是严格的 A,而在某种程度上接近 A,记为 A',此时结论应该是什么呢?"三段论"没能给出答案,即三段论对模糊性问题的推理无能为力,此时需要使用模糊推理方法。

5.5.6　模糊推理

模糊推理又称模糊逻辑推理,是应用模糊关系表示模糊条件句,将推理的判断过程转换为对隶属度的合成及演算过程。即已知模糊命题(包括大前提和小前提),推出新的模糊命题作为结论的过程。模糊推理即近似推理,这两个术语不加区分,可以混用。

L. A. Zadeh 1973 年对于模糊命题"若 A,则 B",利用模糊关系的合成运算提出了一种近似推理的方法,称为"关系合成推理法",简称 CRI 法,是实际控制中应用较广的一种模糊推理算法。其原理表述为:用一个模糊集合表述大前提中全部模糊条件语句前件的基础变量与后件的基础变量间的关系,再用一个模糊集合表述小前提,进而通过基于模糊关系的模糊变换运算给出推理结果。

常用的推理方法有 Zadeh 推理方法、Mamdani 推理方法、多输入模糊推理方法和多输入多规则推理方法。

1. Zadeh 推理方法

设 A 是 X 上的模糊集合,B 是 Y 上的模糊集合,模糊蕴涵关系"若 A,则 B",用 $A \rightarrow B$ 表示。Zadeh 将其定义为 $X \times Y$ 的模糊关系,即

$$R = A \rightarrow B = (A \times B) \bigcup (A^C \times Y) \tag{5-22}$$

其隶属度函数式为 $R(x,y) = [A(x) \wedge B(x)] \bigvee (1 - A(x))$。

给定一个模糊关系 R，就决定了一个模糊变换，利用模糊关系的合成有如下推理规则。

（1）已知模糊蕴涵关系 $A \rightarrow B$ 的模糊关系 R，对于给定的 $A', A' \in X$，则可推出结论 $B', B' \in Y, B' = A' \circ R$。即当 Y 为有限论域时，

$$B'(y) = \vee \{ A'(x) \wedge [A(x) \wedge B(y) \vee (1 - A(x))] \} \tag{5-23}$$

（2）已知模糊蕴涵关系 $A \rightarrow B$ 的模糊关系 R，对于给定的 $B', B' \in Y$，则可推出结论 $A', A' \in X, A' = R \circ B'$。即当 X 为有限论域时，

$$A'(x) = \vee \{ [A(x) \wedge B(y) \vee (1 - A(x))] \wedge B'(y) \} \tag{5-24}$$

2. Mamdani 推理方法

Mamdani 推理方法本质上是一种 CRI 法，只是 Mamdani 将模糊蕴涵关系 $A \rightarrow B$ 用 A 和 B 的笛卡儿积表示，即 $R = A \rightarrow B = A \times B$，也可写为 $R(x, y) = A(x) \times B(y)$。

已知模糊蕴涵关系 $A \rightarrow B$ 的模糊关系 R，对于给定的 $A', A' \in X$，则可推出结论 B'，$B' \in Y, B' = A' \circ R$。即当 Y 为有限论域时，

$$B'(y) = \vee \{ A'(x) \wedge [A(x) \wedge B(y)] \} \tag{5-25}$$

或者用隶属度函数表示为

$$
\begin{aligned}
\mu_{B'}(y) &= \vee \{ \mu_{A'}(x) \wedge [\mu_A(x) \wedge \mu_B(y)] \} \\
&= \vee \{ \mu_{A'}(x) \wedge \mu_A(x) \} \wedge \mu_B(y) \\
&= \alpha \wedge \mu_B(y)
\end{aligned} \tag{5-26}
$$

其中，$\alpha = \vee \{ \mu_{A'}(x) \wedge \mu_A(x) \}$，是模糊集 A' 与 A 交集的高度，如图 5-19 所示。也可表示为 $\alpha = H(A' \cap A)$，α 可看作 A' 对 A 的适配程度。

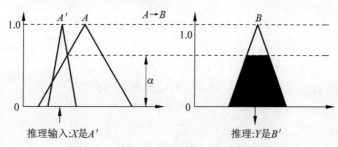

图 5-19 $\alpha = \vee \{ \mu_{A'}(x) \wedge \mu_A(x) \}$ 的图示

根据 Mamdani 推理方法，结论可用此适配度与模糊集合进行模糊与，即取小运算 (min) 得到。体现在图形上就是用基准切割 B，便可得到推论结果，所以这种方法经常形象地称为削顶法。

已知模糊蕴涵关系 $A \rightarrow B$ 的模糊关系 R，对于给定的 $B', B' \in Y$，则可推出结论 $A', A' \in X, A' = R \circ B'$，其中"。"表示合成运算。即当 X 为有限论域时，$A'(x) = \vee \{ [A(x) \wedge B(y)] \wedge B'(y) \}$，或者使用隶属度函数表示为

$$\mu_{A'} = \vee \{ [\mu A(x) \wedge B(y)] \wedge B'(y) \} \tag{5-27}$$

例 12：设 $A \in X, B \in Y, A = $ 数量多，$B = $ 质量大。论域 X（数量）$= \{0, 2, 4, 6, 8, 10\}$，

$$\mu_A(x) = \frac{0}{0} + \frac{0.1}{2} + \frac{0.3}{4} + \frac{0.6}{6} + \frac{0.9}{8} + \frac{1}{10}, Y（质量）= \{0, 1, 2, 3, 4, 5, 6, 7\}, \mu_B(y) = \frac{0}{0} + \frac{0.1}{1} +$$

$$\frac{0.2}{2} + \frac{0.4}{3} + \frac{0.6}{4} + \frac{0.8}{5} + \frac{0.9}{6} + \frac{1}{7}。"若 A，则 B"（若数量多，则质量大）为推论的大前提，给$$

出模糊关系 $R=A\rightarrow B$。使用 Mamdani 推理方法推导出给定 A'，$\mu_{A'}(x)=\dfrac{0}{0}+\dfrac{0.2}{2}+\dfrac{0.5}{4}+$ $\dfrac{0.8}{6}+\dfrac{1}{8}+\dfrac{0.8}{10}$，在"数量较多"情况下的结论 B'（质量较大）。

由式 $\alpha=\vee\{\mu_{A'}(x)\wedge\mu_A(x)\}$，先求出 A' 对 A 的适配度为

$$\alpha=\vee\left\{\dfrac{0\wedge 0}{0}+\dfrac{0.1\wedge 0.2}{2}+\dfrac{0.3\wedge 0.5}{4}+\dfrac{0.6\wedge 0.8}{6}+\dfrac{0.9\wedge 1}{8}+\dfrac{1\wedge 0.8}{10}\right\}$$

$$=\vee\left\{\dfrac{0}{0}+\dfrac{0.1}{2}+\dfrac{0.3}{4}+\dfrac{0.6}{6}+\dfrac{0.9}{8}+\dfrac{0.8}{10}\right\}$$

$$=0.9$$

然后用 α 切割 B 的隶属度函数：

$$\mu_{B'}(y)=\alpha\wedge\mu_B(y)$$

$$=0.9\wedge\left(\dfrac{0}{0}+\dfrac{0.1}{1}+\dfrac{0.2}{2}+\dfrac{0.4}{3}+\dfrac{0.6}{4}+\dfrac{0.8}{5}+\dfrac{0.9}{6}+\dfrac{1}{7}\right)$$

$$=0.9\wedge\left(\dfrac{0}{0}+\dfrac{0.1}{1}+\dfrac{0.2}{2}+\dfrac{0.4}{3}+\dfrac{0.6}{4}+\dfrac{0.8}{5}+\dfrac{0.9}{6}+\dfrac{1}{7}\right)$$

$$=\dfrac{0}{0}+\dfrac{0.1}{1}+\dfrac{0.2}{2}+\dfrac{0.4}{3}+\dfrac{0.6}{4}+\dfrac{0.8}{5}+\dfrac{0.9}{6}+\dfrac{0.9}{7}$$

3. 多输入模糊推理方法

已知推理大前提的条件为"if A and B, then C"，$A\in F(x)$，$B\in F(y)$，$C\in F(z)$，则模糊蕴涵关系为

$$R=A\times B\times C=(A\times B)\rightarrow C \tag{5-28}$$

或

$$R(x,y,z)=A(x)\wedge B(y)\wedge C(z)$$

当已知输入 A'、B'，小前提为 A' 且 B'，则可推出 C' 为

$$C'=(A'\times B')\circ R \tag{5-29}$$

其中，$A'=F(x)$，$B'=F(y)$，$C'=F(z)$。即

$$C'=(A'\times B')\circ[(A\times B)\rightarrow C] \tag{5-30}$$

例 13：以模糊自动洗衣机为例，已知泥污量适中为 $\boldsymbol{A}$，$\mu_{\boldsymbol{A}}(x)=\dfrac{0.3}{1}+\dfrac{1}{2}+\dfrac{0.5}{4}$，油脂量适中为 $\boldsymbol{B}$，$\mu_{\boldsymbol{B}}(y)=\dfrac{0.2}{1}+\dfrac{1}{2}+\dfrac{0.7}{3}$，洗涤时间适中为 $\boldsymbol{C}$，$\mu_{\boldsymbol{C}}(z)=\dfrac{0.3}{3}+\dfrac{1}{6}+\dfrac{0.7}{9}$。

已知泥污量多为 $\boldsymbol{A}'$，$\mu_{\boldsymbol{A}'}(x)=\dfrac{0.1}{1}+\dfrac{0.6}{2}+\dfrac{0.9}{3}$，油脂量多为 $\boldsymbol{B}'$，$\mu_{\boldsymbol{B}'}(y)=\dfrac{0.1}{1}+\dfrac{0.7}{2}+\dfrac{1}{3}$，求泥污量大且油脂量多的情况下的洗涤时长 $\boldsymbol{C}'$。

由于 $\boldsymbol{R}=\boldsymbol{A}\times\boldsymbol{B}\times\boldsymbol{C}=(\boldsymbol{A}\times\boldsymbol{B})\rightarrow\boldsymbol{C}$，则

$$\boldsymbol{R}_1=\boldsymbol{A}\times\boldsymbol{B}=\begin{bmatrix}0.3\\1\\0.5\end{bmatrix}\begin{bmatrix}0.2 & 1 & 0.7\end{bmatrix}=\begin{bmatrix}0.2 & 0.3 & 0.3\\0.2 & 1 & 0.7\\0.2 & 0.5 & 0.5\end{bmatrix}$$

将 $\boldsymbol{R}_1$ 写为列向量的形式，即

$$\boldsymbol{R}_1^{\mathrm{T}} = \begin{bmatrix} 0.2 \\ 0.3 \\ 0.3 \\ 0.2 \\ 1 \\ 0.7 \\ 0.2 \\ 0.5 \\ 0.5 \end{bmatrix}$$

$$\boldsymbol{R} = \boldsymbol{R}_1^{\mathrm{T}} \times \boldsymbol{C} = \boldsymbol{R}_1^{\mathrm{T}} \times [0.3 \quad 1 \quad 0.7] = \begin{bmatrix} 0.2 \\ 0.3 \\ 0.3 \\ 0.2 \\ 1 \\ 0.7 \\ 0.2 \\ 0.5 \\ 0.5 \end{bmatrix} [0.3 \quad 1 \quad 0.7] = \begin{bmatrix} 0.2 & 0.2 & 0.2 \\ 0.3 & 0.3 & 0.3 \\ 0.3 & 0.3 & 0.3 \\ 0.2 & 0.2 & 0.2 \\ 0.3 & 1 & 0.7 \\ 0.3 & 0.7 & 0.7 \\ 0.2 & 0.2 & 0.2 \\ 0.3 & 0.5 & 0.5 \\ 0.3 & 0.5 & 0.5 \end{bmatrix}$$

由于 $\boldsymbol{C}' = (\boldsymbol{A}' \times \boldsymbol{B}') \circ \boldsymbol{R}$，令 $\boldsymbol{R}_2 = \boldsymbol{A}' \times \boldsymbol{B}'$，则

$$\boldsymbol{R}_2 = \begin{bmatrix} 0.1 \\ 0.6 \\ 0.9 \end{bmatrix} [0.1 \quad 0.7 \quad 1] = \begin{bmatrix} 0.1 & 0.1 & 0.1 \\ 0.1 & 0.6 & 0.6 \\ 0.1 & 0.7 & 0.9 \end{bmatrix}$$

将 $\boldsymbol{R}_2$ 写为行向量的形式，即

$$\boldsymbol{R}_2^{\mathrm{T}} = [0.1 \quad 0.1 \quad 0.1 \quad 0.1 \quad 0.6 \quad 0.6 \quad 0.1 \quad 0.7 \quad 0.9]$$

则

$$\boldsymbol{C}' = (\boldsymbol{A}' \times \boldsymbol{B}') \circ \boldsymbol{R} = \boldsymbol{R}_2^{\mathrm{T}}$$

$$= [0.1 \quad 0.1 \quad 0.1 \quad 0.1 \quad 0.6 \quad 0.6 \quad 0.1 \quad 0.7 \quad 0.9] \circ \begin{bmatrix} 0.2 & 0.2 & 0.2 \\ 0.3 & 0.3 & 0.3 \\ 0.3 & 0.3 & 0.3 \\ 0.2 & 0.2 & 0.2 \\ 0.3 & 1 & 0.7 \\ 0.3 & 0.7 & 0.7 \\ 0.2 & 0.2 & 0.2 \\ 0.3 & 0.5 & 0.5 \\ 0.3 & 0.5 & 0.5 \end{bmatrix}$$

$$= [0.3 \quad 0.6 \quad 0.7]$$

或

$$\boldsymbol{C}' = \frac{0.3}{3} + \frac{0.6}{6} + \frac{0.7}{9}$$

用图形方式说明两输入推理法过程,有

大前提(规则)	若 A 且 B,则 C
小前提(已知)	若 A' 且 B'
结论	$C' = (A' \times B') \circ [(A \times B) \rightarrow C]$

其中,$A \in F(x)$,$B \in F(y)$,$C \in F(z)$。

对于多维模糊条件语句 R:if A and B,then C,可分解为 R':if A,then C,并且 R':if B,then C,则由 R 做近似推理的结论 C' 等于 R' 和 R'' 的"交"运算,$C' = R' \wedge R''$,即

$$C' = A' \circ (A \times C) \bigcap B' \circ (B \times C)$$

其隶属度函数为

$$\mu_{C'}(z) = \bigvee_{x \in X} \{\mu_{A'}(x) \wedge [\mu_A(x) \wedge \mu_C(z)]\} \bigcap \bigvee_{y \in Y} \{\mu_{B'}(y) \wedge [\mu_A(y) \wedge \mu_C(z)]\}$$

$$= \bigvee_{x \in X} \{\mu_{A'}(x) \wedge \mu_A(x)\} \wedge \mu_C(z) \bigcap \bigvee_{y \in Y} \{\mu_{B'}(y) \wedge \mu_A(y)\} \wedge \mu_C(z)$$

$$= (\alpha_A \wedge \mu_C(z)) \bigcap (\alpha_B \wedge \mu_C(z))$$

$$= (\alpha_A \wedge \alpha_B) \wedge \mu_C(z)$$

这在 Mamdani 推理削顶法中的几何意义是,像单输入情况一样,分别求出 A' 对 A 及 B' 对 B 的隶属度 α_A 和 α_B,并取这两个中较小的一个值作为总的模糊推理前件的隶属度,再以此为基准切割推理后件的隶属度函数,便得到结论 C^*,推理过程如图 5-20 所示。

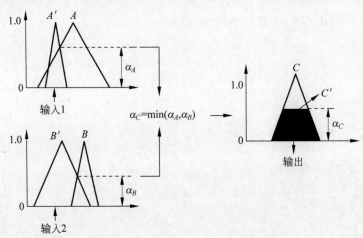

图 5-20　二维输入 Mamdani 推理过程

4. 多输入多规则推理方法

以两输入的多规则为例,其形式为

	若 A_1 且 B_1,则 C_1,否则
大前提(规则)	若 A_2 且 B_2,则 C_2,否则
	$\vdots$
小前提(已知)	若 A_n 且 B_n,则 C_n,否则
	若 A' 且 B'
结论	C'

其中，A_i 和 A'、B_i 和 B'、C_i 和 C' 分别为不同论域 X、Y、Z 的模糊集合，"否则"表示"或"运算，可写为并集形式

$$C' = (A' \times B') \circ \{[(A_1 \times B_1) \rightarrow C_1] \cup \cdots \cup [(A_n \times B_n) \rightarrow C_n]\} \quad (5\text{-}31)$$

其中，$C_i' = (A' \times B') \circ [(A_i \times B_i) \rightarrow C_i] = [A' \circ (A_i \rightarrow C_i)] \cap [B' \circ (B_i \rightarrow C_i)]$，其中，$i = 1, 2, \cdots, n$。

其隶属度函数为

$$
\begin{aligned}
\mu_{C_i'}(z) &= \bigvee_{x \in X} \{\mu_{A'}(x) \wedge [\mu_{A_i}(x) \wedge \mu_{C_i}(z)]\} \cap \bigvee_{y \in Y} \{\mu_{B'}(y) \wedge [\mu_{B_i}(y) \wedge \mu_{C_i}(z)]\} \\
&= \bigvee_{x \in X} [\mu_{A'}(x) \wedge \mu_{A_i}(x)] \wedge \mu_{C_i}(z) \cap \bigvee_{y \in Y} [\mu_{B'}(y) \wedge \mu_{B_i}(y)] \wedge \mu_{C_i}(z) \\
&= (\alpha_{A_i} \wedge \mu_{C_i}(z)) \cap (\alpha_{B_i} \wedge \mu_{C_i}(z)) \\
&= (\alpha_{A_i} \wedge \alpha_{B_i}) \wedge \mu_{C_i}(z)) \quad (5\text{-}32)
\end{aligned}
$$

其中，$i = 1, 2, \cdots, n$。

如果有两条二维输入规则，则得到两个结论

$$R_1 : \mu_{C_1'}(Z) = \alpha_{A_1} \wedge \alpha_{B_1} \wedge \mu_{C_1}(z) \quad (5\text{-}33)$$

$$R_2 : \mu_{C_2'}(Z) = \alpha_{A_2} \wedge \alpha_{B_2} \wedge \mu_{C_2}(z) \quad (5\text{-}34)$$

则

$$C' = C_1' \cup C_2' \quad (5\text{-}35)$$

即根据不同的规则得到两个结论，再对所有的结论进行并运算，便得到总的推理结论，其推理过程可用图 5-21 表示。

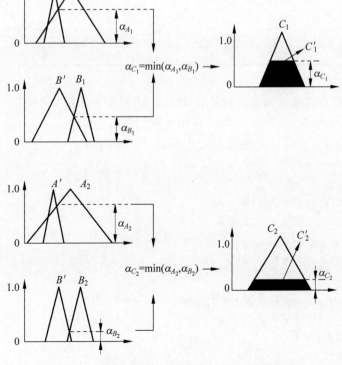

图 5-21　两条二维输入规则的 Mamani 推理过程

对于多输入多规则的模糊推理,可依据小前提,对大前提中每条模糊条件语句分别进行推理,再将其结果综合成最终推理结果的模糊推理方法,即

$$\mu_{C_i'}(z) = \bigvee_{x \in X} \{\mu_{A'}(x) \wedge [\mu_{A_i}(x) \wedge \mu_{C_i}(z)]\} \cap \bigvee_{y \in Y} \{\mu_{B'}(y) \wedge [\mu_{B_i}(y) \wedge \mu_{C_i}(z)]\}$$

$$(5-36)$$

可改写为

$$\mu_{C_i'}(z) = \alpha_{A_i} \alpha_{B_i} \alpha_{C_i}, \quad i = 1, 2, \cdots, n \tag{5-37}$$

5.6 数据聚类——模糊聚类

5.6.1 模糊聚类应用背景

模式识别是一门研究对象描述和分类方法的科学。但在实际应用中,由于数据分布性质不好,模式分类时无法精确地定义"规律"或"结构",而"模糊"的性质为解决该问题提供了思路。

5.6.2 基于 Python 的模糊算法构建——数据模糊化

首先对表 1-1 给定的数据进行分析。很明显,这是一个 3 输入 1 输出系统,3 个输入变量分别为 A、B、C。分别确定 3 个输入变量各自的输入与输出关系,如表 5-4 所示。

表 5-4　输入与输出关系表

A	B	C	输出
864.45~1449.58	1641.58~2031.66	2665.9~3405.12	1
2063.54~2949.16	2557.04~3340.14	535.62~1984.98	2
1571.17~1845.59	1575.78~1918.81	1514.98~2396	3
104.8~499.85	3059.54~377.95	2002.33~2462.9	4

1. 输入模糊化

为了更明确地观察输入与输出的关系,将给定的数据关系用 Python 转换为图形关系,从而得出关系图,然后对 A、B、C 三个变量用模糊化的语言描述。

利用 Python 画出变量 A 与输出的关系图,程序代码如下:

```
import pandas as pd
import matplotlib as mpl
import matplotlib.pyplot as plt


data = pd.read_excel('data.xls')
data.drop('序号', axis = 1, inplace = True)


mpl.rcParams['font.sans - serif'] = 'SimHei'
mpl.rcParams['axes.unicode_minus'] = False


fig = plt.figure(figsize = (8, 6))
```

```
plt.stem(data.iloc[:, 0], data.iloc[:, -1], linefmt = 'r - ', markerfmt = 'rs', basefmt = '')
plt.title('数据A与输出类型的关系图')
plt.xlabel('数据A')
plt.ylabel('输出类型')

# 显示图形
plt.show()
```

运行程序,得到图 5-22 所示的数据 A 与输出类型的关系图。

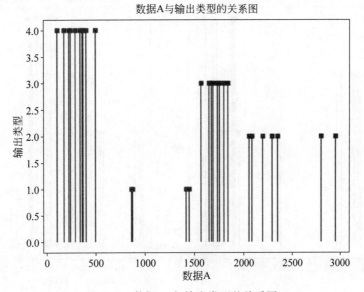

图 5-22　数据 A 与输出类型的关系图

从输入与输出的关系图中可以看出,可将 A 模糊化为 4 种状态,分别为小、偏小、偏大、大,从而完成对输入 A 的模糊化。

同理,利用 Python 画出变量 B、变量 C 与输出的关系图,程序代码如下:

```
import pandas as pd
import matplotlib as mpl
import matplotlib.pyplot as plt

data = pd.read_excel('data.xls')
data.drop('序号', axis = 1, inplace = True)

mpl.rcParams['font.sans - serif'] = 'SimHei'
mpl.rcParams['axes.unicode_minus'] = False

fig = plt.figure(figsize = (10, 6))
ax1 = fig.add_subplot(1, 2, 1)    # 在画布上创建一个 2×1 的子图,位置为 1
ax2 = fig.add_subplot(1, 2, 2)    # 在画布上创建一个 2×1 的子图,位置为 2

ax1.stem(data.iloc[:, 1], data.iloc[:, -1], linefmt = 'g - ', markerfmt = 'gs', basefmt = '')
ax1.set_title('数据B与输出类型的关系图')
ax1.set_xlabel('数据B')
ax1.set_ylabel('输出类型')

ax2.stem(data.iloc[:, 2], data.iloc[:, -1], linefmt = 'b - ', markerfmt = 'bo', basefmt = '')
```

```
ax2.set_title('数据 C 与输出类型的关系图')
ax2.set_xlabel('数据 C')
ax2.set_ylabel('输出类型')

# 显示图形
plt.show()
```

运行程序后,得到的关系图如图 5-23 所示。

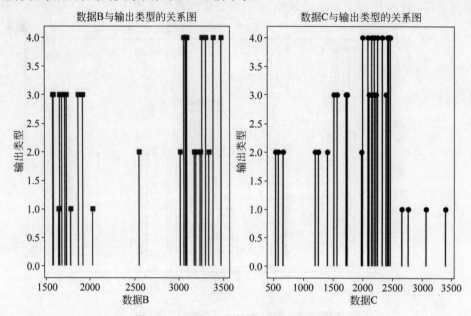

图 5-23　变量 B、C 与输出类型的关系图

从图 5-23 可以看出,输入 B 与输出的关系不是非常明显,这里试将 B 模糊化为小、中、大 3 种状态,从而完成对输入 B 的模糊化;而输入 C 与输出的关系相对明朗,在此试将 C 模糊化为小、偏小、偏大、大 4 个模糊词语,从而完成对输入 C 的模糊化。

2. 隶属度函数的选择

隶属度函数可以是任意形状的曲线,在此选择梯形隶属度函数,其格式如下:

```
y = fuzz.trapmf(x,[a b c d])
```

其中,参数 a 和 d 确定梯形的下底,而参数 b 和 c 确定梯形的上底。

各输入信号隶属度函数参数的选择如下:

```
A:samll   [0 0 499 864]
  psmall  [499 864 1450 1571]
  pbig    [1450 1571 1846 2064]
  big     [1846 2064 3000 3000]
B:small   [1400 1400 2032 2557]
  mid     [2032 2557 3017 3060]
  big     [3017 3060 3500 3500]
C:small   [0 350 1412 1515]
  Psmall  [1412 1515 1735 2002]
  pbig    [1735 2002 2463 2666]
  big:    [2463 2666 3500 3500]
```

3. 模糊规则的建立

建立模糊规则如下：

```
A(偏小)and B(小)and C  (大),输出为 1
A(大)   and B(大)and C  (小),输出为 2
A(大)   and B(中)and C  (小),输出为 2
A(偏大)and B(小)and C(偏小),输出为 3
A(偏大)and B(小)and C(偏大),输出为 3
A(小)   and B(大)and C(偏大),输出为 4
```

5.6.3 基于 Python 的模糊算法构建

1. 模糊算法的重要源代码

（1）定义变量：

```python
# 定义输入变量的取值范围
data = np.linspace(0, 3600, 3500, dtype = float)
data_A = np.arange(0, 3501, 1)
data_B = np.arange(0, 3501, 1)
data_C = np.arange(0, 3501, 1)
data_fenlei = np.arange(0, 5, 1)          # 输入和输出数值的范围

# 定义模糊控制变量
A = ctrl.Antecedent(data_A, 'A')
B = ctrl.Antecedent(data_B, 'B')
C = ctrl.Antecedent(data_C, 'C')          # A、B、C 为系统的三个输入
c = ctrl.Consequent(data_fenlei, 'c')     # c 为系统的输出
```

（2）生成模糊隶属函数并可视化输入和输出的隶属函数，代码如下：

```python
A_small = fuzz.trapmf(data_A, [0, 0, 499, 864])
A_psmall = fuzz.trapmf(data_A, [499, 864, 1450, 1571])

A_pbig = fuzz.trapmf(data_A, [1450, 1571, 1846, 2064])
A_big = fuzz.trapmf(data_A, [1846, 2064, 3000, 3000])
B_small = fuzz.trapmf(data_B, [1400, 1400, 2032, 2557])
B_mid = fuzz.trapmf(data_B, [2032, 2557, 3017, 3060])
B_big = fuzz.trapmf(data_B, [3017, 3060, 3500, 3500])
C_small = fuzz.trapmf(data_C, [0, 350, 1412, 1515])
C_psmall = fuzz.trapmf(data_C, [1412, 1515, 1735, 2002])
C_pbig = fuzz.trapmf(data_C, [1735, 2002, 2463, 2666])
C_big = fuzz.trapmf(data_C, [2463, 2666, 3500, 3500])
fenlei1 = fuzz.trimf(data_fenlei, [0, 1, 2])
fenlei2 = fuzz.trimf(data_fenlei, [1, 2, 3])
fenlei3 = fuzz.trimf(data_fenlei, [2, 3, 4])
fenlei4 = fuzz.trimf(data_fenlei, [3, 4, 5])

# 解模糊方法采用质心法
c.defuzzify_method = 'centroid'

# 可视化输入和输出的隶属函数
mpl.rcParams['font.sans-serif'] = 'SimHei'
mpl.rcParams['axes.unicode_minus'] = False
fig, (ax0, ax1, ax2, ax3) = plt.subplots(nrows = 4, figsize = (12, 10))
ax0.plot(data_A, A_small, 'b', linewidth = 1.5, label = '小')
ax0.plot(data_A, A_psmall, 'r', linewidth = 1.5, label = '较小')
ax0.plot(data_A, A_pbig, 'g', linewidth = 1.5, label = '较大')
ax0.plot(data_A, A_big, 'y', linewidth = 1.5, label = '大')
```

```
ax0.set_title(输入变量 A 的隶属度函数')
ax0.legend()

ax1.plot(data_B, B_small, 'b', linewidth = 1.5, label = '小')
ax1.plot(data_B, B_mid, 'r', linewidth = 1.5, label = '中')
ax1.plot(data_B, B_big, 'g', linewidth = 1.5, label = '大')
ax1.set_title('输入变量 B 的隶属度函数')
ax1.legend()

ax2.plot(data_C, C_small, 'b', linewidth = 1.5, label = '小')
ax2.plot(data_C, C_psmall, 'r', linewidth = 1.5, label = '较小')
ax2.plot(data_C, C_pbig, 'g', linewidth = 1.5, label = '较大')
ax2.plot(data_C, C_big, 'y', linewidth = 1.5, label = '大')
ax2.set_title('输入变量 C 的隶属度函数')
ax2.legend()

ax3.plot(data_fenlei, fenlei1, 'b', linewidth = 1.5, label = '输出 1')
ax3.plot(data_fenlei, fenlei2, 'r', linewidth = 1.5, label = '输出 2')
ax3.plot(data_fenlei, fenlei3, 'g', linewidth = 1.5, label = '输出 3')
ax3.plot(data_fenlei, fenlei4, 'y', linewidth = 1.5, label = '输出 4')
ax3.set_title('输出变量的隶属度函数')
ax3.legend()

for ax in (ax0, ax1, ax2, ax3):
    ax.spines['top'].set_visible(False)
    ax.spines['right'].set_visible(False)
    ax.get_xaxis().tick_bottom()
    ax.get_yaxis().tick_left()
plt.tight_layout()
plt.show()
```

可视化输入和输出的隶属函数如图 5-24 所示。

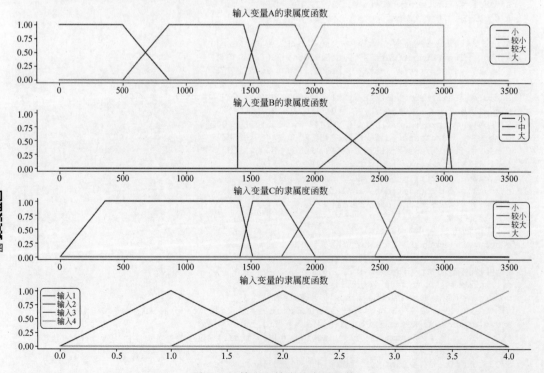

扫码看彩图

图 5-24　输入和输出的隶属函数

（3）将输入数据模糊化并制定模糊规则，代码如下：

```
# 输入 1 设置 4 个参考值
A['small'] = fuzz.trapmf(data_A, [0, 0, 499, 864])
A['psmall'] = fuzz.trapmf(data_A, [499, 864, 1450, 1571])
A['pbig'] = fuzz.trapmf(data_A, [1450, 1571, 1846, 2064])
A['big'] = fuzz.trapmf(data_A, [1846, 2064, 3000, 3000])

# 输入 2 设置 3 个参考值
B['small'] = fuzz.trapmf(data_B, [1400, 1400, 2032, 2557])
B['mid'] = fuzz.trapmf(data_B, [2032, 2557, 3017, 3060])
B['big'] = fuzz.trapmf(data_B, [3017, 3060, 3500, 3500])

# 输入 3 设置 4 个参考值
C['small'] = fuzz.trapmf(data_C, [0, 350, 1412, 1515])
C['psmall'] = fuzz.trapmf(data_C, [1412, 1515, 1735, 2002])
C['pbig'] = fuzz.trapmf(data_C, [1735, 2002, 2463, 2666])
C['big'] = fuzz.trapmf(data_C, [2463, 2666, 3500, 3500])

# 输出设置 4 个参考值
c['fenlei1'] = fuzz.trimf(data_fenlei, [0, 1, 2])
c['fenlei2'] = fuzz.trimf(data_fenlei, [1, 2, 3])
c['fenlei3'] = fuzz.trimf(data_fenlei, [2, 3, 4])
c['fenlei4'] = fuzz.trimf(data_fenlei, [3, 4, 5])

# 定义模糊规则
rule1 = ctrl.Rule(antecedent = (A['psmall'] & B['small'] & C['big']), consequent = c['fenlei1'],
label = '1')
rule2 = ctrl.Rule(antecedent = ((A['big'] & B['big'] & C['small']) | (A['big'] & B['mid'] & C
['small'])), consequent = c['fenlei2'],
label = '2')
rule3 = ctrl.Rule(antecedent = ((A['pbig'] & B['small'] & C['psmall']) | (A['pbig'] & B['small'] & C
['pbig'])), consequent = c['fenlei3'],
label = '3')
rule4 = ctrl.Rule(antecedent = (A['small'] & B['big'] & C['pbig']), consequent = c['fenlei4'],
label = '4')
```

2. 模糊算法的 Python 程序及仿真结果

完整的 Python 程序代码如下：

```
# 引入第三方模糊控制系统库
import numpy as np

import skfuzzy as fuzz
from skfuzzy import control as ctrl
import matplotlib.pyplot as plt
import matplotlib as mpl

# 定义输入变量的取值范围
data = np.linspace(0, 3600, 3500, dtype = float)
data_A = np.arange(0, 3501, 1)
data_B = np.arange(0, 3501, 1)
data_C = np.arange(0, 3501, 1)
data_fenlei = np.arange(0, 5, 1)

# 定义模糊控制变量
```

```
A = ctrl.Antecedent(data_A, 'A')
B = ctrl.Antecedent(data_B, 'B')
C = ctrl.Antecedent(data_C, 'C')
c = ctrl.Consequent(data_fenlei, 'c')

# 生成模糊隶属函数
A_small = fuzz.trapmf(data_A, [0, 0, 499, 864])
A_psmall = fuzz.trapmf(data_A, [499, 864, 1450, 1571])
A_pbig = fuzz.trapmf(data_A, [1450, 1571, 1846, 2064])
A_big = fuzz.trapmf(data_A, [1846, 2064, 3000, 3000])
B_small = fuzz.trapmf(data_B, [1400, 1400, 2032, 2557])
B_mid = fuzz.trapmf(data_B, [2032, 2557, 3017, 3060])
B_big = fuzz.trapmf(data_B, [3017, 3060, 3500, 3500])
C_small = fuzz.trapmf(data_C, [0, 350, 1412, 1515])
C_psmall = fuzz.trapmf(data_C, [1412, 1515, 1735, 2002])
C_pbig = fuzz.trapmf(data_C, [1735, 2002, 2463, 2666])
C_big = fuzz.trapmf(data_C, [2463, 2666, 3500, 3500])
fenlei1 = fuzz.trimf(data_fenlei, [0, 1, 2])
f enlei2 = fuzz.trimf(data_fenlei, [1, 2, 3])
fenlei3 = fuzz.trimf(data_fenlei, [2, 3, 4])
fenlei4 = fuzz.trimf(data_fenlei, [3, 4, 5])

# 解模糊方法采用质心法
c.defuzzify_method = 'centroid'

# 可视化输入和输出的隶属函数
mpl.rcParams['font.sans - serif'] = 'SimHei'
mpl.rcParams['axes.unicode_minus'] = False

fig, (ax0, ax1, ax2, ax3) = plt.subplots(nrows = 4, figsize = (12, 10))
ax0.plot(data_A, A_small, 'b', linewidth = 1.5, label = '小')
ax0.plot(data_A, A_psmall, 'r', linewidth = 1.5, label = '较小')
ax0.plot(data_A, A_pbig, 'g', linewidth = 1.5, label = '较大')
ax0.plot(data_A, A_big, 'y', linewidth = 1.5, label = '大')
ax0.set_title('输入变量 A 的隶属度函数')
ax0.legend()

ax1.plot(data_B, B_small, 'b', linewidth = 1.5, label = '小')
ax1.plot(data_B, B_mid, 'r', linewidth = 1.5, label = '中')
ax1.plot(data_B, B_big, 'g', linewidth = 1.5, label = '大')
ax1.set_title('输入变量 B 的隶属度函数')
ax1.legend()

ax2.plot(data_C, C_small, 'b', linewidth = 1.5, label = '小')
ax2.plot(data_C, C_psmall, 'r', linewidth = 1.5, label = '较小')
ax2.plot(data_C, C_pbig, 'g', linewidth = 1.5, label = '较大')
ax2.plot(data_C, C_big, 'y', linewidth = 1.5, label = '大')
ax2.set_title('输入变量 C 的隶属度函数')
ax2.legend()

ax3.plot(data_fenlei, fenlei1, 'b', linewidth = 1.5, label = '输出 1')
ax3.plot(data_fenlei, fenlei2, 'r', linewidth = 1.5, label = '输出 2')
ax3.plot(data_fenlei, fenlei3, 'g', linewidth = 1.5, label = '输出 3')
ax3.plot(data_fenlei, fenlei4, 'y', linewidth = 1.5, label = '输出 4')
ax3.set_title('输出变量的隶属度函数')
ax3.legend()
```

```
for ax in (ax0, ax1, ax2, ax3):
    ax.spines['top'].set_visible(False)
    ax.spines['right'].set_visible(False)
    ax.get_xaxis().tick_bottom()
    ax.get_yaxis().tick_left()
plt.tight_layout()
plt.show()


# 输入 1 设置 4 个参考值
A['small'] = fuzz.trapmf(data_A, [0, 0, 499, 864])
A['psmall'] = fuzz.trapmf(data_A, [499, 864, 1450, 1571])
A['pbig'] = fuzz.trapmf(data_A, [1450, 1571, 1846, 2064])
A['big'] = fuzz.trapmf(data_A, [1846, 2064, 3000, 3000])
# 输入 2 设置 3 个参考值
B['small'] = fuzz.trapmf(data_B, [1400, 1400, 2032, 2557])
B['mid'] = fuzz.trapmf(data_B, [2032, 2557, 3017, 3060])
B['big'] = fuzz.trapmf(data_B, [3017, 3060, 3500, 3500])
# 输入 3 设置 4 个参考值
C['small'] = fuzz.trapmf(data_C, [0, 350, 1412, 1515])
C['psmall'] = fuzz.trapmf(data_C, [1412, 1515, 1735, 2002])
C['pbig'] = fuzz.trapmf(data_C, [1735, 2002, 2463, 2666])
C['big'] = fuzz.trapmf(data_C, [2463, 2666, 3500, 3500])
# 输出设置 4 个参考值
c['fenlei1'] = fuzz.trimf(data_fenlei, [0, 1, 2])
c['fenlei2'] = fuzz.trimf(data_fenlei, [1, 2, 3])
c['fenlei3'] = fuzz.trimf(data_fenlei, [2, 3, 4])
c['fenlei4'] = fuzz.trimf(data_fenlei, [3, 4, 5])
# 定义模糊规则
rule1 = ctrl.Rule(antecedent = (A['psmall'] & B['small'] & C['big']), consequent = c['fenlei1'],
label = '1')
rule2 = ctrl.Rule(antecedent = ((A['big'] & B['big'] & C['small']) | (A['big'] & B['mid'] & C
['small'])), consequent = c['fenlei2'],
         label = '2')
rule3 = ctrl.Rule(antecedent = ((A['pbig'] & B['small'] & C['psmall']) | (A['pbig'] & B['small'] &
C['pbig'])), consequent = c['fenlei3'],
         label = '3')
rule4 = ctrl.Rule(antecedent = (A['small'] & B['big'] & C['pbig']), consequent = c['fenlei4'],
         label = '4')


# 系统和运行环境初始化
system = ctrl.ControlSystem(rules = [rule1, rule2, rule3, rule4])
sim = ctrl.ControlSystemSimulation(system)

# 测试输出
I = 0
Imax = 59
while I < Imax:
    T = input('是否要设置输入参数?是,请输入'1';否,请输入'0': ')
    T = int(T)   # 将输入的字符串转换为整数
    if T == 1:
        sim.input['A'] = float(input('请输入特征 A 的值: A = '))
        sim.input['B'] = float(input('请输入特征 B 的值: B = '))
        sim.input['C'] = float(input('请输入特征 C 的值: C = '))
```

```
        sim.compute()
        output = sim.output['c']
        I = I + 1
        print(output)
    else:
        break
```

程序运行后,在命令窗口出现如下结果:

是否要设置输入参数?是,请输入'1'; 否,请输入'0':

若输入1,则程序继续运行,分别输入 A、B、C 的数值;若输入0,则程序运行结束,如图5-25所示。

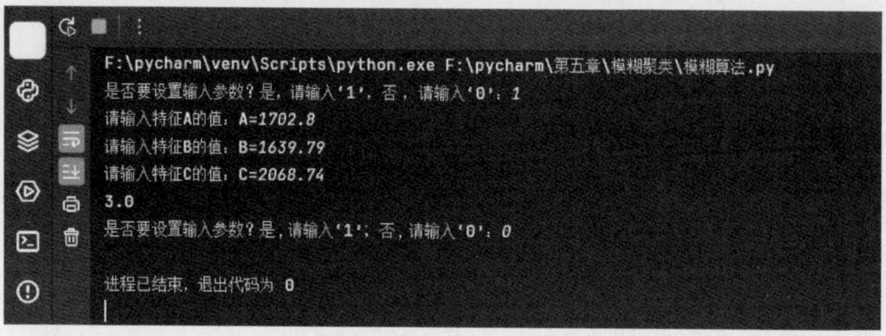

图 5-25　命令窗口展示

输入样本数据[1702.8 1639.79 2068.74]后,即可得分类值3。按照上述方法测试数据,模糊系统分类结果如表 5-5 所示。

表 5-5　模糊系统分类结果

序　号	A	B	C	目标分类结果	模糊系统分类结果
1	1739.94	1675.15	2395.96	3	3
2	373.30	3087.05	2429.47	4	4
3	1756.77	1652.00	1514.98	3	3
4	864.45	1647.31	2665.90	1	1
5	222.85	3059.54	2002.33	4	4
6	877.88	2031.66	3071.18	1	1
7	1803.58	1583.12	2163.05	3	3
8	2352.12	2557.04	1411.53	2	2
9	401.30	3259.94	2150.98	4	4
10	363.34	3477.95	2462.86	4	4
11	1571.17	1731.04	1735.33	3	3
12	104.80	3389.83	2421.83	4	4
13	499.85	3305.75	2196.22	4	4
14	2297.28	3340.14	535.62	2	2
15	2092.62	3177.21	584.32	2	2
16	1418.79	1775.89	2772.90	1	1
17	1845.59	1918.81	2226.49	3	3
18	2205.36	3243.74	1202.69	2	2
19	2949.16	3244.44	662.42	2	2

续表

序　号	A	B	C	目标分类结果	模糊系统分类结果
20	1692.62	1867.50	2108.97	3	3
21	1680.67	1575.78	1725.10	3	3
22	2802.88	3017.11	1984.98	2	未分出
23	172.78	3084.49	2328.65	4	4
24	2063.54	3199.76	1257.21	2	2
25	1449.58	1641.58	3405.12	1	1
26	1651.52	1713.28	1570.38	3	3
27	341.59	3076.62	2438.63	4	4
28	291.02	3095.68	2088.95	4	4
29	237.63	3077.78	2251.96	4	4
30	1702.80	1639.79	2068.74		3
31	1877.93	1860.96	1975.30	—	3
32	867.81	2334.68	2535.10	—	1
33	1831.49	1713.11	1604.68	—	3
34	460.69	3274.77	2172.99	—	4
35	2374.98	3346.98	975.31	—	2
36	2271.89	3482.97	946.70	—	2
37	1783.64	1597.99	2261.31	—	3
38	198.83	3250.45	2445.08	—	4
39	1494.63	2072.59	2550.51	—	1,9
40	1597.03	1921.52	2126.76	—	3
41	1598.93	1921.08	1623.33	—	3
42	1243.13	1814.07	3441.07	—	1
43	2336.31	2640.26	1599.63	—	未分出
44	354.00	3300.12	2373.61	—	4
45	2144.47	2501.62	591.51	—	2
46	426.31	3105.29	2057.80	—	4
47	1507.13	1556.89	1954.51	—	3
48	343.07	3271.72	2036.94	—	4
49	2201.94	3196.22	935.53	—	2
50	2232.43	3077.87	1298.87	—	2
51	1580.10	1752.07	2463.04	—	3
52	1962.40	1594.97	1835.95	—	3
53	1495.18	1957.44	3498.02	—	1
54	1125.17	1594.39	2937.73	—	1
55	24.22	3447.31	2145.01	—	4
56	1269.07	1910.72	2701.97	—	1
57	1802.07	1725.81	1966.35	—	3
58	1817.36	1927.40	2328.79	—	3
59	1860.45	1782.88	1875.13	—	3

　　从系统的分类结果可知,错误率为 $1/29 \approx 3.45\%$。用户可修改输入数据的隶属度函数、模糊控制规则表,进一步降低分类错误率。

5.6.4　结论

本节利用 Python 建立模糊控制系统,基本实现了酒瓶颜色的分类。模糊聚类是一种软分类方法,用于区分没有明显界线的类别。其中模糊规则是影响最后聚类结果最关键的因素。当分类效果不好时,可以通过修改隶属度函数和模糊规则实现最优分类。

5.7　数据聚类——模糊 C 均值聚类

5.7.1　模糊 C 均值算法

模糊 C 均值(fuzzy c-means,FCM)聚类算法是一种柔性划分的聚类方法,能更客观地反映现实世界,通过计算样本的隶属度矩阵使被划分到同一簇的对象之间的相似度最大。FCM 聚类算法是多种基于目标函数的模糊聚类算法中应用最为广泛的一种聚类方法。

1. 模糊 C 均值聚类的准则

设 $x_i(i=1,2,\cdots,n)$ 是 n 个样本组成的样本集合,c 为预定的类别数量,$\mu_j(x_i)$ 是第 i 个样本对第 j 类的隶属度函数。用隶属度函数定义的聚类损失函数可以写为

$$J_f = \sum_{j=1}^{c} \sum_{i=1}^{n} [\mu_j(x_i)]^b \|x_i - m_j\|^2 \tag{5-38}$$

其中,$b>1$,是一个可以控制聚类结果模糊程度的常数。

在不同的隶属度定义方法下最小化聚类损失函数,就得到不同的模糊聚类方法。其中最有代表性的是模糊 C 均值方法,它要求一个样本对各聚类的隶属度之和为 1,即

$$\sum_{j=1}^{c} \mu_j(x_i) = 1 \quad i=1,2,\cdots,n \tag{5-39}$$

2. 模糊 C 均值算法步骤

(1)设定聚类数量 c 和加权指数 b。

J. C. Bezdek 根据经验,认为 b 取 2 最合适。

Cheung 和 Chen 从汉字识别的应用背景得出 b 的最佳取值应为 $1.25\sim1.75$。

Bezdek 和 Hathaway 等从算法收敛性角度着手,得出 b 的取值与样本数量 n 有关的结论,建议 b 的取值要大于 $n/(n-2)$。

Pal 等从聚类有效性方面的实验研究得到 b 的最佳选取区间为 $[1.5,2.5]$,在不做特殊要求下可取区间中值 $b=2$。

(2)初始化各聚类中心 m_i:

$$m_i = \frac{1}{N_i} \sum_{y \in \Gamma_i} y \tag{5-40}$$

式中,N_i 是第 i 聚类 Γ_i 中的样本数量。

(3)重复下面的运算,直到各样本的隶属度值稳定。

用当前的聚类中心根据下式计算隶属度函数:

$$\mu_j(x_i) = \frac{\left(\dfrac{1}{x_i} - m_j^2\right)^{\frac{1}{b-1}}}{\sum_{k=1}^{c} \left(\dfrac{1}{x_i} - m_k^2\right)^{\frac{1}{b-1}}} \tag{5-41}$$

用当前的隶属度函数按下式更新计算各类聚类中心：

$$m_j = \frac{\sum\limits_{i=1}^{n}\left[\mu_j(x_i)\right]^b x_i}{\sum\limits_{i=1}^{n}\left[\mu_j(x_i)\right]^b} \tag{5-42}$$

当模糊 C 均值算法收敛时，就得到各类的聚类中心与各样本对各类的隶属度值，从而完成模糊聚类划分。如果需要，还可以对模糊聚类结果进行解模糊，即用一定的规则将模糊聚类划分转换为确定性分类。

5.7.2 模糊 C 均值聚类的 Python 实现

这里还是采用表 1-1 所示的数据。

1. Python 模糊 C 均值数据聚类识别函数

在 Python 的 .py 文件中定义模糊 C 均值的算法如下：

```python
def fuzzy(data, cluster_number, m):
    '''
    主函数,用于计算所需的聚类中心,并返回最终的归一化隶属矩阵 U
    输入参数:簇数(cluster_number),隶属度因子(m)的最佳取值范围为[1.5,2.5]
    '''
    # 初始化隶属度矩阵 U
    U = initialize_U(data, cluster_number)
    # 循环更新 U
    while (True):
        # 创建副本,检查结束条件
        U_old = copy.deepcopy(U)
        # 计算聚类中心
        C = []
        for j in range(0, cluster_number):
            current_cluster_center = []
            for i in range(0, len(data[0])):
                dummy_sum_num = 0.0
                dummy_sum_dum = 0.0
                for k in range(0, len(data)):
                    # 分子
                    dummy_sum_num += (U[k][j] ** m) * data[k][i]
                    # 分母
                    dummy_sum_dum += (U[k][j] ** m)
                # 第 i 列的聚类中心
                current_cluster_center.append(dummy_sum_num / dummy_sum_dum)
            # 第 j 簇的所有聚类中心
            C.append(current_cluster_center)

        # 创建一个距离向量,用于计算矩阵 U
        distance_matrix = []
        for i in range(0, len(data)):
            current = []
            for j in range(0, cluster_number):
                current.append(distance(data[i], C[j]))
            distance_matrix.append(current)

        # 更新 U
```

```
            for j in range(0, cluster_number):
                for i in range(0, len(data)):
                    dummy = 0.0
                    for k in range(0, cluster_number):
                        # 分母
                        dummy += (distance_matrix[i][j] / distance_matrix[i][k]) ** (2 / (m - 1))
                    U[i][j] = 1 / dummy

            if end_condition(U, U_old):
                print('聚类个数为: ', cluster_number)
                for p in range(0, cluster_number):
                    print('第{}个聚类中心为: '.format(p + 1), C[p])
                for i in range(0, len(data)):
                    maxU = max(U[i])    # U[i]为模糊化后的数据集
                    a = U[i].index(maxU) + 1
                    data3.iloc[i, 5] = a
                    print(a)
                break
        U = normalise_U(U)
        # print(U)
        return U
```

其中,data 为要聚类的数据集合,每一行为一个样本;cluster_number 为聚类数;m 为隶属度因子,最佳取值范围为[1.5,2.5]。

注意:在使用上述方法时,要根据中心坐标的特点分清每一类中心代表实际中的哪一类,才能准确地将待聚类的各数据集合准确地分到各自所属的类别;否则,就会出现张冠李戴的现象。

2. Python 图形显示聚类模式

```
# 可视化
mpl.rcParams['font.sans - serif'] = 'SimHei'
mpl.rcParams['axes.unicode_minus'] = False

x = list(data3['A'])
y = list(data3['B'])
z = list(data3['C'])

plt.figure(figsize = (8, 8))
ax3D = plt.subplot(projection = '3d')
colors = data['数据分类'].map({1: 'r', 2: 'g', 3: 'b', 4: 'black'})
ax3D.scatter(xs = x, ys = y, zs = z, c = colors, linewidth = None, marker = 'o', alpha = 1)
ax3D.set_xlabel('第一特征坐标')
ax3D.set_ylabel('第二特征坐标')
ax3D.set_zlabel('第三特征坐标')
ax3D.set_title('模糊 C 均值聚类分析图')
plt.show()
```

3. Python 实现模糊 *C* 均值聚类

实现模糊 *C* 均值聚类的代码如下:

```
import copy
import math
import random
```

```python
import numpy as np
import pandas as pd
import matplotlib as mpl
import matplotlib.pyplot as plt

data = pd.read_excel('data.xls')
data1 = data.iloc[:, 1:4]
data2 = np.array(data1)
data3 = data

global MAX                                    # 用于初始化隶属度矩阵 U
MAX = 10000.0

global Epsilon                                # 结束条件
Epsilon = 0.0000001


def initialize_U(data, cluster_number):
    '''
        初始化隶属度矩阵 U,确定数据和分类簇的个数
    '''
    global MAX
    U = []
    for i in range(0, len(data)):
        current = []
        rand_sum = 0.0
        for j in range(0, cluster_number):
            dummy = random.randint(1, int(MAX))    # 在 1 到 int 型 MAX 中随机抽取一个数
            current.append(dummy)         # 将随机抽取的数放到空列表 current 中
            rand_sum += dummy             # 遍历簇的个数次,将 dummy 相加后的值赋值给 rand_sum
        for j in range(0, cluster_number):
            current[j] = current[j] / rand_sum     # 保证隶属度矩阵 U 每行加起来都为 1
        U.append(current)
    return U


def distance(point, center):
    '''
    该函数计算两点之间的距离(欧氏距离)
    '''
    if len(point) != len(center):    # 用于判断每个点到中心点的长度是否相等,防止数据点出错
        return -1
    dummy = 0.0
    for i in range(0, len(point)):
        dummy += abs(point[i] - center[i]) ** 2    # abs 表示绝对值(数据与中心点绝对值的平方)
    return math.sqrt(dummy)


def end_condition(U, U_old):
    '''
    结束条件,当矩阵 U 随着连续迭代停止变化时,触发结束
    '''
    global Epsilon
    for i in range(0, len(U)):
        for j in range(0, len(U[0])):
            if abs(U[i][j] - U_old[i][j]) > Epsilon:
```

```python
                    return False
        return True


def normalise_U(U):
    '''
    # 在聚类结束时使U模糊化,每个样本的隶属度最大为1,其余为0
    '''
    for i in range(0, len(U)):
        maximum = max(U[i])
        for j in range(0, len(U[0])):
            if U[i][j] != maximum:
                U[i][j] = 0
            else:
                U[i][j] = 1
    return U


def fuzzy(data, cluster_number, m):
    '''
    主函数,用于计算所需的聚类中心,并返回最终的归一化隶属矩阵U
    输入参数:簇数(cluster_number),隶属度因子(m)的最佳取值范围为[1.5,2.5]
    '''
    # 初始化隶属度矩阵U
    U = initialize_U(data, cluster_number)
    # 循环更新U
    while (True):
        # 创建副本,检查结束条件
        U_old = copy.deepcopy(U)
        # 计算聚类中心
        Center = []
        for j in range(0, cluster_number):
            current_cluster_center = []
            for i in range(0, len(data[0])):
                dummy_sum_num = 0.0
                dummy_sum_dum = 0.0
                for k in range(0, len(data)):
                    # 分子
                    dummy_sum_num += (U[k][j] ** m) * data[k][i]
                    # 分母
                    dummy_sum_dum += (U[k][j] ** m)
                # 第 i 列的聚类中心
                current_cluster_center.append(dummy_sum_num / dummy_sum_dum)
            # 第 j 簇的所有聚类中心
            C.append(current_cluster_center)

        # 创建一个距离向量,用于计算矩阵U
        distance_matrix = []
        for i in range(0, len(data)):
            current = []
            for j in range(0, cluster_number):
                current.append(distance(data[i], Center[j]))
            distance_matrix.append(current)

        # 更新U
        for j in range(0, cluster_number):
```

```
                for i in range(0, len(data)):
                    dummy = 0.0
                    for k in range(0, cluster_number):
                        # 分母
                        dummy += (distance_matrix[i][j] / distance_matrix[i][k]) ** (2 / (m - 1))
                    U[i][j] = 1 / dummy

        if end_condition(U, U_old):
            print('聚类个数为: ', cluster_number)
            for p in range(0, cluster_number):
                print('第{}个聚类中心为'.format(p + 1), Center[p])
            for i in range(0, len(data)):
                maxU = max(U[i])    # U[i]为模糊化后的数据集
                a = U[i].index(maxU) + 1
                data3.iloc[i, 5] = a
                print(a)
            break
    U = normalise_U(U)
    # print(U)
    return U


# 调用模糊 C 均值函数
res_U = fuzzy(data2, 4, 2)

# 可视化
mpl.rcParams['font.sans - serif'] = 'SimHei'
mpl.rcParams['axes.unicode_minus'] = False

x = list(data3['A'])
y = list(data3['B'])
z = list(data3['C'])

plt.figure(figsize = (8, 8))
ax3D = plt.subplot(projection = '3d')
colors = data['数据分类'].map({1: 'r', 2: 'g', 3: 'b', 4: 'black'})
ax3D.scatter(xs = x, ys = y, zs = z, c = colors, linewidth = None, marker = 'o', alpha = 1)
ax3D.set_xlabel('第一特征坐标')
ax3D.set_ylabel('第二特征坐标')
ax3D.set_zlabel('第三特征坐标')
ax3D.set_title('模糊 C 均值聚类分析图')
plt.show()
```

5.7.3 模糊 C 均值聚类结果分析

运行 Python 程序,数据的模糊 C 均值聚类分析数据如下:

```
聚类个数为: 4
第 1 个聚类中心为[311.73400043976415, 3213.9051370767656, 2250.64185573799]
第 2 个聚类中心为[1745.7229373886107, 1751.3572597734885, 1942.6820850687382]
第 3 个聚类中心为[1265.96757778787, 1831.1248420561267, 2905.0635954750696]
第 4 个聚类中心为[2293.9038885542836, 3157.9869256003894, 1002.8594519299596]
分类结果如下:
2
1
```

```
2
3
1
3
4
1
1
2
1
1
4
4
3
2
4
4
2
2
4
1
4
3
2
1
1
1
2
2
3
2
1
4
4
2
1
3
2
2
3
4
1
4
1
2
1
4
4
2
2
3
3
1
3
2
2
2
```

分类结果图如图 5-26 所示。

模糊C均值聚类分析图

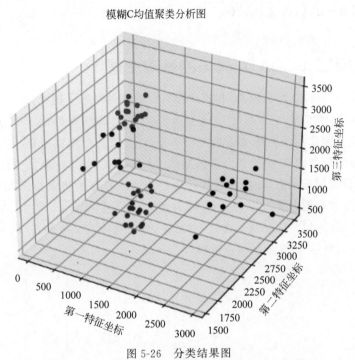

图 5-26　分类结果图

经过对比发现,用模糊 C 均值进行聚类分析的分类结果与给定结果完全吻合。

5.7.4　结论

模糊 C 均值聚类算法是目前比较常用的模糊聚类算法,它有着完善的理论和深厚的数学基础。当数据的结果簇是密集的,且簇与簇之间区分明显时,它的效果较好。同时,该算法相对可伸缩且高效率,因为算法的复杂度是 $O(ncb)$,其中,n 是用户对象的个数,c 是聚类的数量,b 是迭代的次数。

然而模糊 C 均值聚类算法也有不少缺点。

(1) 模糊 C 均值聚类算法对孤立点数据比较敏感。

(2) 模糊 C 均值聚类算法需要事先指定聚类数量 c 和模糊加权指数 m,而 c 和 m 直接影响聚类的结果。

(3) 由于模糊聚类的目标函数是非凸的,而模糊 C 均值聚类类型算法又是迭代爬山算法,因此容易陷入局部极值点或鞍点,得不到最优解。

5.8　数据聚类——模糊 ISODATA 聚类

5.8.1　模糊 ISODATA 聚类的应用背景

1974 年 J. C. Dunn 首次提出应用模糊数学判据的 ISODATA 集群算法——模糊 ISODATA。算法用每个样本点对各类的隶属度矩阵表示分类结果,通过不断修改聚类中心的位置进行分类。1976 年 J. C. Bezdek 将 Dunn 的方法推广到更一般的情形,并得到了新的判据——隶属度函数与聚类中心的计算公式。J. C. Bezdek 于 1979 年用 W. Zangwill 的理论证明了模糊 ISODATA 的收敛性。该方法已在行星跟踪系统、心脏病分析和天气预报等方面得到应用。

5.8.2 模糊 ISODATA 算法的基本原理

J. C. Bezdek 在普通分类基础上,利用模糊集合的概念提出了模糊分类问题。认为被分类对象集合 X 中的样本 X_i 以一定的隶属度属于某一类,即所有的样本都分别以不同的隶属度属于某一类。因此每一类都被认为是样本集 X 上的一个模糊子集,于是,每一种这样的分类结果对应的分类矩阵就是一个模糊矩阵。模糊 ISODATA 聚类方法从选择的初始聚类中心出发,根据目标函数,用数学迭代计算的方法反复修改模糊矩阵和聚类中心,并对类别进行合并、分解和删除等操作,直到合理为止。

设有限样本集(论域) $X = \{X_1, X_2, \cdots, X_N\}$,每个样本有 s 个特征 $X_j = \{x_{j1}, x_{j2}, \cdots, x_{js}\}, (j = 1, 2, \cdots, N)$。即样本的特征矩阵

$$X_{N \times s} = \begin{bmatrix} x_1 \\ x_2 \\ \vdots \\ x_n \end{bmatrix} = \begin{bmatrix} x_{11} & x_{12} & \cdots & x_{1s} \\ x_{21} & x_{22} & \cdots & x_{2s} \\ \vdots & \vdots & \ddots & \vdots \\ x_{N1} & x_{N2} & \cdots & x_{Ns} \end{bmatrix} \tag{5-43}$$

分为 K 类 $(2 \leqslant K \leqslant N)$,则 N 个样本划分为 K 类的模糊分类矩阵为

$$U_{K \times N} = \begin{bmatrix} \mu_1 \\ \mu_2 \\ \vdots \\ \mu_K \end{bmatrix} = \begin{bmatrix} \mu_{11} & \mu_{12} & \cdots & \mu_{1N} \\ \mu_{21} & \mu_{22} & \cdots & \mu_{2N} \\ \vdots & \vdots & \ddots & \vdots \\ \mu_{K1} & \mu_{K2} & \cdots & \mu_{KN} \end{bmatrix} \tag{5-44}$$

其满足下列 3 个条件:

(1) $0 \leqslant \mu_{ij} \leqslant 1, i = 1, 2, \cdots, K; j = 1, 2, \cdots, N$ \qquad (5-45)

(2) $\sum_{i=1}^{N} \mu_{ij} = 1, j = 1, 2, \cdots, N$ \qquad (5-46)

(3) $0 < \sum_{i=1}^{N} \mu_{ij} < N, i = 1, 2, \cdots, K$ \qquad (5-47)

条件(2)表明每个样本属于各类的隶属度之和为 1;条件(3)表明每一类模糊集不可能是空集合,即总有样本不同程度地隶属于某类。

定义 K 个聚类中心 $Z = \{Z_1, Z_2, \cdots, Z_K\}$。其中,$Z_i = \{Z_{i1}, Z_{i2}, \cdots, Z_{is}\}, i = 1, 2, \cdots, K$。

$$Z_{K \times s} = \begin{bmatrix} Z_1 \\ Z_2 \\ \vdots \\ Z_K \end{bmatrix} = \begin{bmatrix} z_{11} & z_{12} & \cdots & z_{1s} \\ z_{21} & z_{22} & \cdots & z_{2s} \\ \vdots & \vdots & \ddots & \vdots \\ z_{K1} & z_{K2} & \cdots & z_{Ks} \end{bmatrix} \tag{5-48}$$

第 i 类的中心 Z_i 即人为假想的理想样本,它对应的 s 个指标值是该类样本对应的指标值的平均值。

$$Z_{ij} = \frac{\sum\limits_{k=1}^{N}(\mu_{ik})^m X_{kj}}{\sum\limits_{k=1}^{N}(\mu_{ik})^m}, \quad i=1,2,\cdots,K; j=1,2,\cdots,s \tag{5-49}$$

构造准则函数

$$J = \sum_{i=1}^{K}\sum_{j=1}^{N}[\mu_{ij}(L+1)]^m \|X_j - Z_i\|^2 \tag{5-50}$$

其中, $\|X_j - Z_i\|$ 表示第 j 个样本与第 i 类中心之间的欧氏距离; J 表示所有待聚类样本与所属类聚类中心之间距离的平方和。

为确定最佳分类结果,就是寻求最佳划分矩阵 U 和对应的聚类中心 Z,使 J 达到极小。Dunn 证明了求上述泛函的极小值问题可解。

5.8.3 模糊 ISODATA 算法的基本步骤

(1) 选择初始聚类中心 $Z_i(0)$。例如,可以将全体样本的均值作为第一个聚类中心,然后在每个特征方向上加、减一个均方差,共得 $(2n+1)$ 个聚类中心, n 是样本的维数(特征数)。也可以用其他方法选择初始聚类中心。

(2) 若已选择 K 个初始聚类中心,接着利用模糊 K 均值聚类算法对样本进行聚类。由于现在得到的不是初始隶属度矩阵 $U(0)$,而是各类聚类中心,所以算法应从模糊 K 均值聚类算法的第四步开始,即直接计算下一步的隶属度矩阵 $U(0)$。继续 K 均值聚类算法直到收敛为止,最终得到隶属度矩阵 U 和 K 个聚类中心 $Z = \{Z_1, Z_2, \cdots, Z_K\}$。然后进行类别调整。

① 计算初始隶属度矩阵 $U(0)$,矩阵元素的计算方法为

$$\mu_{ij}(0) = \frac{1}{\sum\limits_{p=1}^{K}\left(\dfrac{d_{ij}}{d_{pj}}\right)^{\frac{2}{m-1}}}, \quad i=1,2,\cdots,K; j=1,2,\cdots,N; m \geqslant 2 \tag{5-51}$$

式中, d_{ij} 是第 j 个样本到第 i 类初始聚类中心 $Z_i(0)$ 的距离。为避免分母为 0,特规定:若 $d_{ij}=0$,则 $\mu_{ij}=1, \mu_{pj}(0)=0 (p \neq i)$。可见, d_{ij} 越大, $\mu_{ij}(0)$ 越小。

② 求各类的新的聚类中心 $Z_i(L)$, L 为迭代次数。

$$Z_i(L) = \frac{\sum\limits_{j=1}^{N}[\mu_{ij}(L)]^m X_j}{\sum\limits_{j=1}^{N}[\mu_{ij}(L)]^m}, \quad j=1,2,\cdots,K \tag{5-52}$$

式中,参数 $m \geqslant 2$,是一个控制聚类结果模糊程度的常数。可以看出各聚类中心的计算必须用到全部 N 个样本,这是与非模糊的 K 均值聚类算法的区别之一。在 K 均值聚类算法中,某一类的聚类中心仅由该类样本决定,不涉及其他类。

③ 计算新的隶属度矩阵 $U(L+1)$,矩阵元素的计算方法为

$$\mu_{ij}(L+1) = \frac{1}{\sum\limits_{p=1}^{K}\left(\dfrac{d_{ij}}{d_{pj}}\right)^{\frac{2}{m-1}}}, \quad i=1,2,\cdots,K; j=1,2,\cdots,N; m \geqslant 2 \tag{5-53}$$

式中, d_{ij} 是第 L 次迭代完成时, 第 j 个样本到第 i 类聚类中心 $Z_i(L)$ 的距离。为避免分母为 0, 特规定: 若 $d_{ij}=0$, 则 $\mu_{ij}(L+1)=1$, $\mu_{pj}(L+1)=0 (p \neq i)$。可见, d_{ij} 越大, $\mu_{ij}(L+1)$ 越小。

④ 回到第③步, 重复至收敛。收敛条件为 $\max\limits_{i,j}\{|\mu_{ij}(L+1)-\mu_{ij}(L)|\} \leqslant \varepsilon$, 其中, ε 为规定的参数。

(3) 类别调整。调整分 3 种情形。

① 合并。

假定各聚类中心之间的平均距离为 D, 则取合并阈值为

$$M_{ind}=D[1-F(K)] \tag{5-54}$$

其中, $F(K)$ 是人为构造的函数, $0 \leqslant F(K) \leqslant 1$, 而且 $F(K)$ 应是 K 的减函数, 通常取 $F(K)=\dfrac{1}{K^{\alpha}}$, α 是一个可选择的参数。可见, 若 D 确定, 则 K 越大, M_{ind} 也越大, 即合并越容易发生。

若聚类中心 Z_i 与 Z_j 间的距离小于 M_{ind}, 则合并这两个点得到新的聚类中心 Z_L, Z_L 为

$$Z_L=\dfrac{\left(\sum\limits_{p=1}^{N}\mu_{ip}\right)Z_i+\left(\sum\limits_{p=1}^{N}\mu_{ip}\right)Z_j}{\sum\limits_{p=1}^{N}\mu_{ip}+\sum\limits_{p=1}^{N}\mu_{ip}} \tag{5-55}$$

式中, N 为样本个数。可见, Z_L 是 Z_i 和 Z_j 的加权平均, 而所用的权系数便是全体样本对 ω_i 和 ω_j 两类的隶属度。

② 分解。

首先计算各类在每个特征方向上的"模糊化方差"。对于 ω_i 类的第 j 个特征, 模糊化方差的计算公式为

$$S_{ij}{}^2=\dfrac{1}{N+1}\sum\limits_{p=1}^{N}\mu_{ip}^{\beta}(x_{pj}-z_{ij})^2, \quad j=1,2,\cdots,n; i=1,2,\cdots,K \tag{5-56}$$

式中, β 是参数, 通常选 $\beta=1$。x_{pj}、z_{ij} 分别表示样本 X_p 和聚类中心 Z_i 的第 j 个特征值。$S_{ij}=\sqrt{S_{ij}{}^2}$, 全体 S_{ij} 的平均值记作 S, 然后求阈值

$$F_{std}=S[1+G(K)] \tag{5-57}$$

$G(K)$ 是类数 K 的增函数, 通常取 $G(K)=K^{\gamma}$, γ 是参数。式(5-57)表明, 当 S 确定时, 类数 K 越大, 越不易分解。下面分两步进行分解:

第一步, 检查各类的聚集程度。对于任一类 ω_i, 取 $\text{sum}_i=\sum\limits_{p=1}^{N}t_{ip}\mu_{ip}$, 其中, $t_{ip}=\begin{cases}0, & \mu_{ip} \leqslant \theta \\ 1, & \mu_{ip} > \theta\end{cases}$。然后取 $T_i=\sum\limits_{p=1}^{N}t_{ip}$, $C_i=\text{sum}_i/T_i$, 其中, θ 为参数, 且 $0 < \theta < 0.5$。C_i 表示 ω_i 类的聚集程度。上两式的含义是对于每一类 ω_i, 首先舍去那些对它的隶属度太小的样本, 然后计算其他各样本对该类的平均隶属度 C_i。若 $C_i > A_{vms}$ (A_{vms} 为参数), 则表示 ω_i 类的聚集程度较高, 不必进行分解; 否则考虑下一步。

第二步, 分解。对于任一不满足 $C_i > A_{vms}$ 的 ω_i 类考虑其每个 S_{ij}, 若 $S_{ij} > F_{std}$, 便在

第 j 个特征方向上对聚类中心 Z_i 加、减 kS_{ij}(k 为分裂系数,$0<k\leqslant1$),得到两个新的聚类中心。

注意,这里每个量的计算都考虑了全体样本对各类的隶属度。

③ 删除。

删除某个类 ω_i 或聚类中心 Z_i 的条件有两个。

条件 1:$T_i\leqslant\delta N/K$,δ 是参数,T_i 表示对 ω_i 类的隶属度超过 θ 的点数。这一条件表示对 ω_i 类的隶属度高的点很少,应该删除。

条件 2:$C_i\leqslant A_{\mathrm{vms}}$,但 ω_i 类不满足分解条件,即对所有的 j,$S_{ij}\leqslant F_{\mathrm{std}}$。这个条件表明,$Z_i$ 的周围存在一批样本点,它们的聚集程度不高,但也不是非常分散。这时我们认为 Z_i 也不是一个理想的聚类中心。

符合以上两个条件之一者,将被删除。

如果在第(3)步类别调整中进行合并、分解或删除,则每次处理后都应进行下面指出的讨论,并在全部处理结束后做出选择:停止在某个结果上,还是转到第(2)步重新迭代。如果在第(3)步中没有进行任何类别调整,则表示不需要改进结果,计算停止。

(4) 关于最佳类数或最佳结果的讨论。

上述所得为预选定分类数 K 时的最优解,为局部最优解。最优聚类数 K 可借助下列判定聚类效果的指标值得到。

分类系数:$F(R)=\dfrac{1}{n}\sum\limits_{i=1}^{K}\sum\limits_{j=1}^{N}\mu_{ij}^2$,$F$ 越接近 1,聚类效果越好。

平均模糊熵:$H(R)=\dfrac{1}{n}\sum\limits_{i=1}^{K}\sum\limits_{j=1}^{N}\mu_{ij}\ln(\mu_{ij})$,$H$ 越接近 0,聚类效果越好。

由此,可以分别选定 $K(2<K\leqslant N)$,计算其所得聚类结果的聚类指标值并进行比较,求得最优聚类个数 K,即满足 F 最接近 1 或 H 最接近 0 的 K 值。

(5) 分类清晰化。有两种方法。

① X_j 与哪一类的聚类中心最接近,就将 X_j 归到哪一类。即 $\forall X_j\in X$,若 $\|X_j-Z_{\omega_i}\|=\min\|X_j-Z_{\omega_i}\|$,则 $X_j\in\omega_i$。

② X_j 对哪一类的隶属度最大,就将它归于哪一类。即在 U 的第 j 列中,若 $\mu_{ij}(L+1)=\max\limits_{1\leqslant p\leqslant K}\mu_{pj}(L+1)(j=1,2,\cdots,N)$ 则 $X_j\in\omega_i$。

当算法结束时,就得到了各类的聚类中心以及表示各样本对各类隶属程度的隶属度矩阵,模糊聚类到此结束。这时,准则函数 $J=\sum\limits_{i=1}^{K}\sum\limits_{j=1}^{N}[\mu_{ij}(L+1)]^m\|X_j-Z_i\|^2$ 达到最小。

5.8.4 模糊 ISODATA 算法的 Python 实现

这里以表 1-1 中的 59 组数据为例实现聚类,模糊 ISODATA 算法的 Python 程序流程图如图 5-27 所示。

1. 调节参数初始化

调节参数初始化代码如下:

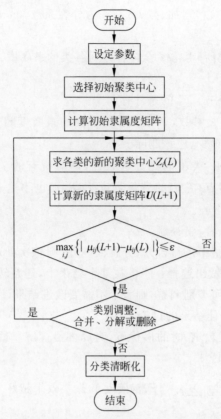

图 5-27 模糊 ISODATA 算法的 Python 程序流程图

```
Nc = 4                        # 初始聚类中心数量
m = 2                         # 控制聚类结果的模糊程度
L = 0                         # 迭代次数
Lmax = 1000                   # 最大迭代次数
Nc_all = np.ones((Lmax, 2))   # 各次迭代的分类数
Udmax = 10                    # 最后一次的隶属度与前一次的隶属度差值的初始值
e = 0.00005                   # 收敛参数
a = 0.33                      # 合并阈值系数
b = 1                         # 模糊化方差参数(通常取1)
r = 0.1                       # 分解阈值参数(算法使用者掌握的参数,控制 G(K) 的上升速度)
f = 0.68                      # 隶属度阈值(一般取值 0~0.5)
Avms = 0.83                   # 平均隶属度阈值(一般应大于 0.5,取值 0.55~0.6 比较适宜)
k_divide = 0.9                # 分裂 1 数(取值 0~1)
w = 0.2                       # 删除条件参数
```

2. 模糊 ISODATA 函数

模糊 ISODATA 的函数定义代码如下:

```
"""
Fuzzy ISODATA Function
%  名称:   FussyISODATA_function
%  参数:
%       data   样本特征库
%        Nc   初始聚类中心数量
%        m   控制聚类结果的模糊程度
```

```
%         L    迭代次数
%       Lmax   最大迭代次数
%       Nc_all  各次迭代的分类数
%       Udmax   最后一次的隶属度与前一次的隶属度差值的初始值
%         e    收敛参数
%         a    合并阈值系数
%         b    模糊化方差参数
%         r    分解阈值参数
%         f    隶属度阈值
%       Avms   平均隶属度阈值
%    k_divide   分裂系数
%         w    删除条件参数
% 返回值：
%         X    样本结构体数组：样本特征、所属类别
%         Z    聚类中心结构体数组：聚类中心特征、所属类别及其包含的样本数
%         U    隶属度矩阵
%         Nc   聚类中心数量
%         L    迭代次数
%        Dcc   两两聚类中心之间的距离矩阵
%        Dccm   两两聚类中心之间的距离的平均值
%        Mind   合并阈值
%         S    各类在每个特征方向上的模糊化标准差矩阵
%       Smean   模糊化标准差平均值
%        Fstd   分解阈值
%         T    各类超过隶属度阈值 f 的样本数矩阵
%         C    各类的聚集程度矩阵
%    k_delete   删除阈值
%        Dpc   各样本点到各聚类中心的距离矩阵
% 功能：
%       按照 Fuzzy ISODATA 方法对样本进行分类
"""
import numpy as np
import random
import FussyISODATA_adjust
import FussyISODATA_newcentre


def FussyISODATA_function(data, Nc, m, L, Lmax, Nc_all, Udmax, e, a, b, r, f, Avms, k_divide, w):
    Ln = np.zeros((Lmax, 1))
    Np, Nq = data.shape   # Np 为样本数；Nq 为样本维数

    X = {'feature': [], 'category': 0}
    for i in range(Np):
        X[i, 'feature'] = data[i, :]
        # print(X['feature'][2]) = MATLAB 中的 X(i,1).feature(1,3)

    # 选取 Nc 个初始聚类中心
    Z = {'feature': [], 'index': 0, 'patternNum': 0}
    for i in range(Nc):
        X[i, 'category'] = i            # 第 i 个样本所属类别
        Z[i, 'feature'] = X[i, 'feature']   # 选取初始聚类中心
        Z[i, 'index'] = i              # 第 i 聚类
        Z[i, 'patternNum'] = 1         # 第 i 聚类中的样本数

    # %计算所有样本到各初始聚类中心的距离
    Dpc = np.zeros((Nc, Np))
```

```
        for i in range(Nc):
            for j in range(Np):
                Dpc[i, j] = np.sqrt(
                    (X[j, 'feature'][0] - Z[i, 'feature'][0]) ** 2 + (
                        X[j, 'feature'][1] - Z[i, 'feature'][1]) ** 2 + (
                        X[j, 'feature'][2] - Z[i, 'feature'][2]) ** 2)


        # 计算初始隶属度矩阵 U(0)
        U = np.zeros((Nc, Np))
        for i in range(Nc):
            for j in range(Np):
                if Dpc[i, j] == 0:
                    U[i, j] = 1
                else:
                    d = 0
                    for k in range(Nc):
                        if (Dpc[k, j] == 0) and (k != i):
                            U[k, j] = 0
                        elif (Dpc[k, j] == 0) and (k == i):
                            U[k, j] = 1
                        else:
                            d = d + (Dpc[i, j] / Dpc[k, j]) ** (2 / (m - 1))
                    U[i, j] = 1 / d    # 这里需要注意除数是否为 0 的问题,可能需要增加适当的
                                       # 异常处理代码

        # 调用求新的聚类中心及隶属度矩阵的函数
        Z, U, Nc, Nc_all, L, Dpc = FussyISODATA_newcentre.FussyISODATA_newcentre(X, Z, U, Nc, Nc_
        all, Np, Nq, e, m, L, Lmax, Udmax)
        # 调用类别调整函数,对聚类结果进行合并、分解或删除
        Z, U, Nc, Dcc, Dccm, Mind,  S, Smean, Fstd, T, C, k_delete = FussyISODATA_adjust.
        FussyISODATA_adjust(X, Z, U, Nc, Np, Nq, a, f, Avms, b, r, k_divide, w)



        # 类别调整后,重新计算所有样本到各新聚类中心的距离
        # Dpc = np.zeros((Nc, Np))
        for i in range(Nc):
            for j in range(Np):
                Dpc[i, j] = np.sqrt(
                    (X[j, 'feature'][0] - Z[i, 'feature'][0]) ** 2 + (
                        X[j, 'feature'][1] - Z[i, 'feature'][1]) ** 2 + (
                        X[j, 'feature'][2] - Z[i, 'feature'][2]) ** 2)   # 这里需要注意数
        # 据类型和精度问题,可能需要进行适当的类型转换和取整操作

        # 类别调整后,重新计算所有样本到各新聚类中心的距离(加入模糊)
        '''Dpc = np.zeros((Nc, Np))
        for i in range(Nc):
            for j in range(Np):
                Dpc[i, j] = np.sqrt(
                    (X[j, 'feature'][0] - Z[i, 'feature'][0]) ** 2 + (
                        X[j, 'feature'][1] - Z[i, 'feature'][1]) ** 2 + (
                        X[j, 'feature'][2] - Z[i, 'feature'][2]) ** 2)'''

        # 类别调整后,计算新隶属度矩阵
        U = np.zeros((Nc, Np))
        for i in range(Nc):
```

```
            for j in range(Np):
                if Dpc[i, j] == 0:          # Dpc[i,j] = 0 时,U[i,j] = 1
                    U[i, j] = 1
                else:
                    d = 0
                    for k in range(Nc):
                        if (Dpc[k, j] == 0) and (k != i):   # Dpc[i,j] = 0 且 k~ = i 时,U[i,j] = 0
                            U[i, j] = 1
                        elif (Dpc[k, j] == 0) and (k == i):   # Dpc[i,j] = 0 且 k = i 时,U[k,j] = 1
                            U[k, j] = 1
                        else:
                            d = d + (Dpc[i, j] / Dpc[k, j]) ** (2 / (m - 1))
# Dpc[i,j]~ = 0 时,计算隶属度函数的分母
                    U[i, j] = 1 / d             # 计算隶属度

    # % 类别调整后,调用求新的聚类中心及隶属度矩阵的函数,重新计算聚类中心
    Z, U, Nc, Nc_all, L, Dpc = FussyISODATA_newcentre.FussyISODATA_newcentre(X, Z, U, Nc, Nc_
all, Np, Nq, e, m, L, Lmax, Udmax)

    # 对聚类结果进行分析,判断是停止在某个结果上还是重新进行迭代

    # 重新划分样本类别
    Udmax = np.zeros((1, Np))
    for i in range(Np):
        Udmax[0, i] = max(U[:, i])
    for i in range(Nc):
        Z[i, 'patternNum'] = 0
    for i in range(Np):
        i1 = np.array(np.where(U[:, i] == Udmax[0, i]))   # i1 为 numpy 类型的数组,形状为(1,1)
        # print(i1)
        if i1.shape[0] == 1:
            i1 = int(i1)
            X[i, 'category'] = i1 + 1
            # Z[i1,'index'] = i1     第 j 聚类中心所属的类别
            # Z[i1,'patternNum'] = Z[i1,'patternNum'] + 1     第 j 聚类中的样本数
        else:
            i1 = round(random.randrange(i1.shape[0]))   # 从多个隶属度相同的聚类中心中,
                                                         # 随机选取一类
            X[i, 'category'] = i1 + 1
            # Z[i1,'index'] = i1     第 j 聚类中心所属的类别
            # Z[i1,'patternNum'] = Z[i1,'patternNum'] + 1     第 j 聚类中的样本数
    return X, Z, U, Nc, L, Dcc, Dccm, Mind,  S, Smean, Fstd, T, C, k_delete, Dpc   # 需要返回的
# 变量列表不完整,请根据实际需求进行修改
```

3. 聚类函数

聚类函数的代码如下:

```
"""
聚类函数
名称:    FussyISODATA_newcentre
% 参数:
%        X   样本结构体数组:样本特征、所属类别
%        Z   聚类中心结构体数组:聚类中心特征、所属类别及其包含的样本数
%        U   隶属度矩阵
%        Nc  聚类中心数量
```

```
%         Nc_all   各次迭代的分类数
%            Np    样本数
%            Nq    样本维数
%            e     收敛参数
%            m     控制聚类结果模糊程度
%            L     迭代次数
%         Lmax     最大迭代次数
%       Udmax      最后一次的隶属度与前一次的隶属度差值的初始值
% 返回值:
%            Z     聚类中心结构体数组:聚类中心特征、所属类别及其包含的样本数
%            U     隶属度矩阵
%           Nc     聚类中心数量
%       Nc_all     各次迭代的分类数
%            L     迭代次数
%          Dpc     各样本点到各聚类中心的距离矩阵
% 功能:
%            重复计算新的隶属度矩阵及聚类中心,直至收敛
"""
import numpy as np


def FussyISODATA_newcentre(X, Z, U, Nc, Nc_all, Np, Nq, e, m, L, Lmax, Udmax):
    while Udmax > e:                        # 重复计算新的聚类中心和隶属度矩阵,至满足收敛条件
        # 判断是否超过最大迭代次数,超过则跳出子函数
        if L > Lmax:
            return None, None, None, None, None, None

        Dpc = np.zeros((Nc, Np))       # 初始化各样本点到各聚类中心的距离矩阵

        # 计算新的聚类中心
        U1 = U ** m                    # 求隶属度矩阵各值的 m 次方
        A = np.zeros((1, Nq))          # 定义一个中间变量,全零矩阵
        B = np.sum(U1, axis=1)         # 求隶属度矩阵各值的 m 次方后,各行的和

        for i in range(Nc):
            for j in range(Np):
                A[0, :] = A[0, :] + U1[i, j] * X[j, 'feature']    # 求聚类中心函数的分子
            Z[i, 'feature'] = A[0, :] / B[i]                      # 求新的聚类中心
            A = np.zeros((1, Nq))

        Up = U.copy()                                            # Up 为第 L 次隶属度矩阵

        # 计算所有样本到各聚类中心的距离
        for i in range(Nc):
            for j in range(Np):
                Dpc[i, j] = np.sqrt(
                    (X[j, 'feature'][0] - Z[i, 'feature'][0]) ** 2 + (
                        X[j, 'feature'][1] - Z[i, 'feature'][1]) ** 2 + (
                        X[j, 'feature'][2] - Z[i, 'feature'][2]) ** 2)

        # 计算所有样本到各聚类中心的距离(加入模糊)
        # for i in range(Nc):
        #     for j in range(Np):
        #         Dpc[i,j] = np.sqrt((U[i,j] * X[j,0].feature[0] - Z[i,0].feature[0]) ** 2 +
(U[i,j] * X[j,0].feature[1] - Z[i,0].feature[1]) ** 2 + (U[i,j] * X[j,0].feature[2] - Z[i,
0].feature[2]) ** 2)
```

```
                  # 计算第 L+1 次隶属度矩阵 U(L+1)
              for i in range(Nc):
                  for j in range(Np):
                      if Dpc[i, j] == 0:
                          U[i, j] = 1.0              # 如果距离为 0,则隶属度为 1
                      else:
                          d = 0.0
                          for k in range(Nc):        # 遍历所有聚类中心
                              if (Dpc[k, j] == 0) and (k != i):
# 如果距离为 0,且不是当前聚类中心,则隶属度为 0
                                  U[k, j] = 0
                              elif (Dpc[k, j] == 0) and (k == i):
# 如果距离为 0,且是当前聚类中心,则隶属度为 1
                                  U[k, j] = 1
                              else:                  # 否则,根据公式计算隶属度
                                  d = d + (Dpc[i, j] / Dpc[k, j]) ** (2 / (m - 1))
                          U[i, j] = 1 / d
              Udmax = np.max(np.max(U - Up))
              # Udmax = max(max(U - Up))            # 计算收敛判定指标
              L = L + 1                              # 更新迭代次数
              Nc_all[L, 0] = Nc                      # 记录第 L 次迭代的聚类中心数
          return Z, U, Nc, Nc_all, L, Dpc
```

4. 类别调整函数

类别调整函数代码如下:

```
"""
类别调整函数
% 名称:     FussyISODATA_adjust
% 参数:
%          X     样本结构体数组:样本特征、所属类别
%          Z     聚类中心结构体数组:聚类中心特征、所属类别及其包含的样本数
%          U     隶属度矩阵
%          Nc    聚类中心数量
%          Np    样本数
%          Nq    样本维数
%          a     合并阈值系数
%          f     隶属度阈值
%        Avms    平均隶属度阈值
%          b     模糊化方差参数
%          r     分解阈值参数
%     k_divide   分裂系数
%          w     删除条件参数
% 返回值:
%          Z     聚类中心结构体数组:聚类中心特征、所属类别及其包含的样本数
%          U     隶属度矩阵
%          Nc    聚类中心数量
%         Dcc    两两聚类中心之间的距离矩阵
%        Dccm    两两聚类中心之间的距离的平均值
%        Mind    合并阈值
%          S     各类在每个特征方向上的模糊化标准差矩阵
%       Smean    模糊化标准差平均值
%        Fstd    分解阈值
%          T     各类超过隶属度阈值 f 的样本数矩阵
%          C     各类的聚集程度矩阵
```

```
%   k_delete   删除阈值
% 功能:
%       调整聚类结果: 合并、分解、删除
"""

import numpy as np
from itertools import *

def FussyISODATA_adjust(X, Z, U, Nc, Np, Nq, a, f, Avms, b, r, k_divide, w):
    """if (Nc < 2) | (Nc >= 8):  # 分类数不满足要求时,跳出子函数
        return Y1, S, Smean, Fstd, T, C, k_delete
        end
    """
    # 变量初始化
    Dcc = np.zeros((Nc, Nc))        # 两两聚类中心之间的距离矩阵
    Dccm = 0                        # 两两聚类中心之间距离的平均值
    Mind = 0                        # 合并阈值
    S = np.zeros((Nc, Nq))          # 各类在每个特征方向上的模糊化标准差矩阵
    Smean = 0                       # 模糊化标准差平均值
    Fstd = 0
    T = np.zeros((Nc, 1))           # 各类超过隶属度阈值 f 的样本数矩阵
    C = np.zeros((Nc, 1))           # 各类的聚集程度矩阵
    k_delete = 0

    # 1. 合并
    # 计算各聚类中心之间的距离 Dcc(i, j)
    DccSum = 0                      # 所有聚类中心距离的和
    for i in range(Nc - 1):
        for j in range(i + 1, Nc):
            Dcc[i, j] = np.sqrt(
                (Z[j, 'feature'][0] - Z[i, 'feature'][0]) ** 2 + (
                    Z[j, 'feature'][1] - Z[i, 'feature'][1]) ** 2 + (
                    Z[j, 'feature'][2] - Z[i, 'feature'][2]) ** 2)
            DccSum = DccSum + Dcc[i, j]

    # 计算各聚类中心之间的平均距离 Dccm
    # 两两聚类中心的组合数
    v = []
    for i in range(Nc):
        v.append(i)
    # print(v)
    Ncc = 0
    for element in permutations(v, 2):
        s = "".join(str(element))
        # print(s)
        Ncc = Ncc + 1                      # Ncc 的值即为两两聚类中心的组合数
    # print(Ncc)
    Dccm = DccSum / Ncc                     # 两两聚类中心之间距离的平均值

    Mind = Dccm * (1 - 1 / (Nc ** a))  # 计算合并阈值

    # 根据合并阈值判断,合并聚类中心,得到新的聚类中心
    Y1 = Z.copy()                           # 中间变量
    flag1 = 0                               # 中间变量
    Nc_combine = Nc                         # 合并后的聚类中心数
    N_combine = 0                           # 合并次数
    for i in range(Nc - 1):      # 两聚类中心之间的距离小于合并阈值时,合并这两个聚类中心
```

```
            for j in range(i + 1, Nc):
                if Dcc[i, j] < Mind:
                    ki = np.sum(U[i, :])
                    kj = np.sum(U[j, :])
                    Y1[i, 'feature'] = (ki * Z[i, 'feature'] + kj * Z[j, 'feature']) / (ki +
kj)   # 合并后的聚类中心
                    Y1[j, 'feature'] = np.zeros((1, Nq))    # 被合并的聚类中心赋 0
                    N_combine = N_combine + 1               # 合并次数 +1
                    Nc_combine = Nc_combine - 1             # 类别数 -1
                    if Nc_combine <= 2 or Nc_combine >= 8:# 分类数不满足要求时,跳出循环
                        flag1 = 1
                        break
            if flag1 == 1:
                break


    # 2. 分解
    # 计算模糊化方差
    S2 = np.zeros((Nc, Nq))
    S_mid = 0                                               # 中间变量
    for i in range(Nc):
        for j in range(Nq):
            for p in range(Np):
                S_mid = S_mid + (U[i, p] ** b) * ((X[p, 'feature'][j] - Z[i, 'feature']
[j]) ** 2)                                                 # 模糊化方差的分子
            S2[i, j] = S_mid / (Np - 1)                    # 模糊化方差
            S[i, j] = np.sqrt(S2[i, j])                    # 模糊化标准差

    # 计算全体模糊化方差的平均值
    Smean = sum(sum(S)) / (Nq * Nc)
    # 计算分解阈值
    Fstd = Smean * (Nc ** r)

    # 检查各类的聚集程度
    t = np.zeros((Nc, Np))
    Sum = np.zeros((Nc, 1))                                # 聚集程度 C 的分子
    for i in range(Nc):
        for p in range(Np):
            if U[i, p] > f:
                t[i, p] = 1
            else:
                t[i, p] = 0
            T[i, 0] = T[i, 0] + t[i, p]                    # 计算聚集程度 C 的分母
            Sum[i, 0] = Sum[i, 0] + t[i, p] * U[i, p]      # 计算聚集程度 C 的分子
    C = Sum / T                                            # 计算聚集程度矩阵

    # 根据平均分解阈值判断是否进行分解
    Nc_divide = Nc                                         # 分解后的聚类中心数
    N_divide = 0                                           # 分解次数
    flag2 = 0                                              # 中间标志
    Y2 = Z.copy()                              # 注意这里需要复制 Z,因为后续操作会修改 Y2
    for i in range(Nc):
        if C[i, 0] <= Avms:
            for j in range(3):
                if S[i, j] > Fstd:
                    N_divide = N_divide + 1                # 分解次数 +1
```

```
                        Zdiv1 = Z[i, 'feature']              # 注意这里需要复制 Z 的元素,因为后续
                                                             # 操作会修改 Zdiv1 和 Zdiv2
                        Zdiv2 = Z[i, 'feature']              # 注意这里需要复制 Z 的元素,因为后续
                                                             # 操作会修改 Zdiv1 和 Zdiv2
                        Zdiv1[i, j] = Z[i, 'feature'][j] + k_divide * S[i, j]
                                                             # 分解后,新的聚类中心 1
                        Zdiv2[i, j] = Z[i, 'feature'][j] - k_divide * S[i, j]
                                                             # 分解后,新的聚类中心 2
                        Y2[i, 'feature'] = Zdiv1[0, :]       # 分解后,新的聚类中心 1 写入聚类中心
                                                             # 结构体数组第 i 项
                        Y2[Nc + N_divide, 'feature'] = Zdiv2[0, :]
                                # 分解后,新的聚类中心 2 写入聚类中心结构体数组第 Nc + N_divide 项
                        Nc_divide = Nc_divide + 1            # 分解后的聚类中心数
                        if (Nc_divide <= 2) or (Nc_divide >= 8):  # 分类数不满足要求时,跳出循环
                            flag2 = 1                        # 中间标志为 1,跳出循环
                            break
                if flag2 == 1:                               # 中间标志为 1,跳出循环
                    break

    """
    if Nc_divide != Nc                                      # 若分解了聚类中心,则跳出子函数
            Nc = Nc_divide                                  # 新的分类数
            return
        # 分解后新的聚类中心
        Z = Zdiv;
        Z[i, 'feature'] = Zdiv1[0, :]
        Z[Nc + 1, 'feature'] = Zdiv2[0, :]
        if (Nc < 2) or (Nc > 8):
            return
    """

    # 3. 删除
    Nc_delete = Nc                                          # 删除后的聚类中心数
    N_delete = 0                                            # 删除次数
    flag3 = 0                                               # 中间标志
    Y3 = Z                                                  # 对 Z 进行复制,因后续操作会修改 Y3
    k_delete = w * Np / Nc
    for i in range(Nc):
        for j in range(Nq):
            if (T[i, 0] <= k_delete) or (C[i, 0] <= Avms and max(S[i, :]) <= Fstd):
                                                            # 删除条件
                Y3[i, 'feature'] = np.zeros((1, Nq))        # 删除的聚类中心特征值赋 0
                N_delete = N_delete + 1                     # 删除次数 + 1
                Nc_delete = Nc_delete - 1                   # 删除后的聚类中心数 - 1
                if (Nc_delete <= 2) or (Nc_delete >= 8):    # 分类数不满足要求时,跳出循环
                    flag3 = 1                               # 中间标志为 1,跳出循环
                    break
                """
                for i1 in range(Nc):                        # 将符合删除条件的聚类中心删除
                    for j in range (3):
                        if Y3[i1, 'feature'][j]!= np.zeros((1,Nq))[:, j]
                                Z[i1, 'feature'] = Y3[i1, 'feature']
                            else
                                for i2 in range(i1 - 1: Nc - 1):
                                        Z[i2,'feature'] = Y[i2 + 1,'feature']
                        Nc = Nc_delete
```

```
                    return
                    """

            if flag3 == 1:                                    # 中间标志为 1,跳出循环
                break

        Y4 = Z
        for i in range(Nc):
            for j in range(3):
                if Y1[i, 'feature'][j] != Y4[i, 'feature'][j]:
                    Z[i, 'feature'] = Y1[i, 'feature']
                elif Y2[i, 'feature'][j] != Y4[i, 'feature'][j]:
                    Z[i, 'feature'] = Y2[i, 'feature']
                elif Y3[i, 'feature'][j] != Y4[i, 'feature'][j]:
                    Z[i, 'feature'] = Y3[i, 'feature']

        if Nc_divide > Nc:
            for i in range(Nc, Nc_divide + 1):
                Z[i, 'feature'] = Y2[i, 'feature']
        Y5 = Z
        N1 = 0
        for i in range(Nc_divide):
            for j in range(3):
                if Y5[i, 'feature'][j] == np.zeros((1, Nq))[:, j]:
                    for i1 in range(i + 1 - N1, Nc_divide - N1):   # 删除特征值为 0 的聚类中心
                        Z[i1, 'feature'] = Y5[i1 + N1, 'feature']
                    N1 = N1 + 1

        # 类别调整后的分类数
        Nc = Nc - N_combine + N_divide - N_delete
        return Z, U, Nc, Dcc, Dccm, Mind, S, Smean, Fstd, T, C, k_delete
```

5. 主程序及仿真结果
主程序代码如下:

```
import pandas as pd
import numpy as np
import FussyISODATA_function
import matplotlib.pyplot as plt
import matplotlib as mpl

data = pd.read_excel('data.xls')
data.drop('序号', axis = 1, inplace = True)
data = np.array(data)
# print(np.array(data))
Nc = 4                          # 初始聚类中心数量
m = 2                           # 控制聚类结果模糊程度
L = 0                           # 迭代次数
Lmax = 1000                     # 最大迭代次数
Nc_all = np.ones((Lmax, 2))     # 各次迭代的分类数
Udmax = 10                      # 最后一次的隶属度与前一次的隶属度差值的初始值
e = 0.00005                     # 收敛参数
a = 0.33                        # 合并阈值系数
b = 1                           # 模糊化方差参数(通常取 1)
r = 0.1                         # 分解阈值参数(算法使用者掌握的参数,控制 G(K)的上升速度)
```

```
f = 0.68                          # 隶属度阈值(一般取值 0~0.5)
Avms = 0.83                       # 平均隶属度阈值(一般应大于 0.5,在 0.55~0.6 取值比较适宜)
k_divide = 0.9                    # 分裂 1 数(取值 0~1)
w = 0.2                           # 删除条件参数

Nc_start = Nc

# 调用 Fuzzy ISODATA 函数
[X, Z, U, Nc, L, Dcc, Dccm, Mind,  S, Smean, Fstd, T, C, k_delete, Dpc] = FussyISODATA_
function.FussyISODATA_function(data, Nc, m, L, Lmax, Nc_all, Udmax, e, a, b, r, f, Avms, k_
divide, w)

Np, Nq = data.shape               # Np 样本数; Nq 样本维数
# 显示各聚类中心
A = np.zeros((Nc, Nq))
for i in range(Nc):
    A[i, :] = Z[i, 'feature']
print('A = ', A)

# 显示各样本所属类别
B = np.zeros((1, Np))
for i in range(Np):
    B[:, i] = X[i, 'category']
print('B = ', B.flatten())


# 绘制聚类效果图
c = pd.Series(B.flatten())
mpl.rcParams['font.sans-serif'] = 'SimHei'
mpl.rcParams['axes.unicode_minus'] = False
x = data[:, 0]
y = data[:, 1]
z = data[:, 2]
plt.figure(figsize=(8, 8))
ax3D = plt.subplot(projection='3d')
colors = c.map({1: 'red', 2: 'blue', 3: 'green', 4: 'black'})
ax3D.scatter(xs=x, ys=y, zs=z, c=colors, linewidth=None, marker='o', alpha=1)
ax3D.set_xlabel('第一特征坐标')
ax3D.set_ylabel('第二特征坐标')
ax3D.set_zlabel('第三特征坐标')
ax3D.set_title('分类效果图')
plt.show()
```

程序运行后,出现图 5-28 所示的 59 组数据分类效果图。

Python 程序的运行结果如下:

```
A = [[1745.72251646    1751.3567432     1942.68440344]
 [ 311.73389684      3213.90523964    2250.64181591]
 [2293.9038652       3157.98459886    1002.86320881]
 [1265.96567119      1831.12499846    2905.06412077]]
B' =
1 至 27 列
1   2   1   4   2   4   1   3   2   2   1   2   2   3
3   4   1   3   3   1   1   3   2   3   4   1   2
28 至 54 列
```

| 2 | 2 | 1 | 1 | 4 | 1 | 2 | 3 | 3 | 1 | 2 | 4 | 1 | 1 |
| 4 | 3 | 2 | 3 | 2 | 1 | 2 | 3 | 3 | 1 | 1 | 4 | 4 | |

55 至 59 列

| 2 | 4 | 1 | 1 | 1 |

其中，A 为聚类中心，B 为分类结果。

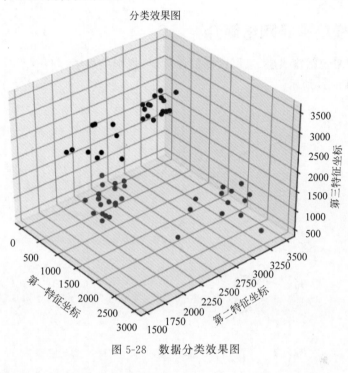

图 5-28   数据分类效果图

5.8.5　结论

模糊 ISODATA 聚类分析方法对特性比较复杂且人们缺少认识的对象进行分类，可以有效地实施人工干预，加入人脑思维信息，使分类结果更符合客观实际，给出相对最优的分类结果，因而具有一定的实用性。

然而由于该方法在计算时需要人为选择和确定不同的参数，因而在数学理论上显得不够严谨。参数的选取也缺乏理论依据，选取合适的参数非常困难。这些参数的设定问题直接影响模糊分类的分类精度和算法实现，使模糊 ISODATA 算法在实际应用中受到限制。

5.9　模糊神经网络

5.9.1　模糊神经网络的应用背景

随着模糊信息处理技术和神经网络技术研究的不断深入，将模糊技术与神经网络技术进行有机融合，构造出了一种可"自动"处理模糊信息的神经网络——模糊神经网络。以非线性大规模并行处理为主要特征的神经网络技术的出现，凭借其强大的自学习功能，帮助模糊推理系统解决了"模糊规则自动处理"与"模糊变量基本状态隶属度函数自动生成"问题。

模糊推理系统类型的基本结构是一个模型,它将输入特性映射为输入隶属函数、将输入隶属函数映射为规则、将规则映射为一组输出特性、将输出特性映射为输出隶属函数、将输出隶属函数映射为一个单值或与输出相关的决策。因此,输入输出变量空间的划分、变量模糊集隶属函数的确定,以及规则的个数、形式和各模糊算子 AND/OR 等的定义,对于模糊推理系统的建模至关重要。

5.9.2 模糊神经网络简介

模糊神经网络包括输入层、隶属度函数计算层、规则生成层、归一化层、输出层等层级,其基本结构如图 5-29 所示。

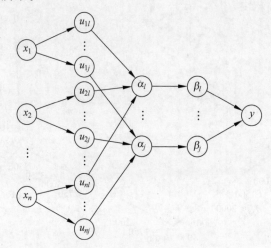

| 输入层 | 隶属度函数
计算层 | 规则生成层 | 归一化层 | 输出层 |

图 5-29　模糊神经网络基本结构

模糊神经网络的建模步骤如下。

(1) 数据预处理:对输入数据进行标准化、归一化和特征提取等操作,以便更好地适应模糊神经网络的处理方式。

(2) 模型选择:根据不同的应用场景和数据类型,选择适合的模型结构和参数配置,以更好地满足实际需求。

(3) 网络训练:通过反向传播算法等训练方法,对模糊神经网络进行训练和优化,以提高性能和准确度。

(4) 模型评估:对训练好的模型进行测试和验证,评估其准确度、稳定性和可靠性等方面的性能指标。

(5) 应用部署:将训练好的模型部署到实际应用中,以实现对数据的快速处理和分析。

下面介绍用 Python 实现模糊神经网络分类器,在设计中使用 BP 神经网络训练系统。

5.9.3 模糊神经网络分类器的 Python 实现

1. 样本数据的标准化

为提高运算速率及误差精度,需要对训练样本及测试样本进行数据标准化。样本数据的标准化只对样本指标数据进行预处理,将其特征值映射到 $[0,1]$ 区间上。设有 f 个样本

$x_1, x_2, \cdots, x_f$，每个样本 x_i 具有 n 个样本指标 $z_1, z_2, \cdots, z_n$；x_{ij} 表示第 i 个样本的第 j 个指标，f 个样本的 n 个指标可用表 5-6 表示。

表 5-6　样本指标数据

指　标	z_1	z_2	z_3	$\cdots$	z_n
x_1	x_{11}	x_{12}	x_{13}	$\cdots$	x_{1n}
x_2	x_{21}	x_{22}	x_{23}	$\cdots$	x_{2n}
$\cdots$	$\cdots$	$\cdots$	$\cdots$	$\cdots$	$\cdots$
x_f	x_{f1}	x_{f2}	x_{f3}	$\cdots$	x_{fn}

f 个样本第 j 个指标的平均值 2 及标准差分别为

均值：

$$x_j = \frac{1}{f} \sum_{i=1}^{f} x_{ij} \tag{5-58}$$

标准差：

$$S_j = \sqrt{\frac{1}{f} \sum_{i=1}^{f} (x_{ij} - x_j)^2} \tag{5-59}$$

原始数据标准化：

$$x'_{ij} = \frac{x_{ij} - x_j}{S_j} \tag{5-60}$$

运用极值标准化值公式，将标准化数据压缩到 $[0,1]$ 上，即

$$x_{ij} = \frac{x'_{ij} - x'_{j\min}}{x'_{j\max} - x'_{j\min}} \tag{5-61}$$

式中，$x'_{j\min}$ 和 $x'_{j\max}$ 分别表示 $x'_{1j}, x'_{2j}, \cdots, x'_{fj}$ 中的最小值和最大值；x_{ij} 为标准化后的指标，标准化后的样本如表 5-7 所示。

表 5-7　标准化后的样本

样　本　号	特　征　向　量		
Record_＃1	0.5866	0.0613	0.6280
Record_＃2	0.1194	0.7945	0.6393
Record_＃3	0.5924	0.0493	0.3306
Record_＃4	0.2874	0.0467	0.7192
Record_＃5	0.0680	0.7802	0.4952
Record_＃6	0.2920	0.2465	0.8560
Record_＃7	0.6083	0.0135	0.5494
Record_＃8	0.7959	0.5193	0.2956
Record_＃9	0.1290	0.8842	0.5453
Record_＃10	0.1106	0.9974	0.6505
Record_＃11	0.5290	0.0903	0.4050
Record_＃12	0.0277	0.9516	0.6367
Record_＃13	0.1626	0.9080	0.5605
Record_＃14	0.7772	0.9258	0.0000
Record_＃15	0.7072	0.8412	0.0164
Record_＃16	0.4768	0.1135	0.7552

样 本 号	特 征 向 量		
Record_#17	0.6227	0.1877	0.5709
Record_#18	0.7457	0.8759	0.2252
Record_#19	1.0000	0.8762	0.0428
Record_#20	0.5705	0.1611	0.5312
Record_#21	0.5663	0.0097	0.4015
Record_#22	0.9500	0.7581	0.4893
Record_#23	0.0508	0.7931	0.6053
Record_#24	0.6972	0.8530	0.2436
Record_#25	0.4873	0.0439	0.9687
Record_#26	0.5563	0.0811	0.3493
Record_#27	0.1086	0.7891	0.6425
Record_#28	0.0913	0.7988	0.5244
Record_#29	0.0730	0.7896	0.5794
Record_#30	0.5738	0.0430	0.5176
Record_#31	0.6338	0.1579	0.4859
Record_#32	0.2884	0.4038	0.6750
Record_#33	0.6179	0.0811	0.3610
Record_#34	0.1493	0.8919	0.5527
Record_#35	0.8037	0.9295	0.1485
Record_#36	0.7686	1.0000	0.1387
Record_#37	0.6016	0.0212	0.5826
Record_#38	0.0598	0.8793	0.6446
Record_#39	0.5027	0.2677	0.6802
Record_#40	0.5378	0.1892	0.5371
Record_#41	0.5384	0.1889	0.3673
Record_#42	0.4168	0.1336	0.9808
Record_#43	0.7905	0.5623	0.3593
Record_#44	0.1128	0.9051	0.6205
Record_#45	0.7249	0.4904	0.0189
Record_#46	0.1375	0.8040	0.5139
Record_#47	0.5071	0.0000	0.4789
Record_#48	0.1090	0.8902	0.5069
Record_#49	0.7447	0.8512	0.1351
Record_#50	0.7550	0.7896	0.2577
Record_#51	0.5320	0.1012	0.6507
Record_#52	0.6627	0.0198	0.4389
Record_#53	0.5029	0.2078	1.0000
Record_#54	0.3765	0.0195	0.8109
Record_#55	0.0000	0.9817	0.5432
Record_#56	0.4258	0.1837	0.7313
Record_#57	0.6079	0.0877	0.4830
Record_#58	0.6131	0.1923	0.6053
Record_#59	0.6279	0.1172	0.4522

2. 建立 BP 神经网络

BP(back propagation)神经网络的 Python 程序代码如下:

```python
import numpy as np
import pandas as pd

from sklearn.preprocessing import MinMaxScaler
from sklearn.neural_network import MLPClassifier    # 导入 BP 神经网络模型

data_train = pd.read_excel("训练数据.xls")          # 导入训练数据
data_trainNP = np.array(data_train)
x_train = data_trainNP[:, 1:data_trainNP.shape[1] - 1]
y_train = data_trainNP[:, data_trainNP.shape[1] - 1]
data_test = pd.read_excel("测试数据.xls")           # 导入测试数据
data_testNP = np.array(data_test)
x_test = data_testNP[:, 1:data_testNP.shape[1] - 1]
y_true = data_testNP[:, data_trainNP.shape[1] - 1]
# 归一化处理
scaler1 = MinMaxScaler(feature_range = (-1, 1))
x_train = scaler1.fit_transform(x_train)
x_test =   scaler1.fit_transform(x_test)
MLP = MLPClassifier(hidden_layer_sizes = (12, 4), max_iter = 100, activation = 'logistic', solver =
'lbfgs')
# 隐含层有 12 个神经元,中间层有 4 个神经元
MLP.fit(x_train, y_train) # 对神经网络进行训练
y_test = MLP.predict(x_test)
print('测试数据预测分类结果:', y_test)
print('测试数据真实分类结果:', y_true.reshape(1, -1))
```

3. 模糊神经网络的 Python 实现

模糊神经网络的实现分为训练过程和测试过程。

训练过程的 Python 程序代码如下:

```python
import numpy as np
import pandas as pd


# 输入数据的导入
df = pd.read_excel("训练数据.xls")
df.columns = ['序号', 'A', 'B', 'C', '所属类别']
A = df['A']
A = np.array(A)
B = df['B']
B = np.array(B)
C = df['C']
C = np.array(C)
cl = df['所属类别']
cl = np.array(cl)
samplein = np.array([A, B, C])
# 数据归一化,将输入数据压缩至 0~1,便于计算,后续通过反归一化恢复原始值
sampleinminmax = np.array(
    [samplein.min(axis = 1).T.tolist()[0], samplein.max(axis = 1).T.tolist()[0]]).transpose()
    # 对应最大值最小值
# 待预测数据为 cl
sampleout = np.mat([cl])
```

```python
sampleoutminmax = np.array([sampleout.min(axis = 1).T.tolist()[0],
sampleout.max(axis = 1).T.tolist()[0]]).transpose()
sampleinnorm = ((np.array(samplein.T) - sampleinminmax.transpose()[0]) / (
    sampleinminmax.transpose()[1] - sampleinminmax.transpose()[0])).transpose()

sampleoutnorm = ((np.array(sampleout.T) - sampleoutminmax.transpose()[0]) / (
    sampleoutminmax.transpose()[1] - sampleoutminmax.transpose()[0])).transpose()

sampleinnorm = sampleinnorm.transpose()
sampleoutnorm = sampleoutnorm.transpose()

S = 4                              # 模糊分级个数
T = 28                             # 规则生成层、归一化层节点数
iteration = 600                    # 迭代训练次数
learningrate = 0.01                # 学习率

# c1、b1 分别为隶属度层的中心点与宽度向量,w1 为输出层的权值,sampleinnorm.shape[1]代表输
# 入数据的 4 种类别
c1 = np.random.uniform(low = -1, high = 1, size = (S, sampleinnorm.shape[1]))
b1 = np.random.uniform(low = -1, high = 1, size = (S, sampleinnorm.shape[1]))
w1 = np.random.uniform(low = 0, high = 1, size = (1, T))

sampleinnorm = np.mat(sampleinnorm)     # 将 np 数据类型转换为矩阵类型

# 开始训练
for l in range(iteration):
    print("the iteration is :", l + 1)
    # 隶属度函数计算层计算输出
    Y = sampleoutnorm.copy()
    u1 = np.zeros((S, sampleinnorm.shape[1]))
    alpha = []
    alpha2 = []
    a1 = []
    for m in range(sampleinnorm.shape[0]):
        for i in range(S):
            for j in range(sampleinnorm.shape[1]):
                u1[i][j] = np.exp((-1) * ((sampleinnorm[m, j] - c1[i][j]) ** 2) / (b1
[i][j] ** 2))
        # 规则生成层计算输出
        alpha1 = np.zeros((T, 1))
        for i in range(S):
            a = 1
            if i == 1:
                a = 8
            for p in range(S):
                b = 1
                if p == 1:
                    b = 4
                for q in range(S):
                    c = 1
                    if q == 1:
                        c = 2
                    for k in range(S):
                        alpha1[i * a + p * b + q * c + k] = u1[i][0] * u1[p][1] * u1
[q][2]
        alpha.append(alpha1)
```

```
        # 归一化层计算输出
        alphasum = np.sum(alpha1)
        alpha2.append(alphasum)
        # 输出层计算输出
        a2 = np.dot(w1, alpha1)
        Y[m] = a2 / alphasum
    # 计算误差
    err = sampleoutnorm - Y
    loss = np.sum(np.abs(err))
    print(" the loss is :", loss)
    # 反向传播,分别计算参数 w1、c1、b1 的误差项
    deltaw1 = np.zeros((1, T))
    deltac1 = np.zeros((S, sampleinnorm.shape[1]))
    deltab1 = np.zeros((S, sampleinnorm.shape[1]))
    for m in range(sampleinnorm.shape[0]):
        changew1 = ((err[m] * alpha[m]) / alpha2[m]).transpose()
        changec2 = np.zeros((S, sampleinnorm.shape[1]))
        changeb2 = np.zeros((S, sampleinnorm.shape[1]))
        z = np.zeros((S, sampleinnorm.shape[1]))
        v = np.zeros((S, sampleinnorm.shape[1]))
        for i in range(S):
            for j in range(sampleinnorm.shape[1]):
                z[i][j] = 2 * (sampleinnorm[m, j] - c1[i][j]) / (b1[i][j] ** 2)
                v[i][j] = 2 * ((sampleinnorm[m, j] - c1[i][j]) ** 2) / (b1[i][j] ** 3)
        h = alpha[m]
        for u in range(T):
            changec1 = (((w1[:, u] - Y[m]) * h[u, :]) / alpha2[m]) * z
            changec2 = changec1 + changec2
            changeb1 = (((w1[:, u] - Y[m]) * h[u, :]) / alpha2[m]) * v
            changeb2 = changeb1 + changeb2
        deltac1 = deltac1 + changec2
        deltab1 = deltab1 + changeb2
        deltaw1 = deltaw1 + changew1
    # 对三个参数进行更新
    c1 = c1 + learningrate * deltac1
    b1 = b1 + learningrate * deltab1
    w1 = w1 + learningrate * deltaw1


print('更新的 w1:', w1)
print('更新的 b1:', b1)
print('更新的 c1:', c1)


# 保存训练后的参数
np.save("c1.npy", c1)
np.save("b1.npy", b1)
np.save("w1.npy", w1)
```

测试过程的 Python 程序代码如下:

```
import numpy as np
import pandas as pd

# 输入数据的导入,用于测试数据的归一化与反归一化
df = pd.read_excel("训练数据.xls")
df.columns = ['序号', 'A', 'B', 'C', '所属类别']
A = df['A']
```

```python
A = np.array(A)
B = df['B']
B = np.array(B)
C = df['C']
C = np.array(C)
cl = df['所属类别']
cl = np.array([cl])
samplein = np.array([A, B, C])
sampleinminmax = np.array(
    [samplein.min(axis = 1).T.tolist()[0], samplein.max(axis = 1).T.tolist()[0]]).transpose()
    # 对应最大值或最小值
sampleout = np.mat(cl)
sampleoutminmax = np.array(
    [sampleout.min(axis = 1).T.tolist()[0], sampleout.max(axis = 1).T.tolist()[0]]).
transpose()    # 对应最大值或最小值


# 导入 FNN.py 训练好的参数
c1 = np.load('c1.npy')
b1 = np.load('b1.npy')
w1 = np.load('w1.npy')
c1 = np.mat(c1)
b1 = np.mat(b1)
w1 = np.mat(w1)


# 测试数据数量
testnum = 30


# 测试数据的导入
df = pd.read_excel("测试数据.xls")
df.columns = ['序号', 'A', 'B', 'C', '所属类别']
A = df['A']
A = np.array(A)
B = df['B']
B = np.array(B)
C = df['C']
C = np.array(C)
cl = df['所属类别']
cl = np.array([cl])
samplein = np.array([A, B, C])
inputnorm = (np.array(samplein.T) - sampleinminmax.transpose()[0]) / (
sampleinminmax.transpose()[1] - sampleinminmax.transpose()[0])


S = 4                          # 模糊分级个数
T = 28                         # 规则生成层、归一化层节点数


# 进行预测
out = np.zeros((inputnorm.shape[0], 1))
u = np.zeros((S, inputnorm.shape[1]))

# 隶属度函数计算层计算输出
for m in range(inputnorm.shape[0]):
    for i in range(S):
        for j in range(inputnorm.shape[1]):
            u[i][j] = np.exp((-1) * ((inputnorm[m, j] - c1[i, j]) ** 2) / (b1[i, j] ** 2))
    # 规则生成层
```

```
        alpha = np.zeros((T, 1))
        for i in range(S):
            a = 1
            if i == 1:
                a = 8
            for p in range(S):
                b = 1
                if p == 1:
                    b = 4
                for q in range(S):
                    c = 1
                    if q == 1:
                        c = 2
                    for k in range(S):
                        alpha[i * a + p * b + q * c + k] = u[i][0] * u[p][1] * u[q][2]

        # 归一化层
        alphasum = np.sum(alpha)
        alpha1 = np.zeros((T, 1))
        for d in range(T):
            alpha1[d] = alpha[d] / alphasum
        # 输出层
        out[m] = np.dot(w1, alpha1)
# 对输出结果进行反归一化
out = np.array(out)
diff = sampleoutminmax[:, 1] - sampleoutminmax[:, 0]
networkout2 = out * diff + sampleoutminmax[0][0]
networkout2 = np.array(networkout2).transpose()
output1 = networkout2.flatten()    # 降成一维数组
output1 = output1.tolist()
for i in range(testnum):
    output1[i] = float('%.0f' % output1[i])
print("the prediction is:", output1)

# 将输出结果与真实值进行对比,计算误差
output = cl.flatten()
print(output)
```

4. 模糊神经网络分类结果

模糊神经网络分类结果如表 5-8 所示。

表 5-8 模糊神经网络分类结果

特 征 向 量			模糊神经网络分类结果	样 本 分 类
1702.80	1639.79	2068.74	3	3
1877.93	1860.96	1975.30	2	3
867.81	2334.68	2535.10	3	1
1831.49	1713.11	1604.68	3	3
460.69	3274.77	2172.99	4	4
2374.98	3346.98	975.31	2	2
2271.89	3482.97	946.70	2	2
1783.64	1597.99	2261.31	3	3
198.83	3250.45	2445.08	4	4

特 征 向 量			模糊神经网络分类结果	样 本 分 类
1494.63	2072.59	2550.51	3	3
1597.03	1921.52	2126.76	3	3
1598.93	1921.08	1623.33	3	3
1243.13	1814.07	3441.07	3	1
2336.31	2640.26	1599.63	2	2
354.00	3300.12	2373.61	4	4
2144.47	2501.62	591.51	2	2
426.31	3105.29	2057.80	4	4
1507.13	1556.89	1954.51	3	3
343.07	3271.72	2036.94	4	4
2201.94	3196.22	935.53	2	2
2232.43	3077.87	1298.87	2	2
1580.10	1752.07	2463.04	3	3
1962.40	1594.97	1835.95	2	3
1495.18	1957.44	3498.02	3	1
1125.17	1594.39	2937.73	3	1
24.22	3447.31	2145.01	4	4
1269.07	1910.72	2701.97	1	1
1802.07	1725.81	1966.35	3	3
1817.36	1927.40	2328.79	3	3
1860.45	1782.88	1875.13	2	3

5.9.4　结论

　　模糊神经网络模型具有局部逼近功能,同时兼顾模糊与神经网络两者的优点;它既能模拟人脑的结构以及信息记忆和处理功能,擅长从输入输出数据中学习有用的知识,也能模拟人的思维和语言中对模糊信息的表达和处理方式,擅长利用人的经验性知识。对模糊聚类而言,模糊规则一般根据经验建立,因此其应用受到限制。将神经网络与模糊聚类相结合,利用神经网络自主学习的优点建立模糊规则库,一方面可提高规则的可靠性,另一方面可打破根据经验建立规则的局限性,扩大其应用范围。

习题

　　(1) 从模糊逻辑的发展过程看,模糊逻辑具有哪些特点?

　　(2) 模糊逻辑描述的不确定性包含哪些? 请举例说明。

　　(3) 如何理解模糊集合与经典集合的关系? 隶属度函数的引入对模糊系统有何意义?

　　(4) 简述模糊 C 均值算法的原理。

　　(5) 简述模糊神经网络的原理。

第6章

神经网络聚类设计

6.1　什么是神经网络

从生物学角度来说,"神经"是"神经系统"的缩写。神经系统包括中枢神经和周围神经两部分。人体中神经元的神经纤维主要集中在周围神经系统,许多神经纤维集结成束,外包结缔组织膜成为神经,可实现中枢神经与各器官、系统的联系。

上述内容为纯粹生物学理论,与控制理论中的"神经网络"有何关联? 可从"神经网络"技术发展历程中寻找答案。

6.1.1　神经网络的发展历程

神经网络研究的主要发展过程大致可分为4个阶段。

1. 第一阶段(20世纪50年代中期之前)

西班牙解剖学家 Cajal 于19世纪末创立了神经元学说,认为神经元的形状呈两极,其细胞体和树突从其他神经元接受冲动,而轴突将信号向远离细胞体的方向传递。之后发明的各种染色技术和微电极技术不断提供有关神经元的主要特征及其电学性质。

1943年,美国心理学家 W. S. McCulloch 和数学家 W. A. Pitts 提出了一个非常简单的神经元模型,即 M-P 模型,开创了神经网络模型的理论研究。1949年,心理学家 D. O. Hebb 在《行为的组织》中提出 Hebb 学习法则,即如果两个神经元都处于兴奋状态,那么它们之间的突触连接强度将得到增强。

20世纪50年代初,生理学家 Hodykin 和数学家 Huxley 建立了著名的 Hodykin-Huxley 方程。这些先驱者的工作激发了许多学者从事这一领域的研究,为神经计算的出现打下了基础。

2. 第二阶段(20世纪50年代中期到60年代末)

1958年,F. Rosenblatt 等研制出历史上第一个具有学习型神经网络特点的模式识别装置,即代号为 Mark I 的感知机,这也是神经网络研究进入第二阶段的标志。

稍后,Rosenblatt 和 B. Widrow 等创造出了一种自适应线性元件 Adaline,并为 Adaline 找出了有力的学习规则。Widrow 还建立了第一家神经计算机硬件公司,并在20世纪60年代中期生产商用神经计算机及软件。

此外,K. Steinbuch 研究了二进制联想网络结构及其硬件实现。N. Nilsson 在1965年出版的《机器学习》一书中对这一时期的活动进行了总结。

3. 第三阶段(20 世纪 60 年代末到 80 年代初)

第三阶段开始的标志是 1969 年 M. Minsky 和 S. Papert 所著的《感知机》一书的出版。该书深入分析单层神经网络,从数学上证明了该网络功能有限,并指出许多模式不能用单层网络训练,且对多层网络的可行性存疑。

由于 M. Minsky 在人工智能领域中的巨大威望,他的悲观结论向当时神经网络感知机方向的研究泼了一盆冷水。《感知机》一书出版后,美国联邦基金有 15 年之久没有资助该方面的研究工作,苏联也取消了相关研究计划。

但在这个低潮期里,仍有 S. Grossberg、T. Kohoneng、甘利俊一等研究者继续从事神经网络的研究工作,他们的坚持不懈为神经网络研究的复兴开辟了道路。

4. 第四阶段(20 世纪 80 年代初至今)

1982 年,美国加州理工学院的生物物理学家 J. J. Hopfield 采用全互连型神经网络模型成功地求解了计算复杂度为 NP 完全型的旅行商问题(travelling salesman problem,TSP)。这标志着神经网络方面的研究进入了第四阶段。此后,许多研究者力图扩展该模型。1983 年,T. Sejnowski 和 G. Hinton 提出了"隐单元"的概念,并研制出了 Boltzmann 机。日本的福岛邦彦构造出了可以实现联想学习的"认知机"。Kohonen 应用 3000 个阈器件构造神经网络,实现了二维网络的联想式学习功能。1986 年,D. Rumelhart 和 J. McClelland 的著作《并行分布处理——认知微结构的探索》宣告神经网络的研究进入高潮。

1987 年,首届国际神经网络大会召开,国际神经网络学会(INNS)成立。世界许多著名大学相继宣布成立神经计算研究所并制订有关教育计划,许多国家也陆续成立了神经网络学会。

经过多年的准备与探索后,目前,神经网络的研究工作已进入决定性阶段。日本、美国及西欧各国均制订了相关研究规划。

6.1.2　生物神经系统的结构及冲动的传递过程

神经系统由神经细胞(神经元)和神经胶质组成。

神经元由胞体和突起两部分构成。胞体中央有细胞核,周围为细胞质,细胞质内含有特有的神经元纤维及尼氏体。神经元突起分为树突和轴突。树突较短但分支较多,它接受冲动,并将其传至细胞体。每个神经元只发出一条轴突,长短不一,胞体发出的冲动沿轴突传出。神经元的结构如图 6-1 所示。突触的结构如图 6-2 所示。

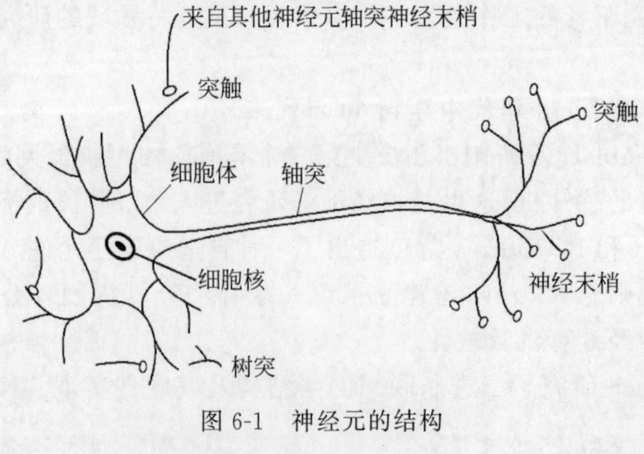

来自其他神经元轴突神经末梢

突触

突触

细胞体　轴突

细胞核

神经末梢

树突

图 6-1　神经元的结构

突触传递冲动的过程如下。

（1）神经冲动到达突触前神经元轴突末梢→突触前膜去极化。

（2）电压门控 Ca^{2+} 通道开放→膜外 Ca^{2+} 内流入前膜。

（3）Ca^{2+} 与胞浆 CaM 结合成 $4Ca^{2+}$-CaM 复合物→激活 CaM 依赖的 PK Ⅱ→囊泡外表面突触蛋白 Ⅰ 磷酸化→蛋白 Ⅰ 与囊泡脱离→解除蛋白 Ⅰ 对囊泡与前膜融合及释放递质的阻碍作用。

（4）囊泡通过出胞作用量子式释放递质至间隙（囊泡可再循环利用）。

（5）神经递质作用于后膜上特异性受体或化学门控离子通道→后膜改变某些离子通透性→带电离子发生跨膜流动→后膜发生去极化或超极化→产生突触后电位。

突触后电位分为兴奋性突触后电位和抑制性突触后电位。

在兴奋性突触后电位的作用下，突触后膜发生去极化，使突触后神经元兴奋性提高。如图 6-3 所示，随刺激强度增加，兴奋性突触后电位逐渐增大，使膜电位降低。当兴奋性突触后电位总和达到阈电位（使膜电位去极化为 $-52mV$）时，系统将冲动传导至整个突触后神经元。

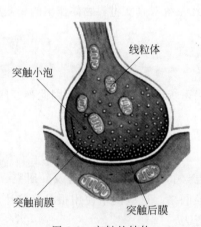

图 6-2 突触的结构

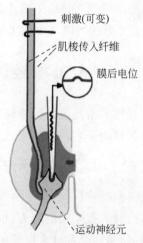

图 6-3 冲动在神经元中的传递

在抑制性突触后电位的作用下，突触后膜发生超极化，从而抑制冲动向后传递。

一个神经元往往与周围的许多神经元形成大量的兴奋性和抑制性突触联系，如果兴奋性和抑制性作用发生在同一个神经元，则发生整合。其最终产生的效应取决于大量传入信息共同作用的结果。

然而，这种共同作用不是简单的汇聚，因为每一突触的位置不同，形成突触后电位的离子流动也不同，导致突触传入信息的强度和时间组合的变换使神经元接收的信息量成倍增加。

6.1.3　人工神经网络的定义

神经系统是人体内神经组织构成的系统，主要由神经元组成。神经系统具有重要的功能：一方面控制与调节各器官、系统的活动，使人体成为一个统一的整体；另一方面通过神经系统的分析与综合，使机体对环境变化的刺激做出相应的反应，达到机体与环境的统一。

人的神经系统是亿万年不断进化的结晶,它有着十分完善的"生理结构"和"心理功能"。

因此,以人的大脑组织结构和功能特性为原型,设法构建一个与人类大脑结构和功能拓扑对应的人类智能系统,是人工神经网络的原则和目标。

1987 年,Simpson 提出了神经网络定义:"人工神经网络是一个非线性的有向图,图中含有可通过改变权大小存放模式的加权边,并可通过不完整的或未知的输入找到模式。"

而 1988 年,Hecht-Nielsen 也提出了神经网络的定义:"人工神经网络是一个并行、分布处理结构,它由处理单元及称为连接的无向信号通道互连而成。这些处理单元具有局部内存,并可完成局部操作。每个处理单元有一个单一的输出连接,这个输出可以根据需要被分支为许多并行连接,并且这些并行连接都输出相同的信号,即相应处理单元的信号,信号的大小不因分支的多少而变化。处理单元的输出信号可以是任意需要的数学模型,每个处理单元中进行的操作必须是完全局部的。也就是说,它必须仅依赖经输入连接到达处理单元的所有输入信号的当前值和存储在处理单元局部内存中的值。"这一定义强调:人工神经网络是并行、分布处理结构;一个处理单元的输出可以被任意分支且大小不变;输出信号可以是任意数学模型;处理单元可以完成局部操作。

目前使用最广泛的是 T. Kohonen 的定义,即"神经网络是由具有适应性的简单单元组成的广泛并行互联的网络,它的组织能够模拟生物神经系统对真实世界物体作出的交互反应"。

6.2　人工神经网络模型

人工神经网络是对人类神经系统的模拟,神经系统以神经元为基础,因此神经网络以人工神经元模型为基本构成单位。

6.2.1　人工神经元的基本模型

今天,计算机科学的分支——联结机制——已经得到相当广泛的普及。研究领域集中在高度并行计算机架构的行为,也就是说人工神经网络。这些网络使用很多简单计算单元,称为神经元,每一个都试着模拟单个人脑细胞的行为。

神经网络领域的研究者已经分析了人类脑细胞的不同模型。人脑包含约 140 亿个神经细胞。图 6-4 所示为人类神经元的简化原理图。

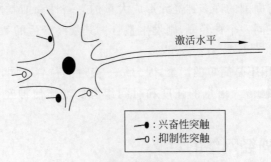

图 6-4　人类神经元的简化原理图

细胞本身包含的细胞核被电气膜包围。每个神经元有一个激活水平,其范围在最大值与最小值之间。因此,与布尔逻辑相比,不仅是两个可能值或可能存在的状态。

突触的存在可增加或减少某个神经元的激活程度,作为其他神经元的输入结果。这些突触从一个发送神经元向一个接收神经元传输激活水平,如果突触是兴奋的,则发送神经元的激活水平会增加接收神经元的激活水平;如果突触是抑制的,则发送神经元的激活水平会减少接收神经元的激活水平。突触差异不仅在于它们是否兴奋或抑制接收神经元,也在于影响的权值(突触强度)。每个神经元的输出都由轴突转换。

综上所述,生物神经元信息传递的过程如下:若一个兴奋性的冲动到达突触前膜持续约 0.5ms,其去极性效应就会在突触后膜上记录下来,其幅度随着突触后膜接触的神经递质量的增加而增加,突触后神经元对刺激的兴奋性反应也增加;与此相反,抑制性突触后电位可使突触后神经元对后继刺激的兴奋性反应降低,兴奋性突触后电位与抑制性突触后电位在时空上可进行代数累积,一旦这种累积超过某个阈值,神经元即产生动作电位或神经冲动。

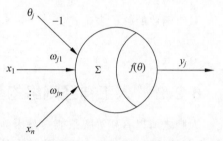

将上述过程用数学图形表示,可获得人工神经元模型,如图 6-5 所示。

图 6-5 人工神经元模型

人工神经元模型是一个多输入单输出的信息处理单元。其中,ω_{ji} 为输入信号加权值;θ 为阈值,即输入信号加权乘积的和必须大于阈值,输入信号才能向后传递;$f(\theta)$ 为输入信号与输出信号的转换函数。常见的转换函数如图 6-6 所示。

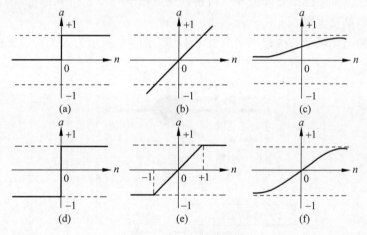

图 6-6 常见的转换函数

(a) 阶跃函数;(b) 比例函数;(c) Sigmoid 函数;(d) 符号函数;(e) 饱和函数;(f) 双曲函数

阶跃函数的解析表达式:

$$a = f(n) = \begin{cases} 1 & n \geqslant 0 \\ 0 & n < 0 \end{cases} \tag{6-1}$$

比例函数的解析表达式:

$$a = f(n) = n \tag{6-2}$$

Sigmoid 函数的解析表达式:

$$a = f(n) = \frac{1}{1 + e^{-\mu n}} \tag{6-3}$$

符号函数的解析表达式：

$$a = f(n) = \begin{cases} 1 & n \geqslant 0 \\ -1 & n < 0 \end{cases} \tag{6-4}$$

饱和函数的解析表达式：

$$a = f(n) = \begin{cases} 1 & n \geqslant 1 \\ n & -1 < n < 1 \\ -1 & n < -1 \end{cases} \tag{6-5}$$

双曲函数的解析表达式：

$$a = f(n) = \frac{1 - e^{-\mu n}}{1 + e^{-\mu n}} \tag{6-6}$$

6.2.2　人工神经网络的基本构架

人脑之所以有高等智慧能力是因为存在大量生物神经细胞构成的神经网络。同样,若使"人工神经网络"具有一定程度的人的智慧,则必须对许多人工神经元进行适当的连接,构建一个"类神经网络",我们称这一"类神经网络"为人工神经网络。

一个神经网络包括一组交互连接的同样单元。每个单元可被看作从许多其他单元聚合信息的简单处理器。聚合后,这个单元计算通过通路连接到其他单元的输出。一些单元通过输入单元或输出单元连接外部世界。信息首先通过输入单元传入系统,接着通过网络进行处理并被输出单元读取。

基于简单神经元模型可构建不同的数学模型。图 6-7 所示为人工神经元的基本结构。

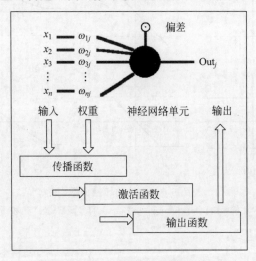

图 6-7　人工神经元的基本结构

单个神经元的行为由下面的函数确定。

1. 传播函数

首先,传播函数组合所有基于发送神经元的输入 x_i。组合的方法主要是加权和,权值 ω_i 代表突触的强度。刺激突触为正的权值,抑制突触为负的权值。其次,偏差 θ 被加到加权和,表示神经元的后台激活水平。

2. 激活函数

传播函数的结果用于计算有激活函数的神经元的激活。多种类型的函数可用于这一函数计算,其中 Sigmoid 函数是最常用的。

3. 输出函数

有时激活函数产生的计算结果被其他输出函数进一步处理,这将允许额外过滤每个单元的输出信息。

就是这种简单的神经元模型支撑着目前大多数神经网络的应用。

注意:这个模型仅是实际神经网络的一个很简单的近似描述。目前还不能准确地建立单个的人类神经元模型,因为建模已超出人类当前的技术能力。因此,基于这个简单神经元模型的任何应用都不能准确复制人脑。但是,很多成功应用这项技术的例子证明,基于简单神经元模型的神经网络具有一定的优点。

从上面的结构可知,人工神经网络用于模拟生物神经网络。模拟从以下两方面进行:一是从结构和实现机理方面进行模拟;二是从功能方面进行模拟。根据不同的应用背景及不同的应用要求,实际神经网络的结构形式多样,其中最典型的人工神经网络结构如图 6-8 所示。

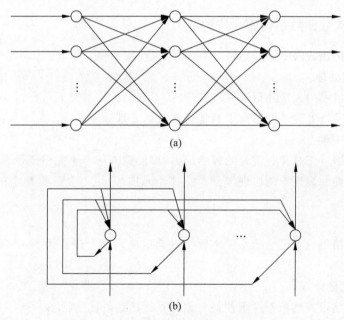

图 6-8 最典型的人工神经网络结构
(a) 前馈型神经网络;(b) 反馈型神经网络

前馈型网络是一类单方向层次性网络模块,它包含输入层、中间隐含层和输出层。每一层皆由一些神经元构架而成,同一层中的神经元彼此不相连,不同层间的神经元则彼此相连。信号的传输方向也是单方向的,由输入层传输至输出层。这种类型的网络结构简单,可实现反应式感知、识别和推理。

反馈型网络是一类可实现联想记忆(联想映射)的网络。网络中的人工神经元彼此相连,对每个神经元而言,它的输出连接至所有其他神经元,而它的输入来自所有其他神经元的输出。可以说,网络中的每个神经元平行地接收所有神经元的输入,再平行地将结果输出到网络中的其他神经元上。反馈型神经网络在智能模拟中得到了广泛应用。

由人工神经网络的结构可知,人工神经网络是一个并行和分布式的信息处理网络,由多个神经元组成,每个神经元有一个单一的输出,可以连接到很多其他神经元,输入有多个连接通路,每个连接通路对应一个连接权系数。

6.2.3　人工神经网络的工作过程

人工神经网络与人的认知过程一样,存在学习的过程。在神经网络结构图中,信号的传递过程中要不断进行加权处理,以确定系统各输入对系统性能的影响程度。这些加权值通过对系统样本数据进行学习确定。

对于前馈型神经网络,先从样本数据中取得训练样本及目标输出值,然后将这些训练样本作为输入,利用最速下降法调整连接加权值,使实际输出值与目标输出值一致。当输入一个非样本数据时,已学习的神经网络就可以给出最可能的输出值。

对于反馈型神经网络,从样本数据中取得需记忆的样本,用 Hebbian 学习规则调整联结加权值以"记忆"这些样本。网络对样本数据记忆完成后,如果输入一个不完整的带有噪声的数据时,神经网络通过联想与记忆中的样本进行对照,给出最接近样本数据的输出值。

6.2.4　人工神经网络的特点

基于神经元构建的人工神经网络具有如下特点。

1. 并行数据处理

人工神经网络采用大量并行计算方式,经由不同的人工神经元进行运算处理。因此,用硬件实现的神经网络处理速度远高于通常计算机的处理速度。

2. 强大的容错能力

人工神经网络运作时具有很强的容错能力,即使输入信号不完整或带有噪声,也不会影响其运作的正确性。而且即使出现部分人工神经元损坏,也不会影响整个神经网络的整体性能。

3. 泛化能力

人工神经网络可通过记忆已知样本数据对其他输入信号进行运算,计算该输入对应的输出值。

4. 实现最优化计算

人工神经网络可在约束条件下使整个设计目标达到最优化状态。

5. 良好的自适应性

神经网络可以根据系统提供的样本数据,通过学习和训练找出与输出之间的内在联系,从而求得问题的解,而不依赖对问题的经验知识和规则,因此具有良好的适应性。

6.3　前馈神经网络

对于很多应用,一个确定的网络计算与确定的时间行为一样重要。网络架构允许中间单元循环结构的计算依靠神经元内部激活的输出值。即使输入不变化,输出也可能不同,直到网络内的计算达到稳定状态。单元之间不仅有单方向连接的网络,而且有反方向的网络,这些相同方向的网络称为前馈网络。在实际应用中,前馈网络非常重要。

神经网络的对象以之前训练得到的网络处理信息,使用输入和相应输出样本数据集,或者估计神经网络性能的"教师"进行网络训练。神经网络使用学习算法完成期望的训练。之前建立的神经网络未经训练,不能反映任何行为。学习算法连接网络进行训练,并修改网络中的单个神经元与它们连接的权,使网络行为反映期望的行为。网络学习的知识通常用连接单元的连接强度表示,有时也用单元自己的配置表示。

所以,用户如何使一个神经网络学习呢?方法类似巴甫洛夫对狗的训练。几百年前,研究者巴甫洛夫使用狗进行实验。当他拿出狗食时,狗在流口水。他接着在狗笼上装了一个铃。当他敲铃时狗没有流口水,因此他看到铃与食物之间没有联系。他接着使用铃声训练狗使其与食物产生联系,当他拿出狗食时总是让铃响。一段时间后,当铃声响起而没有食物时,狗也流口水。巴甫洛夫的实验原理如图 6-9 所示。

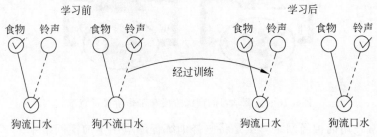

图 6-9 巴甫洛夫的实验原理

假设将简单神经元模型看作巴甫洛夫的狗。两个输入神经元中的一个表示狗看食物的事实,另一个表示铃响的事实。输入神经元与输出神经元的连接叫作突触。线的虚实表示突触的权。在学习之前,狗仅对食物有反应,对铃声无反应。因此,左边输入神经元到输出神经元的线是实的,而右边输入神经元到输出神经元的线是虚的。

之后,当给出食物时,重复让狗在铃与食物间建立关联。因此,右边的线也变实——突触的权增加。在这些实验中研究者使用 Hebb 名字演绎下面的学习规则。

如果神经元的输出要激活,则增大活性输入神经元的权。

如果神经元的输出要停止,则减小活性输入神经元的权。

这个规则叫作 Hebbian 规则,是所有学习算法之父。必须关注学习原理以说明这个规则如何被应用于今天的学习方法中。

1) 监督学习

如果一个给定的输入模式(如一个可识别字符)必须与指定输出模式关联(如所有有效字符集),则可以通过对照计算的结果和期望的结果监督彼此学习。

2) 非监督学习

如果训练过程的任务要发现环境的规律性(像给定输入模式的类属性),通常没有指定的输出模式或结构监督训练结果,这个学习过程叫作非监督学习。

神经网络行为通过改变连接单元的连接强度配置输出。监督学习仅能使用与这个过程完全独立的样本数据完成。因此,训练和工作阶段不能分割。

1) 训练阶段

建立一个神经网络模型意味着训练网络使其按照期望的行为运行,这一训练过程称为学习阶段。样本数据集或"导师"在这一阶段使用。"导师"是一个数学函数或估计神经网络性能质量的人。因为神经网络多用于无适当数学模型的复杂应用,并且神经网络性能在大多数应用中很难评估,所以大多数系统使用样本数据训练。

2）工作阶段

学习完成后,神经网络准备进入工作阶段。作为一个训练结果,当输入值匹配训练样本之一时,神经网络输出值几乎等于样本数据集的那些值。对于样本数据输入值中间的输入值,近似输出值。在工作阶段,神经网络的行为是确定的。因此,每个可能输入值的组合总是产生同样的输出值。在工作阶段,神经网络不能学习,这在大多数技术应用中是重要的,它是确保系统永远不会进入危险状态的前提。

监督学习的训练阶段和工作阶段示意图如图 6-10 所示。

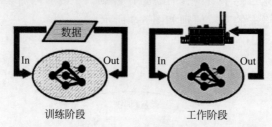

图 6-10 监督学习的训练阶段和工作阶段示意图

目前,经常使用的神经网络算法是将监督训练程序应用于前馈网络中。

前馈型神经网络具有分层结构,第一层是输入层,中间是隐含层,最后一层是输出层。其信息从输入层依次向后传递,直至输出层。

6.3.1 感知器网络

感知器网络是最简单的前馈网络,主要用于模式分类,也可用于基于模式分类的学习控制和多模态控制。

1. 单层感知器网络

单层感知器网络结构如图 6-11 所示。图中 $x=[x_1,x_2,\cdots,x_n]^T$ 是输入特征向量,ω_{ij} 是 x_i 到 y_j 的连接权,输出量 $y_j(j=1,2,\cdots,n)$ 是按照不同特征分类的结果。由于按照不同特征的分类是互相独立的,因此可以取出其中一个神经元进行讨论,如图 6-12 所示。

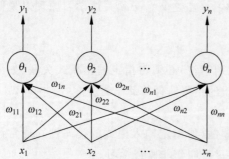

图 6-11 单层感知器网络结构   图 6-12 单个神经元的感知器

其输入到输出的变换关系为

$$s_j=\sum_{i=1}^n \omega_{ij}x_i-\theta_j \tag{6-7}$$

$$y_j = f(s_j) = \begin{cases} 1 & s_j \geqslant 0 \\ -1 & s_j < 0 \end{cases} \tag{6-8}$$

若有 P 个输入样本 $x^p(p=1,2,\cdots,P)$，经过该感知器的输出，y_j 只有两种可能，即 $y_j=1$ 或 $y_j=-1$，从而说明它将输入模式分成了两类。若将 $x^p(p=1,2,\cdots,P)$ 看作 n 维空间的 P 个点，则该感知器将该 P 个点分成了两类，它们分属 n 维空间的两个不同部分。

以二维空间为例，如图 6-13 所示。图中以三角形和长方形代表输入的特征点，三角形和长方形表示具有不同特征的两类向量。由感知器的变换关系可知分界线的方程为

$$\omega_1 x + \omega_2 y - \theta = 0 \tag{6-9}$$

显然，这是一个直线方程，它说明只有那些线性可分模式类才能用感知器区分。图 6-14 所示的异或关系显然是线性不可分的。因此，单层感知器网络对异或关系的两维输入是线性不可分的。

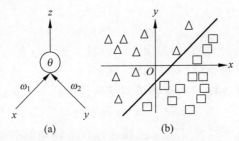

图 6-13　二维输入的感知器网络

(a) 两输入感知器；(b) 输入信号及其分类结果

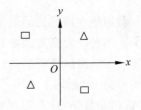

图 6-14　二维输入信号为异或关系

2. 多层感知器网络

由于不可能对单层感知器网络实现正确的区分，因此需要增加神经元。对于上例中提到的异或问题，可采用图 6-15 所示的两层二维输入的感知器网络实现异或逻辑。

(1) 第一层第一个神经元完成的工作为 $\omega_{11}x + \omega_{12}y - \theta_1^1 = 0$，即在输入点坐标中产生第 1 条分类线，如图 6-16 所示。

(2) 第一层第二个神经元完成的工作为 $\omega_{21}x + \omega_{22}y - \theta_2^1 = 0$，即在输入点坐标中产生第 2 条分类线，如图 6-17 所示。

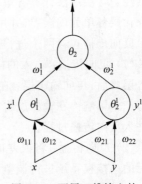

图 6-15　两层二维输入的感知器网络

(3) 第二层神经元完成的工作为 $\omega_1^1 x^1 + \omega_2^1 y^1 - \theta_2 = 0$，即对上述两条直线确定的区域进行划分，从而对具有异或关系的输入进行分类。

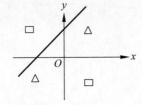

图 6-16　异或关系第一次分类

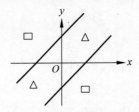

图 6-17　异或关系第二次分类

从上述对异或输入的处理可知,只要建立足够多的神经元连接,即构建多层感知器网络,就可以实现任意形状的划分。多层感知器网络的结构如图 6-18 所示,第一层为输入层,中间层为隐含层,最后一层为输出层。

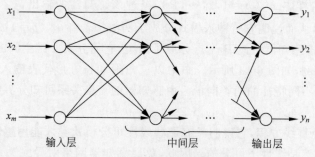

图 6-18　多层感知器网络的结构

6.3.2　BP 网络

感知器网络中神经元的变换函数采用符号函数,即输出为二值量 1 或 −1,它主要用于模式分类。当神经元变换函数采用 Sigmoid 函数时,系统的输出量为 0～1 的连续量,它可实现从输入到输出的任意非线性映射。由于连接权的调整采用反向传播的学习算法,因此该网络也称为 BP 网络。

BP 网络是将 W-H 学习规则一般化,对非线性可微分函数进行权值训练的多层网络,权值的调整采用反向传播的学习算法。其主要思想是从后向前(反向)逐层传播输出层的误差,以间接计算出隐含层误差。算法分为两部分:第一部分(正向传播过程)输入信息从输入层经隐含层逐层计算各单元的输出值;第二部分(反向传播过程)输出误差逐层向前计算出隐含层各单元的误差,并用此误差修正前层权值。

反向传播包含两个过程,即正向传播和反向传播。

(1) 正向传播:输入的样本从输入层经过隐含层单元一层一层进行处理,通过所有的隐含层之后,传向输出层;在逐层处理的过程中,每一层神经元的状态只对下一层神经元的状态产生影响。在输出层将当前输出与期望输出进行比较,如果当前输出不等于期望输出,则进入反向传播过程。

(2) 反向传播:将误差信号按照原来正向传播的通路反向传回,并对每个隐含层各神经元的连接权系统进行调整,使期望误差趋于最小。

BP 网络的计算过程如下:设第 q 层($q=1,2,\cdots,Q$)神经元的个数为 n_q,输入第 q 层的第 i 个神经元的连接权系数为 ω_{ij}^q($i=1,2,\cdots,n_q$;$j=1,2,\cdots,n_{q-1}$),则该多层感知器网络的输入/输出变换关系为

$$s_i^q = \sum_{j=0}^{n_{q-1}} \omega_{ij}^q x_j^{q-1} \tag{6-10}$$

其中,$\omega_{i0}^q = -1$;$x_0^{q-1} = \theta_i^q$;$x_i^{q-1} = f(s_i^q) = \dfrac{1}{1+\mathrm{e}^{-\mu s_i^q}}$;$i=1,2,\cdots,n_q$;$j=1,2,\cdots,n_{q-1}$;$q=1,2,\cdots,Q$。

设给定 P 组输入输出样本 $\boldsymbol{x}_p^0 = [x_{p1}^0, x_{p2}^0, \cdots, x_{pn_0}^0]^{\mathrm{T}}$,$\boldsymbol{d}_p = [d_{p1}, d_{p2}, \cdots, d_{pn_Q}]^{\mathrm{T}}$($p=1,$

$2，\cdots，P$），利用该样本集首先对 BP 网络进行训练，即对网络的连接权系数进行学习和调整，使该网络实现给定的输入/输出映射关系。经过训练的 BP 网络，对于非样本集中的输入也能给出合适的输出。该性质称为泛化功能。从函数拟合的角度看，说明 BP 网络具有插值功能。

对于 BP 网络，设取拟合误差函数的代价函数为

$$E = \frac{1}{2}\sum_{p=1}^{P}\sum_{i=1}^{n_Q}(d_{pi} - x_{pi}^{Q})^2 = \sum_{p=1}^{P}E_p \tag{6-11}$$

即

$$E_p = \sum_{i=1}^{n_Q}(d_{pi} - x_{pi}^{Q})^2 \tag{6-12}$$

问题是如何调整连接权系数以使代价函数 E 最小。优化计算的方法很多，比较典型的如一阶梯度法，即最速下降法。

一阶梯度法寻优的关键是计算优化目标函数（本问题中的误差代价函数）E 对寻优参数的一阶导数。即

$$\frac{\partial E}{\partial \omega_{ij}^{q}}，\quad q = Q，Q-1，\cdots，1 \tag{6-13}$$

由于 $\dfrac{\partial E}{\partial \omega_{ij}^{q}} = \displaystyle\sum_{p=1}^{P}\dfrac{\partial E_p}{\partial \omega_{ij}^{q}}$，因此下面重点讨论 $\dfrac{\partial E_p}{\partial \omega_{ij}^{q}}$ 的计算。

对于第 Q 层，有

$$\frac{\partial E_p}{\partial w_{ij}^{Q}} = \frac{\partial E_p}{\partial x_{pi}^{Q}}\frac{\partial x_{pi}^{Q}}{\partial s_{pi}^{Q}}\frac{\partial s_{pi}^{Q}}{\partial w_{ij}^{Q}} = -(d_{pi} - x_{pi}^{Q})f'(s_{pi}^{Q})x_{pi}^{Q-1} = -\delta_{pi}^{Q}x_{pi}^{Q-1} \tag{6-14}$$

其中

$$\delta_{pi}^{Q} = -\frac{\partial E_p}{\partial x_{pi}^{Q}} = (d_{pi} - x_{pi}^{Q})f'(s_{pi}^{Q}) \tag{6-15}$$

$x_{pi}^{Q}、s_{pi}^{Q}$ 及 x_{pi}^{Q-1} 表示利用第 p 组输入样本算得的结果。

对于第 $(Q-1)$ 层，有

$$\frac{\partial E_p}{\partial \omega_{ij}^{Q-1}} = \frac{\partial E_p}{\partial x_{pi}^{Q-1}}\frac{\partial x_{pi}^{Q-1}}{\partial \omega_{ij}^{Q-1}} = \left(\sum_{k=1}^{n_Q}\frac{\partial E}{\partial s_{pk}^{Q}}\frac{\partial s_{pk}^{Q}}{\partial x_{pi}^{Q-1}}\right)\frac{\partial x_{pi}^{Q-1}}{\partial s_{pk}^{Q-1}}\frac{\partial s_{pk}^{Q-1}}{\partial \omega_{ij}^{Q-1}} \tag{6-16}$$

$$= \left(\sum_{k=1}^{n_Q} -\delta_{pk}^{Q}\omega_{ki}^{Q}\right)f'(s_{pi}^{Q-1})x_{pj}^{Q-2} = -\delta_{pi}^{Q-1}x_{pj}^{Q-2} \tag{6-17}$$

其中

$$\delta_{pi}^{Q-1} = -\frac{\partial E_p}{\partial x_{pi}^{Q-1}} = \left(\sum_{k=1}^{n_Q}\delta_{pk}^{Q}\omega_{ki}^{Q}\right)f'(s_{pi}^{q-1}) \tag{6-18}$$

显然，它是反向递推计算的公式，即首先计算出 δ_{pi}^{Q}，然后递推计算出 δ_{pi}^{Q-1}。依此类推，可继续反向递推计算出 δ_{pi}^{q} 和 $\dfrac{\partial E_p}{\partial \omega_{ij}^{q1}}$，$q = Q\times2，Q\times3，\cdots，1$。从式(6-18)中可以看出，$\delta_{pi}^{q}$ 的表达式中包含导数项 $f'(s_{pi}^{q})$，由于假定 $f(\cdot)$ 为 Sigmoid 函数，因此可求得其导数：

$$x_{pi}^q = f(s_{pi}^q) = \frac{1}{1 + e^{-\mu s_{pi}^q}} \tag{6-19}$$

$$f'(s_{pi}^q) = \frac{\mu e^{-\mu s_{pi}^q}}{(1 + e^{-\mu s_{pi}^q})^2} = \mu f(s_{pi}^q)[1 - f(s_{pi}^q)] = \mu x_{pi}^q(1 - x_{pi}^q) \tag{6-20}$$

最后可归纳出 BP 网络的学习算法如下:

$$w_{ij}^q(k+1) = w_{ij}^q(k) + \alpha D_{ij}^q(k), \alpha > 0 \tag{6-21}$$

$$D_{ij}^q = \sum_{p=1}^{P} \delta_{pi}^q x_{pj}^{q-1} \tag{6-22}$$

$$\delta_{pi}^q = \left(\sum_{k=1}^{n_Q-1} \delta_{pk}^{q+1} \omega_{ki}^{q+1} \right) \mu x_{pi}^q(1 - x_{pi}^q) \tag{6-23}$$

$$\delta_{pi}^Q = (d_{pi} - x_{pi}^Q) \mu x_{pi}^Q(1 - x_{pi}^Q) \tag{6-24}$$

其中,$q = Q, Q-1, \cdots, 1$; $i = 1, 2, \cdots, n_q$; $j = 1, 2, \cdots, n_{q-1}$。

对于给定的样本集,目标函数 E 是全体连接权系数 w_{ij}^q 的函数。因此,要寻优的参数 w_{ij}^q 比较多。也就是说,目标函数 E 是关于连接权的一个非常复杂的超曲面,这就给寻优带来一系列问题。其中一个最大的问题是收敛速度慢。由于待寻优的参数太多,必然导致收敛速度慢的缺点。第二个问题是系统可能陷入局部极值,即 E 的超曲面可能存在多个极值点。按照上面的寻优算法,它一般收敛至初值附近的局部极值。

6.3.3　BP 网络的建立及执行

1. 建立 BP 网络

首先需要选择网络的层数和每层的节点数。

对于具体问题,若确定了输入变量和输出变量,则网络输入层和输出层的节点个数与输入变量个数及输出变量个数对应。隐含层节点的选择应遵循以下原则:在能正确反映输入/输出关系的基础上,尽量设置较少的隐含层节点,使网络尽量简单。一种方法是先设置较少节点,对网络进行训练,并测试网络的逼近能力,然后逐渐增加节点数,直到测试的误差不再明显减小为止;另一种方法是先设置较多的节点,在对网络进行训练时,采用如下误差代价函数:

$$E_f = \frac{1}{2} \sum_{p=1}^{P} \sum_{i=1}^{n_Q} (d_{pi} - x_{pi}^Q)^2 + \varepsilon \sum_{q=1}^{Q} \sum_{i-1}^{n_Q} \sum_{j=1}^{n_{Q-1}} |\omega_{ij}^q| = E + \varepsilon \sum_{q,i,j} |\omega_{ij}^q| \tag{6-25}$$

其中,E 仍与以前的定义相同,表示输出误差的平方和。第二项的作用是引入一个"遗忘"项,其目的是使训练后的连接权系数尽量小。可以求得这时 E_f 对 ω_{ij}^q 的梯度为

$$\frac{\partial E_f}{\partial \omega_{ij}^q} = \frac{\partial E}{\partial \omega_{ij}^q} + \varepsilon \, \text{sgn}(\omega_{ij}^q) \tag{6-26}$$

利用该梯度可求得相应的学习算法。训练过程中只有那些确实有必要的连接权才予以保留,那些不必要的连接权将逐渐衰减为零。最后可去掉那些影响不大的连接权和相应的节点,从而得到一个规模适当的网络结构。

若采用单隐含层的 BP 网络,使隐含层的结点数太多时,可采用两层隐含层的 BP 网络。

一般而言,采用两层隐含层所用的节点总数比采用一层隐含层所用的节点数少。

网络的节点数对网络的泛化能力影响很大:节点数太多,倾向于记住所有的训练数据,包括噪声的影响,反而会降低泛化能力;而节点数太少,不能拟合样本数据,也谈不上有较好的泛化能力。

2. 确定网络的初始权值 ω_{ij}

BP 网络的各层初始权值一般选取一组较小的非零随机数。为避免出现局部极值问题,可选取多组初始权值,最后选用最优的一种。

3. 产生训练样本

一个性能良好的神经网络离不开学习,神经网络的学习是针对样本数据进行的。因此,数据样本对于神经网络的性能有着至关重要的影响。

建立样本数据之前,首先要收集大量的原始数据,并在大量的原始数据中确定最主要的输入模式,分析数据的相关性,选择其中最主要的输入模式,并确保选择的输入模式互不相同。

在确定了最重要的输入模式后,需要进行尺度变换和预处理。在进行尺度变换之前,必须检查是否存在异常点。如果存在异常点,则必须剔除。通过对数据进行预处理分析还可以检验选择的输入模式是否存在周期性、固定变化趋势或其他关系。对数据进行预处理就是要对数据进行变换,从而使神经网络更容易学习和训练。

对于一个复杂问题,应该选择多少数据,也是一个关键性问题。系统的输入/输出关系就包含在样本数据中。所以一般来说,取的数据越多,学习和训练的结果越能正确反映输入/输出关系。但是选太多的数据将增加数据收集、分析及网络训练的成本。当然选择太少的数据可能得不到正确的结果。事实上数据的多少取决于多种因素,如网络的大小、网络测试的需求和输入/输出的分布等。其中,网络的大小是最关键的因素。通常较大的网络需要较多的训练数据。根据经验规则,训练模式应是连接权总数的 3~5 倍。

样本数据包含两部分:一部分用于网络训练,另一部分用于网络测试。测试数据应是独立的数据集合。一般而言,将收集的样本数据随机地分成两部分,一部分用作训练数据,另一部分用作测试数据。

影响样本数据多少的另一个关键因素是输入模式与输出结果的分布,预先进行数据分类可以减少所需的数据量。相反,若数据稀薄不均甚至互相覆盖,则势必要增加数据量。

4. 训练网络

在对网络进行训练的过程中,需要反复使用训练样本。对所有训练样本数据正向运行一次并反传修改连接权一次称为一次训练(或一次学习),这样的训练需要反复进行,直至获得合适的映射结果。通常一个网络需要多次训练。

特别应该注意的是,并非训练的次数越多,得到的输入/输出的映射关系越正确。训练网络的目的在于找出蕴含在样本数据中的输入与输出之间的本质联系,从而对未经训练的输入也能给出合适的输出,即具备泛化功能。由于收集的数据都是包含噪声的,训练的次数过多,网络会将包含噪声的数据记录下来,在极端情况下,训练后的网络可以实现查表功能。但是,对于新的输入数据却不能给出合适的输出,即不具有良好的泛化能力。网络的性能主要是用它的泛化能力衡量,并不是用对训练数据的拟合程度衡量,而是用一组独立的数据进行测试和检验。

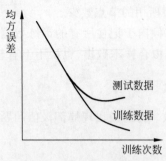

图 6-19 均方误差曲线

5. 测试网络

用一组独立的测试数据测试网络的性能,测试时需要保持连接权系数不变,只将该数据作为网络的输入,正向运行该网络,检验输出的均方误差。

6. 判断网络

在实际确定 BP 网络时,通常训练和测试应交替进行,即每训练一次,用测试数据测试一遍网络,均方误差随训练次数变化的曲线如图 6-19 所示。从误差曲线看,在用测试数据检验时,均方误差开始逐渐减小,当训练次数增加时,测试检验误差反而增加。误差曲线上极小点对应的即为恰当的训练次数,若再训练即为"过度训练"。

6.3.4　BP 网络分类器的 Python 实现

在人工神经网络的实际应用中,BP 网络广泛应用于函数逼近、模式识别/分类、数据压缩等。80%～90%的人工神经网络模型采用 BP 网络或其变化形式,它也是前馈网络的核心部分,体现了人工神经网络最精华的部分。

下面使用 Python 构建 BP 神经网络。

1. 网络的构建

首先需要建立一个网络构架,使用 Python 的 scikit-learn 库中的 MLPClassifier 可以快速地构建一个神经网络模型。网络构建的程序如下:

```
MLP = MLPClassifier(hidden_layer_sizes , activation, solver, alpha, learning_rate , learning_
rate_init,max_iter)
```

它常用的输入参数有 6 个,下面具体介绍这些参数的选择。

hidden_layer_sizes:隐含层设置。第 i 个元素表示第 i 个隐含层中的神经元数量。

activation:激活函数。包含 identity、logistic、tanh、relu 4 种,identity 是线性函数 $f(x) = x$,logistic 是 Sigmoid 函数,$f(x) = \dfrac{1}{1 + e^{-x}}$,tanh 是双曲正切函数,$f(x) = \tanh(x)$,relu 是整流后的线性单位函数,$f(x) = \max(0, x)$,默认为 relu。

solver:权重优化的求解器。lbfgs 是准牛顿方法的优化器,sgd 是随机梯度下降的优化器,adam 是由 Kingma、Diederik 和 Jimmy Ba 提出的基于随机梯度的优化器。adam 对于较大的数据集(包含数千个训练样本或更多)在训练时间和验证分数方面都能很好地工作,而对于小型数据集,lbfgs 可以更快地收敛且表现更好。默认为 adam。

alpha:正则化项参数,默认为 0.0001。

learning_rate:学习率,用于权重更新,仅在 solver='sgd'时使用。

learning_rate_init:初始学习率,默认为 0.001,只在 solver='sgd'或'adam'时使用。

max_iter:最大迭代次数,默认为 200。

2. 网络的初始化

网络的输入向量:$\boldsymbol{P}_k = (a_1, a_2, \cdots, a_n)$。

网络的目标向量：$t_k = (y_1, y_2, \cdots, y_q)$。

将所用的数据以 Excel 文件的形式导入，如果收集的数据不在同一数量级，要进行归一化处理。归一化是为了加快训练网络的收敛性，也可以不进行归一化处理。归一化的具体作用是归纳统一样本的统计分布性。归一化在 0～1 呈统计的概率分布，归一化为 −1～+1 时呈统计的坐标分布。归一化有同一、统一和合一的意思。无论是为了建模还是计算，首先要统一基本度量单位，神经网络以样本在事件中的统计分布概率进行训练（概率计算）和预测，归一化是统一在 0～1 的统计概率分布。

当所有样本的输入信号都为正值时，与第一隐含层神经元相连的权值只能同时增加或减小，从而导致学习速度很慢。为避免出现这种情况，加快网络学习速度，可以对输入信号进行归一化，使所有样本输入信号的均值接近 0 或与其均方差相比很小。

归一化的 Python 程序代码如下：

```python
from sklearn.preprocessing import MinMaxScaler
# 归一化处理,归一化后的数据将分布在[-1,1]区间
scaler1 = MinMaxScaler(feature_range = (-1, 1))
x_train = scaler1.fit_transform(x_train)
x_test =   scaler1.fit_transform(x_test)
```

3. 训练参数初始化

网络层数的确定：BP 网络可以包含不同的隐含层。但理论上已经证明，在不限制隐含层节点数的情况下，两层（只有一个隐含层）的 BP 网络可以实现任意非线性映射。因此选用两层 BP 网络即可。

确定隐含层节点数可使用公式 $S_1 = \sqrt{n+m} + a$。其中，m 为输入层节点数；n 为输出层节点数；a 为 1～10 的常数。因为此处是 3 输入 4 输出的神经网络，所以隐含层节点数选择 12。代码如下：

```python
MLP = MLPClassifier(hidden_layer_sizes = (12,4), max_iter = 100, activation = 'logistic', solver = 'lbfgs')
```

4. 网络训练

```python
MLP.fit(x_train,y_train) # 对神经网络进行训练
```

5. 网络仿真

```python
y_test = MLP.predict(x_test)
```

6. 结果对比

本例中采用表 1-1 的三元色数据，希望按照颜色数据表征的特点，将数据按照各自所属的类别进行归类。其中，前 29 组数据已确定类别，后 30 组数据待确定类别。

在此使用 BP 网络对数据进行分类。BP 网络输入层和输出层的神经元数量由输入向量和输出向量的维数确定。输入向量由 A、B、C 这三列决定，所以输入层的神经元数量为 3；输出结果有 4 种模式，用 1、2、3、4 代表 4 种输出，因此输出层的神经元数量为 4。模式识别程序如下：

```python
import numpy as np
import pandas as pd
```

```
from sklearn.preprocessing import MinMaxScaler
from sklearn.neural_network import MLPClassifier              # 导入 BP 神经网络模型

data_train = pd.read_excel("训练数据.xlsx")                    # 导入训练数据
data_trainNP = np.array(data_train)
x_train = data_trainNP[:, 1:data_trainNP.shape[1] - 1]
y_train = data_trainNP[:, data_trainNP.shape[1] - 1]
data_test = pd.read_excel("测试数据.xlsx")                     # 导入测试数据
data_testNP = np.array(data_test)
x_test = data_testNP[:, 1:data_testNP.shape[1] - 1]
y_true = data_testNP[:, data_trainNP.shape[1] - 1]
# 归一化处理
scaler1 = MinMaxScaler(feature_range = ( - 1, 1))
x_train = scaler1.fit_transform(x_train)
x_test = scaler1.fit_transform(x_test)
MLP = MLPClassifier(hidden_layer_sizes = (12,4),max_iter = 100,activation = 'logistic',solver =
'lbfgs')
# 隐含层有 12 个神经元,输出层有 4 个神经元
MLP.fit(x_train,y_train)# 对神经网络进行训练
y_test = MLP.predict(x_test)
print('测试数据预测分类结果:',y_test)
print('测试数据真实分类结果:',y_true.reshape(1, - 1))
```

运行上述程序代码后,可以得到网络的分类结果如下:

```
测试数据预测分类结果:[3. 3. 1. 3. 4. 2. 2. 3. 4. 3. 3. 3. 1. 2. 4. 2. 4. 3. 4. 2. 2. 3. 3. 1.
                    1. 4. 1. 3. 3. 3.]
测试数据真实分类结果:[[3. 3. 1. 3. 4. 2. 2. 3. 4. 1. 3. 3. 1. 2. 4. 2. 4. 3. 4. 2. 2. 3. 3. 1.
                    1. 4. 1. 3. 3. 3.]]
```

BP 网络分类结果与模糊分类系统测试结果对比,如表 6-1 所示。

表 6-1 BP 网络分类结果与模糊分类系统测试结果对比

序 号	A	B	C	模糊分类系统测试结果	BP 网络分类结果
1	1702.80	1639.79	2068.74	3	3
2	1877.93	1860.96	1975.30	3	3
3	867.81	2334.68	2535.10	1	1
4	1831.49	1713.11	1604.68	3	3
5	460.69	3274.77	2172.99	4	4
6	2374.98	3346.98	975.31	2	2
7	2271.89	3482.97	946.70	2	2
8	1783.64	1597.99	2261.31	3	3
9	198.83	3250.45	2445.08	4	4
10	1494.63	2072.59	2550.51	1.94	3
11	1597.03	1921.52	2126.76	3	3
12	1598.93	1921.08	1623.33	3	3
13	1243.13	1814.07	3441.07	1	1
14	2336.31	2640.26	1599.63	未分类	2
15	354.00	3300.12	2373.61	4	4
16	2144.47	2501.62	591.51	2	2
17	426.31	3105.29	2057.80	4	4

序 号	A	B	C	模糊分类系统测试结果	BP 网络分类结果
18	1507.13	1556.89	1954.51	3	3
19	343.07	3271.72	2036.94	4	4
20	2201.94	3196.22	935.53	2	2
21	2232.43	3077.87	1298.87	2	2
22	1580.10	1752.07	2463.04	3	3
23	1962.40	1594.97	1835.95	3	3
24	1495.18	1957.44	3498.02	1	1
25	1125.17	1594.39	2937.73	1	1
26	24.22	3447.31	2145.01	4	4
27	1269.07	1910.72	2701.97	1	1
28	1802.07	1725.81	1966.35	3	3
29	1817.36	1927.40	2328.79	3	3
30	1860.45	1782.88	1875.13	3	3

从表 6-1 中的数据可以看出,相比模糊分类系统,BP 网络的分类效果更好,与目标结果基本吻合,只有一组数据(1494.63,2072.59,2550.51)有出入。

6.3.5 BP 网络其他学习算法的应用

在应用其他学习方法训练 BP 网络之前,先将样本数据(训练数据.xlsx)及待分类数据(测试数据.xlsx)存放到数据文件中,各文件内容与格式如图 6-20 所示。

图 6-20 数据文件内容及格式

(a) 训练数据.xlsx 文件内容与格式;(b) 测试数据.xlsx 文件内容与格式

1. 采用梯度法进行学习

前向神经网络 BP 算法采用最速下降寻优算法,即梯度法。假设有 N 对学习样本,采取批处理学习方法,目标函数为 $E = \dfrac{1}{2N}\sum_{K=1}^{N}(T_K - Y_K)^2$,其中 T_K、Y_K 分别为第 K 对样本的期望输出向量和实际输出向量。E 反映网络输出与样本的总体误差。学习过程就是通过修

改各神经元之间的权值使目标函数 E 的值最小,权值按下列公式修正:

$$\Delta\omega_{ij} = -\eta\frac{\partial E}{\partial\omega_{ij}} \tag{6-27}$$

其中,η 为学习速率。

应用 sgd 优化器进行训练,应将权值和阈值调整为沿表现函数的负梯度方向,如果应用梯度下降法训练函数,需要在训练之前将网络构成函数的相应参数 solver 设置为"sgd"。

与 sgd 有关的训练参数有 learning_rate、learning_rate_init、max_iter、power_t、shuffle、tol、momentum、nesterovs_momentum、early_stopping、n_iter_no_change,如果不设置,就应用默认值。

learning_rate	学习率(默认为常数)
learning_rate_init	初始学习率(默认为 0.001)
max_iter	最大迭代次数(默认为 200)
power_t	反缩放学习率的指数(默认为 0.5)
shuffle	是否在每次迭代中对样本进行洗牌(默认为 True)
tol	优化的容忍度(默认为 1e−4)
momentum	梯度下降更新的动量(默认为 0.9)
nesterovs_momentum	是否使用 Nesterov 的势头(默认为 True)
early_stopping	是否使用提前停止来终止训练(默认为 False)
n_iter_no_change	不符合改进的最大历元数(默认为 10)

其中,学习速率是很重要的参数,它与负梯度的乘积决定了权值与阈值的调整量,学习速率越大,调整步伐越大。学习速率过大,算法会变得不稳定;但如果学习速率太小,算法收敛的时间就会增加。

在 Python 中创建 BP 网络,调用相应的函数,代码如下:

```python
import numpy as np
import pandas as pd
from sklearn.preprocessing import MinMaxScaler
from sklearn.neural_network import MLPClassifier          # 导入 BP 网络模型
data_train = pd.read_excel("训练数据.xlsx")                # 导入训练数据
data_trainNP = np.array(data_train)
x_train = data_trainNP[:, 1:data_trainNP.shape[1] - 1]
y_train = data_trainNP[:, data_trainNP.shape[1] - 1]
data_test = pd.read_excel("测试数据.xlsx")                 # 导入测试数据
data_testNP = np.array(data_test)
x_test = data_testNP[:, 1:data_testNP.shape[1] - 1]
y_true = data_testNP[:, data_trainNP.shape[1] - 1]
# 归一化处理
scaler1 = MinMaxScaler(feature_range = (-1, 1))
x_train = scaler1.fit_transform(x_train)
x_test =   scaler1.fit_transform(x_test)
MLP = MLPClassifier(hidden_layer_sizes = (12,4), max_iter = 6000, activation = 'tanh', solver =
'sgd', momentum = 0)
# 隐含层有 12 个神经元,中间层有 4 个神经元
MLP.fit(x_train, y_train) # 对神经网络进行训练
y_test = MLP.predict(x_test)
print('测试数据预测分类结果:', y_test)
print('测试数据真实分类结果:', y_true.reshape(1, -1))
```

运行上述程序,得到对预测样本值的仿真输出结果如下:

测试数据预测分类结果:[3. 3. 4. 3. 4. 2. 2. 4. 3. 3. 3. 1. 2. 4. 2. 4. 3. 4. 2. 2. 3. 3. 1.
1. 4. 3. 3. 3. 3.]
测试数据真实分类结果:[[3. 3. 1. 3. 4. 2. 2. 4. 1. 3. 3. 1. 2. 4. 2. 4. 3. 4. 2. 2. 3. 3. 1.
1. 4. 1. 3. 3. 3.]]
需要的时间: 1.909961462020874

2. 采用带动量最速下降法进行学习

带动量最速下降法在非二次型较强的区域能使目标函数收敛较快。BP 算法的最速下降方向即目标函数 E 在权值空间上的负梯度方向,在无约束优化目标函数 E 时,相邻的两个搜索方向正交。因此,当权值接近极值区域时,每次迭代移动的步长很小,呈现"锯齿"现象,严重影响收敛速率,有时甚至不能收敛而在局部极值区域振荡。为此提出了各种加速学习速率的优化算法,其中加动量项的算法是当前广为应用的方法,其权值修正公式为 $\Delta\omega_{ij}(t) = -\eta\dfrac{\partial E}{\partial\omega_{ij}} + \alpha\Delta\omega_{ij}(t-1)$,$\alpha$ 为动量系数。引入动量项后,使调节向底部的平均方向变化,不致产生大的摆动,即起到缓冲平滑的作用。若系统进入误差函数面的平坦区,那么误差变化将很小,动量项的引入可使调节尽快脱离平坦区,有助于缩短向极值逼近的时间。所以,动量项的引入加快了学习速度。

在训练过程中,若能选择合适的速率,使它的值尽可能大又不至于引起振荡,则能使训练快速达到要求。

在 Python 中创建 BP 网络的程序代码如下:

```python
import numpy as np
import pandas as pd
import time
from sklearn.preprocessing import MinMaxScaler
from sklearn.neural_network import MLPClassifier    # 导入 BP 网络模型
data_train = pd.read_excel("训练数据.xlsx")        # 导入训练数据
data_trainNP = np.array(data_train)
x_train = data_trainNP[:, 1:data_trainNP.shape[1] - 1]
y_train = data_trainNP[:, data_trainNP.shape[1] - 1]
data_test = pd.read_excel("测试数据.xlsx")         # 导入测试数据
data_testNP = np.array(data_test)
x_test = data_testNP[:, 1:data_testNP.shape[1] - 1]
y_true = data_testNP[:, data_trainNP.shape[1] - 1]
# 归一化处理
scaler1 = MinMaxScaler(feature_range = ( - 1, 1))
x_train = scaler1.fit_transform(x_train)
x_test = scaler1.fit_transform(x_test)
start_time = time.time()
MLP = MLPClassifier(hidden_layer_sizes = (12, 4), max_iter = 6000, activation = 'tanh', solver = 'sgd', momentum = 0.9)
# 隐含层有 12 个神经元,中间层有 4 个神经元
MLP.fit(x_train, y_train) # 对神经网络进行训练
y_test = MLP.predict(x_test)
print('测试数据预测分类结果:', y_test)
print('测试数据真实分类结果:', y_true.reshape(1, - 1))
end_time = time.time()
time1 = end_time - start_time
print('需要的时间:', time1)
```

运行上述程序,得到对预测样本值的仿真输出结果如下:

测试数据预测分类结果: [3. 3. 1. 3. 4. 2. 2. 3. 4. 3. 3. 3. 1. 2. 4. 2. 4. 3. 4. 2. 2. 3. 3. 1.
1. 4. 3. 3. 3. 3.]
测试数据真实分类结果: [[3. 3. 1. 3. 4. 2. 2. 3. 4. 1. 3. 3. 1. 2. 4. 2. 4. 3. 4. 2. 2. 3. 3. 1.
1. 4. 1. 3. 3. 3.]]
需要的时间: 0.6848549842834473

3. 采用自适应矩估计法进行学习

自适应矩估计法(adaptive moment estimation,Adam)是一种随机梯度下降优化方法,2014 年由 Kingma 和 Lei Ba 两位学者提出。Adam 结合了 AdaGrad 和 RMSProp 两种算法的优点,通过梯度一阶矩和二阶矩的估计计算不同参数的个体自适应学习率。设梯度向量为 g,一阶矩衰减率为 β_1,二阶矩衰减率为 β_2,则 t 时刻梯度在动量形式下的一阶矩估计值 m_t 和二阶矩估计值 v_t 为

$$m_t = \beta_1 m_{t-1} + (1 - \beta_1) g_t \tag{6-28}$$

$$v_t = \beta_2 v_{t-1} + (1 - \beta_2) g_t^2 \tag{6-29}$$

当 t 较小或者 β_1、β_2 较小时,为消除 m_t 和 v_t 的偏差,需要将式(6-28)和式(6-29)分别修正为

$$\hat{m}_t = \frac{m_t}{1 - \beta_1^t} \tag{6-30}$$

$$\hat{v}_t = \frac{v_t}{1 - \beta_2^t} \tag{6-31}$$

这样权值的修正公式为 $\omega_{ij}(t) = \omega_{ij}(t-1) + \eta \dfrac{\hat{m}_t}{\sqrt{\hat{v}_t} + \varepsilon}$,其中,$\eta$ 为学习速率,ε 为保证 Adam 稳定性的常数。

自适应矩估计法使参数更新的幅度相对于梯度的重新缩放是不变的,故适用于处理较大量数据集及稀疏梯度问题。

在 Pyhton 中创建 BP 网络的程序代码如下:

```python
import numpy as np
import pandas as pd
import time
from sklearn.preprocessing import MinMaxScaler
from sklearn.neural_network import MLPClassifier          # 导入 BP 网络模型

data_train = pd.read_excel("训练数据.xlsx")               # 导入训练数据
data_trainNP = np.array(data_train)
x_train = data_trainNP[:, 1:data_trainNP.shape[1] - 1]
y_train = data_trainNP[:, data_trainNP.shape[1] - 1]
data_test = pd.read_excel("测试数据.xlsx")                # 导入测试数据
data_testNP = np.array(data_test)
x_test = data_testNP[:, 1:data_testNP.shape[1] - 1]
y_true = data_testNP[:, data_trainNP.shape[1] - 1]
# 归一化处理
scaler1 = MinMaxScaler(feature_range = (-1, 1))
x_train = scaler1.fit_transform(x_train)
```

```
x_test = scaler1.fit_transform(x_test)
start_time = time.time()
MLP = MLPClassifier(hidden_layer_sizes = (12,4),max_iter = 6000,activation = 'tanh',solver =
'adam',learning_rate_init = 0.005,beta_1 = 0.9,beta_2 = 0.99)
# 隐含层有 12 个神经元,中间层有 4 个神经元
MLP.fit(x_train,y_train)                    # 对神经网络进行训练
y_test = MLP.predict(x_test)
print('测试数据预测分类结果:',y_test)
print('测试数据真实分类结果:',y_true.reshape(1, - 1))
end_time = time.time()
time1 = end_time - start_time
print('需要的时间:',time1)result = sim(net,simulate_data)
```

对预测样本值的仿真输出结果如下:

测试数据预测分类结果: [3. 3. 1. 3. 4. 2. 2. 3. 4. 3. 3. 3. 1. 2. 4. 2. 4. 3. 4. 2. 2. 3. 3. 1.
           1. 4. 1. 3. 3. 3.]

测试数据真实分类结果: [[3. 3. 1. 3. 4. 2. 2. 3. 4. 1. 3. 3. 1. 2. 4. 2. 4. 3. 4. 2. 2. 3. 3. 1.
           1. 4. 1. 3. 3. 3.]]

需要的时间: 0.20547795295715332

综上所述,相较于梯度法,自适应矩估计法和带动量最速下降法能够更快地实现收敛,并且分类效果更好,但在实际应用中,需要根据具体情况选用合适的学习算法。

6.4 反馈神经网络

由于反馈神经网络首先由 Hopfield 提出,因此通常称为 Hopfield 网络。在这种网络模型的研究中,首次引入了网络能量函数的概念,并给出稳定性的判据。1984 年,Hopfield 提出了网络模型实现的电子电路,为神经网络的工程实现指明了方向。目前 Hopfield 网络已经广泛应用于联想记忆和优化计算中,取得了很好的效果。根据输入是连续量还是离散量,Hopfield 网络分为连续 Hopfield 网络和离散 Hopfield 网络。这里以离散 Hopfield 网络为例进行讲解。

6.4.1 离散 Hopfield 网络的结构

Hopfield 最早提出的网络是二值神经网络,神经元的输出只取 0 和 1(或 -1 和 1)两个值,也称为离散 Hopfield 网络。该网络的能量函数存在一个或多个极小点,称为平衡点。当网络的初始状态确定后,网络状态按规则向能量递减的方向变化,最后接近或达到平衡点。如果将网络所需记忆的模式设计成某个确定网络状态的平衡点,则网络从与记忆模式较接近的某个初始状态出发,按 Hopfield 规则进行状态更新,最后稳定在能量函数的极小点。

离散 Hopfield 网络的结构如图 6-21 所示。

离散 Hopfield 网络是一个单层网络,共有 n 个神经元节点,每个节点输出均连接其他神经元的输入,同时其他神经元的输出均连接到该神经元的输入。对于每一个神经元节点,其工作方式仍与以前一样,即

$$s_i = \sum_{j=1,j\neq i}^{n} \omega_{ij} x_j - \theta_i \tag{6-32}$$

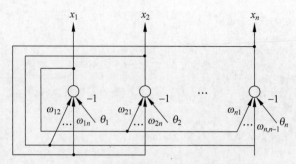

图 6-21　离散 Hopfield 网络的结构

$$x_i = f(s_i) \tag{6-33}$$

其中，$f(\cdot)$ 取阶跃函数 $f(s) = \begin{cases} 1, & s \geqslant 0 \\ 0, & s < 0 \end{cases}$，或者取符号函数 $f(s) = \begin{cases} 1, & s \geqslant 0 \\ -1, & s < 0 \end{cases}$。

对于包含 n 个神经元节点的 Hopfield 网络，其网络状态是输出神经元信息的集合，由于每个输出端有两种状态，则网络共有 2^n 种状态。

如果 Hopfield 网络是稳定的，在网络的输入端加入一个输入向量，则网络的状态就会发生变化，直至稳定在某一特定的状态。

6.4.2　离散 Hopfield 网络的工作方式

离散 Hopfield 网络的工作方式分为同步方式和异步方式两种。

(1) 异步(串行)方式。每次只有一个神经元节点进行状态的调整计算，其他节点的状态均保持不变，即

$$x_i(k+1) = f\left(\sum_{j=1, j \neq i}^{n} \omega_{ij} x_j(k) - \theta_i\right) \tag{6-34}$$

$$x_j(k+1) = x_j(k) \tag{6-35}$$

n 个节点的调整次序可以随机选定，也可按规定的次序进行。

(2) 同步(并行)方式。所有的神经元节点同时调整状态，即对 $\forall i$：

$$x_i(k+1) = f\left(\sum_{j=1, j \neq i}^{n} \omega_{ij} x_j(k) - \theta_i\right) \tag{6-36}$$

该网络是动态的反馈网络，其输入是网络的状态初值：$\boldsymbol{X}(0) = [x_1(0), x_2(0), \cdots, x_n(0)]^{\mathrm{T}}$，输出是网络的稳定状态 $\lim_{k \to \infty} \boldsymbol{X}(k)$。网络在异步方式下的稳定性称为异步稳定性；同理，同步方式下的稳定性称为同步稳定性。神经网络稳定时的状态称为稳定状态。

6.4.3　离散 Hopfield 网络的稳定性和吸引子

离散 Hopfield 网络实质上是一个离散的非线性动力系统。因此，如果系统是稳定的，则它可以从任一初态收敛到一个稳定状态；若系统是不稳定的，由于网络节点输出点只有 1 和 -1(或 1 和 0)两种状态，因此系统不可能无限发散，只可能出现限幅的自持振荡或极限环。

如果将稳态视为一个记忆样本，那么初态朝稳态的收敛过程是寻找记忆样本的过程。

初态可以认为是给定样本的部分信息,网络改变的过程可以认为是部分信息找到全部信息,从而实现联想记忆的功能。

定义 1:若网络的状态 x 满足 $x = f(Wx - \theta)$,则称 x 为网络的稳定点或吸引子。

定理 1:对于离散 Hopfield 网络,若按异步方式调整状态,且连接权矩阵 W 为对称矩阵,则对于任意初态,网络最终都收敛到一个吸引子。

定理 2:对于离散 Hopfield 网络,若按同步方式调整状态,且连接权矩阵 W 为非负定对称矩阵,则对于任意初态,网络最终都收敛到一个吸引子。

由上述定理可知,对于同步方式,它对连接权矩阵 W 的要求不仅为对称矩阵,同时要求非负定。若连接权矩阵 W 不满足非负定的要求,则 Hopfield 网络可能出现自持振荡(极限环)。相较而言,异步方式比同步方式具有更好的稳定性,但异步方式失去了神经网络并行处理的优点。

定义 2:若 $x^{(a)}$ 是吸引子,对于异步方式,若存在一个调整次序,可以从 x 演变到 $x^{(a)}$,则称 x 弱吸引到 $x^{(a)}$;若对于任意调整次序,都可以从 x 演变到 $x^{(a)}$,则称 x 强吸引到 $x^{(a)}$。

定义 3:若对于所有 $x \in R(x^{(a)})$,均有 x 弱(强)吸引到 $x^{(a)}$,则称 $R(x^{(a)})$ 为 $x^{(a)}$ 的弱(强)吸引阈。

为保证 Hopfield 网络在异步工作时稳定收敛,应使连接权矩阵 W 为对称矩阵,同时要求给定的样本必须是网络的吸引子,而且要有一定的吸引阈,这样才能正确实现联想记忆功能。要实现上述功能,通常采用 Hebb 规则设计连接权。

设给定 m 个样本 $x^{(k)}(k = 1, 2, \cdots, m)$,并设 $x \in \{-1, 1\}^n$,则按 Hebb 规则设计的连接权为

$$\omega_{ij} = \begin{cases} \sum_{k=1}^{m} x_i^{(k)} x_j^{(k)}, & i \neq j \\ 0, & i = j \end{cases} \tag{6-37}$$

或

$$\begin{cases} \omega_{ij}(k) = \omega_{ij}(k-1) + x_i^{(k)} x_j^{(k)}, & k = 1, 2, \cdots, m \\ \omega_{ij}(0) = 0, & \omega_{ii} = 0 \end{cases} \tag{6-38}$$

写成矩阵的形式为

$$W = [x^{(1)}, x^{(2)}, \cdots, x^{(m)}] \begin{bmatrix} x^{(1)\mathrm{T}} \\ x^{(2)\mathrm{T}} \\ \vdots \\ x^{(m)\mathrm{T}} \end{bmatrix} - mI = \sum_{k=1}^{m} x^{(k)} x^{(k)\mathrm{T}} - mI = \sum_{k=1}^{m} (x^{(k)} x^{(k)\mathrm{T}} - I)$$

$$\tag{6-39}$$

其中,I 为单位矩阵。

当网络节点状态为 1 或 0 两种状态,即 $x \in \{0, 1\}^n$ 时,相应的连接权为

$$\omega_{ij} = \begin{cases} \sum_{k=1}^{m} (2x_i^{(k)} - 1)(2x_j^{(k)} - 1), & i \neq j \\ 0, & i = j \end{cases} \tag{6-40}$$

或

$$\begin{cases} \omega_{ij}(k) = \omega_{ij}(k-1) + (2x_i^{(k)}-1)(2x_j^{(k)}-1), & k=1,2,\cdots,m \\ \omega_{ij}(0) = 0, & \omega_{ii} = 0 \end{cases} \tag{6-41}$$

写成矩阵的形式为

$$W = \sum_{k=1}^{m} (2\boldsymbol{x}^{(k)}-\boldsymbol{b})(2\boldsymbol{x}^{(k)}-\boldsymbol{b})^{\mathrm{T}} - m\boldsymbol{I} \tag{6-42}$$

其中,$\boldsymbol{b} = \begin{bmatrix} 1 & 1 & \cdots & 1 \end{bmatrix}^{\mathrm{T}}$。

6.4.4　离散 Hopfield 网络的连接权设计

Hopfield 网络的一个功能是用于联想记忆,即联想存储器。用于联想记忆时,首先通过学习训练过程确定网络中的权系数,使记忆的信息在网络的 n 维超立方体某个顶角处的能量最小。

离散 Hopfield 网络的连接权是设计出来的,设计方法的主要思路是使被记忆的模式样本对应网络能量函数的极小值。

设有 m 个 n 维记忆模式,要设计网络连接权 ω_{ij} 和阈值 θ,使 m 个模式正好是网络能量函数的 m 个极小值。比较常用的设计方法是外积法。设:

$$\boldsymbol{U}_k = [U_1^k, U_2^k, \cdots, U_n^k] \tag{6-43}$$

其中,$k=1,2,\cdots,m$;$U_i^k \in \{0,1\}$,$i=1,2,\cdots,n$。m 表示模式类别数;n 为每一类模式的维数;$\boldsymbol{U}_k$ 为模式 k 的向量表达。

要求网络记忆的 $m(m \leqslant n)$ 个记忆模式向量两两正交,即满足下式:

$$(\boldsymbol{U}_i')(\boldsymbol{U}_j) = \begin{cases} 0, & j \neq i \\ n, & j = i \end{cases} \tag{6-44}$$

各神经元的阈值 $\theta_i = 0$,网络的连接权矩阵按下式计算:

$$W = \sum_{k=1}^{m} \boldsymbol{U}_k (\boldsymbol{U}_k)' \tag{6-45}$$

则所有向量 $\boldsymbol{U}_k$ 在 $1 \leqslant k \leqslant m$ 内都是稳定点。

在网络结构参数一定的条件下,要保证联想功能的正确实现,网络所能存储的最大样本数与网络的节点数 n 有关。当网络结构确定,即节点数 n 为定值时,适当地调整设计连接权可以增大网络存储的样本数。同时,对于用 Hebb 规则设计连接权的网络,如果输入样本是正交的,则可以获得最大样本记忆数。此外,最大样本记忆数还与吸引阈有关,吸引阈越大,最大样本记忆数越小。

对于网络结构参数一定的一般记忆样本而言,可以通过下述方法提高最大样本记忆数。

设给定 m 个样本向量 $\boldsymbol{x}^{(k)}(k=1,2,\cdots,m)$,先组成如下 $n \times (m-1)$ 阶矩阵:

$$\boldsymbol{A} = [\boldsymbol{x}^{(1)}-\boldsymbol{x}^{(m)}, \boldsymbol{x}^{(2)}-\boldsymbol{x}^{(m)}, \cdots, \boldsymbol{x}^{(m-1)}-\boldsymbol{x}^{(m)}] \tag{6-46}$$

对 $\boldsymbol{A}$ 进行奇异值分解:

$$\boldsymbol{A} = \boldsymbol{U} \sum \boldsymbol{V}^{\mathrm{T}} \tag{6-47}$$

其中

$$\sum = \begin{bmatrix} S & 0 \\ 0 & 0 \end{bmatrix}, \quad S = \mathrm{diag}(\sigma_1 \quad \sigma_2 \quad \cdots \quad \sigma_r) \tag{6-48}$$

U 为 $n \times n$ 正交矩阵，V 为 $(m-1)\times(m-1)$ 正交矩阵，U 可表示为

$$U = [u_1, u_2, \cdots, u_r, u_{r+1}, \cdots, u_n] \tag{6-49}$$

则 $u_1, u_2, \cdots, u_r$ 是对应非零奇异值 $\sigma_1, \sigma_2, \cdots, \sigma_r$ 的左奇异向量，并组成 A 的值阈空间的正交基；$u_{r+1}, \cdots, u_n$ 是 A 的值阈正交补空间的正交基。

按如下方法组成连接权矩阵 W 和阈值向量 θ：

$$W = \sum_{k=1}^{r} u_k u_k^{\mathrm{T}} \tag{6-50}$$

$$\theta = Wx^{(m)} - x^{(m)} \tag{6-51}$$

经证明，按照上述方法设计的连接权矩阵可以使所有样本 $x^{(k)}$ 均为网络的吸引子。

6.4.5　离散 Hopfield 网络分类器的 Python 实现

有一组三元色数据，希望将数据按照颜色数据表征的特点，将数据按各自所属的类别归类。三元色数据如表 1-1 所示。其中，前 29 组数据已确定类别，后 30 组数据待确定类别。

1. 运用 Hopfield 网络的步骤

将具体数据的分类标准作为网络的标准模式，使网络记忆它们的特征，得到权值，也就是得到一个 Hopfield 网络的结构；输入采样点的实测值，利用得到的网络进行联想，最后确定采样点属于哪种标准模式，就可以得到分类结果。运用 Hopfield 网络进行分类的步骤如下。

（1）设定网络的记忆模式，即对预存储的模式或类别进行编码，得到取值为 1 和 -1 的记忆模式。由于原始给定数据分为 4 类，采用 3 项特征进行判别，因此记忆模式为

$$U_k = [u_1^k, u_2^k, \cdots, u_n^k] \tag{6-52}$$

其中，$k=1,2,\cdots,n$；$n=4$。用 1 表示达到某一分级标准，用 -1 表示未达到某一分级标准，表 6-2 为将数据标准化并压缩在 $\{-1,1\}$ 后进行的数据离散化和类别编码。

表 6-2　数据离散化和类别编码

类别	特 征 1				特 征 2				特 征 3			
1类	1	-1	-1	-1	-1	1	1	-1	-1	-1	-1	1
2类	-1	-1	1	1	-1	-1	1	1	1	1	1	-1
3类	1	1	1	1	-1	-1	-1	-1	-1	-1	-1	-1
4类	1	-1	-1	1	-1	-1	-1	1	-1	-1	-1	1
特征类	-1	-0.5	0.5	1	-1	-0.5	0.5	1	-1	-0.5	0.5	1

表 6-2 中的 -0.5 和 0.5 分别指 $-1\sim-0.5$ 和 $0.5\sim1$ 的特征指标。

（2）建立网络，即对神经元个数及权值矩阵 W 进行初始化，并通过外积法计算得到权值矩阵 W 及阈值向量 θ。

（3）采用异步方式对所有神经元节点的状态依次进行调整。

（4）运用网络对待分类的数据进行训练，输出的结果与类别编码比对，最终得到所属类别。

综上所述，Hopfield 网络分类器的设计过程如图 6-22 所示。

数据集离散化 → 模式编码 → 训练模型 → 迭代分类

图 6-22　Hopfield 网络分类器的设计过程

其中的关键步骤是数据集离散化和模式编码，分类器的性能基本由这两步决定。尤其是分辨率的高低，很大程度上依赖数据集离散化和模式编码的好坏。

2. 数据集离散化

数据离散化的目的是定义一组映射，允许在各种抽象级别上处理数据，在多个层面上发现知识。常用的数据集离散化方法有分箱、直方图分析、聚类分析和基于熵的数据离散化。

为将取值控制在一个合理的范围内，将监测特征参量的值域变化范围划分间隔，称为箱。通过将数据分布到不同的箱中，并利用箱中数据的均值或中位数替换箱中的每个值，实现数据离散化。常用的分箱策略包括：等宽分箱，每个分箱的间隔相同；等高分箱，每个分箱包含的元组相同；基于同质分箱，每个分箱是基于相应方向中的元组分布相似进行划分的。

直方图离散化是指属性 A 的直方图将 A 的数据取值分布划分为不相交的子集或桶，这些子集或桶沿水平轴显示，其高度或面积与该桶代表的平均出现频率成正比。通常每个桶代表某个属性的一段连续值。

聚类技术将数据视为对象，通过聚类分析获得的组或类有如下性质：同一组或类中的对象彼此相似，不同组或类中的对象彼此不相似。

基于熵的数据离散化是通过递归地划分数值属性，使之分层离散化。

Hopfield 网络的数据离散化利用等宽分箱与直方图结合的方法，如图 6-23 所示。选出数据集中相同属性的最大值与最小值，差值通过直方图和等宽分箱方法得到。Hopfield 网络中每个节点的输出只有两种状态{-1,+1}，因此，要将特征量转换为数据矩阵，存储于网络中。其中，白色区域表示+1，黑色区域表示-1。

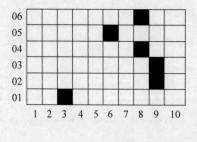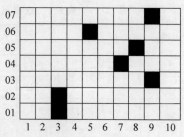

图 6-23　利用等宽分箱与直方图结合的数据离散化

本例中，利用分箱与直方图结合的方法将数据离散化。首先将数据存放到数据.xlsx中，数据内容与格式如图 6-24 所示。

Python 程序代码如下：

序号	A	B	C	所属类别
1	1739.94	1675.15	2395.96	3
2	373.3	3087.05	2429.47	4
3	1756.77	1652	1514.98	3
4	864.45	1647.31	2665.9	1
5	222.85	3059.54	2002.33	4
6	877.88	2031.66	3071.18	1
7	1803.58	1583.12	2163.05	3
8	2352.12	2557.04	1411.53	2
9	401.3	3259.94	2150.98	4
10	363.34	3477.95	2462.86	4
11	1571.17	1731.04	1735.33	3
12	104.8	3389.83	2421.83	4
13	499.85	3305.75	2196.22	4
14	2297.28	3340.14	535.62	2
15	2092.62	3177.21	584.32	2
16	1418.79	1775.89	2772.9	1
17	1845.59	1918.81	2226.49	3
18	2205.36	3243.74	1202.69	2
19	2949.16	3244.44	662.42	2
20	1692.62	1867.5	2108.97	3
21	1680.67	1575.78	1725.1	3
22	2802.88	3017.11	1984.98	2
23	172.78	3084.49	2328.65	4
24	2063.54	3199.76	1257.21	2

图 6-24 数据内容与格式

```
dataSet = pd.read_excel("数据.xlsx")                    # 导入数据
dataSetNP = np.array(dataSet)
p = dataSetNP[:,1:dataSetNP.shape[1] - 1]
Pn = np.zeros((59, 3))
for i in range(0,59):                                   # 将数据标准化,同时压缩在{-1,1}
    for j in range(0,3):
        p_min = np.min(p[i])
        p_max = np.max(p[i])
        Pn[i][j] = 2 * (p[i][j] - p_min) / (p_max - p_min) - 1
P = np.zeros((59, 4))
for i in range(0,59):
    if Pn[i][0] == -1:
        P[i][0] = 1
        P[i][1] = -1
        P[i][2] = -1
        P[i][3] = -1
    elif (1 - Pn[i][0])>1:
        P[i][0] = -1
        P[i][1] = 1
        P[i][2] = -1
        P[i][3] = -1
    elif Pn[i][0] == 1:
        P[i][0] = -1
        P[i][1] = -1
        P[i][2] = -1
        P[i][3] = 1
    else:
        P[i][0] = -1
        P[i][1] = -1
        P[i][2] = 1
        P[i][3] = -1
p1 = P
P = np.zeros((59, 4))
for i in range(0,59):
    if Pn[i][1] == -1:
        P[i][0] = 1
```

```
                P[i][1] = -1
                P[i][2] = -1
                P[i][3] = -1
        elif (1 - Pn[i][1]) > 1:
                P[i][0] = -1
                P[i][1] = 1
                P[i][2] = -1
                P[i][3] = -1
        elif Pn[i][1] == 1:
                P[i][0] = -1
                P[i][1] = -1
                P[i][2] = -1
                P[i][3] = 1
        else:
                P[i][0] = -1
                P[i][1] = -1
                P[i][2] = 1
                P[i][3] = -1
p2 = P
P = np.zeros((59, 4))
for i in range(0,59):
        if Pn[i][2] == -1:
                P[i][0] = 1
                P[i][1] = -1
                P[i][2] = -1
                P[i][3] = -1
        elif (1 - Pn[i][2]) > 1:
                P[i][0] = -1
                P[i][1] = 1
                P[i][2] = -1
                P[i][3] = -1
        elif Pn[i][2] == 1:
                P[i][0] = -1
                P[i][1] = -1
                P[i][2] = -1
                P[i][3] = 1
        else:
                P[i][0] = -1
                P[i][1] = -1
                P[i][2] = 1
                P[i][3] = -1
p3 = P
P = np.hstack((p1,p2,p3)) # 输出离散化的数据
```

运行上述程序后,即可得到数据离散化结果:

```
P: [[-1.  1. -1. -1.  1. -1. -1. -1. -1. -1. -1.  1.]
 [ 1. -1. -1. -1. -1. -1. -1.  1. -1. -1.  1. -1.]
 [-1. -1. -1.  1. -1. -1.  1. -1.  1. -1. -1. -1.]
 [ 1. -1. -1. -1. -1.  1. -1. -1. -1. -1. -1.  1.]
 [ 1. -1. -1. -1. -1. -1. -1.  1. -1. -1. -1.  1.]
 [ 1. -1. -1. -1. -1. -1.  1. -1. -1. -1. -1.  1.]
 [-1.  1. -1. -1.  1. -1. -1. -1. -1. -1. -1.  1.]
 [-1. -1. -1.  1. -1. -1. -1.  1. -1. -1. -1. -1.]
 [ 1. -1. -1. -1. -1. -1.  1. -1. -1. -1. -1. -1.]
 [ 1. -1. -1. -1. -1. -1. -1.  1. -1. -1.  1. -1.]]
```

```
 [ 1. -1. -1. -1. -1. -1.  1. -1. -1. -1. -1.  1.]
 [ 1. -1. -1. -1. -1. -1.  1.  1. -1. -1.  1. -1.]
 [ 1. -1. -1. -1. -1. -1.  1.  1. -1. -1.  1. -1.]
 [-1. -1.  1. -1. -1. -1. -1.  1.  1. -1. -1. -1.]
 [-1. -1.  1. -1. -1. -1. -1.  1.  1. -1. -1. -1.]
 [ 1. -1. -1. -1. -1.  1. -1. -1. -1. -1. -1.  1.]
 [ 1. -1. -1. -1. -1.  1. -1. -1. -1. -1. -1.  1.]
 [-1.  1. -1. -1. -1. -1. -1.  1. -1. -1. -1. -1.]
 [-1.  1. -1. -1. -1. -1. -1.  1. -1. -1. -1. -1.]
 [ 1. -1. -1. -1. -1. -1. -1. -1. -1. -1. -1.  1.]
 [-1. -1. -1.  1. -1. -1. -1. -1. -1. -1. -1.  1.]
 [ 1. -1. -1. -1. -1. -1. -1. -1. -1. -1. -1. -1.]
 [-1. -1. -1. -1. -1. -1. -1. -1. -1. -1.  1. -1.]
 [ 1. -1. -1. -1. -1.  1. -1. -1. -1. -1. -1.  1.]
 [-1. -1.  1. -1. -1. -1. -1. -1. -1. -1. -1.  1.]
 [ 1. -1. -1. -1. -1. -1. -1. -1. -1. -1. -1.  1.]
 [ 1. -1. -1. -1. -1. -1. -1. -1. -1. -1. -1.  1.]
 [-1.  1. -1. -1. -1. -1. -1. -1. -1. -1. -1.  1.]
 [-1.  1. -1. -1. -1. -1. -1. -1. -1. -1. -1.  1.]
 [ 1. -1. -1. -1. -1. -1. -1. -1. -1. -1. -1.  1.]
 [-1. -1. -1. -1. -1. -1. -1. -1. -1. -1. -1. -1.]
 [ 1. -1. -1. -1. -1. -1. -1. -1. -1. -1.  1. -1.]
 [-1. -1. -1. -1. -1. -1. -1. -1. -1. -1. -1. -1.]
 [-1. -1. -1. -1. -1. -1. -1. -1. -1. -1. -1. -1.]
 [ 1. -1. -1. -1. -1. -1. -1. -1. -1. -1.  1. -1.]
 [ 1. -1. -1. -1. -1. -1. -1. -1. -1. -1. -1.  1.]
 [ 1. -1. -1. -1. -1. -1. -1. -1. -1. -1. -1.  1.]
 [ 1. -1. -1. -1. -1. -1. -1. -1. -1.  1. -1. -1.]
 [ 1. -1. -1. -1. -1.  1. -1. -1. -1. -1. -1.  1.]
 [-1. -1. -1. -1.  1. -1. -1. -1. -1.  1. -1. -1.]
 [ 1. -1. -1. -1. -1. -1. -1. -1. -1. -1.  1. -1.]
 [-1. -1. -1. -1. -1. -1. -1. -1. -1. -1. -1. -1.]
 [ 1. -1. -1. -1. -1. -1. -1. -1. -1. -1. -1.  1.]
 [-1. -1. -1. -1. -1. -1. -1. -1. -1. -1. -1.  1.]
 [-1. -1. -1. -1. -1. -1. -1. -1. -1. -1. -1.  1.]
 [ 1. -1. -1. -1. -1.  1. -1. -1. -1.  1. -1. -1.]
 [-1. -1. -1. -1.  1. -1. -1. -1. -1.  1. -1.  1.]
 [ 1. -1. -1. -1. -1. -1. -1. -1. -1. -1. -1.  1.]
 [ 1. -1. -1. -1. -1. -1. -1. -1. -1. -1. -1.  1.]
 [ 1. -1. -1. -1. -1. -1. -1. -1. -1. -1. -1.  1.]
 [-1. -1. -1. -1. -1. -1. -1. -1. -1.  1. -1.  1.]
 [-1. -1.  1. -1. -1.  1. -1. -1. -1. -1. -1.  1.]]
```

3. 模式编码

按照表 6-2 进行模式编码，Python 程序代码如下：

```python
one = np.array([1, -1, -1, -1, -1, 1, 1, -1, -1, -1, -1, 1])      # 进行模式编码
two = np.array([-1, 1, 1, -1, -1, -1, -1, 1, 1, -1, -1, -1])
three = np.array([1, 1, 1, 1, -1, -1, -1, -1, -1, -1, -1, 1])
four = np.array([1, -1, -1, -1, -1, -1, -1, 1, -1, -1, 1, -1])
```

4. 网络学习

Hopfiled 网络学习的 Python 程序代码如下：

```python
def train(self, input):
# 按照异步方式进行收敛,按照神经元的顺序进行更新
        count = 1
        w = hopfield().weight_calculation()
        y0 = input
        while count:
            for i in range(0, self.y):
                y1 = hopfield().sign(np.dot(w[i], input))
                input[i] = y1
            if input.all() == y0.all():
                count = 0
        return input
```

5. 输出网络分类结果

输出网络分类结果的 Python 程序代码如下：

```python
L = np.zeros(59)
for i in range(0, 59):
    if np.array_equal(hop.train(P[i]), one):
        L[i] = 1
    elif np.array_equal(hop.train(P[i]), two):
        L[i] = 2
    elif np.array_equal(hop.train(P[i]), four):
        L[i] = 4
    else:
        L[i] = 3
  print(L)
```

6. 以图形方式输出分类结果

以图形方式输出分类结果的 Python 程序代码如下：

```python
plt.rcParams['font.sans-serif'] = ['SimHei']
plt.rcParams["axes.unicode_minus"] = False
fig = plt.figure()
ax = fig.add_subplot(111, projection='3d')
plt.title('分类结果')
for i in range(0, 59):
    if L[i] == 1:
        ax.scatter(p[i, 0], p[i, 1], p[i, 2], c='r', marker='*')
    elif L[i] == 2:
        ax.scatter(p[i, 0], p[i, 1], p[i, 2], c='b', marker='*')
    elif L[i] == 3:
        ax.scatter(p[i, 0], p[i, 1], p[i, 2], c='g', marker='*')
    elif L[i] == 4:
        ax.scatter(p[i, 0], p[i, 1], p[i, 2], c='k', marker='*')
ax.set_xlim(0, 3500)
ax.set_ylim(0, 3500)
ax.set_zlim(0, 3500)
ax.set_xlabel('X')
ax.set_ylabel('Y')
ax.set_zlabel('Z')
plt.show()
```

运行程序后,系统分类结果如图 6-25 所示。

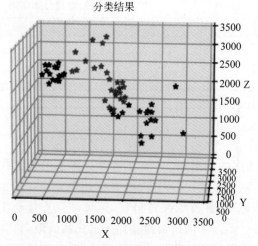

图 6-25 系统分类结果

将 Hopfield 网络分类结果与原始数据分类结果进行对照,如表 6-3 所示。

表 6-3 Hopfield 网络分类结果与原始数据分类结果的对照

序 号	A	B	C	原始数据分类结果	Hopfield 网络分类结果
1	1739.94	1675.15	2395.96	3	3
2	373.30	3087.05	2429.47	4	4
3	1756.77	1652.00	1514.98	3	2
4	864.45	1647.31	2665.90	1	1
5	222.85	3059.54	2002.33	4	4
6	877.88	2031.66	3071.18	1	1
7	1803.58	1583.12	2163.05	3	3
8	2352.12	2557.04	1411.53	2	2
9	401.30	3259.94	2150.98	4	4
10	363.34	3477.95	2462.86	4	4
11	1571.17	1731.04	1735.33	3	1
12	104.80	3389.83	2421.83	4	4
13	499.85	3305.75	2196.22	4	4
14	2297.28	3340.14	535.62	2	2
15	2092.62	3177.21	584.32	2	2
16	1418.79	1775.89	2772.90	1	1
17	1845.59	1918.81	2226.49	3	1
18	2205.36	3243.74	1202.69	2	2
19	2949.16	3244.44	662.42	2	2
20	1692.62	1867.50	2108.97	3	1
21	1680.67	1575.78	1725.10	3	3
22	2802.88	3017.11	1984.98	2	2
23	172.78	3084.49	2328.65	4	4
24	2063.54	3199.76	1257.21	2	2

续表

序 号	A	B	C	原始数据分类结果	Hopfield 网络分类结果
25	1449.58	1641.58	3405.12	1	1
26	1651.52	1713.28	1570.38	3	2
27	341.59	3076.62	2438.63	4	4
28	291.02	3095.68	2088.95	4	4
29	237.63	3077.78	2251.96	4	4

6.4.6 结论

Hopfield 网络具有很强的自组织、自学习能力。其采用模式联想的方式运作,网络回忆时间很短,一般只需一到两次迭代即可完成,既适用于定量指标的分类参数,也适用于定性指标的分类参数,参数越多,评价结果越可靠,运算结果直接给出样本应属的酒瓶类别。因此,有其独特的优越性。但由于网络结构和输入方式的局限,其应用于酒瓶颜色分类结果的精度受到一定的影响,需要具体的改进才能准确分类,有待于进一步发展完善。

6.5　径向基函数

根据函数的逼近功能,神经网络可分为全局逼近和局部逼近。如果网络的一个或多个连接权系数或自适应可调参数在输入空间的每一点对任何输入都有影响,则称该网络为全局逼近网络;若对输入空间的某个局部区域,只有少数几个连接权影响输出,则称该网络为局部逼近网络。径向基函数(radial basis function,RBF)就属于局部逼近神经网络。

6.5.1　RBF 的网络结构及工作方式

径向基函数 RBF 神经网络(简称径向基网络)是由 J. Moody 和 C. Darken 于 20 世纪 80 年代末提出的一种神经网络结构,RBF 神经网络是一种性能良好的前向网络,具有最佳逼近且能避免局部极小值问题。RBF 神经网络起源于数值分析中的多变量插值的径向基函数方法,RBF 的网络结构如图 6-26 所示。

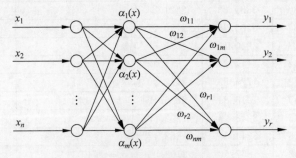

图 6-26　RBF 的网络结构

RBF 神经网络的拓扑结构是一种三层前向网络:输入层由信号源节点构成,仅起到数据信息传递的作用,对输入信息不进行任何变换;第二层为隐含层,节点数视需要而定,隐含层神经元的核函数(作用函数)为高斯函数,对输入信息进行空间映射变换;第三层为输出层,它对输入模式做出响应,输出层神经元的作用函数为线性函数,对隐含层神经元输出的信息进行线性加权后输出,作为整个神经网络的输出结果。

RBF 神经网络只有一个隐含层,隐含层单元采用径向基函数 $\alpha_j(x)$ 作为其输出特性,输入层到隐含层之间的权值均固定为 1;输出节点为线性求和单元,隐含层到输出节点之间的权值 w_{ij} 可调,因此输出为

$$y_i = \sum_{j=1}^m \omega_{ij}\alpha_j(x), \quad i=1,2,\cdots,r \tag{6-53}$$

径向基函数为某种沿径向对称的标量函数。隐含层径向基神经元模型结构如图 6-27 所示。由图 6-27 可见,径向基网络传递函数是以输入向量与阈值向量之间的距离 $\|X-C_j\|$ 作为自变量的,其中 $\|X-C_j\|$ 是通过输入向量与加权矩阵 $\boldsymbol{C}$ 的行向量的乘积得到的。径向基网络传递函数可以采用多种形式,最常用的有下面三种:

(1) Gaussian 函数:

$$\Phi_i(t) = e^{-\frac{t^2}{\delta_i^2}} \tag{6-54}$$

(2) Reflected sigmoidal 函数:

$$\Phi_i(t) = \frac{1}{1+e^{\frac{t^2}{\delta_i^2}}} \tag{6-55}$$

(3) 逆 Multiquaric 函数:

$$\Phi_i(t) = \frac{1}{(t^2+\delta_i^2)^a}, \quad a>0 \tag{6-56}$$

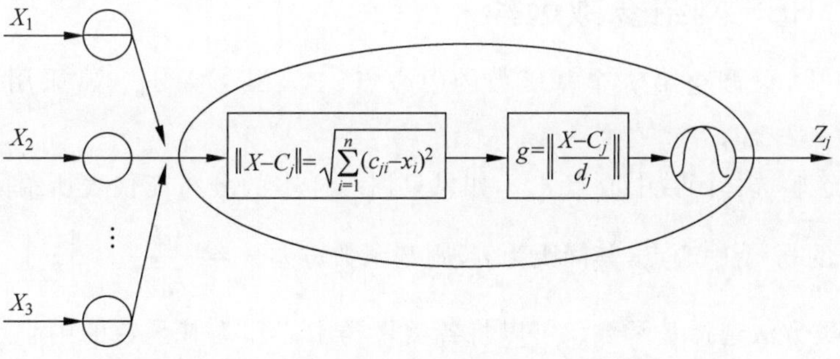

图 6-27　隐含层径向基神经元模型结构

最常用的 RBF 是高斯基函数

$$\alpha_j(x) = \psi_j\left(\frac{\|x-c_j\|}{\sigma_j}\right) = e^{-\frac{\|x-c_j\|^2}{\sigma_j^2}} \tag{6-57}$$

其中,c_j 是第 j 个基函数的中心点,σ_j 是一个可以自由选择的参数,它决定该基函数围绕中心点的宽度,控制函数的作用范围。基于高斯基函数的 RBF 神经网络的拓扑结构如图 6-28 所示。

其连接权的学习算法为

$$\omega_{ij}(l+1) = \omega_{ij}(l) + \frac{\beta[y_i^d - y_i(l)]\alpha_j(x)}{\alpha^{\mathrm{T}}(x)\alpha(x)} \tag{6-58}$$

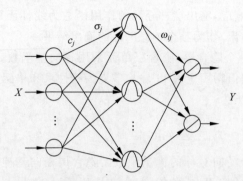

图 6-28　基于高斯基函数的 RBF 神经网络的拓扑结构

当输入自变量为 0 时,传递函数取得最大值 1。随着权值向量与输入向量不断接近,网络输出递增。也就是说,径向基函数对输入信号在局部产生响应。函数的输入信号 x 靠近函数的中央范围时,隐含层节点将产生较大的输出。

当将输入向量添加到网络输入端时,径向基层每个神经元都会输出一个值,这个值代表输入向量与神经元权值向量的接近程度。如果输入向量与权值向量相差很多,则径向基层输出接近 0,经过第二层的线性神经元,输出也接近 0;如果输入向量与权值向量很接近,则径向基层的输出接近 1,经过第二层的线性神经元输出值就接近第二层权值。在这个过程中,如果只有一个径向基神经元的输出为 1,而其他神经元输出均为 0 或接近 0,那么线性神经元的输出就相当于输出为 1 的神经元对应的第二层权值的值。一般情况下,不止一个神经元的输出为 1,所以输出值也会不同。

6.5.2　RBF 网络参数选择

RBF 网络中,可调整第 j 个基函数的中心点 c_j 及其方差 σ_j。常采用如下方法进行调整。

(1) 根据经验选择函数中心点 c_j。如果只训练样本的分布能代表所给问题,则可根据经验选定均匀的 m 个中心点,其间距为 d,则基函数方差 $\sigma_j = \dfrac{d}{\sqrt{2m}}$。

(2) 用聚类方法选择基函数。可以将各类聚类中心作为基函数的中心点,而将各类样本方差的某一函数作为各基函数的宽度参数。

6.5.3　RBF 网络分类器的 Python 实现

以表 1-1 所示的三元色数据为例,希望将数据按照颜色数据所表征的特点,将数据按各自所属的类别归类。其中,前 29 组数据已确定类别,后 30 组数据待确定类别。

1. 从样本数据库中获取训练数据

取前 29 组数据作为训练样本,并将样本数据分别存放到 .xlsx 文件中。数据文件内容与格式如图 6-29 所示。

2. 初始化程序

在程序开始之前,首先设置网络的相关参数。

网络参数配置的 Python 程序代码如下:

	A	B	C	D	E
1	序号	A	B	C	所属类别
2	1	1739.94	1675.15	2395.96	3
3	2	373.3	3087.05	2429.47	4
4	3	1756.77	1652	1514.98	3
5	4	864.45	1647.31	2665.9	1
6	5	222.85	3059.54	2002.33	4
7	6	877.88	2031.66	3071.18	1
8	7	1803.58	1583.12	2163.05	3
9	8	2352.12	2557.04	1411.53	2
10	9	401.3	3259.94	2150.98	4
11	10	363.34	3477.95	2462.86	4
12	11	1571.17	1731.04	1735.33	3
13	12	104.8	3389.83	2421.83	4
14	13	499.85	3305.75	2196.22	4
15	14	2297.28	3340.14	535.62	2
16	15	2092.62	3177.21	584.32	2
17	16	1418.79	1775.89	2772.9	1
18	17	1845.59	1918.81	2226.49	3
19	18	2205.36	3243.74	1202.69	2
20	19	2949.16	3244.44	662.42	2
21	20	1692.62	1867.5	2108.97	3
22	21	1680.67	1575.78	1725.1	3

(a)

1	序号	A	B	C	所属类别
2	30	1702.8	1639.79	2068.74	3
3	31	1877.93	1860.96	1975.3	3
4	32	867.81	2334.68	2535.1	1
5	33	1831.49	1713.11	1604.68	3
6	34	460.69	3274.77	2172.99	4
7	35	2374.98	3346.98	975.31	2
8	36	2271.89	3482.97	946.7	2
9	37	1783.64	1597.99	2261.31	3
10	38	198.83	3250.45	2445.08	4
11	39	1494.63	2072.59	2550.51	1
12	40	1597.03	1921.52	2126.76	3
13	41	1598.93	1921.08	1623.33	3
14	42	1243.13	1814.07	3441.07	1
15	43	2336.31	2640.26	1599.63	2
16	44	354	3300.12	2373.61	4
17	45	2144.47	2501.62	591.51	2
18	46	426.31	3105.29	2057.8	4
19	47	1507.13	1556.89	1954.51	3
20	48	343.07	3271.72	2036.94	4
21	49	2201.94	3196.22	935.53	2
22	50	2232.43	3077.87	1298.87	2
23	51	1580.1	1752.07	2463.04	3
24	52	1962.4	1594.97	1835.95	3
25	53	1495.18	1957.44	3498.02	1
26	54	1125.17	1594.39	2937.73	1
27	55	24.22	2447.31	2145.01	

(b)

图 6-29　数据文件内容与格式

（a）训练数据.xlsx 文件内容与格式；（b）测试数据.xlsx 文件内容与格式

```
def __init__(self):              ♯ 初始化
    self.x = 3                   ♯ 输入数据的维度
    self.center = 4              ♯ 隐含层神经元的数量
    self.z = 1                   ♯ 输出数据的维度
    self.sigma = 846             ♯ 高斯核的宽度
```

3. 径向基函数

径向基函数的 Python 程序代码如下：

```
def Gaussian (self, X, ci):       ♯ 定义径向基函数,ci:第 i 个神经元的中心点
    return np.exp( - np.linalg.norm((X - ci), axis = 0) ** 2/(2 * self.sigma ** 2))
```

4. 基函数中心点的确定

通过 K-means 算法得到训练样本各类的聚类中心，并将此作为基函数的中心点。相关的 Python 程序代码如下：

```
kmeans = KMeans(n_clusters = 4)         ♯利用 kmeans 算法得到样本数据的中心点
kmeans.fit(x_train)
centers = kmeans.cluster_centers_
```

5. 网络训练程序

网络训练的 Python 程序代码如下：

```
def Gaussian_matrix(self,x,centers):                        ♯ RBF 网络训练
    Gaussian_matrix = np.zeros((x.shape[0], self.center))    ♯ 生成径向基函数的数组
    row = 0
    column = 0
    for i in x:                                              ♯ 遍历数据的每一行
        for j in centers:                                   ♯ 遍历每一个中心点
            Gaussian_matrix[row][column] = self.Gaussian(i, j)
            column += 1
        column = 0
        row += 1
```

```
            return Gaussian_matrix
    def train(self,Gaussian_matrix,y):
        matrix_inverse = np.linalg.pinv(Gaussian_matrix)    # 隐含层与输出层之间的权重 w 通过直
                                                            # 接计算生成

        w = np.dot(matrix_inverse,y)
        return w
```

6. Python 完整程序及仿真结果

基于 Python 的 RBF 模式分类程序代码如下:

```python
import numpy as np
import pandas as pd
from sklearn.cluster import KMeans

class RBF():                                    # 构建 RBF 网络函数
    def __init__(self):                         # 初始化
        self.x = 3                              # 输入数据的维度
        self.center = 4                         # 隐含层神经元的数量
        self.z = 1                              # 输出数据的维度
        self.sigma = 846                        # 高斯核的宽度
    def Gaussian (self, X, ci):                 # 定义径向基函数,ci:第 i 个神经元的中心点
        return np.exp( − np.linalg.norm((X − ci), axis = 0) ** 2/(2 * self.sigma ** 2))

    def getTrainSet(self):                      # RBF 网络训练数据导入
        dataSet = pd.read_excel("训练数据.xlsx")
        dataSetNP = np.array(dataSet)
        x_train = dataSetNP[:,1:dataSetNP.shape[1] − 1]
        y_train = dataSetNP[:,dataSetNP.shape[1] − 1]
        return x_train,y_train

    def getTestSet(self):                       # RBF 网络测试数据导入
        dataSet = pd.read_excel("测试数据.xlsx")
        dataSetNP = np.array(dataSet)
        x_test = dataSetNP[:,1:dataSetNP.shape[1] − 1]
        y_test = dataSetNP[:,dataSetNP.shape[1] − 1]
        return x_test,y_test

    def Gaussian_matrix(self,x,centers):  # RBF 网络训练
        Gaussian_matrix = np.zeros((x.shape[0], self.center))    # 生成径向基函数的数组
        row = 0
        column = 0
        for i in x:                         # 遍历数据的每一行
            for j in centers:               # 遍历每一个中心点
                Gaussian_matrix[row][column] = self.Gaussian(i, j)
                column += 1
            column = 0
            row += 1
        return Gaussian_matrix
    def train(self,Gaussian_matrix,y):
        matrix_inverse = np.linalg.pinv(Gaussian_matrix)    # 隐含层与输出层之间的权重 w
# 通过直接计算生成
        w = np.dot(matrix_inverse,y)
        return w
if __name__ == '__main__':
    RBFN = RBF()
```

```
x_train, y_train = RBFN.getTrainSet()
x_test, y_test = RBFN.getTestSet()
kmeans = KMeans(n_clusters = 4)            #利用K均值聚类算法得到样本数据的中心点
kmeans.fit(x_train)
centers = kmeans.cluster_centers_
print(centers)
Gaussian_matrix1 = RBFN.Gaussian_matrix(x_train,centers)
print(Gaussian_matrix1)
w = RBFN.train(Gaussian_matrix1,y_train)
print(w)
Gaussian_matrix2 = RBFN.Gaussian_matrix(x_test, centers)
result = np.dot(Gaussian_matrix2,w)
```

运行程序后,可得到测试样本的分类结果:

```
分类结果: [2.98596892 3.15621691 2.6147018  3.04195925 4.08013284 2.10379871
 1.94280855 2.67688195 3.96342765 2.30389037 3.08976761 3.1857817
 0.31906885 2.63504225 4.05296405 1.72536302 4.06600448 2.89964943
 3.99512945 2.22535009 2.50833786 2.38671677 2.94628522 0.31549808
 0.96296768 3.63655817 1.81161452 3.12594555 2.71047878 3.17713672]
```

将进行近似处理后的 RBF 网络分类结果与目标结果对比如表 6-4 所示。

表 6-4 RBF 网络分类结果与目标结果对比

序 号	A	B	C	目 标 结 果	RBF 网络分类结果
1	1702.80	1639.79	2068.74	3	3
2	1877.93	1860.96	1975.30	3	3
3	867.81	2334.68	2535.10	1	2.6147018
4	1831.49	1713.11	1604.68	3	3
5	460.69	3274.77	2172.99	4	4
6	2374.98	3346.98	975.31	2	2
7	2271.89	3482.97	946.70	2	2
8	1783.64	1597.99	2261.31	3	3
9	198.83	3250.45	2445.08	4	4
10	1494.63	2072.59	2550.51	1	2.30389037
11	1597.03	1921.52	2126.76	3	3
12	1598.93	1921.08	1623.33	3	3
13	1243.13	1814.07	3441.07	1	1
14	2336.31	2640.26	1599.63	2	2.63504225
15	354.00	3300.12	2373.61	4	4
16	2144.47	2501.62	591.51	2	2
17	426.31	3105.29	2057.80	4	4
18	1507.13	1556.89	1954.51	3	3
19	343.07	3271.72	2036.94	4	4
20	2201.94	3196.22	935.53	2	2
21	2232.43	3077.87	1298.87	2	2.50833786
22	1580.10	1752.07	2463.04	3	2.38671677
23	1962.40	1594.97	1835.95	3	3
24	1495.18	1957.44	3498.02	1	1

续表

序　号	A	B	C	目 标 结 果	RBF 网络分类结果
25	1125.17	1594.39	2937.73	1	1
26	24.22	3447.31	2145.01	4	4
27	1269.07	1910.72	2701.97	1	1.81161452
28	1802.07	1725.81	1966.35	3	3
29	1817.36	1927.40	2328.79	3	3
30	1860.45	1782.88	1875.13	3	3

6.5.4　结论

由酒瓶颜色分类实例可以发现,未对数据进行近似处理之前,其类别均为小数。而且对于某些数据,分类的结果介于两类之间,无法人为决定其所属类别。这是因为,其一,虽然目前已经证明 RBF 网络能够以任意精度逼近任意连续函数,但对于本例的离散数据,理论上不能做到完全逼近;其二,RBF 网络的输出层为线性层,神经元层的输出乘以输出层权值之后直接输出结果,输出层不会计算某一数据属于某一类别的概率。由径向基函数神经元与竞争神经元一起构成的另一种神经网络结构——概率神经网络(PNN)可以解决这个问题。

6.6　广义回归神经网络

广义回归神经网络(generalized regression neural network,GRNN,)是径向基神经网络的一种。GRNN 在逼近能力和学习速度上较 RBF 网络有更强的优势,在信号分析、结构分析、教育产业、能源、食品科学、控制决策系统、药物设计、金融领域、生物工程等各领域得到了广泛应用。

6.6.1　GRNN 的结构

GRNN 在结构上与 RBF 网络较为相似,它是 4 层结构,如图 6-30 所示,分别为输入层、模式层、求和层和输出层。

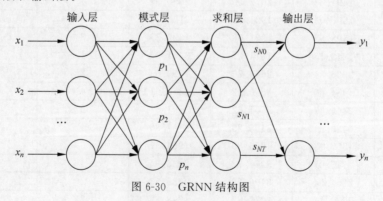

图 6-30　GRNN 结构图

1. 输入层

输入层神经元的数量等于学习样本中输入向量的维数,各神经元是简单的分布单元,直接将输入变量传递给模式层。

2. 模式层

模式层神经元数量等于学习样本的数量 n，各神经元对应不同的样本，模式层神经元传递函数为

$$p_i = \exp\left(-\frac{(X - X_i)^T (X - X_i)}{2\delta^2}\right), \quad i = 1, 2, \cdots, n \tag{6-59}$$

神经元 i 的输出为输入变量与其对应的样本 X 之间 Euclid 距离平方 $D_i^2 = (X - X_i)^T (X - X_i)$ 的指数形式。式中，X 为网络输入变量，X_i 为第 i 个神经元对应的学习样本。

3. 求和层

求和层中使用两种类型神经元进行求和。

一类计算公式为 $\sum\limits_{i=1}^{n} \exp\left(-\dfrac{(X - X_i)^T (X - X_i)}{2\delta^2}\right)$，它对所有模式层神经元的输出进行算数求和，其模式层与各神经元的连接权值为 1，传递函数为

$$S_D = \sum_{j=1}^{n} p_j \tag{6-60}$$

另一类计算公式为 $\sum\limits_{i=1}^{n} Y_j \exp\left(-\dfrac{(X - X_i)^T (X - X_i)}{2\delta^2}\right)$，它对所有模式的神经元进行加权求和，模式层中第 i 个神经元与求和层第 j 个分子求和，神经元之间的连接权值为第 i 个输出样本 Y_j 中的第 j 个元素，传递函数为

$$S_{nj} = \sum_{n=1}^{n} y_{nj} P_i, \quad j = 1, 2, \cdots, k \tag{6-61}$$

4. 输出层

输出层中的神经元数量等于学习样本中输出向量的维数 k，各神经元与求和层的输出相除，神经元 j 的输出对应估计结果 $\hat{Y}(X)$ 的第 j 个元素，即

$$y_j = \frac{S_{nj}}{S_D}, \quad j = 1, 2, \cdots, k \tag{6-62}$$

6.6.2 GRNN 的理论基础

GRNN 的理论基础是非线性回归分析，非独立变量 Y 相对于独立变量 x 的回归分析实际上是计算具有最大概率值的 y。设随机变量 x 与随机变量 y 的联合概率密度函数为 $f(x, y)$，已知 x 的观测值为 X，则 y 相对于 X 的回归，即条件均值为

$$\hat{Y} = E(y/X) = \frac{\int_{-\infty}^{+\infty} y f(X, y) \mathrm{d}y}{\int_{-\infty}^{+\infty} f(X, y) \mathrm{d}y} \tag{6-63}$$

$\hat{Y}$ 即为输入为 X 的条件下，Y 的预测输出。

应用 Parzen 非参数估计，可由样本数据集 $\{x_i, y_i\}_{i=1}^{n}$ 估算密度函数 $\hat{f}(X, y)$。

$$\hat{f}(X, y) = \frac{1}{n (2\pi)^{\frac{p-1}{2}} \delta^{p+1}} \sum_{i=1}^{n} \exp\left(-\frac{(X - X_i)^T (X - X_i)}{2\delta^2}\right) \exp\left(-\frac{(X - Y_i)^2}{2\delta^2}\right) \tag{6-64}$$

式中，X_i、Y_i 为随机变量 x 和 y 的样本观测值；n 为样本容量；p 为随机变量 x 的维数；δ 为高斯函数的宽度系数，在此称为光滑因子。

用 $\hat{f}(X, y)$ 代替 $f(X, y)$ 代入式(6-63)，并交换积分与加和的顺序。

$$\hat{Y}(X) = \frac{\sum_{i=1}^{n} \exp\left(-\frac{(X-X_i)^T(X-X_i)}{2\delta^2}\right) \int_{-\infty}^{+\infty} y \exp\left(-\frac{(Y-Y_i)^2}{2\delta^2}\right) \mathrm{d}y}{\sum_{i=1}^{n} \exp\left(-\frac{(X-X_i)^T(X-X_i)}{2\delta^2}\right) \int_{-\infty}^{+\infty} \exp\left(-\frac{(Y-Y_i)^2}{2\delta^2}\right) \mathrm{d}y} \tag{6-65}$$

由于 $\int_{-\infty}^{+\infty} z \mathrm{e}^z \mathrm{d}z = 0$，对两个积分进行计算后可得网络的输出 $\hat{Y}(X)$ 为

$$\hat{Y}(X) = \frac{\sum_{i=1}^{n} Y_i \exp\left(-\frac{(X-X_i)^T(X-X_i)}{2\delta^2}\right)}{\sum_{i=1}^{n} \exp\left(-\frac{(X-X_i)^T(X-X_i)}{2\delta^2}\right)} \tag{6-66}$$

估计值 $\hat{Y}(X)$ 为所有样本观测值 Y_i 的加权平均，每个观测值 Y_i 的权重因子为相应样本 Y_i 与 X 之间 Euclid 距离平方的指数。当光滑因子 δ 非常大的时候，$\hat{Y}(X)$ 近似于所有样本因变量的均值。相反，当光滑因子 δ 趋于 0 的时候，$\hat{Y}(X)$ 与训练样本非常接近，当需要预测的点包含在训练样本集中时，公式求出的因变量的预测值与样本中对应的因变量非常接近，而一旦遇到样本中未包含的点，预测效果就可能非常差，这种现象说明网络的泛化能力差。当 δ 取值适中，求解预测值 $\hat{Y}(X)$ 时，所有训练样本的因变量都考虑了进去，与预测点距离近的样本点对应的因变量加了更大的权重。

6.6.3 GRNN 的特点及作用

相比 BP 网络，GRNN 具有以下优点。

(1) GRNN 同样能以任意精度逼近任意非线性连续函数，且预测效果接近甚至优于 BP 网络。

(2) GRNN 的训练非常简单。训练样本通过隐含层的同时，网络训练随即完成。它的训练过程不需要迭代，因此较 BP 网络的训练过程快得多，更适用于在线数据的实时处理。

(3) GRNN 所需的训练样本较 BP 网络少得多。要取得同样的效果，GRNN 所需的样本是 BP 网络的 1%。

(4) GRNN 的结构相对简单，除了输入层和输出层外，一般只有两个隐含层，即模式层和求和层。而模式层中隐含单元的个数，与训练样本的个数是相同的。

(5) 由于网络结构简单，因此不需要对网络的隐含层数和隐含单元的个数进行估算和猜测。由于它从 RBF 引申而来，因此只有一个自由参数，即 RBF 的平滑参数。而它的优化值可以通过交叉验证的方法非常容易得到。

6.6.4 GRNN 分类器的 Python 实现

将表 1-1 所示数据按照颜色数据表征的特点，按各自所属的类别归类。其中，前 29 组数据已确定类别，后 30 组数据待确定类别。

1. 程序模块介绍

1）从样本数据库中获取训练数据

取前 29 组数据作为训练样本，并将样本数据分别存放到".xlsx"文件中。数据文件内容与格式如图 6-31 所示。

序号	A	B	C	所属类别
1	1739.94	1675.15	2395.96	3
2	373.3	3087.05	2429.47	4
3	1756.77	1652	1514.98	3
4	864.45	1647.31	2665.9	1
5	222.85	3059.54	2002.33	4
6	877.88	2031.66	3071.18	1
7	1803.58	1583.12	2163.05	3
8	2352.12	2557.04	1411.53	2
9	401.3	3259.94	2150.98	4
10	363.34	3477.95	2462.86	4
11	1571.17	1731.04	1735.33	3
12	104.8	3389.83	2421.83	4
13	499.85	3305.75	2196.22	4
14	2297.28	3340.14	535.62	2
15	2092.62	3177.21	584.32	2
16	1418.79	1775.89	2772.9	1
17	1845.59	1918.81	2226.49	3
18	2205.36	3243.74	1202.69	2
19	2949.16	3244.44	662.42	2
20	1692.62	1867.5	2108.97	3
21	1680.67	1575.78	1725.1	3

(a)

序号	A	B	C	所属类别
30	1702.8	1639.79	2068.74	3
31	1877.93	1860.96	1975.3	3
32	867.81	2334.68	2535.1	1
33	1831.49	1713.11	1604.68	3
34	460.69	3274.77	2172.99	4
35	2374.98	3346.98	975.31	2
36	2271.89	3482.97	946.7	2
37	1783.64	1597.99	2261.31	3
38	198.83	3250.45	2445.08	4
39	1494.63	2072.59	2550.51	1
40	1597.03	1921.52	2126.76	3
41	1598.93	1921.08	1623.33	3
42	1243.13	1814.07	3441.07	1
43	2336.31	2640.26	1599.63	2
44	354	3300.12	2373.61	4
45	2144.47	2501.62	591.51	2
46	426.31	3105.29	2057.8	4
47	1507.13	1556.89	1954.51	3
48	343.07	3271.72	2036.94	4
49	2201.94	3196.22	935.53	2
50	2232.43	3077.87	1298.87	2
51	1580.1	1752.07	2463.04	3
52	1962.4	1594.97	1835.95	3
53	1495.18	1957.44	3498.02	1
54	1125.17	1594.39	2937.73	1
55	24.22	3447.31	2145.01	4

(b)

图 6-31　数据文件内容与格式

(a)训练数据.xlsx 文件内容与格式；(b)测试数据.xlsx 文件内容与格式

2）初始化程序

首先设置网络的相关参数。网络参数配置的 Python 程序代码如下：

```python
def __init__(self,N,M,y,sigma):          # 初始化
    # N:输入层数量    M:模式层数量    Y:输出层数量    sigma:平滑因子
    self.N = N
    self.M = M
    self.y = y
    self.sigma = sigma
```

3）网络模式层

网络模式层的 Python 程序代码如下：

```python
def distance(self,x1,x2):                # 计算测试数据与训练数据的欧氏距离
    # x1:训练数据
    # X2:测试数据
    p = x2.shape[0]
    # Euclidean_D 是测试数据与训练数据组成的距离矩阵
    Distance_matrix = np.zeros((p,self.M))
    for i in range(0,p):
        for j in range(0,self.M):
            Distance_matrix[i,j] = np.linalg.norm(x2[i,:] - x1[j,:],axis = 0)
    return Distance_matrix
def Pattern_layer(self,Distance_matrix):  # 训练数据与测试数据构成的高斯矩阵
    row = Distance_matrix.shape[0]
    Gauss = np.zeros((row,self.M))
    for i in range(0,row):
        for j in range(0,self.M):
```

```
            Gauss[i,j] = np.exp( - Distance_matrix[i,j]/(2 * self.sigma ** 2))
        return Gauss
```

4）网络求和层

网络求和层的 Python 程序代码如下：

```
def Summation_layer(self,Gauss,y):    ♯ 求和层函数
♯ 求和层矩阵分为两部分,一部分为模式层输出的算术和 sum_D,另一部分为模式层输出的加权和
♯ sum_N
    row  = Gauss.shape[0]
    sum_D = np.zeros((row,1))
    sum_N = np.zeros((row,self.M))
    for i in range(0,row):
        sum_D[i,0] = np.sum(Gauss[i],axis = 0)
        for j in range(0,self.M):
            sum_N[i,j] = Gauss[i,j] * y[j]
    return sum_D,sum_N
```

5）网络输出层

网络输出层的 Python 程序代码如下：

```
def output_layer(self,sum_D,sum_N):    ♯ 输出层函数
    row = sum_D.shape[0]
    output = np.zeros((row,1))
    for i in range(0,row):
        output[i] = np.sum(sum_N[i])/sum_D[i,:]
    return output
```

2. 完整 Python 程序及仿真结果

GRNN 模式分类的完整 Python 程序代码如下：

```
import numpy as np
import pandas as pd
from matplotlib import pyplot as plt
from mpl_toolkits.mplot3d import Axes3D


class GRNN():

    def __init__(self,N,M,y,sigma):                          ♯ 初始化
        ♯ N:输入层数量    M:模式层数量      Y: 输出层数量      sigma:平滑因子
        self.N = N
        self.M = M
        self.y = y
        self.sigma = sigma
    def distance(self,x1,x2):                ♯ 计算测试数据与训练数据的欧氏距离
        ♯ x1:训练数据
        ♯ X2:测试数据
        p = x2.shape[0]
        ♯ Euclidean_D 是测试数据与训练数据组成的距离矩阵
        Distance_matrix = np.zeros((p,self.M))
        for i in range(0,p):
            for j in range(0,self.M):
                Distance_matrix[i,j] = np.linalg.norm(x2[i,:] - x1[j,:],axis = 0)
        return Distance_matrix
```

```python
    def Pattern_layer(self, Distance_matrix):          # 训练数据与测试数据构成的高斯矩阵
        row = Distance_matrix.shape[0]
        Gauss = np.zeros((row, self.M))
        for i in range(0, row):
            for j in range(0, self.M):
                Gauss[i, j] = np.exp(-Distance_matrix[i, j]/(2 * self.sigma ** 2))
        return Gauss

    def Summation_layer(self, Gauss, y):               # 求和层函数
# 求和层矩阵分为两部分,一部分为模式层输出的算术和 sum_D,另一部分为模式层输出的加
# 权和 sum_N
        row = Gauss.shape[0]
        sum_D = np.zeros((row, 1))
        sum_N = np.zeros((row, self.M))
        for i in range(0, row):
            sum_D[i, 0] = np.sum(Gauss[i], axis = 0)
            for j in range(0, self.M):
                sum_N[i, j] = Gauss[i, j] * y[j]
        return sum_D, sum_N

    def output_layer(self, sum_D, sum_N):              # 输出层函数
        row = sum_D.shape[0]
        output = np.zeros((row, 1))
        for i in range(0, row):
            output[i] = np.sum(sum_N[i])/sum_D[i, :]
        return output

if __name__ == '__main__':
    data_train = pd.read_excel("训练数据.xlsx")        # 导入训练数据
    data_trainNP = np.array(data_train)
    x_train = data_trainNP[:, 1:data_trainNP.shape[1] - 1]
    y_train = data_trainNP[:, data_trainNP.shape[1] - 1]
    data_test = pd.read_excel("测试数据.xlsx")          # 导入测试数据
    data_testNP = np.array(data_test)
    x_test = data_testNP[:, 1:data_testNP.shape[1] - 1]
    grnn = GRNN(3, x_train.shape[0], 1, 5)
    Distance_matrix = grnn.distance(x_train, x_test)
    Gauss = grnn.Pattern_layer(Distance_matrix)
    sum_D, sum_N = grnn.Summation_layer(Gauss, y_train)
    output = grnn.output_layer(sum_D, sum_N)
    y_test = np.around(output, decimals = 0).reshape(1, -1)
    print(y_test)
    fig = plt.figure(1)
    ax = fig.add_subplot(111, projection = '3d')
    for i in range(0, y_train.shape[0]):
        if y_train[i] == 1:
            ax.scatter(x_train[i, 0], x_train[i, 1], x_train[i, 2], c = 'g', marker = '*')
            ax.text(x_train[i, 0], x_train[i, 1], x_train[i, 2], str(1), fontsize = 8,
color = 'green')
        if y_train[i] == 2:
            ax.scatter(x_train[i, 0], x_train[i, 1], x_train[i, 2], c = 'r', marker = '+')
            ax.text(x_train[i, 0], x_train[i, 1], x_train[i, 2], str(2), fontsize = 8,
color = 'red')
        if y_train[i] == 3:
            ax.scatter(x_train[i, 0], x_train[i, 1], x_train[i, 2], c = 'b', marker = 'o')
            ax.text(x_train[i, 0], x_train[i, 1], x_train[i, 2], str(3), fontsize = 8,
color = 'blue')
```

```
        if y_train[i] == 4:
            ax.scatter(x_train[i, 0], x_train[i, 1], x_train[i, 2], c = 'y', marker = '<')
            ax.text(x_train[i, 0], x_train[i, 1], x_train[i, 2], str(4), fontsize = 8,
color = 'black')
    fig = plt.figure(2)
    ax = fig.add_subplot(111, projection = '3d')
    for i in range(0, y_test.shape[1]):
        if y_test[0, i] == 1:
            ax.scatter(x_test[i,0], x_test[i,1], x_test[i,2], c = 'g', marker = ' * ')
            ax.text(x_test[i,0], x_test[i,1], x_test[i,2], str(1), fontsize = 8, color =
'green')
        if y_test[0, i] == 2:
            ax.scatter(x_test[i,0], x_test[i,1], x_test[i,2], c = 'r', marker = ' + ')
            ax.text(x_test[i,0], x_test[i,1], x_test[i,2], str(2), fontsize = 8, color =
'red')
        if y_test[0, i] == 3:
            ax.scatter(x_test[i,0], x_test[i,1], x_test[i,2], c = 'b', marker = 'o')
            ax.text(x_test[i,0], x_test[i,1], x_test[i,2], str(3), fontsize = 8, color =
'blue')
        if y_test[0, i] == 4:
            ax.scatter(x_test[i,0], x_test[i,1], x_test[i,2], c = 'y', marker = '<')
            ax.text(x_test[i,0], x_test[i,1], x_test[i,2], str(4), fontsize = 8, color =
'black')
    ax.set_xlim(0, 3500)
    ax.set_ylim(0, 3500)
    ax.set_zlim(0, 3500)
    ax.set_xlabel('A')
    ax.set_ylabel('B')
    ax.set_zlabel('C')
    plt.show()
```

运行程序后,系统首先输出训练用样本及其类别分类图,如图 6-32 所示。

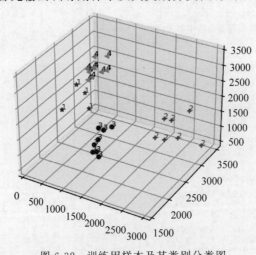

图 6-32　训练用样本及其类别分类图

接着得到待分类样本的分类结果:

```
[[3. 3. 1. 3. 4. 2. 2. 3. 4. 1. 3. 3. 1. 2. 4. 2. 4. 3. 4. 2. 2. 3. 3. 1.1. 4. 1. 3. 3. 3.]]
```

GRNN 的测试结果类别分类图如图 6-33 所示。

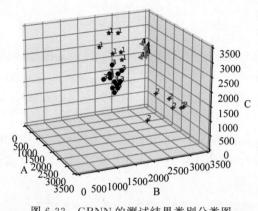

图 6-33　GRNN 的测试结果类别分类图

训练后的 GRNN 对测试数据进行分类后的结果与目标结果对比如表 6-5 所示。

表 6-5　训练后的 GRNN 对测试数据进行分类后的结果与目标结果对比

序　号	A	B	C	目标结果	GRNN 网络分类结果
1	1702.80	1639.79	2068.74	3	3
2	1877.93	1860.96	1975.30	3	3
3	867.81	2334.68	2535.10	1	1
4	1831.49	1713.11	1604.68	3	3
5	460.69	3274.77	2172.99	4	4
6	2374.98	3346.98	975.31	2	2
7	2271.89	3482.97	946.70	2	2
8	1783.64	1597.99	2261.31	3	3
9	198.83	3250.45	2445.08	4	4
10	1494.63	2072.59	2550.51	1	1
11	1597.03	1921.52	2126.76	3	3
12	1598.93	1921.08	1623.33	3	3
13	1243.13	1814.07	3441.07	1	1
14	2336.31	2640.26	1599.63	2	2
15	354.00	3300.12	2373.61	4	4
16	2144.47	2501.62	591.51	2	2
17	426.31	3105.29	2057.80	4	4
18	1507.13	1556.89	1954.51	3	3
19	343.07	3271.72	2036.94	4	4
20	2201.94	3196.22	935.53	2	2
21	2232.43	3077.87	1298.87	2	2
22	1580.10	1752.07	2463.04	3	3
23	1962.40	1594.97	1835.95	3	3
24	1495.18	1957.44	3498.02	1	1
25	1125.17	1594.39	2937.73	1	1
26	24.22	3447.31	2145.01	4	4
27	1269.07	1910.72	2701.97	1	1
28	1802.07	1725.81	1966.35	3	3
29	1817.36	1927.40	2328.79	3	3
30	1860.45	1782.88	1875.13	3	3

6.6.5　结论

由分类结果可以看出,GRNN 的分类效果优于径向基神经网络,GRNN 能够以任意精度逼近任意非线性连续函数。其网络训练非常简单,训练样本通过隐含层的同时,网络训练随即完成。它的训练过程不需要迭代,比 BP 网络的训练过程快得多,更适用于在线数据的实时处理。

由于网络结构简单,我们不需要对网络的隐含层数和隐含单元的个数进行估算和猜测。由于它由从 RBF 引申而来,因此只有一个自由参数,即 RBF 的平滑参数。而它的优化值通过交叉验证的方法很容易得到。

6.7　小波神经网络

由于小波变换能够反映信号的时频局部特性和聚焦特性,而神经网络在信号处理方面具有自学习、自适应、健壮性、容错性等能力,如何把二者的优势结合起来一直是人们关心的问题,小波神经网络正是小波分析与神经网络相结合的产物。

6.7.1　小波神经网络的基本结构

小波变换是傅里叶发展史上一个新的里程碑,它克服了傅里叶分析不能局部分析的缺点。随着小波理论的日益成熟,其应用领域也变得十分广泛,特别是在信号处理、数值计算、模式识别、图像处理、语音分析、量子物理、生物医学工程、计算机视觉、故障诊断及众多非线性领域,小波变换都在不断发展之中。

图 6-34　小波神经网络松散型结构

目前,小波分析与神经网络主要有两种结合方式:一种是松散型,如图 6-34 所示,即先用小波分析对信号进行预处理,再将其送入神经网络处理;另一种是紧致型,如图 6-35 所示,即小波神经网络或小波网络,它是结合小波变换理论与神经网络思想而构造的一种新的神经网络模型。其方法是将神经网络隐含层中神经元的传递激发函数用小波函数代替,充分继承小波变换良好的时频局部化性质及神经网络的自学习功能特点,广泛应用于信号处理、数据压缩、模式识别和故障诊断等领域。紧致型小波神经网络具有更强的数据处理能力,是小波神经网络的研究方向。图 6-35 中有输入层、隐含层和输出层,输出层采用线性输出,输入层有 $m(m=1,2,\cdots,M)$ 个神经元,隐含层有 $k(k=1,2,\cdots,K)$ 个神经元,输出层有 $n(n=1,2,\cdots,N)$ 个神经元。

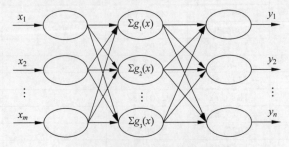

图 6-35　小波神经网络紧致型结构

根据基函数 $g_k(x)$ 和学习参数的不同,图 6-35 中的小波神经网络结果可分为 3 类。

(1) 连续参数的小波神经网络。这是最初提出的一种小波应用形式。令图 6-35 中的基函数为

$$g_j(x) = \prod_{i=1}^{M} \Psi\left(\frac{x_i - b_{ij}}{a_{ij}}\right) = \Psi(A_j x - b_j') \tag{6-67}$$

则网络输出为

$$\hat{y}_i = \sum_{j=1}^{K} C_{ji} g_j(x) \tag{6-68}$$

其中,$1 \leqslant j \leqslant K$,$A_j = \mathrm{diag}(a_{1j}^{-1}, \cdots, a_{nj}^{-1})$,$1 \leqslant i \leqslant N$,$b_j' = [a_{1j}^{-1} b_{1j}, \cdots, a_{nj}^{-1} b_{nj}]^T$,在网络学习中尺度因子 a_{ij}、平移因子 b_{ij}、输出权值 C_{ij} 一起通过某种修正。这种小波网络类似 RBF 网络,借助小波分析理论,可使网络具有较简单的拓扑结构和较快的收敛速度。但由于尺度和评议参数均可调,使其与输出为非线性关系,通常利用非线性优化方法进行参数修正,导致类似 BP 网络参数修正时存在局部极小值的弱点。

(2) 将框架作为基函数的小波神经网络。由于不考虑正交性,小波函数的选取有很大的自由度。令图 6-35 中的基函数为

$$g(x) = \prod_{i=1}^{P} g(x_i) = \prod_{i=1}^{P} \Psi(2_j x_i - k) \tag{6-69}$$

则网络输出为

$$\hat{y}_i = \sum C_{j,k} \Psi_{j,k} \tag{6-70}$$

根据函数 f 的时频特性确定取值范围后,网络的可调参数只有权值,其与输出呈线性关系,可通过最小二乘法或其他优化法修正权值,使网络充分逼近 $f(x)$。

这种形式的网络虽然基函数选取灵活,但由于框架可以是线性相关的,导致网络函数的个数可能存在冗余,对过于庞大的网络需考虑优化结构算法。

(3) 基于多分辨分析的正交基小波网络。网络隐节点由小波节点 Ψ 和尺度函数节点 φ 构成,网络输出为

$$\hat{y}_i(x) = \sum_{j=L, k=z} d_{j,k} \varphi_{j,k}(x) + \sum_{j \geqslant L, k \in x} C_{j,k} \Psi_{j,k}(x) \tag{6-71}$$

当尺度 L 足够大时,忽略式(6-71)右端第 2 项表示的小波细节分量,这种形式的小波网络的主要依据是 Daubechies 的紧支撑正交小波及 Mallat 的多分辨分析理论。

尽管正交小波网络在理论研究上较为方便,但正交基函数的构造复杂,不如一般的基于框架的小波网络实用。

6.7.2 小波神经网络的训练算法

小波神经网络最早是由法国著名信息科学机构 IRISA 的 Zhang 等 1992 年提出的,是在小波分析的基础上提出的一种多层前馈模型网络,可以使网络从根本上避免局部最优并加快收敛速度,具有很强的学习和泛化能力。小波神经网络是用非线性小波基取代通常的非线性 Sigmoid 函数,其信号表述通过将选取的小波基进行线性叠加表现。

设小波神经网络有 m 个输入节点、N 个输出节点、n 个隐层节点。网络的输入和输出数据分别用向量 $\boldsymbol{X}$ 和 $\boldsymbol{Y}$ 表示,即

$$\boldsymbol{X} = (x_1, x_2, \cdots, x_m), \quad \boldsymbol{Y} = (y_1, y_2, \cdots, y_n)$$

设 x_k 为输入层的第 k 个输入样本，y_i 为输出层的第 i 个输出值，ω_{ij} 为连接输出层节点 i 与隐含层节点 j 的权值，ω_{jk} 为连接隐含层节点 j 与输出层节点 k 的权值。设 ω_{i0} 为第 j 个输出层节点阈值，ω_{j0} 为第 j 个隐含层节点阈值(相应的输入 $x_0 = -1$)，a_j 为第 j 个隐含层节点的伸缩因子，b_j 为第 j 个隐含层节点的平移因子，则小波神经网络模型为

$$\boldsymbol{y}_i = \sigma\left[\sum_{i=0}^n \omega_{ij} \psi_{a,b}\left(\sum_{k=0}^m \omega_{jk} x_k(t)\right)\right] \tag{6-72}$$

式中，$i = 1, 2, \cdots, N$，$\sigma(t) = \dfrac{1}{1 + e^{-t}}$。令 $\mathrm{net}_j = \displaystyle\sum_{k=0}^m \omega_{jk} x_k$，则

$$\psi_{a,b}(\mathrm{net}_j) = \frac{(\mathrm{net}_j - b_j)}{a_j} \tag{6-73}$$

$$y_i = \sigma\left[\sum_{i=0}^n \omega_{ij} \psi_{a,b}(\mathrm{net}_j)\right] \tag{6-74}$$

给定样本集 $\{(x_i, y_i)\}i = 1, 2, \cdots, N$ 后，调整网络的权值，使如下误差目标函数达到最小：

$$E(\boldsymbol{W}) = \frac{1}{2}\sum_{i=1}^n \|Y_i - \boldsymbol{d}_i\|^2 \tag{6-75}$$

式中，$\boldsymbol{d}_i$ 为网络的输出向量，$\boldsymbol{W}$ 为网络中所有权值组成的权向量，$\boldsymbol{W} \in R^t$。网络的学习可以归结为如下无约束最优化问题。

小波神经网络采用梯度法，即最快下降法求解该问题，那么小波网络权值的调整规则处理过程分为两个阶段：一是从网络的输入层开始逐层向前计算，根据输入样本计算各层的输出，最终求出网络输出层的输出，这是前向传播过程；二是对权值的修正，从网络的输出层开始逐层向后进行计算和修正，这是反向传播过程。两个过程反复交替，直到收敛为止。通过不断修正权值 $\boldsymbol{W}$，使 $E(\boldsymbol{W})$ 达到最小值。

设 d_i^p 为第 P 个模式第 i 个期望输出，基于最小二乘的代价函数可表示为

$$E = \frac{1}{2}\sum_{p=1}^p \sum_{i=1}^N (\boldsymbol{d}_i^p - y_i^p)^2 \tag{6-76}$$

则可计算得到下列偏导数：

$$\frac{\partial E}{\partial \omega_{ij}} = -\sum_{p=1}^p (\boldsymbol{d}_i^p - y_i^p) y_i^p (1 - y_i^p) \psi_{a,b}(\mathrm{net}_j^p) \tag{6-77}$$

$$\frac{\partial E}{\partial \omega_{jk}} = -\sum_{p=1}^p \sum_{i=1}^N (\boldsymbol{d}_i^p - y_i^p) y_i^p (1 - y_i^p) \omega_{ij} \psi'_{a,b}(\mathrm{net}_j^p) \boldsymbol{x}_k^p / a_j \tag{6-78}$$

$$\frac{\partial E}{\partial a_j} = -\sum_{p=1}^p \sum_{i=1}^N (\boldsymbol{d}_i^p - y_i^p) y_i^p (1 - y_i^p) \omega_{ij} \psi'_{a,b}(\mathrm{net}_j^p) \frac{(\mathrm{net}_j^p - b_j)}{a_j} \Big/ a_j \tag{6-79}$$

$$\frac{\partial E}{\partial b_j} = -\sum_{p=1}^p \sum_{i=1}^N (\boldsymbol{d}_i^p - y_i^p) y_i^p (1 - y_i^p) \omega_{ij} \psi'_{a,b} \frac{(\mathrm{net}_j^p)}{a_j} \Big/ a_j \tag{6-80}$$

为加快算法的收敛速度，引入动量因子 α，因此权向量的迭代公式为

$$\omega_{ij}(t+1) = \omega_{ij}(t) - \eta \frac{\partial E}{\partial \omega_{ij}} + \alpha \Delta\omega_{ij}(t) \tag{6-81}$$

$$\omega_{jk}(t+1) = \omega_{jk}(t) - \eta \frac{\partial E}{\partial \omega_{jk}} + \alpha \Delta \omega_{jk}(t) \tag{6-82}$$

$$a_j(t+1) = a_j(t) - \eta \frac{\partial E}{\partial a_j} + \alpha \Delta a_j(t) \tag{6-83}$$

$$b_j(t+1) = b_j(t) - \eta \frac{\partial E}{\partial b_j} + \alpha \Delta b_j(t) \tag{6-84}$$

网络权值的调整过程往往是在学习的初始阶段,学习步长选择大一些,可使学习速度加快;当接近最佳点时,学习速率应选择小一些,否则连接权值将产生振荡而难以收敛。学习步长调整的一般规则如下:在连续迭代几步过程中,若新误差大于旧误差,则学习速率减小;若新误差小于旧误差,则学习步长增大。

6.7.3 小波神经网络的结构设计

1. 小波函数的选择

小波的选择具有相对灵活性,对于不同的数据信号,x 要选择恰当的小波作为分解基。小波变换不像傅里叶变换那样由正弦函数唯一决定,小波基可以有很多种,不同的小波适应不同的信号。

(1) Mexican hat 和 Morlet 小波基没有尺度函数,是非正交小波基。其优点是函数对称且表达式清楚简单,缺点是无法对分解后的信号进行重构。采用 Morlet 小波(r 通常取值为 1.75)构造的小波网络已应用于各领域。

(2) Daubechies 小波是一种具有紧支撑的正交小波,随着 N 的增加,Daubechies 小波的时域支撑长度变长,矩阵阶数增加,特征正则性增加,幅频特性也接近理想。当选取 N 值越大的高阶 Daubechies 小波时,其构成可近似看作一个理想的低通滤波器和理想的带通滤波器,且具有能量无损性。

通常在信号的近似和估计作用中,小波函数选择应与信号的特征匹配,应考虑小波的波形、支撑大小和消失矩阵的数量。连续的小波基函数都在有效支撑区域之外快速衰减。有效支撑区域越长,频率分辨率越高;有效支撑区域越短,时间分辨率越高。如果进行时频分析,则要选择光滑的连续小波,因为时域越光滑,基函数在频域的局部化特性方面表现越好。如果进行信号检测,则应尽量选择与信号波形近似的小波。

2. 隐含层节点的选取

隐含层节点的作用是从样本中提取并存储其内在规律,每个隐含层节点有若干个权值,而每个权值都是增强网络映射能力的参数。隐含层节点数量太少,网络从样本中获取信息的能力就差,不足以概括和体现训练集中的样本规律;隐含层节点数量太多,又可能将样本中非规律性的内容记牢,从而出现所谓的"过拟合"问题,反而降低网络的泛化能力。此外,隐含层节点数过多会增加神经网络的训练时间。

6.7.4 小波神经网络分类器的 Python 实现

1. 程序模块介绍

1)初始化程序

在程序开始之前,首先设置网络的相关参数。

网络参数配置的 Python 程序代码如下:

```
def __init__(self):
    self.M = 3                              # 输入节点个数
    self.N = 1                              # 输出节点个数
    self.n = 10                             # 隐形节点个数
    self.lr1 = 0.01                         # 学习概率
    self.lr2 = 0.001                        # 学习概率
    self.maxgen = 200                       # 迭代次数
```

权值初始化代码如下:

```
self.Wjk = np.random.randn(self.n, self.M)    # 网络输入层与隐含层权重初始化
self.Wij = np.random.randn(self.N, self.n)    # 网络隐含层与输出层权重初始化
self.a = np.random.randn(1, self.n)           # 小波函数伸缩因子
self.b = np.random.randn(1, self.n)           # 小波函数平移因子
```

节点初始化代码如下:

```
self.y = np.zeros((1, self.N))              # 节点初始化
self.net = np.zeros((1, self.n))
self.net_ab = np.zeros((1, self.n))
```

权值学习增量初始化代码如下:

```
self.d_Wjk = np.zeros((self.n, self.M))     # 权值学习增量初始化
self.d_Wij = np.zeros((self.N, self.n))
self.d_a = np.zeros((1, self.n))
self.d_b = np.zeros((1, self.n))
```

输入、输出数据归一化处理代码如下:

```
scaler1 = MinMaxScaler(feature_range = (-1, 1))
scaler2 = MinMaxScaler(feature_range = (-1, 1))
inputn1 = scaler1.fit_transform(x_train)
outputn1 = scaler2.fit_transform(y_train.reshape(-1, 1))
```

2) 网络训练程序

网络训练的 Python 程序代码如下:

```
for kk in range(0, input.shape[0]):              # 循环训练
    x = inputn[kk, :]
    yqw = outputn[kk, 0]
    for j in range(0, self.n):
        for k in range(0, self.M):
            self.net[0, j] = self.net[0, j] + self.Wjk[j, k] * x[k]
            self.net_ab[0, j] = (self.net[0, j] - self.b[0, j])/self.a[0, j]
        temp = wnn.mymorlet(self.net_ab[0, j])
        for k in range(0, self.N):
            self.y[0, k] = self.y[0, k] + self.Wij[k][j] * temp
```

3) 计算误差和

计算误差和使用如下语句:

```
self.error[0, i] = self.error[0, i] + np.sum(np.abs(yqw - self.y[0, 0]))        # 计算误差和
```

4）权值调整

权值调整的程序代码如下：

```python
# 权值调整
for j in range(0, self.n):
    # 计算 d_Wij
    temp = wnn.mymorlet(self.net_ab[0, j])
    for k in range(0, self.N):
        self.d_Wij[k, j] = self.d_Wij[k, j] - (yqw - self.y[0, k]) * temp
    # 计算 d_Wjk
    temp = wnn.d_mymorlet(self.net_ab[0, j])
    for k in range(0, self.M):
        for l in range(0, self.N):
            self.d_Wjk[j, k] = self.d_Wjk[j, k] + (yqw - self.y[0, l]) * self.Wij[l, j]
        self.d_Wjk[j, k] = - self.d_Wjk[j, k] * temp * x[k]/self.a[0, j]
    # 计算 d_b
    for k in range(0, self.N):
        self.d_b[0, j] = self.d_b[0, j] + (yqw - self.y[0, k]) * self.Wij[k, j]
    self.d_b[0, j] = self.d_b[0, j] * temp/self.a[0, j]
    # 计算 d_a
    for k in range(0, self.N):
        self.d_a[0, j] = self.d_a[0, j] + (yqw - self.y[0, k]) * self.Wij[k, j]
    self.d_a[0, j] = self.d_a[0, j] * temp * ((self.net[0, j] - self.b[0, j])/self.b[0, j]) / self.a[0, j]
    # 权值参数更新
self.Wij = self.Wij - self.lr1 * self.d_Wij
self.Wjk = self.Wjk - self.lr1 * self.d_Wjk
self.b = self.b - self.lr2 * self.d_b
self.a = self.a - self.lr2 * self.d_a
self.d_Wjk = np.zeros((self.n, self.M))
self.d_Wij = np.zeros((self.N, self.n))
self.d_a = np.zeros((1, self.n))
self.d_b = np.zeros((1, self.n))
self.y = np.zeros((1, self.N))
self.net = np.zeros((1, self.n))
self.net_ab = np.zeros((1, self.n))
```

5）网络预测

网络预测的程序代码如下：

```python
def predict(self, x):    # 网络预测
    yuce = np.zeros((1, x.shape[0]))
    for i in range(0, x.shape[0]):
        x_test = x[i, :]
        for j in range(0, self.n):
            for k in range(0, self.M):
                self.net[0, j] = self.net[0, j] + self.Wjk[j, k] * x_test[k]
                self.net_ab[0, j] = (self.net[0, j] - self.b[0, j]) / self.a[0, j]
            temp = wnn.mymorlet(self.net_ab[0, j])
            for k in range(0, self.N):
                self.y[0, k] = self.y[0, k] + self.Wij[k][j] * temp
        yuce[0, i] = self.y[0, 0]
        self.y = np.zeros((1, self.N))
        self.net = np.zeros((1, self.n))
        self.net_ab = np.zeros((1, self.n))
    return yuce, temp
```

2. 完整 Python 程序及仿真结果

小波神经网络数据分类的完整 Pyhton 程序代码如下:

```python
import numpy as np
import pandas as pd
from sklearn.preprocessing import MinMaxScaler
from matplotlib import pyplot as plt
class wnn():
    def __init__(self):
        self.M = 3                                      # 输入节点个数
        self.N = 1                                      # 输出节点个数
        self.n = 10                                     # 隐形节点个数
        self.lr1 = 0.01                                 # 学习概率
        self.lr2 = 0.001                                # 学习概率
        self.maxgen = 200                               # 迭代次数
        self.error = np.zeros((1, self.maxgen))         # 误差初始化
        self.Wjk = np.random.randn(self.n, self.M)      # 网络输入层与隐含层权重初始化
        self.Wij = np.random.randn(self.N, self.n)      # 网络隐含层与输出层权重初始化
        self.a = np.random.randn(1, self.n)             # 小波函数伸缩因子
        self.b = np.random.randn(1, self.n)             # 小波函数平移因子
        self.y = np.zeros((1, self.N))                  # 节点初始化
        self.net = np.zeros((1, self.n))
        self.net_ab = np.zeros((1, self.n))
        self.d_Wjk = np.zeros((self.n, self.M))         # 权值学习增量初始化
        self.d_Wij = np.zeros((self.N, self.n))
        self.d_a = np.zeros((1, self.n))
        self.d_b = np.zeros((1, self.n))

    def mymorlet(self, t):                              # 小波基函数
        y = np.exp(-(t ** 2)/2) * np.cos(1.75 * t)
        return y

    def d_mymorlet(self, t):
        y = -1.75 * np.sin(1.75 * t) * np.exp(-(t ** 2)/2) - t * np.cos(1.75 * t) * np.exp(-(t ** 2)/2)
        return y

    def train(self, input, inputn, outputn):           # 网络训练
        for i in range(0, self.maxgen):
            for kk in range(0, input.shape[0]):         # 循环训练
                x = inputn[kk, :]
                yqw = outputn[kk, 0]
                for j in range(0, self.n):
                    for k in range(0, self.M):
                        self.net[0, j] = self.net[0, j] + self.Wjk[j, k] * x[k]
                        self.net_ab[0, j] = (self.net[0, j] - self.b[0, j])/self.a[0, j]
                    temp = wnn.mymorlet(self.net_ab[0, j])
                    for k in range(0, self.N):
                        self.y[0, k] = self.y[0, k] + self.Wij[k][j] * temp
                self.error[0, i] = self.error[0, i] + np.sum(np.abs(yqw - self.y[0, 0]))
                                                        # 计算误差和
                # 权值调整
                for j in range(0, self.n):
                    # 计算 d_Wij
                    temp = wnn.mymorlet(self.net_ab[0, j])
```

```python
            for k in range(0, self.N):
                self.d_Wij[k, j] = self.d_Wij[k, j] - (yqw - self.y[0, k]) * temp
            # 计算 d_Wjk
            temp = wnn.d_mymorlet(self.net_ab[0, j])
            for k in range(0, self.M):
                for l in range(0, self.N):
                    self.d_Wjk[j, k] = self.d_Wjk[j, k] + (yqw - self.y[0, l]) *
self.Wij[l, j]
                self.d_Wjk[j, k] = - self.d_Wjk[j, k] * temp * x[k]/self.a[0, j]
            # 计算 d_b
            for k in range(0, self.N):
                self.d_b[0, j] = self.d_b[0, j] + (yqw - self.y[0, k]) * self.Wij[k, j]
            self.d_b[0, j] = self.d_b[0, j] * temp/self.a[0, j]
            # 计算 d_a
            for k in range(0, self.N):
                self.d_a[0, j] = self.d_a[0, j] + (yqw - self.y[0, k]) * self.Wij[k, j]
            self.d_a[0, j] = self.d_a[0, j] * temp * ((self.net[0, j] - self.b[0,
j])/self.b[0, j]) / self.a[0, j]
            # 权值参数更新
            self.Wij = self.Wij - self.lr1 * self.d_Wij
            self.Wjk = self.Wjk - self.lr1 * self.d_Wjk
            self.b = self.b - self.lr2 * self.d_b
            self.a = self.a - self.lr2 * self.d_a
            self.d_Wjk = np.zeros((self.n, self.M))
            self.d_Wij = np.zeros((self.N, self.n))
            self.d_a = np.zeros((1, self.n))
            self.d_b = np.zeros((1, self.n))
            self.y = np.zeros((1, self.N))
            self.net = np.zeros((1, self.n))
            self.net_ab = np.zeros((1, self.n))
        return self.error, self.Wij
    def predict(self, x):  # 网络预测
        yuce = np.zeros((1, x.shape[0]))
        for i in range(0, x.shape[0]):
            x_test = x[i, :]
            for j in range(0, self.n):
                for k in range(0, self.M):
                    self.net[0, j] = self.net[0, j] + self.Wjk[j, k] * x_test[k]
                    self.net_ab[0, j] = (self.net[0, j] - self.b[0, j]) / self.a[0, j]
                temp = wnn.mymorlet(self.net_ab[0, j])
                for k in range(0, self.N):
                    self.y[0, k] = self.y[0, k] + self.Wij[k][j] * temp
            yuce[0, i] = self.y[0, 0]
            self.y = np.zeros((1, self.N))
            self.net = np.zeros((1, self.n))
            self.net_ab = np.zeros((1, self.n))
        return yuce, temp
if __name__ == '__main__':
    data_train = pd.read_excel("训练数据.xlsx")        # 导入训练数据
    data_trainNP = np.array(data_train)
    x_train = data_trainNP[:, 1:data_trainNP.shape[1] - 1]
    y_train = data_trainNP[:, data_trainNP.shape[1] - 1]
    data_test = pd.read_excel("测试数据.xlsx")        # 导入测试数据
    data_testNP = np.array(data_test)
    x_test = data_testNP[:, 1:data_testNP.shape[1] - 1]
    y_test = data_testNP[:, data_trainNP.shape[1] - 1]
```

```
# 输入输出归一化处理
scaler1 = MinMaxScaler(feature_range = ( - 1, 1))
scaler2 = MinMaxScaler(feature_range = ( - 1, 1))
inputn1 = scaler1.fit_transform(x_train)
outputn1 = scaler2.fit_transform(y_train.reshape( - 1, 1))
inputn2 = scaler1.fit_transform(x_test)
wnn = wnn()
error,Wij = wnn.train(x_train,inputn1,outputn1)
y,temp = wnn.predict(inputn2)
# 预测输出反归一化
ynn = scaler2.inverse_transform(y.T)
print(ynn)
ynnn = np.round(ynn)
for i in range(0,ynnn.shape[0]):
    if ynnn[i,0]>= 4:
        ynnn[i,0] = 4
    elif ynnn[i,0]>= 1:
        ynnn[i, 0] = ynnn[i,0]
    else:
        ynnn[i, 0] = 1
print('ynnn:',ynnn)
print(error)
print(temp)
# 结果分析
plt.rcParams["axes.unicode_minus"] = False
plt.rcParams['font.sans - serif'] = ['SimHei']
plt.figure(1)
l1, = plt.plot(ynnn, linestyle = ':', color = 'r',marker = '*')
plt.title('预测分类')
l2, = plt.plot(y_test, linestyle = '--', color = 'b',marker = 'o')
plt.legend(handles = [l1, l2], labels = ["预测分类", "实际分类"], loc = "lower right",
fontsize = 12)
plt.xlabel('数据组')
plt.ylabel('类别')
plt.figure(2)
plt.plot(np.arange(200),error[0, :],color = 'g')
plt.title('网络进化过程')
plt.xlabel('进化次数')
plt.ylabel('预测误差')
plt.show()
```

(1) 前 29 组数据(29×3)作为训练输入,后 30 组数据(30×3)作为测试输入,并将得到的结果与实际分类进行比对。

设置迭代次数为 200,网络进化过程如图 6-36 所示,预测分类结果如图 6-37 所示。

对预测分类的输出结果(ynnn)如下:

```
ynnn: [[4.],[4.],[3.],[4.],[4.],[2.],[2.],[4.],[4.],[4.],[4.],[3.],[1.],[2.],
    [4.],[3.],[4.],[4.],[4.],[2.],[2.],[3.],[4.],[1.],[1.],[4.],[2.],[4.],
    [4.],[4.]]
```

由网络的进化过程曲线可以看出,当进化次数为 100 的时候,误差已经趋于稳定,学习速率较快,但是由预测分类的结果可以看出,30 组数据的分类结果并未与实际分类完全重合,14 组数据的分类不准确,错误率为 14/30(约 47%),因此尝试增加迭代次数,进行第二次分类。

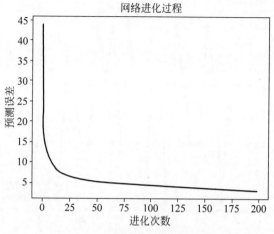

图 6-36 网络进化过程(200 次)

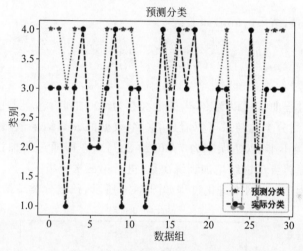

图 6-37 预测分类结果(200 次)

设置迭代次数为 500,网络进化过程如图 6-38 所示,预测分类结果如图 6-39 所示。

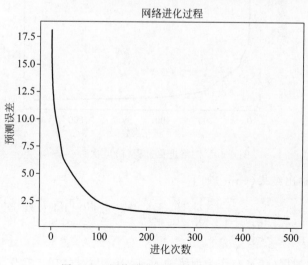

图 6-38 网络进化过程(500 次)

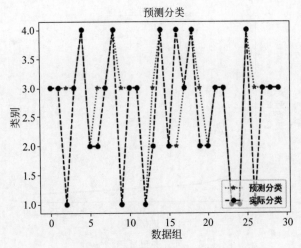

图 6-39 预测分类结果(500 次)

对预测分类的输出结果(ynnn)如下:

ynnn: [[3.],[3.],[3.],[3.],[4.],[2.],[3.],[3.],[4.],[3.],[3.],[3.],[1.],[3.],
[4.],[2.],[2.],[3.],[4.],[3.],[2.],[3.],[3.],[1.],[1.],[4.],[3.],[3.],
[3.],[3.]]

由网络的进化过程曲线可以看出,当进化次数为 100 的时候,误差已经趋于稳定,学习速率较快,但是由预测分类的结果可以看出,30 组数据的分类结果依然未与实际分类完全重合,7 组数据的分类不准确,错误率为 7/30(约 23%),亦即通过增加迭代次数,错误率出现一定的下降。下面将尝试继续增加训练次数,进行第三次分类。

设置迭代次数为 1000,网络进化过程如图 6-40 所示,预测分类结果如图 6-41 所示。

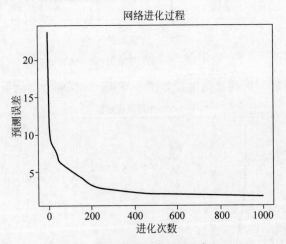

图 6-40 网络进化过程(1000 次)

对预测分类的输出结果(ynnn)如下:

ynnn: [[3.],[3.],[1.],[3.],[4.],[2.],[2.],[3.],[4.],[2.],[3.],[3.],[1.],[3.],
[4.],[3.],[4.],[3.],[4.],[2.],[2.],[3.],[3.],[1.],[1.],[2.],[2.],[3.],
[3.],[3.]]

(2) 将前 49 组数据(49×3)作为训练输入,后 10 组数据(10×3)作为测试输入,将得到

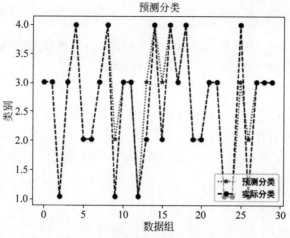

图 6-41　预测分类结果(1000 次)

的结果与实际分类进行比对。

设置迭代次数为 200,网络进化过程如图 6-42 所示,预测分类结果如图 6-43 所示。

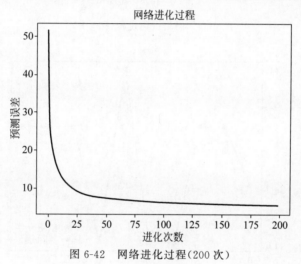

图 6-42　网络进化过程(200 次)

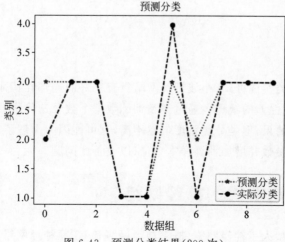

图 6-43　预测分类结果(200 次)

ynnn: [[3.],[3.],[3.],[1.],[1.],[3.],[2.],[3.],[3.],[3.]]

设置迭代次数为 500,网络进化过程如图 6-44 所示,预测分类结果如图 6-45 所示。

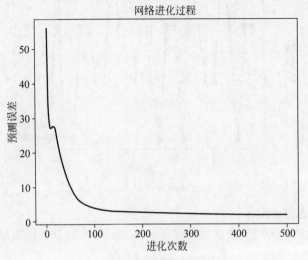

图 6-44　网络进化过程(500 次)

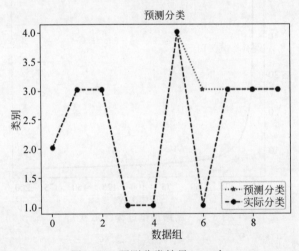

图 6-45　预测分类结果(500 次)

6.7.5　结论

通过酒瓶颜色分类实例可知,小波神经网络具有良好的局部性特征,能够弥补常规神经网络寻优速度慢、实时性差的缺点。通过调整训练数据个数及迭代次数,小波神经网络能够一定程度上提高分类效果,但是分类精度仍然不高,这可能因为出现了"过拟合"问题,需要继续调整网络的初始参数并增加训练样本数量,以改善此问题。

6.8　其他形式的神经网络

在此只介绍竞争型人工神经网络、概率神经网络和 CPN 神经网络。

6.8.1 竞争型人工神经网络——自组织竞争

在实际神经网络,比如人的视网膜中,存在一种"竞争"现象,即一个神经细胞兴奋后,通过它的分支会对周围其他神经细胞产生影响,使网络向更有利于竞争的方向调整,即一个"获胜",其他"全输"。

自组织竞争人工神经网络正是基于上述生物结构和现象形成的。神经网络分类器的学习方法,除了有导师或监督(supervised)、自监督(self-supervised)学习方法外,还有一种很重要的无导师或非监督(unsupervised)学习方法。自组织竞争系统就属于无导师型神经网络,这种自组织系统在待分类的模式无任何先验学习的情况下很有用。它能对输入模式进行自组织训练和判断,最终将其分为不同的类型。

与 BP 网络相比,这种自组织自适应的学习能力进一步拓宽了人工神经网络在模式识别和分类方面的应用。另外,竞争学习网络的核心——竞争层,又是许多其他神经网络模型的重要组成部分。

1. 自组织竞争网络

竞争网络由单层神经元网络组成,其输入节点与输出节点之间为全互联结构。因为网络在学习中的竞争特性也表现在输出层上,所以竞争网络中的输出层又称为竞争层,而与输入节点相连的权值及其输入合称为输入层。其网络结构图如图 6-46 所示。

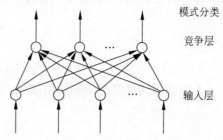

图 6-46 自组织竞争网络结构图

网络竞争层各神经元竞争对输入模式的响应机会,最后仅一个神经元成为竞争的胜利者,并将那些与获胜神经元有关的各连接权值朝着更有利于竞争的方向调整,获胜神经元表示输入模式的分类。

网络权值的调整公式为

$$\omega_{ij} = \omega_{ij} + a\left(\frac{x_i}{m} - \omega_{ij}\right) \tag{6-85}$$

该网络适用于模式识别和模式分类,尤其适用于具有大批相似数组的分类问题。

竞争网络适用于具有典型聚类特性的大量数据的辨识,但当遇到大量具有概率分布的输入向量时,竞争网络就无能为力了。

除了依靠竞争手段使神经元获胜的方法外,还有依靠抑制手段使神经元获胜的方法。当竞争层某个神经元的输入值大于其他所有神经元的输入值时,依靠其输出具有的优势(其输出值较其他神经元大)通过抑制作用将其他神经元的输出值逐渐减小。这样竞争层各神经元的输出就形成连续变化的模拟量。

设网络的输入向量为 $\boldsymbol{P} = \begin{bmatrix} p1 & p2 & \cdots & pr \end{bmatrix}$,对应网络的输出向量为 $\boldsymbol{A} = \begin{bmatrix} a1 & a2 & \cdots & as \end{bmatrix}$。

由于竞争网络中具有两种权值,因此激活函数的加权输入和也分为两部分:来自输入节点的加权输入和 N 与来自竞争层内互相抑制的加权输入和 G。对于第 i 个神经元,有来自输入结点的加权输入和:

$$n_i = \sum_{j=1}^{r} \omega_{ij} p_j \tag{6-86}$$

来自竞争层内互相抑制的加权输入和:

$$g_i = \sum_{k \in D} \omega_{ij} f(a_k) \tag{6-87}$$

如果竞争后第 i 个节点"赢"了,则有 $a_k = 1$,其中 $k = i$,而其他所有节点的输出均为 0,即 $a_k = 0$,其中 $k = 1, 2, \cdots, s$ 且 $k \neq i$。此时,$g_i = \sum_{k=1}^{s} \omega_{ik} f(a_k) = \omega_{ii} > 0$。如果竞争后第 i 个节点"输"了,而"赢"的节点为 l,则

$$\begin{cases} a_k = 1, & k = l \\ a_k = 0, & k = 1, 2, \cdots, s \text{ 且 } k \neq l \end{cases} \tag{6-88}$$

此时,$g_i = \sum_{k=1}^{s} \omega_{ik} f(a_k) = \omega_{il} < 0$。

所以,对整个网络的加权输入总和,有下式成立

$$\begin{cases} s_l = n_l + \omega_{il}, & \text{对于"赢"的节点 } l \\ s_l = n_l - |\omega_{il}|, & \text{对于所有"赢"的节点 } i = 1, 2, \cdots, s \text{ 且 } k \neq l \end{cases}$$

由此可以看出,经过竞争后只有获胜的那个节点的加权输入总和最大。竞争网络的输出为

$$a_k = \begin{cases} 1, & s_k = \max(s_i, i = 1, 2, \cdots, s) \\ 0, & \text{其他} \end{cases} \tag{6-89}$$

判断竞争网络节点输赢的结果时,可直接采用 n_i,即

$$n_{赢} = \max\left(\sum_{j=1}^{r} \omega_{ij} p_j \right) \tag{6-90}$$

取偏差 b 为 0 是判定竞争网络获胜节点时的典型情况,偶尔也采用下式进行竞争结果的判定:

$$n_{赢} = \max\left(\sum_{j=1}^{r} \omega_{ij} p_j + b \right), \quad -1 < b < 0 \tag{6-91}$$

综上所述,竞争网络的激活函数使加权输入和为最大的节点赢得输出,为 1,而其他神经元的输出皆为 0。

2. 自组织竞争网络分类器的实现

(1)初始化程序。在程序开始之前,首先设置网络的相关参数。

网络参数配置的 Python 程序代码如下:

```python
def __init__(self):
    self.N = 3  # 输入节点个数
    self.M = 4  # 竞争层节点个数
    self.w = np.random.rand(self.N, self.M)  # 输入层与竞争层的权值矩阵
    self.a = 0.01  # 学习率
    self.num = 5000  # 迭代次数
```

(2)归一化函数。

```python
scaler = MinMaxScaler(feature_range=(-1, 1))
inputn1 = scaler.fit_transform(x_train)
inputn2 = scaler.fit_transform(x_test)
```

（3）网络训练程序。

网络训练的 Python 程序代码如下：

```
def train(self,x):
    for i in range(0,self.num):
        for j in range(0,x.shape[0]):
            compete = np.dot(x[j,:],self.w)
            winner = np.argmax(compete)
            self.w[:,winner] = self.w[:,winner] + self.a * (x[j,:]/self.N - self.w[:,winner])
    return self.w
```

（4）网络预测。

网络预测的程序代码如下：

```
def predict(self,x):
    output = np.zeros(x.shape[0])
    for i in range(0,x.shape[0]):
        compete = np.dot(x[i], self.w)
        print(compete)
        output[i] = np.argmax(compete) + 1
    return output
```

3. 自组织竞争网络应用于模式分类

以表 1-1 的三元色数据为例，按照颜色数据表征的特点，将数据按各自所属的类别归类。其中，前 29 组数据已确定类别，后 30 组数据待确定类别。

使用自组织竞争网络对三元色数据进行分类，其 Python 程序代码如下：

```
import numpy as np
import pandas as pd
from sklearn.preprocessing import MinMaxScaler
from matplotlib import pyplot as plt

class CNN():
    def __init__(self):
        self.N = 3  # 输入节点个数
        self.M = 4  # 竞争层节点个数
        self.w = np.random.rand(self.N,self.M)          # 输入层与竞争层的权值矩阵
        self.a = 0.01  # 学习率
        self.num = 5000  # 迭代次数
    def train(self,x):
        for i in range(0,self.num):
            for j in range(0,x.shape[0]):
                compete = np.dot(x[j,:],self.w)
                winner = np.argmax(compete)
                self.w[:,winner] = self.w[:,winner] + self.a * (x[j,:]/self.N - self.w[:,winner])
        return self.w

    def predict(self,x):
        output = np.zeros(x.shape[0])
        for i in range(0,x.shape[0]):
            compete = np.dot(x[i], self.w)
            print(compete)
```

```
            output[i] = np.argmax(compete) + 1
        return output

if __name__ == '__main__':
    data_train = pd.read_excel("训练数据.xlsx")                    ♯ 导入训练数据
    data_trainNP = np.array(data_train)
    x_train = data_trainNP[:, 1:data_trainNP.shape[1] − 1]
    data_test = pd.read_excel("测试数据.xlsx")                     ♯ 导入测试数据
    data_testNP = np.array(data_test)
    x_test = data_testNP[:, 1:data_testNP.shape[1] − 1]
    ♯ 输入输出归一化处理
    scaler = MinMaxScaler(feature_range = ( − 1, 1))
    inputn1 = scaler.fit_transform(x_train)
    inputn2 = scaler.fit_transform(x_test)
    cnn = CNN()
    w = cnn.train(inputn1)
    pr = cnn.predict(inputn2)
    print(pr)
```

由于竞争型网络采用无导师学习方式,没有期望输出,因此在训练过程中设置网络训练次数就可以。用训练好的自组织竞争网络测试训练效果,系统给出聚类结果:

```
分类结果: [1. 3. 4. 1. 3. 1. 4. 2. 3. 3. 4. 3. 3. 2. 2. 1. 1. 2. 2. 4. 4. 2. 3. 2.
          1. 4. 3. 3. 3.]
权值 w:   [[ − 0.03731757   0.20371387 − 0.28752743   0.03869568]
          [ − 0.26104107   0.20551823   0.2325597   − 0.29418914]
          [ 0.1832525   − 0.20339753   0.07125865 − 0.03902622]]]
```

系统训练结束后,给出分类结果。由于竞争型网络采用无导师学习方式,因此其显示分类结果的方式与目标设置方式可能不同,这里采用统计法比较自组织竞争网络输出结果与原始分类结果,对照表如表 6-6 所示。

表 6-6　自组织竞争网络输出结果与原始分类结果对照表

	A	(数据序号) 4、6、16、25
原始分类结果统计	B	(数据序号) 8、14、15、18、19、22、24
	C	(数据序号) 1、3、7、11、17、20、21、26
	D	(数据序号) 2、5、9、10、12、13、23、27、28、29
	A	(数据序号) 1、4、6、16、17、25
自组织竞争网络分类结果统计	B	(数据序号) 8、14、15、18、19、22、24
	C	(数据序号) 3、7、11、20、21、26
	D	(数据序号) 2、5、9、10、12、13、23、27、28、29

由统计结果可知,自组织竞争网络输出结果与原始分类结果基本吻合。继续运行程序,可得到待分类样本数据的分类结果。

```
分类结果: [4. 4. 2. 4. 3. 1. 1. 4. 3. 2. 4. 2. 1. 3. 1. 3. 4. 3. 1. 1. 2. 4. 2.
          2. 3. 2. 4. 4. 4.]
权值 w:   [[ 0.20371387 − 0.03731757 − 0.28752743   0.03869568]
          [ 0.20551823 − 0.26104107   0.2325597   − 0.29418914]
          [ − 0.20339753   0.1832525   0.07125865 − 0.03902622]]
```

6.8.2　竞争型人工神经网络——自组织特征映射神经网络

自组织特征映射(self-organizing feature mapping,SOM)神经网络也属于无导师学习网络,主要用于对输入向量进行区域分类。其结构与基本竞争型神经网络相似,与自组织竞争网络的不同之处在于,SOM 网络不但识别属于区域邻近的区域,还研究输入向量的分布特性和拓扑结构。

自组织特征映射网络的基本思想如下:最近的神经元相互激励,较远的相互抑制,更远的则具有较弱的激励作用。SOM 网络的拓扑结构如图 6-47 所示。

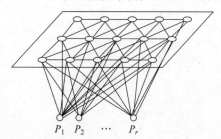

P_1 P_2 $\cdots$ P_r

图 6-47 SOM 网络的拓扑结构

SOM 网络结构也包括两层:输入层和竞争层。与基本竞争网络的不同之处在于,其竞争层可以由一维或二维网络矩阵方式组成,并且权值修正的策略不同。一维网络结构与基本竞争学习网络相同。

SOM 网络可用于识别获胜神经元 i。不同的是,自组织竞争网络只修正获胜神经元,而 SOM 网络依据 Kohonen 规则,同时修正获胜神经元附近区域 $Ni(d)$ 内的所有神经元。SOM 网络神经元邻域示意图如图 6-48 所示。

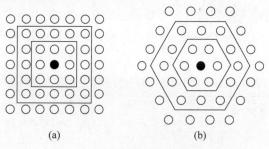

(a)   (b)

图 6-48 SOM 网络神经元邻域示意图

(a) 正方形区域;(b) 六角形区域

使用 Python 的第三方库 MiniSom 创建 SOM 网络的函数如下:

```
som = MiniSom(x, y, input_len, sigma, learning_rate)
```

各参数含义如下。

x,y: SOM 的维度

input_len: 输入向量的维度

sigma: 获胜邻域的半径

learning_rate:学习率

其他: 通常使用默认值

使用 SOM 网络将三元色数据按照颜色数据表征的特点归类。其 Python 程序代码如下:

```
import numpy as np
import pandas as pd
from minisom import MiniSom
from sklearn.preprocessing import MinMaxScaler

data_train = pd.read_excel("训练数据.xlsx")          ♯ 导入训练数据
data_trainNP = np.array(data_train)
x_train = data_trainNP[:, 1:data_trainNP.shape[1] − 1]
data_test = pd.read_excel("测试数据.xlsx")          ♯ 导入测试数据
data_testNP = np.array(data_test)
x_test = data_testNP[:, 1:data_testNP.shape[1] − 1]
♯ 归一化处理
scaler = MinMaxScaler(feature_range = (0, 1))
inputn1 = scaler.fit_transform(x_train)
inputn2 = scaler.fit_transform(x_test)
som = MiniSom(4, 4, 3, sigma = 1, learning_rate = 0.1)
som.train(inputn1, 500)                               ♯ 训练次数为500
output = np.array([som.winner(x)for x in inputn2])
print('分类结果:', output)
```

由 SOM 网络采用无导师学习方式,无期望输出,因此在训练过程中设置网络训练次数就可以。用训练好的 SOM 网络测试训练效果,系统给出聚类结果:

分类结果: [[2 1]、[3 3]、[2 0]、[3 0]、[3 2]、[3 0]、[2 0]、[1 2]、[3 2]、[3 2]、[2 0]、[3 2]、[3 2]、
　　　　 [0 3]、[0 3]、[2 1]、[2 1]、[1 3]、[0 3]、[2 0]、[2 0]、[1 3]、[3 2]、[1 3]、[2 1]、[2 0]、
　　　　 [3 3]、[3 2]、[3 2]]

分类结果显示的是输入数据激活的竞争层神经元的坐标,以用于确定最终的分类结果。这里采用统计法将调整后的 SOM 网络输出结果与原始分类结果进行比较,对照表如表 6-7 所示。

表 6-7　SOM 网络输出结果与原始分类结果对照表

原始分类结果统计	A	(数据序号) 4、6、16、25
	B	(数据序号) 8、14、15、18、19、22、24
	C	(数据序号) 1、3、7、11、17、20、21、26
	D	(数据序号) 2、5、9、10、12、13、23、27、28、29
自组织特征映射神经网络分类结果统计	A	(数据序号) 4、6
	B	(数据序号) 8、14、15、18、19、22、24
	C	(数据序号) 1、3、7、11、16、17、20、21、25、26
	D	(数据序号) 2、5、9、10、12、13、23、27、28、29

由统计结果可知,SOM 网络输出结果与原始分类结果基本吻合。

继续运行程序,可得到待分类样本数据的分类结果(调整显示分类结果方式后):

分类结果: [3、3、1、3、4、2、2、3、4、3、3、3、1、2、4、2、4、3、4、2、2、3、
　　　　 3、1、1、4、1、3、3、3]

6.8.3　竞争型人工神经网络——学习向量量化神经网络

学习向量量化(learning vector quantization,LVQ)神经网络是一种有导师训练竞争层的方法,主要用于进行向量识别。LVQ 神经网络是两层的网络结构:第一层为竞争层,与

前面的自组织竞争网络的竞争层功能相似,用于分类输入向量;第二层为线性层,将竞争层传递过来的分类信息转换为使用者定义的期望类别。

通常将竞争层学习得到的类称为子类,经线性层的类称为期望类别(目标类)。

1. LVQ 的基本模型

LVQ 网络和 SOM 网络具有非常类似的网络结构,如图 6-49 所示。网络由输入层和输出层组成,输入层有 N 个输入节点,接受输入向量 $X = [x_1, x_2, \cdots, x_N]^T$。输出层有 M 个神经元,呈一维线性排列。LVQ 没有在输出层引入拓扑结构,因此网络学习中不再有获胜邻域的概念。输入节点和输出层神经元通过权值向量 $W = [\omega_{11}, \cdots, \omega_{ij}, \cdots, \omega_{MN}]^T (i = 1, 2, \cdots, M; j = 1, 2, \cdots, N)$ 实现完全互连。其中任一神经元用 i 表示,其输入为输入向量与权值向量的内积 $u_t = W^T X = \sum_{j=1}^{N} \omega_{ij} x_j (i = 1, 2, \cdots, M)$。神经元的输出为 $v_i = f(u_i)$,其中,$f(\cdot)$ 为神经元激励函数,一般取为线性函数。

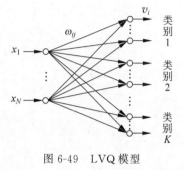

图 6-49 LVQ 模型

需要强调的是,在 LVQ 中输出神经元被预先指定了类别。输出神经元被分为 K 组,代表 K 个类别,每个神经元代表的类别在网络训练前被指定。

2. LVQ 网络的学习算法

(1) 设置变量和参量。

$X(n) = [x_1(n), x_2(n), \cdots, x_N(n)]^T$,为输入向量,或称训练样本。

$W_i(n) = [\omega_{11}(n), \cdots, \omega_{ij}(n), \cdots, \omega_{MN}(n)]^T$,为权值向量,$i = 1, 2 \cdots, M, j = 1, 2, \cdots, N$。

选择学习速度的函数 $\eta(n)$,n 为迭代次数,K 为迭代总次数。

(2) 初始化权值向量 $W_i(0)$ 及学习速率 $\eta(0)$。

(3) 从训练集合中选取输入向量 X。

(4) 寻找获胜神经元 c:

$$\| X - W_c \| = \min \| X - W_i \|, \quad i = 1, 2, \cdots, M \tag{6-92}$$

(5) 判断分类是否正确。根据以下规则调整获胜神经元的权值向量:

用 L_{wc} 代表与获胜神经元权值向量相联系的类,用 L_{x^i} 代表与输入向量相联系的类。

如果 $L_{x^i} = L_{wc}$,则 $W_c(n+1) = W_c(n) + \eta(n)[X - W_c(n)]$;否则,当 $L_{x^i} \neq L_{wc}$,则

$$W_c(n+1) = W_c(n) - \eta(n)[X - W_c(n)] \tag{6-93}$$

对于其他神经元,保持权值向量不变。

(6) 调整学习速率 $\eta(n)$:

$$\eta = \eta(0)\left(1 - \frac{n}{N}\right) \tag{6-94}$$

(7) 判断迭代次数 n 是否超过 K:如果 $n \leqslant K$,就将 n 值增加 1,转到(3);否则结束迭代过程。

注意:算法中必须保证学习常数 $\eta(n)$ 随着迭代次数 n 的增加单调减小。例如,$\eta(n)$ 被初始化为 0.1 或更小,之后随着 n 的增加而减小。算法中未对权值向量和输入向量进行归一化处理,这是因为网络直接将权值向量与输入向量的欧氏距离最小作为竞争获胜的判定条件。

3. LVQ 的实现代码

使用 LVQ 网络将三元色数据按照颜色数据表征的特点归类。其 Python 实现程序代码如下：

```python
import numpy as np
import pandas as pd
from sklearn.preprocessing import MinMaxScaler

class LVQ():
    def __init__(self,w):
        self.N = 3                                          # 输入数据特征维度
        self.M = 4                                          # 权值向量的个数
        self.w = w
        self.a = 0.1                                        # 学习率
        self.epochs = self.M                                # 迭代次数

    def distance(self, x):                                  # 计算权值向量与样本数据的距离
        Distance_matrix = np.linalg.norm(x - self.w, axis = 1)
        return Distance_matrix

    def train(self,x,y):
        for k in range(0,self.epochs):
            for i in range(0,x.shape[0]):
                winner = np.argmin(self.distance(x[i,:]))   # 寻找获胜神经元的类别
                if y[i] == winner + 1:      # 判断类别是否与真实分类相同,进行权值的更新
                    self.w[winner,:] = self.w[winner,:] + self.a * (x[i,:] - self.w[winner,:])
                else:
                    self.w[winner, :] = self.w[winner, :] - self.a * (x[i, :] - self.w[winner, :])
            self.a = self.a * (1 - (k + 1)/self.N)          # 学习率更新
        return self.w
    def predict(self,x):                                    # 预测函数
        result = np.zeros(x.shape[0])
        for i in range(0,x.shape[0]):
            result[i] = np.argmin(self.distance(x[i, :])) + 1
        return result
if __name__ == '__main__':
    data_train = pd.read_excel("训练数据.xlsx")             # 导入训练数据
    data_trainNP = np.array(data_train)
    x_train = data_trainNP[:, 1:data_trainNP.shape[1] - 1]
    y_train = data_trainNP[:, data_trainNP.shape[1] - 1]
    data_test = pd.read_excel("测试数据.xlsx")              # 导入测试数据
    data_testNP = np.array(data_test)
    x_test = data_testNP[:, 1:data_testNP.shape[1] - 1]
    # 归一化处理
    scaler = MinMaxScaler(feature_range = (0, 1))
    inputn1 = scaler.fit_transform(x_train)
    inputn2 = scaler.fit_transform(x_test)
    # 初始的权值向量是从样本数据各类中随机选取一个
    w = np.zeros((4,3))
    list1 = np.where(y_train == 1)[0]
    number1 = np.random.choice(list1)
    w[0, :] = inputn1[number1,:]
    list2 = np.where(y_train == 2)[0]
```

```
number2 = np.random.choice(list2)
w[1, :] = inputn1[number2, :]
list3 = np.where(y_train == 3)[0]
number3 = np.random.choice(list3)
w[2, :] = inputn1[number3, :]
list4 = np.where(y_train == 4)[0]
number4 = np.random.choice(list4)
w[3, :] = inputn1[number4, :]
lvq = LVQ(w)
w = lvq.train(inputn1,y_train)
result = lvq.predict(inputn2)
print('分类结果:',result)
```

运行上述程序后,系统给出待分类样本的聚类结果:

分类结果:[3. 3. 1. 3. 4. 2. 2. 3. 4. 3. 3. 3. 1. 2. 4. 2.

4. 3. 4. 2. 2. 3. 3. 1. 1. 4. 1. 3. 3. 3.]

将训练后的 LVQ 网络分类结果与目标结果对比,结果如表 6-8 所示。

表 6-8   训练后的 LVQ 网络分类结果与目标结果对比

序　号	A	B	C	目 标 结 果	LVQ 网络分类结果
1	1702.8	1639.79	2068.74	3	3
2	1877.93	1860.96	1975.30	3	3
3	867.81	2334.68	2535.10	1	1
4	1831.49	1713.11	1604.68	3	3
5	460.69	3274.77	2172.99	4	4
6	2374.98	3346.98	975.31	2	2
7	2271.89	3482.97	946.70	2	2
8	1783.64	1597.99	2261.31	3	3
9	198.83	3250.45	2445.08	4	4
10	1494.63	2072.59	2550.51	1	3
11	1597.03	1921.52	2126.76	3	3
12	1598.93	1921.08	1623.33	3	3
13	1243.13	1814.07	3441.07	1	1
14	2336.31	2640.26	1599.63	2	2
15	354.00	3300.12	2373.61	4	4
16	2144.47	2501.62	591.51	2	2
17	426.31	3105.29	2057.80	4	4
18	1507.13	1556.89	1954.51	3	3
19	343.07	3271.72	2036.94	4	4
20	2201.94	3196.22	935.53	2	2
21	2232.43	3077.87	1298.87	2	2
22	1580.10	1752.07	2463.04	3	3
23	1962.40	1594.97	1835.95	3	3
24	1495.18	1957.44	3498.02	1	1
25	1125.17	1594.39	2937.73	1	1

序　号	A	B	C	目 标 结 果	LVQ 网络分类结果
26	24.22	3447.31	2145.01	4	4
27	1269.07	1910.72	2701.97	1	1
28	1802.07	1725.81	1966.35	3	3
29	1817.36	1927.40	2328.79	3	3
30	1860.45	1782.88	1875.13	3	3

由表 6-8 可见,训练后的 LVQ 网络对测试数据进行分类后的结果与目标结果基本吻合,只有一组数据(1494.63,2072.59,2550.51)有出入,该分类是第三类,正确分类是第一类。

调整 LVQ 网络后用训练样本进行训练,但分类结果没有改变,与原分类结果相同(因为该网络对其他数据的分类结果正确,所以未对网络参数做调整)。原因为 LVQ 网络竞争层识别的类别仅与输入向量间的距离有关。如果两个输入向量类似,竞争层就可能将其归为一类,竞争层的设计并未严格界定,不能将任意两个输入向量归于同一类。

6.8.4 概率神经网络

1. 概率神经网络的结构和工作原理

径向基神经元还可以与竞争神经元共同组建概率神经网络(probabilistic neural network,PNN)。PNN 经常用于解决分类问题。PNN 的结构图如图 6-50 所示。

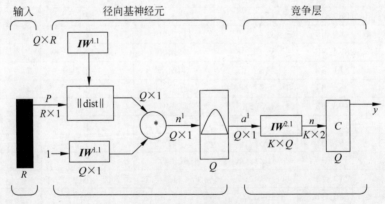

图 6-50　PNN 的结构图

PNN 的结构图与径向基函数网络结构类似,只是在第二层有些差异。其中

$$a_i^1 = \mathrm{radbas}(\| {}_i IW^{1.1} - p \| b_i^1) \tag{6-95}$$

$$y = a^2 = \mathrm{compet}(IW^{2.1} \cdot a^2) \tag{6-96}$$

a_i^1 为向量 a^1 的第 i 个元素;${}_i IW^{1.1}$ 为权值矩阵 $IW^{1.1}$ 的第 i 个行向量;R=输入向量元素的数量=第一层神经元的数量;Q=输入向量类别的数据=第二层神经元的数量。

PNN 的第一层仍与 RBF 网络的第一层类似。首先计算输入向量与训练样本之间的距离,第一层输出向量表示输入向量与训练样本之间的接近程度。将第二层与输入向量相关的所有类别综合在一起,网络输出为表示概率的向量,最后通过第二层的竞争传递函数进行取舍,概率最大值的那一类为 1,其他类用 0 表示。

假设输入期望值样本的数量为 Q，期望值为 K 维向量，表示类只有一个元素 1，其余均为 0。

PNN 第一层的输入权值 $IW^{1.1}$ 为输入样本的转置矩阵 P^T，经过 $\|dist\|$ 计算，第一层输出向量表示输入向量与样本向量的接近程度，然后与阈值向量相乘，再经过径向传递函数计算。输入向量与哪个样本最接近，则 a^1 对应的几个元素均为 1。

第二层权值 $IW^{2.1}$ 设定为期望值向量矩阵 T，每个行向量只有一个元素 1，代表相应的类别，其余元素均为 0，然后计算乘积 Ta^1。最后通过第二层传递函数竞争计算得到 n^2，较大的元素取 1，其余为 0。至此 PNN 完成对输入向量的分类。

2. PNN 分类器的实现步骤

（1）提取样本数据，样本数据如表 1-1 所示。其中，前 29 组数据已确定类别，后 30 组数据待确定类别。

（2）初始化程序。在程序开始之前，首先设置网络的相关参数。

PNN 参数配置的 Python 程序代码如下：

```python
def __init__(self):
    self.N = 3                 # 输入层神经元的个数
    self.M = 29                # 模式层神经元的个数,等于训练样本的个数
    self.Q = 4                 # 求和层神经元的个数
    self.y = 1                 # 输出层神经元的个数
    self.sigma = 0.1           # 平滑因子
```

（3）归一化函数。

创建归一化函数的 Python 程序代码如下：

```python
def normalization(self, x):            # 归一化函数
    for i in range(0, x.shape[0]):
        x[i, :] = x[i, :] / np.sqrt(np.dot(x[i, :], x[i, :].T))
    return x
```

（4）网络模式层。

网络模式层的 Python 程序代码如下：

```python
def Pattern_layer(self, Distance_matrix):          # 训练数据与测试数据构成的高斯矩阵
    row = Distance_matrix.shape[0]
    Gauss = np.zeros((row, self.M))
    for i in range(0, row):
        for j in range(0, self.M):
            Gauss[i, j] = np.exp(- Distance_matrix[i, j] / (2 * self.sigma ** 2))
    return Gauss
```

（5）网络竞争层。

网络竞争层的 Python 程序代码如下：

```python
def Summation_layer(self, Gauss, y):
    row = Gauss.shape[0]
    column = y.shape[0]
    prob = np.zeros((row, self.Q))
    Probability_matrix = np.zeros((row, self.Q))        # 概率矩阵
    for i in range(0, row):
        for j in range(0, column):
```

```
                    if y[j] == 1:
                        prob[i,0] = prob[i,0] + Gauss[i,j]
                    if y[j] == 2:
                        prob[i,1] = prob[i,1] + Gauss[i,j]
                    if y[j] == 3:
                        prob[i,2] = prob[i,2] + Gauss[i,j]
                    if y[j] == 4:
                        prob[i,3] = prob[i,3] + Gauss[i,j]
            for i in range(0,row):
                Probability_matrix[i,:] = copy.deepcopy(prob)[i,:]/np.sum(prob,axis = 1)[i]
            return Probability_matrix
```

3. 实现 PNN 分类器

使用 Python 实现 PNN 分类器,程序代码如下:

```python
import numpy as np
import pandas as pd
import copy
from matplotlib import pyplot as plt
from mpl_toolkits.mplot3d import Axes3D

class PNN():
    def __init__(self):
        self.N = 3                  # 输入层神经元的个数
        self.M = 29                 # 模式层神经元的个数,等于训练样本的个数
        self.Q = 4                  # 求和层神经元的个数
        self.y = 1                  # 输出层神经元的个数
        self.sigma = 0.1            # 平滑因子

    def distance(self, x1, x2):           # 计算测试数据与训练数据的欧氏距离
        # x1:训练数据
        # X2:测试数据
        p = x2.shape[0]
        # Euclidean_D是测试数据与训练数据组成的距离矩阵
        Distance_matrix = np.zeros((p, self.M))
        for i in range(0, p):
            for j in range(0, self.M):
                Distance_matrix[i, j] = np.linalg.norm(x2[i, :] - x1[j, :], axis = 0)
        return Distance_matrix

    def normalization(self, x):          # 归一化函数
        for i in range(0, x.shape[0]):
            x[i, :] = x[i, :] / np.sqrt(np.dot(x[i, :], x[i, :].T))
        return x

    def Pattern_layer(self, Distance_matrix):   # 训练数据与测试数据构成的高斯矩阵
        row = Distance_matrix.shape[0]
        Gauss = np.zeros((row, self.M))
        for i in range(0, row):
            for j in range(0, self.M):
                Gauss[i, j] = np.exp(-Distance_matrix[i, j] / (2 * self.sigma ** 2))
        return Gauss

    def Summation_layer(self, Gauss, y):
        row = Gauss.shape[0]
```

```python
            column = y.shape[0]
            prob = np.zeros((row, self.Q))
            Probability_matrix = np.zeros((row, self.Q))        # 概率矩阵
            for i in range(0, row):
                for j in range(0, column):
                    if y[j] == 1:
                        prob[i, 0] = prob[i, 0] + Gauss[i, j]
                    if y[j] == 2:
                        prob[i, 1] = prob[i, 1] + Gauss[i, j]
                    if y[j] == 3:
                        prob[i, 2] = prob[i, 2] + Gauss[i, j]
                    if y[j] == 4:
                        prob[i, 3] = prob[i, 3] + Gauss[i, j]
            for i in range(0, row):
                Probability_matrix[i, :] = copy.deepcopy(prob)[i, :]/np.sum(prob, axis=1)[i]
            return Probability_matrix

        def output(self, matrix):                               # 输出层函数
            Category = np.argmax(matrix, axis=1)
            return Category + 1


if __name__ == '__main__':
    data_train = pd.read_excel("训练数据.xlsx")            # 导入训练数据
    data_trainNP = np.array(data_train)
    x_train = data_trainNP[:, 1:data_trainNP.shape[1] - 1]
    y_train = data_trainNP[:, data_trainNP.shape[1] - 1]
    data_test = pd.read_excel("测试数据.xlsx")             # 导入测试数据
    data_testNP = np.array(data_test)
    x_test = data_testNP[:, 1:data_testNP.shape[1] - 1]
    pnn = PNN()
    norm1 = pnn.normalization(copy.deepcopy(x_train))
    norm2 = pnn.normalization(copy.deepcopy(x_test))
    Distance_matrix = pnn.distance(norm1, norm2)
    Gauss = pnn.Pattern_layer(Distance_matrix)
    Probability_matrix = pnn.Summation_layer(Gauss, y_train)
    Category = pnn.output(Probability_matrix)
    print(Category)
    fig = plt.figure()
    ax = fig.add_subplot(111, projection='3d')
    for i in range(0, Category.shape[0]):
        if Category[i] == 1:
            ax.scatter(x_test[i, 0], x_test[i, 1], x_test[i, 2], c='g', marker='*')
            ax.text(x_test[i, 0], x_test[i, 1], x_test[i, 2], str(1), fontsize=8, color=
'green')
        elif Category[i] == 2:
            ax.scatter(x_test[i, 0], x_test[i, 1], x_test[i, 2], c='r', marker='+')
            ax.text(x_test[i, 0], x_test[i, 1], x_test[i, 2], str(2), fontsize=8, color=
'red')
        elif Category[i] == 3:
            ax.scatter(x_test[i, 0], x_test[i, 1], x_test[i, 2], c='b', marker='o')
            ax.text(x_test[i, 0], x_test[i, 1], x_test[i, 2], str(3), fontsize=8, color=
'blue')
        elif Category[i] == 4:
            ax.scatter(x_test[i, 0], x_test[i, 1], x_test[i, 2], c='y', marker='<')
            ax.text(x_test[i, 0], x_test[i, 1], x_test[i, 2], str(4), fontsize=8, color=
'black')
```

```
ax.set_xlim(0, 3500)
ax.set_ylim(0, 3500)
ax.set_zlim(0, 3500)
ax.set_xlabel('A')
ax.set_ylabel('B')
ax.set_zlabel('C')
plt.show()
```

运行上述程序后,系统输出 PNN 的类别分类结果图,如图 6-51 所示。

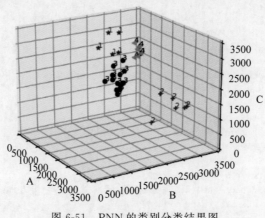

图 6-51 PNN 的类别分类结果图

分类结果如下:

```
[3  3  1  3  4  2  2  3  4  3  3  3  1  2  4  2  4  3
 4  2  2  3  3  1  1  4  1  3  3  3]
```

4. RBF 与 PNN 分类器比较

RBF 与 PNN 的分类结果对比如表 6-9 所示。

表 6-9 RBF 与 PNN 的分类结果对比

序 号	A	B	C	目 标 结 果	RBF 网络分类结果	PNN 分类结果
1	1702.80	1639.79	2068.74	3	3	3
2	1877.93	1860.96	1975.30	3	3	3
3	867.81	2334.68	2535.10	1	2.6147018	1
4	1831.49	1713.11	1604.68	3	3	3
5	460.69	3274.77	2172.99	4	4	4
6	2374.98	3346.98	975.31	2	2	2
7	2271.89	3482.97	946.70	2	2	2
8	1783.64	1597.99	2261.31	3	3	3
9	198.83	3250.45	2445.08	4	4	4
10	1494.63	2072.59	2550.51	1	2.30389037	3
11	1597.03	1921.52	2126.76	3	3	3
12	1598.93	1921.08	1623.33	3	3	3
13	1243.13	1814.07	3441.07	1	1	1
14	2336.31	2640.26	1599.63	2	2.63504225	2
15	354.00	3300.12	2373.61	4	4	4

续表

序 号	A	B	C	目 标 结 果	RBF 网络分类结果	PNN 分类结果
16	2144.47	2501.62	591.51	2	2	2
17	426.31	3105.29	2057.80	4	4	4
18	1507.13	1556.89	1954.51	3	3	3
19	343.07	3271.72	2036.94	4	4	4
20	2201.94	3196.22	935.53	2	2	2
21	2232.43	3077.87	1298.87	2	2.50833786	2
22	1580.10	1752.07	2463.04	3	2.38671677	3
23	1962.40	1594.97	1835.95	3	3	3
24	1495.18	1957.44	3498.02	1	1	1
25	1125.17	1594.39	2937.73	1	1	1
26	24.22	3447.31	2145.01	4	4	4
27	1269.07	1910.72	2701.97	1	1.81161452	1
28	1802.07	1725.81	1966.35	3	3	3
29	1817.36	1927.40	2328.79	3	3	3
30	1860.45	1782.88	1875.13	3	3	3

从表 6-9 中数据可以看出,对于 RBF 网络的分类结果,那些不能确定具体类别的数据,PNN 却给出了明确的分类结果。另外,对于同一组数据,两种分类器得出了不同的结果,但用 PNN 得到的分类结果与人工分类结果基本相同,这说明在用 RBF 网络分类器进行分类时,由于函数本身存在数据分类方面的缺陷及人为调整参数等问题,造成最终分类结果不准确。

RBF 网络和 PNN 均可以实现对给定数据进行分类,并且 PNN 的分类结果更理想。这是因为 RBF 网络主要用于函数的逼近,而 PNN 主要用于解决分类问题,可以弥补 RBF 网络在分类方面的不足。

6.8.5 CPN 分类器的 Python 实现

1. CPN 的结构

对向传播网络(counter propagation net,CPN)是美国计算机专家 Robert Hecht-Nielsen 于 1987 年提出的。这种网络被广泛应用于模式分类、函数近似、统计分析和数据压缩等领域。CPN 的结构如图 6-52 所示。

CPN 分为输入层、竞争层和输出层。其基本思想如下:由输入层至输出层,网络按照 SOM 学习规则产生竞争层的获胜神经元,并按这一规则调整相应的输入层至竞争层的连接权;由竞争层到输出层,网络按照基本竞争型网络学习规则,得到各输出神经元的实际输出值,并按照有导师型的误差校正方法,修正竞争层到输出层的连接权。经过这样的反复学习,可以将任意输入模式映射为输出模式。

根据这一基本思想,输入、输出模式通过竞争层实现了相互映射,即网络具有双向记忆功能。如果输入/输出采用相同的模式对网络进行训练,则输入层到竞争层的映射可认

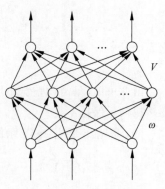

图 6-52 CPN 的结构

为是对输入模式的压缩;而竞争层到输出层的映射可认为是对输入模式的复原。

2. CPN 的学习及工作规则

假定输入层有 N 个神经元,p 个连续值的输入模式为 $\boldsymbol{A}_k=(a_1^k,a_2^k,\cdots,a_N^k)$,竞争层有 Q 个神经元,对应的二值输出向量为 $\boldsymbol{B}_k=(b_1^k,b_2^k,\cdots,b_Q^k)$,输出层有 M 个神经元,其连续值的输出向量为 $\boldsymbol{C}_k'=(c_1'^k,c_2'^k,\cdots,c_M'^k)$,目标输出向量为 $\boldsymbol{C}_k=(c_1^k,c_2^k,\cdots,c_M^k)$。其中,$k=1,2,\cdots,p$。

输入层到竞争层的连接权值向量为 $\boldsymbol{W}_j=(\omega_{j1},\omega_{j2},\cdots,\omega_{jN})$,$j=1,2,\cdots,Q$;竞争层到输出层的连接权向量为 $\boldsymbol{V}_l=(v_{l1},v_{l2},\cdots,v_{lQ})$,$l=1,2,\cdots,M$。

(1) 初始化。为连接权向量 $\boldsymbol{W}_j$ 和 $\boldsymbol{V}_l$ 赋予区间 $[0,1]$ 内的随机值。对所有的输入模式 A_k 进行归一化处理:$a_1^k=\dfrac{a_1^k}{\|A_k\|}$,其中,$\|A_k\|=\sqrt{\sum\limits_{i=1}^{N}(a_i^k)^2}$,$k=1,2,\cdots,p$。

(2) 将第 k 个输入模式 A_k 提供给网络的输入层。

(3) 将连接权值向量 $\boldsymbol{W}_j$ 按照下式进行归一化处理:$\omega_{j1}=\dfrac{\omega_{j1}}{\|\omega_{j1}\|}$,其中,$\|\omega_{j1}\|=\sqrt{\sum\limits_{i=1}^{N}\omega_{j1}^2}$,$j=1,2,\cdots,Q$。

(4) 求竞争层中每个神经加权输入和:$s_j=\sum\limits_{j=1}^{Q}a_i^k\omega_{ji}$,其中,$i=1,2,\cdots,N$。

(5) 求连接权向量 $\boldsymbol{W}_j$ 中与 A_k 距离最近的向量 $\boldsymbol{W}_g$:

$\boldsymbol{W}_g=\max\limits_{j=1,2,\cdots,Q}\sum\limits_{i=1}^{N}a_j^k\omega_{ji}=\max\limits_{j=1,2,\cdots,Q}s_j$,将神经元 g 的输出设定为 1,其余竞争层神经元的输出设定为 0,即 $b_j=\begin{cases}1,&j=g\\0,&j\neq g\end{cases}$。

(6) 将连接权向量 $\boldsymbol{W}_g$ 按照下式进行修正:

$$\omega_{gi}(t+1)=\omega_{gi}(t)+\alpha(a_i^k-\omega_{gi}(t)) \tag{6-97}$$

其中,$i=1,2,\cdots,N$;α 为学习率,$-1<\alpha<1$。

(7) 对连接权向量 $\boldsymbol{W}_g$ 重新进行归一化,归一化算法同上。

(8) 按照下式修正竞争层到输出层的连接权向量 $\boldsymbol{V}_l$:

$$v_{li}(t+1)=v_{li}(t)+\beta b_j(c_l-c_l') \tag{6-98}$$

其中,$l=1,2,\cdots,M$;$i=1,2,\cdots,N$;$j=1,2,\cdots,Q$;β 为学习率。由步骤(5)可将上式简化为

$$v_{lg}(t+1)=v_{lg}(t)+\beta b_j(c_l-c_l') \tag{6-99}$$

由此可见,只需调整竞争层获胜神经元 g 到输出层神经元的连接权向量 $\boldsymbol{V}_g$ 即可,其他连接权向量保持不变。

(9) 求输出层各神经元的加权输入,并将其作为输出神经元的实际输出值,$c_l'=\sum\limits_{j=0}^{Q}b_j v_{lg}$,其中,$l=1,2,\cdots,M$。同理,可将其简化为 $c_l'=v_{lg}$。

(10) 返回步骤(2),直到将 p 个输入模式全部提供给网络。

(11) 令 $t=t+1$，将输入模式 A_k 重新提供给网络学习，直到 $t=T$。其中，T 为预先设定的学习总次数，一般取 $500 < T < 10000$。

3. CPN 用于模式分类

三元色数据表如表 1-1 所示。其中，前 29 组数据已确定类别，后 30 组数据待确定类别。

其 CPN 分类的 Python 程序代码如下：

```python
import numpy as np
import pandas as pd
import copy

class CPN():
    def __init__(self):
        self.N = 3                                    # 输入层神经元个数
        self.Q = 13                                   # 竞争层神经元个数
        self.M = 1                                    # 输出层神经元个数
        self.w = np.random.rand(self.Q, self.N)       # 输入层与竞争层之间的连接权
        self.v = np.random.rand(self.M, self.Q)       # 竞争层与输出层之间的连接权
        self.epoch = 1000                             # 迭代次数
        self.a = 0.1                                  # 学习率
    def normalization(self, x):                       # 归一化函数
        for i in range(0, x.shape[0]):
            x[i, :] = x[i, :]/np.sqrt(np.dot(x[i, :], x[i, :].T))
        return x

    def train(self, x, Y, Y_out):
        s = np.zeros(self.Q)
        count = 0
        while self.epoch > 0:
            for j in range(0, x.shape[0]):
                for i in range(0, self.Q):
                    self.w[i, :] = self.w[i, :]/np.sqrt(np.dot(self.w[i, :], self.w[i, :].T))
                                                      # 归一化正向权值 w
                    s[i] = np.dot(x[j, :], self.w[i, :].T)
                temp = np.max(s)                      # 求输出为最大的神经元，即获胜神经元
                for i in range(0, self.Q):
                    if temp == s[i]:
                        count = i
                for i in range(0, self.Q):
                    s[i] = 0                          # 将所有竞争层神经单元的输出置 0
                s[count] = 1                          # 将获胜的神经元输出置 1
                # 权值调整
                self.w[count, :] = self.w[count, :] + self.a * (x[j, :] - self.w[count, :])
                self.w[count, :] = self.w[count, :]/np.sqrt(np.dot(self.w[count, :], self.w[count, :].T))
                self.v[:, count] = self.v[:, count] + self.a * (Y[j] - Y_out[j])
                Y_out[j] = self.v[:, count]           # 计算网络输出
            self.epoch = self.epoch - 1
        return Y_out, self.v

    def predict(self, x):
        countp = 0
        Outc = np.zeros(x.shape[0])
        sc = np.zeros(self.Q)
```

```
                for j in range(0,x.shape[0]):
                    for i in range(0,self.Q):
                        sc[i] = np.dot(x[j,:],self.w[i,:].T)
                    tempc = np.max(sc)
                    for i in range(0,self.Q):
                        if tempc == sc[i]:
                            countp = i
                        sc[i] = 0
                    sc[countp] = 1
                    Outc[j] = self.v[:,countp]
            return Outc


if __name__ == '__main__':
    data_train = pd.read_excel("训练数据.xlsx")            # 导入训练数据
    data_trainNP = np.array(data_train)
    x_train = data_trainNP[:, 1:data_trainNP.shape[1] - 1]
    y_train = data_trainNP[:, data_trainNP.shape[1] - 1]
    Y_out = copy.deepcopy(y_train)
    data_test = pd.read_excel("测试数据.xlsx")             # 导入测试数据
    data_testNP = np.array(data_test)
    x_test = data_testNP[:, 1:data_testNP.shape[1] - 1]
    cpn = CPN()
    norm1 = cpn.normalization(x_train)
    norm2 = cpn.normalization(x_test)
    T_out,v = cpn.train(norm1,y_train,Y_out)
    Outc = cpn.predict(norm2)
    print('T_out:',T_out)
    print('Outc:',Outc)
```

运行上述程序,系统给出使用 CPN 训练的分类器对样本数据的分类结果:

```
T_out: [3.  4.  3.  1.  4.  1.  3.  2.  4.  4.  3.  4.  4.  2.  2.  1.  3.  2.
        2.  3.  3.  2.  4.  2.  1.  3.  4.  4.  4.]
```

将训练后的 CPN 分类结果与目标结果对比,如表 6-10 所示。

表 6-10　训练后的 CPN 分类结果与目标结果对比

序　号	A	B	C	目　标　结　果	CPN 分类结果
1	1739.94	1675.15	2395.96	3	3
2	373.30	3087.05	2429.47	4	4
3	1756.77	1652.00	1514.98	3	3
4	864.45	1647.31	2665.90	1	1
5	222.85	3059.54	2002.33	4	4
6	877.88	2031.66	3071.18	1	1
7	1803.58	1583.12	2163.05	3	3
8	2352.12	2557.04	1411.53	2	2
9	401.30	3259.94	2150.98	4	4
10	363.34	3477.95	2462.86	4	4
11	1571.17	1731.04	1735.33	3	3
12	104.80	3389.83	2421.83	4	4
13	499.85	3305.75	2196.22	4	4

序　号	A	B	C	目 标 结 果	CPN 分类结果
14	2297.28	3340.14	535.62	2	2
15	2092.62	3177.21	584.32	2	2
16	1418.79	1775.89	2772.90	1	1
17	1845.59	1918.81	2226.49	3	3
18	2205.36	3243.74	1202.69	2	2
19	2949.16	3244.44	662.42	2	2
20	1692.62	1867.50	2108.97	3	3
21	1680.67	1575.78	1725.10	3	3
22	2802.88	3017.11	1984.98	2	2
23	172.78	3084.49	2328.65	4	4
24	2063.54	3199.76	1257.21	2	2
25	1449.58	1641.58	3405.12	1	1
26	1651.52	1713.28	1570.38	3	3
27	341.59	3076.62	2438.63	4	4
28	291.02	3095.68	2088.95	4	4
29	237.63	3077.78	2251.96	4	4

训练后的 CPN 对训练数据进行分类后的结果与目标结果完全吻合。

继续运行程序,系统给出训练后的 CPN 对待分类样本的分类结果如下:

```
Outc: [3.        3.        0.89398717 3.        4.        2.
       2.        3.        4.        1.        3.        3.
       1.        2.        4.        2.        4.        3.
       4.        2.        2.        1.        3.        1.
       1.        4.        1.        3.        3.        3.       ]
```

多次运行程序,CPN 对待分类样本数据给出分类结果,如表 6-11 所示。

表 6-11　CPN 对待分类样本数据的分类结果

序 号	次　数							
	1	2	3	4	5	6	7	8
1	3	3	3	3	3	3	3	3
2	3	3	3	3	3	3	3	3
3	1	1	1	0.8643	1	0.7869	1	0.3328
4	3	3	2.5022	3	3	3	3	3
5	4	4	4	4	4	4	4	4
6	2	2	2	2	2	2	2	2
7	2	2	2	2	2	2	2	2
8	3	3	3	3	3	3	2.6888	3
9	4	4	4	4	4	4	4	4
10	1	1.6042	1	3	1	0.9347	2.6888	0.3328
11	3	3	3	3	3	3	3	3
12	3	3	2.5022	3	3	3	0.9431	3
13	1	1	1	1	1	1	1	1

续表

序号	次 数							
	1	**2**	**3**	**4**	**5**	**6**	**7**	**8**
14	2	2	2.5022	2.3021	2	2	2	2
15	4	4	4	4	4	4	4	4
16	2	2	2	2	2	2	2	2
17	4	4	4	4	4	4	4	4
18	3	3	3	3	3	3	3	3
19	4	4	4	4	4	4	4	4
20	2	2	2	2	2	2	2	2
21	2	2	2	2	2	2	2	2
22	3	1.6042	1	3	1	1	2.6888	0.3228
23	3	3	3	3	0.5227	3	3	3
24	1	1.6042	1	1	1	1	1	1
25	1	1	1	1	1	1	1	1
26	4	4	4	4	4	4	4	4
27	1	1.6042	1	1	1	1	1	1
28	3	3	3	3	3	3	3	3
29	3	3	3	3	3	3	3	3
30	3	3	3	3	3	3	3	3

序号	次 数							
	9	**10**	**11**	**12**	**13**	**14**	**15**	**16**
1	3	3	3	3	3	2.8564	3	2.2688
2	3	3	3	2.7819	3	2.8564	2.7819	2.8302
3	0.3614	0.5267	0.3427	1	0.0983	1	0.6429	1
4	3	3	3	2.7819	3	2.8564	2.7819	2.8302
5	4	4	4	4	4	4	4	4
6	2	2	2	2	2	2	2	2
7	2	2	2	2	2	2	2	2
8	3	2.2688	3	3	3	2.8564	3	2.2688
9	4	4	4	4	4	4	4	4
10	3	2.2688	1	3	0.5918	1	3	2.2688
11	3	3	3	3	3	2.8564	3	2.2688
12	3	3	3	2.7819	3	2.8564	2.7819	2.8302
13	1	1	1	1	1	1	1	1
14	2	2	2	2.7819	2	2	2.7819	2.8302
15	4	4	4	4	4	4	4	4
16	2	2	2	2	2	2	2	2
17	4	4	4	4	4	4	4	4
18	3	2.2688	3	3	3	2.8564	3	2.2688
19	4	4	4	4	4	4	4	4
20	2	2	2	2	2	2	2	2
21	2	2	2	2	2	2	2	2

续表

序号	次 数							
	9	10	11	12	13	14	15	16
22	3	2.2688	3	3	3	1	3	2.2688
23	3	3	3	2.7819	0.7029	2.8564	2.7819	2.8302
24	1	1	1	1	1	1	1	1
25	1	1	1	1	1	1	1	1
26	4	4	4	4	4	4	4	4
27	1	1	1	1	0.5918	1	1	1
28	3	3	3	3	3	2.8564	3	2.8302
29	3	2.2688	3	3	3	2.8564	3	2.2688
30	3	3	3	2.7819	3	2.8564	2.7819	2.8302

从表 6-11 中可以看出,用 CPN 出现数据不稳定主要是 CPN 算法设计的不完善所致。但仔细观察序号为 10 的数据的 3 个特征值,特征值 A 为 1494.63,与第三类中序号为 8 的数据的特征值 A(1507.13)极其相近,而且特征值 B 和 C 与第 3 类中样本的特征值也相差不远,这也是被 CPN 误判的一个原因。

总之,CPN 在模式分类上有较高的准确率,可以正确、有效、快速地区分不同的特征点,学习时间较快,学习效率较高。

习题

(1) 神经网络的发展可以分为几个阶段,各阶段对神经网络的发展有何意义?

(2) 什么是人工神经网络?

(3) 请对照神经细胞的工作机理,分析人工神经元基本模型的工作原理。

(4) 简述人工神经网络的工作过程。

(5) 基于神经元构建的人工神经网络有哪些特点?

(6) 感知器网络有哪些特点?

(7) 简述 BP 网络学习算法的主要思想。

(8) 简述 BP 网络的建立方式及执行过程。

(9) 简述离散 Hopfield 网络的工作方式及连接权设计的主要思想。

(10) 简述 RBF 网络的工作方式、特点、作用及参数选择的方法。

(11) 某地区的 12 个风蚀数据如表 6-12 所示,每个样本数据用 6 个指标表示其性状,请分别用 BP 网络、离散 Hopfield 网络、RBF 网络、自组织竞争网络、SOM 网络、LVQ 网络、PNN 及 CPN 设计模式分类系统。

表 6-12 某地区风蚀样本数据及其性状

序号	风蚀危险度	土壤细沙含量/g	沙地面积所占比例/%	地形起伏度/cm	风场强度/(km·s⁻¹)	2—5 月 NDVI 平均值	土壤干燥度/%
1	轻度	0.41	0.00	0.75	0.07	0.67	0.01
2	轻度	0.41	0.00	0.62	0.14	0.67	0.01

序号	风蚀危险度	土壤细沙含量/g	沙地面积所占比例/%	地形起伏度/cm	风场强度/(km·s⁻¹)	2—5月NDVI平均值	土壤干燥度/%
3	中度	0.68	0.30	0.22	0.12	0.41	0.04
4	中度	0.50	0.51	0.01	0.28	0.55	0.04
5	强度	0.80	0.96	0.15	0.05	0.17	0.10
6	强度	0.72	0.93	0.11	0.87	0.18	0.11
7	极强	0.62	0.91	0.29	0.29	0.05	0.44
8	极强	0.47	0.79	0.13	0.71	0.00	1.00
9	轻度	0.52	0.00	0.66	0.12	0.75	0.02
10	中度	0.69	0.52	0.57	0.12	0.54	0.04
11	强度	0.63	0.69	0.22	0.19	0.12	0.11
12	极强	0.49	0.86	0.18	0.23	0.07	0.25

注：NDVI为归一化植被指数，无单位。

要求将前8组数据作为训练数据，将后4组数据作为测试数据。

## 第7章

模拟退火算法聚类设计

1982 年,Kirkpatrick 等首先意识到固体退火过程与优化问题之间存在类似性,Metropolis 等对固体在恒定温度下达到热平衡过程的模拟也给他们以启迪。通过把 Metropolis 准则引入优化过程,最终得到一种对 Metropolis 算法迭代的优化算法,即模拟退火算法。

7.1 模拟退火算法简介

模拟退火算法是一种适合求解大规模组合优化问题的随机搜索算法。目前,在求解 TSP、VLSI 电路设计等组合优化问题上成果显著。由于模拟退火算法具有适用范围广、可靠性高、算法简单、便于实现等优点,在求解连续变量函数的全局优化问题方面得到广泛的应用。

7.1.1 物理退火过程

模拟退火算法得益于材料的统计力学研究成果。统计力学表明,材料中粒子的不同结构对应粒子的不同能量水平。在高温条件下,粒子的能量较高,可以自由运动和重新排序。在低温条件下,粒子能量较低。物理退火过程如图 7-1 所示,整个过程由三部分组成。

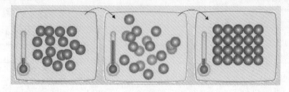

图 7-1　物理退火过程

1. 升温过程

升温的目的是增强物体中粒子的热运动,使其偏离平衡位置成为无序状态。当温度足够高时,固体将溶解为液体,从而消除系统原先可能存在的非均匀态,使随后的冷却过程以某一平衡态为起点。升温过程与系统的熵增过程相关,系统能量随温度的升高而增大。

2. 等温过程

在物理学中,对于与周围环境交换热量而温度不变的封闭系统,系统状态的自发变化总是朝自由能减小的方向进行,当自由能达到最小时,系统达到平衡态。

3. 冷却过程

与升温过程相反,使物体中粒子的热运动减弱并渐趋有序,系统能量随温度降低而下降，得到低能量的晶体结构。

7.1.2　Metropolis 准则

1953 年，Metropolis 等提出了一种重要的采样法。他们用下述方法产生固体的状态序列：

先给定以粒子相对位置表征的初始状态 i，作为固体的当前状态，能量为 E_i。然后用摄动装置使随机选取的某个粒子的位移随机地产生微小变化，得到一个新状态 j，能量为 E_j，如果 $E_j \leqslant E_i$，则该新状态为"重要"状态；如果 $E_j > E_i$，则依据固体处于该状态的概率，由 $p = \exp\left(\dfrac{E_i - E_j}{kT}\right)$ 判断，式中，k 为物理学中的玻尔兹曼常数，T 为材料的热力学温度。

p 是一个小于 1 的数。用随机数发生器产生一个 $[0,1)$ 区间的随机数 ξ，若 $p > \xi$，则新状态 j 为重要状态；否则舍弃。若新状态 j 是重要状态，则以 j 取代 i 成为当前状态，否则仍以 i 为当前状态。重复以上新状态的产生过程。

7.1.3　模拟退火算法的基本原理

模拟退火算法源自固体退火原理。根据 Metropolis 准则，粒子在温度 T 时趋于平衡的概率为 $\exp[-\Delta E/(kT)]$。其中，E 为温度 T 时的内能，ΔE 为其改变量，k 为玻尔兹曼常数。用固体退火模拟组合优化问题，将内能 E 模拟为目标函数值 f，温度 T 演化成控制参数 t，即得到解组合优化问题的模拟退火算法：由初始解 i 和控制参数初值 t 开始，对当前解重复进行"产生新解→计算目标函数差→接受或舍弃"的迭代过程，并逐步衰减 t 值，算法终止时的当前解即为近似最优解，这是基于蒙特卡罗迭代求解法的一种启发式随机搜索过程。

模拟退火与组合优化算法的相似性如表 7-1 所示。

表 7-1　模拟退火与组合优化算法的相似性

组合优化算法	模拟退火算法
解	粒子状态
最优解	能量最低态
目标函数	能量
设定温度	溶解工程
Metropolis 抽样过程	等温过程
控制参数的下降	冷却

7.1.4　模拟退火算法的组成

模拟退火算法由解空间、目标函数和初始解组成。

(1) 解空间：将所有可能解均为可行解的问题定义为可能解的集合，对存在不可行解的问题，或限定解空间为所有可行解的集合，或允许包含不可行解，但在目标函数中用罚函数惩罚以最终完全排除不可行解。

(2) 目标函数：对优化目标的量化描述，是解空间到某个数集的一个映射，通常表示为若干优化目标的一个合式，应正确体现问题的整体优化要求且较易计算，当解空间包含不可行解时还应包括罚函数项。

（3）初始解：算法迭代的起点。试验表明，模拟退火算法是健壮的，即最终解的求得不依赖初始解的选取，可任意选取一个初始解。

7.1.5　模拟退火算法新解的产生和接受

模拟退火算法新解的产生和接受可分为以下 4 个步骤。

（1）用一个产生函数由当前解产生一个位于解空间的新解。为便于后续计算和接受，减少算法耗时，通常选择当前新解经过简单变换即可产生新解的方法，如对构成新解的全部或部分元素进行置换、互换等。产生新解的变换方法决定了当前新解的邻域结构，因而对冷却进度表的选取有一定的影响。

（2）计算与新解对应的目标函数差。因为目标函数差仅由变换部分产生，所以目标函数差的计算最好按增量计算。事实表明，对大多数应用而言，这是计算目标函数差的最快方法。

（3）判断新解是否被接受。判断的依据是接受准则，最常用的接受准则是 Metropolis 准则：若 $\Delta t' < 0$，则接受 S' 作为新的当前解 S；否则，以概率 $\exp(-\Delta t'/T)$ 接受 S' 作为新的当前解 S。

（4）当新解被确定接受时，用新解代替当前解，这只需对当前解中对应产生新解时的变换部分予以实现，同时修正目标函数值。此时当前解实现了一次迭代。可在此基础上进行下一轮试验。当新解被判定为舍弃时，则在原当前解的基础上继续进行下一轮试验。

7.1.6　模拟退火算法的基本过程

（1）初始化，给定初始温度 T_0 及初始解 ω，计算解对应的目标函数值 $f(\omega)$。本节中 ω 代表一种聚类划分。

（2）模型扰动产生新解 ω' 及对应的目标函数值 $f(\omega')$。

（3）计算函数差值 $\Delta f = f(\omega') - f(\omega)$。

（4）如果 $\Delta f \leqslant 0$，则接受新解作为当前解。

（5）如果 $\Delta f > 0$，则以概率 p 接受新解。

$$p = \mathrm{e}^{-(f(\omega')-f(\omega))/f(KT)} \tag{7-1}$$

（6）对当前 T 值降温，对步骤（2）～（5）迭代 N 次。

（7）如果满足终止条件，输出当前解为最优解，结束算法；否则，降低温度，继续迭代。

模拟退火算法流程如图 7-2 所示。算法中包含一个内循环和一个外循环。内循环是同一温度下的多次扰动产生不同的模型状态，并按照 Metropolis 准则接受新模型，因此是用模型扰动次数控制的；外循环包括温度下降的模拟退火算法迭代次数递增和算法停止的条件，因此基本是用迭代次数控制的。

7.1.7　模拟退火算法的参数控制问题

模拟退火算法的应用广泛，可以求解 NP 完全问题，但其参数难以控制，主要存在以下三个问题。

1. 温度 T 的初始值设置问题

温度 T 的初始值设置是影响模拟退火算法全局搜索性能的重要因素之一。初始温度

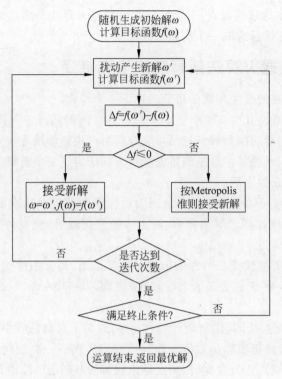

图 7-2   模拟退火算法流程

高,则搜索到全局最优解的可能性大,但因此要花费大量的计算时间;反之,则可节约计算时间,但全局搜索性能可能受到影响。实际应用过程中,初始温度一般需要依据实验结果进行若干次调整。

2. 退火速度问题

模拟退火算法的全局搜索性能也与退火速度密切相关。一般来说,同一温度下的"充分"搜索(退火)是相当必要的,但这需要计算时间。实际应用中,要针对具体问题的性质和特征设置合理的退火平衡条件。

3. 温度管理问题

温度管理问题也是模拟退火算法难以处理的问题之一。实际应用中,由于必须考虑计算复杂度的切实可行性等问题,常采用降温方式 $T(t+1)=kT(t)$。式中,k 为正的略小于 1.00 的常数,t 为降温的次数。

7.2   基于模拟退火思想的聚类算法

7.2.1 K 均值聚类算法的局限性

该算法的局限性主要表现在以下方面。

(1) 最终的聚类结果依赖于最初的划分。

(2) 需要事先指定聚类的数量 M。

(3) 产生的类大小相关较大,对噪声和孤立点敏感。

(4) 算法经常陷入局部最优。

(5) 不适用于对非凸面形状的簇或差别很小的簇进行聚类。

7.2.2 基于模拟退火思想的改进 K 均值聚类算法

模拟退火算法是一种启发式随机搜索算法,具有并行性和渐近收敛性,已在理论上证明它是一种以概率为 1 收敛于全局最优解的全局优化算法,因此用模拟退火算法对 K 均值聚类算法进行优化,可以改进 K 均值聚类算法的局限性,提高算法性能。

基于模拟退火思想的改进 K 均值聚类算法中,将内能 E 模拟为目标函数值,将基本 K 均值聚类算法的聚类结果作为初始解,初始目标函数值作为初始温度 T_0,对当前解重复进行"产生新解→计算目标函数差→接受或舍弃新解"的迭代过程,并逐步降低 T 值,算法终止时当前解为近似最优解。这种算法开始时先以较快的速度找到相对较优的区域,然后进行更精确的搜索,最终找到全局最优解。

7.2.3 几个重要参数的选择

1. 目标函数

选择当前聚类划分的总类间离散度作为目标函数:

$$J_\omega = \sum_{i=1}^{M} \sum_{X \in \omega_i} d(X, \overline{X^{(\omega_i)}}) \tag{7-2}$$

式中,X 为样本向量;ω 为聚类划分;$\overline{X^{(\omega_i)}}$ 为第 i 个聚类的中心;$d(X, \overline{X^{(\omega_i)}})$ 为样本到对应聚类中心的距离;聚类准则函数 J_ω 为各类样本到对应聚类中心距离的总和。

2. 初始温度

一般情况下,为使最初产生的新解被接受,算法开始时就应达到准平衡,因此选取初始温度聚类结果 $T_0 = J_\omega$ 作为初始解。

3. 扰动方法

模拟退火算法中新解是对当前解进行扰动得到的。本算法采用一种随机扰动方法,即随机改变一个聚类样本的当前所属类别,从而产生一种新的聚类划分,使算法可能跳出局部极小值。

4. 退火方式

模拟退火算法中,退火方式对算法有很大的影响。如果温度下降过慢,算法的收敛速度会大大降低。如果温度下降过快,可能丢失极值点。为提高模拟退火算法的性能,许多学者提出了退火方式,比较有代表性的退火方式如下(下面公式中 t 代表最外层当前循环次数,α 为可调参数,可以改善退火曲线的形态):

$$T(t) = \frac{T_0}{\ln(1+t)} \tag{7-3}$$

其特点是温度下降缓慢,算法收敛速度也较慢。

$$T(t) = \frac{T_0}{\ln(1+\alpha t)} \tag{7-4}$$

其特点是高温区温度下降较快,低温区温度下降较慢,即主要在低温区进行寻优。

$$T(t) = T_0 \alpha^t \tag{7-5}$$

其特点是温度下降较快,算法收敛速度快。本算法采用此退火方式,其中,α 为退火速度,控制温度下降的快慢,取 $\alpha = 0.99$。

7.3　算法的实现

7.3.1　实现步骤

基于模拟退火思想的 K 均值聚类算法流程如图 7-3 所示。

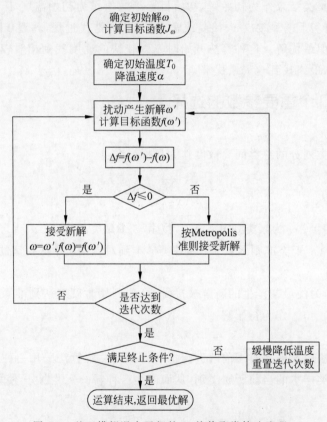

图 7-3　基于模拟退火思想的 K 均值聚类算法流程

(1) 对样本进行 K 均值聚类,将聚类划分结果作为初始解 ω,根据

$$J_\omega = \sum_{i=1}^{M} \sum_{X \in \omega_i} d(\boldsymbol{X}, \overline{\boldsymbol{X}^{(\omega_i)}})$$

计算目标函数值 J_ω。

(2) 初始化温度 T_0,令 $T_0 = J_\omega$,初始化退火速度 α 和最大退火次数。

(3) 对于某一温度 t 在步骤(4)~(7)进行迭代,直到达到最大迭代次数,跳到步骤(8)。

(4) 随机扰动产生新的聚类划分 ω',即随机改变一个聚类样本的当前所属类别,计算新的目标函数值 J_ω'。

(5) 判断新的目标函数值 J_ω' 是否为最优目标函数值,若是,则保存聚类划分 ω' 为最优聚类划分,J_ω' 为最优目标函数值;否则跳到下一步。

（6）计算函数差值 $\Delta J = J'_\omega - J_\omega$。

（7）判断 ΔJ 是否小于 0：

若 $\Delta J \leqslant 0$，则接受新解，将新解作为当前解。

若 $\Delta J > 0$，则根据 Metropolis 准则接受新解。

（8）判断是否达到最大退火次数，若是，则结束算法，输出最优聚类划分；否则降低温度，继续迭代。

7.3.2 模拟退火实现模式分类的 Python 程序

1. 初始化程序

程序首先需要输入样本数量、待分类的数量、初始分类及其他相关参数。初始化程序代码如下：

```
num, n = np.shape(p)                         # 样本数量
centernum = 4                                # 类别数量
IDX0 = np.array([[1,2,3,4,4,4,4,4,4,4,4,4,4,4,4,4,4,4,4,4,4,4,4,4,4,4,4,4,4,4,
       4,4,4,4,4,4,4,4,4,4,4,4,4,4,4,4,4,4,4,4,4,4]]) # 设置样本的初始分类
time1 = 1
Tbegin = 10                                  # 起始温度
Tover = 0.1                                  # 终止温度
L = 300                                      # 内循环次数
T = copy.deepcopy(Tbegin)                    # 初始化温度参数
timeb = 0                                    # 最优目标首次出现的退火次数
```

2. 求初始聚类中心

其程序代码如下：

```
s4 = np.where(IDX0 == 4)                     # 聚类号为 4 的样本在 p 中的序号
s44 = []                                     # 全部为 4 类的样本矩阵
for i in s4[0]:
    s44.append(p[i, :])
s44 = np.array(s44)
CO[3,:] = np.array([np.sum(s44[:,0])/59,np.sum(s44[:,1])/59,np.sum(s44[:,2])/59])
                                             # 第 4 类的中心
J0 = 0
j1 = 0
j2 = 0
j3 = 0
j4 = 0
for i in range(0,num):
    if IDX0[i] == 4:
        j4 = j4 + np.linalg.norm(p[i,:] - CO[0,:] ,axis = 0)
J0 = j1 + j2 + j3 + j4                       # 4 种类别的类内所有点与该类中心的距离和
```

3. 产生随机扰动

产生随机扰动的程序代码如下：

```
# 产生随机扰动,即随机改变一个聚类样本的当前所属类别
        t1 = int(np.random.random(1) * num)              # 随机抽取一个样本
        t2 = int(np.random.random(1) * (centernum - 1) + 1)  # 随机抽取一个样本
        if IDXN[t1] + t2 > centernum:
            IDXN[t1] = IDXN[t1] + t2 - centernum
        else:
            IDXN[t1] = IDXN[t1] + t2
```

4. 重新计算聚类中心

重新计算聚类中心的程序代码如下：

```python
# 重新计算聚类中心
p1 = np.where(IDXN == 1)                    # 聚类号为 1 的样本在 p 中的序号
p11 = []
for i in p1[0]:
    p11.append(p[i, :])
p11 = np.array(p11)                         # 全部为 1 类的样本矩阵
b1, a1 = np.shape(p11)
CN = np.zeros((4, 3))
CN[0, :] = np.array([np.sum(p11[:, 0])/b1, np.sum(p11[:, 1])/b1, np.sum(p11[:, 2])/b1])
                                            # 第一类的中心
p2 = np.where(IDXN == 2)                    # 聚类号为 2 的样本在 p 中的序号
p22 = []
for i in p2[0]:
    p22.append(p[i, :])
p22 = np.array(p22)                         # 全部为 2 类的样本矩阵
b2, a2 = np.shape(p22)
CN[1, :] = np.array([np.sum(p22[:, 0])/b2, np.sum(p22[:, 1])/ b2, np.sum(p22[:, 2]) / b2])
                                            # 第 2 类的中心
p3 = np.where(IDXN == 3)                    # 聚类号为 3 的样本在 p 中的序号
p33 = []
for i in p3[0]:
    p33.append(p[i, :])
p33 = np.array(p33)                         # 全部为 3 类的样本矩阵
b3, a3 = np.shape(p33)
CN[2, :] = np.array([np.sum(p33[:, 0])/b3, np.sum(p33[:, 1])/b3, np.sum(p33[:, 2])/b3])
                                            # 第 3 类的中心
p4 = np.where(IDXN == 4)                    # 聚类号为 4 的样本在 p 中的序号
p44 = []
for i in p4[0]:
    p44.append(p[i, :])
p44 = np.array(p44)                         # 全部为 4 类的样本矩阵
b4, a4 = np.shape(p44)
CN[3, :] = np.array([np.sum(p44[:, 0])/b4, np.sum(p44[:, 1])/b4, np.sum(p44[:, 2])/b4])
                                            # 第 4 类的中心
```

5. 计算目标函数

计算目标函数的程序代码如下：

```python
# 计算目标函数
JN = 0
j1 = 0
j2 = 0
j3 = 0
j4 = 0
for i in range(0, num):
    if IDXN[i] == 1:
        j1 = j1 + np.linalg.norm(p[i, :] - CN[0, :], axis = 0)
    elif IDXN[i] == 2:
        j2 = j2 + np.linalg.norm(p[i, :] - CN[1, :], axis = 0)
    elif IDXN[i] == 3:
        j3 = j3 + np.linalg.norm(p[i, :] - CN[2, :], axis = 0)
    elif IDXN[i] == 4:
```

```
        j4 = j4 + np.linalg.norm(p[i, :] - CN[3, :], axis = 0)
JN = j1 + j2 + j3 + j4    # 4 种类别的类内所有点与该类中心的距离和
e = JN - JO
```

6. 判断是否接受新解

判断是否接受新解的程序代码如下：

```
# 判断是否接受新解
if e <= 0:
    JO = copy.deepcopy(JN)
    CO = copy.deepcopy(CN)
    IDXO = copy.deepcopy(IDXN)
else:
    IDXN = copy.deepcopy(IDXO)
    IDX = copy.deepcopy(IDXO)
    CN = copy.deepcopy(CO)
    JN = copy.deepcopy(JO)
```

模拟退火实现模式分类的完整 Python 程序如下：

```
import numpy as np
import pandas as pd
import copy
import time
from matplotlib import pyplot as plt
from mpl_toolkits.mplot3d import Axes3D

dataSet = pd.read_excel("数据.xlsx")                    # 导入数据
dataSetNP = np.array(dataSet)
p = dataSetNP[:, 1:dataSetNP.shape[1] - 1]
num, n = np.shape(p)                                    # 样本数量
centernum = 4                                          # 类别数量
IDXO = np.array([[1, 2, 3, 4, 4, 4, 4, 4, 4, 4, 4, 4, 4, 4, 4, 4, 4, 4, 4, 4, 4, 4, 4, 4, 4, 4, 4, 4, 4, 4, 4, 4, 4,
            4, 4, 4, 4, 4, 4, 4, 4, 4, 4, 4, 4, 4, 4, 4, 4, 4, 4, 4, 4, 4, 4, 4, 4, 4, 4, 4]])  # 设置样本的初始分类
# 求初始的聚类中心
CO = np.zeros((4, 3))
CO[0, :] = p[0, :]
CO[1, :] = p[1, :]
CO[2, :] = p[2, :]
s4 = np.where(IDXO == 4)                                # 聚类号为 4 的样本在 p 中的序号
s44 = []                                               # 全部为 4 类的样本矩阵
for i in s4[0]:
    s44.append(p[i, :])
s44 = np.array(s44)
print("s44:", s44)
CO[3, :] = np.array([np.sum(s44[:, 0])/59, np.sum(s44[:, 1])/59, np.sum(s44[:, 2])/59])
                                                       # 第 4 类的中心
JO = 0
j1 = 0
j2 = 0
j3 = 0
j4 = 0
for i in range(0, num):
    if IDXO[i] == 4:
        j4 = j4 + np.linalg.norm(p[i, :] - CO[0, :], axis = 0)
```

```
        J0 = j1 + j2 + j3 + j4                                    # 4 种类别的类内所有点与该类中心的距离和
        print("J0:",J0)
        C = copy.deepcopy(C0)
        J = copy.deepcopy(J0)
        IDX = copy.deepcopy(IDX0)
        time1 = 1
        Tbegin = 10                                               # 起始温度
        Tover = 0.1                                               # 终止温度
        L = 300                                                   # 内循环次数
        T = copy.deepcopy(Tbegin)                                 # 初始化温度参数
        timeb = 0                                                 # 最优目标首次出现的退火次数
        start_time = time.time()
        IDXN = copy.deepcopy(IDX0)
        while T > Tover:
            tt = 0
            for inner in range(0,L):
# 产生随机扰动,即随机改变一个聚类样本的当前所属类别
            t1 = int(np.random.random(1) * num)                   # 随机抽取一个样本
            t2 = int(np.random.random(1) * (centernum - 1) + 1)   # 随机抽取一个样本
            if IDXN[t1] + t2 > centernum:
                IDXN[t1] = IDXN[t1] + t2 - centernum
            else:
                IDXN[t1] = IDXN[t1] + t2
            print(IDXN)
# 重新计算聚类中心
            p1 = np.where(IDXN == 1)                              # 聚类号为 1 的样本在 p 中的序号
            p11 = []
            for i in p1[0]:
                p11.append(p[i, :])
            p11 = np.array(p11)                                   # 全部为 1 类的样本矩阵
            print("p11:",p11)
            b1,a1 = np.shape(p11)
            CN = np.zeros((4,3))
            CN[0,:] = np.array([np.sum(p11[:,0])/b1,np.sum(p11[:,1])/b1,np.sum(p11[:,2])/b1])
                                                                  # 第 1 类的中心
            p2 = np.where(IDXN == 2)                              # 聚类号为 2 的样本在 p 中的序号
            p22 = []
            for i in p2[0]:
                p22.append(p[i, :])
            p22 = np.array(p22)                                   # 全部为 2 类的样本矩阵
            print("p22:", p22)
            b2, a2 = np.shape(p22)
            CN[1, :] = np.array([np.sum(p22[:,0])/b2,np.sum(p22[:,1])/b2,np.sum(p22[:,2])/b2])
                                                                  # 第 2 类的中心
            p3 = np.where(IDXN == 3)                              # 聚类号为 3 的样本在 p 中的序号
            p33 = []
            for i in p3[0]:
                p33.append(p[i, :])
            p33 = np.array(p33)                                   # 全部为 3 类的样本矩阵
            print("p33:", p33)
            b3, a3 = np.shape(p33)
            CN[2, :] = np.array([np.sum(p33[:,0])/b3,np.sum(p33[:,1])/b3,np.sum(p33[:,2])/b3])
                                                                  # 第 3 类的中心
            p4 = np.where(IDXN == 4)                              # 聚类号为 4 的样本在 p 中的序号
            p44 = []
            for i in p4[0]:
```

```
            p44.append(p[i, :])
        p44 = np.array(p44)                          # 全部为4类的样本矩阵
        print("p44:", p44)
        b4, a4 = np.shape(p44)
        CN[3, :] = np.array([np.sum(p44[:, 0])/b4, np.sum(p44[:, 1])/b4, np.sum(p44[:, 2])/b4])
                                                     # 第4类的中心
# 计算目标函数
        JN = 0
        j1 = 0
        j2 = 0
        j3 = 0
        j4 = 0
        for i in range(0, num):
            if IDXN[i] == 1:
                j1 = j1 + np.linalg.norm(p[i, :] - CN[0, :], axis = 0)
            elif IDXN[i] == 2:
                j2 = j2 + np.linalg.norm(p[i, :] - CN[1, :], axis = 0)
            elif IDXN[i] == 3:
                j3 = j3 + np.linalg.norm(p[i, :] - CN[2, :], axis = 0)
            elif IDXN[i] == 4:
                j4 = j4 + np.linalg.norm(p[i, :] - CN[3, :], axis = 0)
        JN = j1 + j2 + j3 + j4                        # 4种类别的类内所有点与该类中心的距离和
        e = JN - JO
# 判断是否接受新解
        if e <= 0:
            JO = copy.deepcopy(JN)
            CO = copy.deepcopy(CN)
            IDXO = copy.deepcopy(IDXN)
        else:
            IDXN = copy.deepcopy(IDXO)
            IDX = copy.deepcopy(IDXO)
            CN = copy.deepcopy(CO)
            JN = copy.deepcopy(JO)
# 内循环结束
    T = T * 0.9
    A = time1 - 1
    print("已退火次数", A)
    J = JO
    print("最优目标函数值", J)
end_time = time.time()
time2 = end_time - start_time                         # 退火需要的时间
print('退火需要的时间:', time2)
print("分类结果", IDXN)
fig = plt.figure()
ax = fig.add_subplot(111, projection = '3d')
ax.scatter(CO[:, 0], CO[:, 1], CO[:, 2], c = 'black', marker = 'o')
for i in range(0, num):
    if IDXN[i] == 1:
        ax.scatter(p[i, 0], p[i, 1], p[i, 2], c = 'r', marker = '+')
    elif IDXN[i] == 2:
        ax.scatter(p[i, 0], p[i, 1], p[i, 2], c = 'g', marker = '*')
    elif IDXN[i] == 3:
        ax.scatter(p[i, 0], p[i, 1], p[i, 2], c = 'k', marker = 'x')
    elif IDXN[i] == 4:
        ax.scatter(p[i, 0], p[i, 1], p[i, 2], c = 'm', marker = '.')
ax.set_xlim(0, 3500)
```

```
ax.set_ylim(0, 3500)
ax.set_zlim(0, 3500)
ax.set_xlabel('x')
ax.set_ylabel('Y')
ax.set_zlabel('Z')
plt.show()
```

程序运行后,出现如图 7-4 所示的模拟退火数据分类结果图。

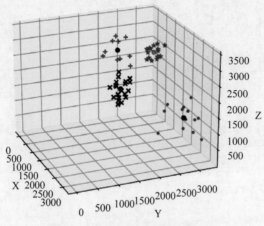

图 7-4　模拟退火数据分类结果图

Python 程序的运行结果如下：

```
最优目标函数值 21396.48846326652
退火需要的时间: 34.398000955581665
分类结果 [3 2 3 1 2 1 3 4 2 2 3 2 4 4 1 3 4 4 3 3 4 2 4 1 3 2 2 2 3 3 1 3 2 4 4 3
2 1 3 3 1 4 2 4 2 3 2 4 4 3 3 1 1 2 1 3 3 3]
```

模拟退火分类结果与原始分类结果对比如表 7-2 所示,可以发现分类效果很好。

表 7-2　模拟退火分类结果与原始分类结果对比

序　号	A	B	C	原始分类结果	模拟退火分类结果
1	1739.94	1675.15	2395.96	3	3
2	373.30	3087.05	2429.47	4	4
3	1756.77	1652.00	1514.98	3	3
4	864.45	1647.31	2665.90	1	1
5	222.85	3059.54	2002.33	4	4
6	877.88	2031.66	3071.18	1	1
7	1803.58	1583.12	2163.05	3	3
8	2352.12	2557.04	1411.53	2	2
9	401.30	3259.94	2150.98	4	4
10	363.34	3477.95	2462.86	4	4
11	1571.17	1731.04	1735.33	3	3
12	104.80	3389.83	2421.83	4	4
13	499.85	3305.75	2196.22	4	4
14	2297.28	3340.14	535.62	2	2

续表

序　号	A	B	C	原始分类结果	模拟退火分类结果
15	2092.62	3177.21	584.32	2	2
16	1418.79	1775.89	2772.90	1	1
17	1845.59	1918.81	2226.49	3	3
18	2205.36	3243.74	1202.69	2	2
19	2949.16	3244.44	662.42	2	2
20	1692.62	1867.50	2108.97	3	3
21	1680.67	1575.78	1725.10	3	3
22	2802.88	3017.11	1984.98	2	2
23	172.78	3084.49	2328.65	4	4
24	2063.54	3199.76	1257.21	2	2
25	1449.58	1641.58	3405.12	1	1
26	1651.52	1713.28	1570.38	3	3
27	341.59	3076.62	2438.63	4	4
28	291.02	3095.68	2088.95	4	4
29	237.63	3077.78	2251.96	4	4
30	1702.80	1639.79	2068.74	3	3
31	1877.93	1860.96	1975.30	3	3
32	867.81	2334.68	2535.10	1	1
33	1831.49	1713.11	1604.68	3	3
34	460.69	3274.77	2172.99	4	4
35	2374.98	3346.98	975.31	2	2
36	2271.89	3482.97	946.70	2	2
37	1783.64	1597.99	2261.31	3	3
38	198.83	3250.45	2445.08	4	4
39	1494.63	2072.59	2550.51	1	1
40	1597.03	1921.52	2126.76	3	3
41	1598.93	1921.08	1623.33	3	3
42	1243.13	1814.07	3441.07	1	1
43	2336.31	2640.26	1599.63	2	2
44	354.00	3300.12	2373.61	4	4
45	2144.47	2501.62	591.51	2	2
46	426.31	3105.29	2057.80	4	4
47	1507.13	1556.89	1954.51	3	3
48	343.07	3271.72	2036.94	4	4
49	2201.94	3196.22	935.53	2	2
50	2232.43	3077.87	1298.87	2	2
51	1580.10	1752.07	2463.04	3	3
52	1962.40	1594.97	1835.95	3	3
53	1495.18	1957.44	3498.02	1	1
54	1125.17	1594.39	2937.73	1	1
55	24.22	3447.31	2145.01	4	4
56	1269.07	1910.72	2701.97	1	1

续表

序　号	A	B	C	原始分类结果	模拟退火分类结果
57	1802.07	1725.81	1966.35	3	3
58	1817.36	1927.40	2328.79	3	3
59	1860.45	1782.88	1875.13	3	3

7.4　结论

虽然模拟退火算法有限度地接受劣解,可以跳出局部最优解,但它明显地存在两个缺点。

(1) 如果降温过程足够慢,则所得解的性能较好,但算法收敛速度太慢。

(2) 如果降温过程过快,很可能得不到全局最优解。因此,模拟退火算法的改进及其在各类复杂系统建模及优化问题中的应用仍有大量内容值得研究。

习题

(1) 简述模拟退火过程。

(2) 简述模拟退火算法的基本原理。

(3) 简述模拟退火算法的组成。

第8章

遗传算法聚类设计

8.1　遗传算法简介

遗传算法的研究历史可以追溯到 20 世纪 60 年代。遗传算法的基本原理最早由美国科学家 J. H. Holland 于 1962 年提出；1967 年，J. D. Bagay 在他的博士论文中首次使用了遗传算法术语；1975 年，J. H. Holland 在他出版的专著《自然界和人工系统的适应性》中详细介绍了该算法，为其奠定了数学基础，人们常常把这一事件视为遗传算法正式得到承认的标志。此标志说明遗传算法已经完成孕育过程，Holland 也被视为该算法的创始人。

20 世纪 70 年代中期到 80 年代，遗传算法得到不断完善，属于遗传算法的成长期。这一时期相继出现了有关遗传算法的博士论文，分别研究遗传算法在函数优化、组合优化中的应用，并从数学角度探讨遗传算法的收敛性，对遗传算法的发展起到了很大的推动作用。30 多年来，不论是在实际应用还是建模方面，该算法范围不断扩大，算法本身也渐渐成熟，形成了算法的大体框架。其后出现的遗传算法的许多改进研究，大都遵循了这个框架。

20 世纪 80 年代末以来是遗传算法的蓬勃发展期，不仅表现在理论研究方面，还表现在应用领域。随着遗传算法研究和应用的不断深入，出现了一系列以遗传算法为主题的国际会议：开始于 1985 年的国际遗传算法会议（International Conference on Genetic Algorithm，ICGA）每两年举办一次。欧洲从 1990 年开始也每隔一年举办一次类似的会议。这些会议的举办表明遗传算法正不断引起学术界的重视，同时这些会议的论文集中反映了遗传算法近年来的最新发展和动向。

随着计算速度的提高和并行计算的发展，遗传算法的速度已经不再是其应用的制约因素，遗传算法已在机器学习、过程控制、图像处理、经济管理等领域取得巨大成功。但如何将各专业知识融入遗传算法，目前仍在继续研究。

8.2　遗传算法原理

遗传算法是一种搜索最优解的方法，其过程类似于自然进化，通过作用于染色体上的基因寻找好的染色体求解问题。遗传算法模拟生物进化的过程，具有很好的自组织、自适应和自学习能力，在求解大规模优化问题的全局最优解方面具有广泛的应用。

遗传算法对于复杂的优化问题无须建模并进行复杂运算，只要利用遗传算法的三种算子,就能得到最优解,这就是遗传算法的基本原理。

8.2.1　遗传算法的基本术语

由于遗传算法是自然遗传学和计算机科学相互结合渗透而形成的新的计算方法,因此遗传算法中经常使用自然进化中有关的基本术语。了解这些用语对理解遗传算法是十分必要的。

(1) 染色体,又称为个体。生物的染色体是由基因构成的位串,包含生物的遗传信息。遗传算法中的染色体对应的是数据或数组,通常由一维串结构数据表示。串结构中每个位置上的数据对应一个基因,而各位置所取的值对应基因值。

(2) 编码。将问题的解表示为位串的过程称为编码,编码后的每个位串表示一个个体,即问题的一个解。

(3) 种群。由一定数量的个体组成的群体,也就是问题的一些解的集合。种群中个体的数量称为种群规模。

(4) 适应度。评价群体中个体对环境适应能力的指标,就是解的好坏,由评价函数 F 计算得到。在遗传算法中,F 是求解问题的目标函数,也就是适应度函数。

(5) 遗传算子。产生新个体的操作,常用的遗传算子有选择、交叉和变异等。

选择:以一定概率从种群中选择若干个体的操作。一般而言,该操作是基于适应度进行的,适应度越高的个体,产生后代的概率越高。

交叉:将两个串的部分基因进行交换,产生两个新串作为下一代的个体。交叉概率(P_c)决定两个个体交叉操作的可能性。

变异:随机地改变染色体的部分基因,例如将 0 变为 1,或把 1 变为 0,产生新的染色体。

8.2.2　遗传算法进行问题求解的过程

遗传算法进行问题求解的过程如下。
(1) 选择编码策略、参数编码,将参数集合和域转换为位串结构空间。
(2) 设计适应度函数。
(3) 确定遗传策略,包括群体规模,选择、交叉、变异算子及其概率。
(4) 设定初始群体。
(5) 计算群体中各个体的适应度值。
(6) 按照遗传策略,将遗传算子作用于种群,产生下一代种群。
(7) 判定迭代终止条件。

8.2.3　遗传算法的基本要素

遗传算法包括如下 5 个基本要素:问题编码、初始群体的设定、适应度函数的设计、遗传操作设计和控制参数的设定。这 5 个要素构成了遗传算法的核心内容。

1. 问题编码

编码机制是遗传算法的基础。通常遗传算法不直接处理问题空间的数据,而是将实际问题转换为无关的串个体。不同串长和不同编码方式对问题求解的精度和遗传算法的求解效率有着很大的影响。迄今为止,遗传算法常采用的编码方法主要有两类:二进制编码和浮点数编码。

1) 二进制编码

二进制编码是一种常用的编码方法,编码符号集是二值符号集$\{0,1\}$,它构成的个体是一个二进制编码符号串。该编码方法具有操作简单、易于实现等特点。

2) 浮点数编码

浮点数编码方法又叫真值编码方法,它是指个体的每个基因值用某一范围内的一个浮点数表示。该编码方法具有适用于大空间搜索、局部搜索能力强、不易陷入局部极值、收敛速度快的特点。

2. 初始群体的设定

遗传算法处理流程中,编码设计之后的任务是初始群体设定,并以此为起点进行一代一代的进化,直到根据某种进化终止准则终止。最常用的初始方法是无指导的随机初始化。

3. 适应度函数的设计

适应度函数是根据目标函数确定的,针对不同种类的问题,目标函数有正有负,因此必须确定目标函数值到适应度函数之间的映射规则,以适应上述要求。适应度函数的设计应满足以下条件。

(1) 单值、连续、非负、最大化。

(2) 计算量小。适应度函数设计应尽可能简单,以降低计算的复杂性。

(3) 通用性强。适应度对某类问题应尽可能通用。

4. 遗传操作设计

遗传算法遗传操作主要包括选择、交叉、变异三个算子。

1) 选择算子

这里介绍几种常用的选择方法。

(1) 赌轮选择法。个体被选中的概率与其适应度成正比。

(2) 最优保存策略。群体中适应度最高的个体不进行交叉变异,用它替换下一代种群中适应度最低的个体。

(3) 锦标赛选择法。从种群中随机选取一定数量的个体,将适应度最高的个体遗传到下一代群体中。重复进行这个过程直到完成个体的选择。

(4) 排序选择法。根据适应度对群体中的个体排序,然后把事先设定的概率表分配给个体,作为各自的选择概率。

2) 交叉算子

目前适用于二进制编码和浮点数编码个体的交叉算法主要有以下几种。

(1) 单点交叉。单点交叉又称简单交叉,是指在个体编码串中随机设置一个交叉点,交叉时,在该点相互交换两个配对个体的部分染色体。

(2) 两点交叉与多点交叉。两点交叉是指在个体编码串中随机设置两个交叉点,交换两个个体在所设定两个交叉点之间的部分染色体。例如:

$$A:10 \mid 110 \mid 11 \quad A'=1001011$$
$$B:00 \mid 010 \mid 00 \Rightarrow B'=0011000$$

多点交叉是两点交叉的推广。

（3）均匀交叉。均匀交叉也称一致交叉，是指两个交叉个体的每个基因都以相同的交叉概率进行交换，从而形成两个新的个体。

（4）算术交叉。该算法是指由两个个体的线性组合产生的两个新的个体。该方法的操作对象一般是浮点数编码产生的个体。

3）变异算子

目前适用于二进制编码和浮点数编码个体的变异算法主要有以下几种。

（1）基本位变异。该算法是指对群体中的个体编码串根据变异概率随机挑选一个或多个基因位，并对这些基因座的基因值进行变动。例如：

$$个体\ A：1011011$$

指定第三位为变异位，则

$$个体\ A'：1001011$$

（2）均匀变异。该算法是指分别用符合某一范围内均匀分布的随机数，以某一较小的概率替换个体编码串中各基因座上原有的基因值。

（3）边界变异。该算法是均匀变异的一个变形。在进行边界变异时，随机选取基因座的两个对应边界基因值之一，替换原有的基因值。

（4）高斯近似变异。该算法是指进行变异操作时用符合均值为 P、方差为 P^2 的正态分布的一个随机数替换原有的基因值。

5．控制参数的设定

控制参数主要有群体规模（N）、迭代次数（T）、交叉概率（P_c）、变异概率（P_m）等。

N：群体规模，即群体中所含个体的数量。如果群体规模大，可提供大量模式，使遗传算法进行启发式搜索，防止早熟发生，但会降低效率；如果群体规模小，可提高速度，但会降低效率。一般取 $20\sim100$。

T：遗传运算的终止进化迭代次数，一般取 $100\sim500$。

P_c：交叉概率。交叉率越高，可以越快地收敛到全局最优解，因此一般选择较大的交叉率。但交叉率太高，可能导致过早收敛，而交叉率太低，可能导致搜索停滞不前。一般取 $0.4\sim0.99$。

P_m：变异概率。变异率的选取一般受种群大小、染色体长度等因素影响，通常选取很小的值。但变异率太低可能使某基因值过早丢失、信息无法恢复；变异率太高可能使遗传算法变成随机搜索。一般取 $0.0001\sim0.1$。

这 4 个控制参数目前尚无合理选择的理论依据。在实际应用中，常常需要经过多次实验后才能确定参数或其范围。

8.3　算法实现

本例使用表 1-1 的三元色数据，希望按照颜色数据表征的特点，将数据按照各自所属的类别进行归类。

下面取表 1-1 中的 59 组数据为分析对象，使用 Python 构建遗传聚类算法。其流程图如图 8-1 所示。

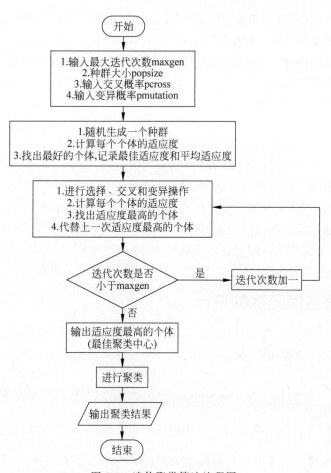

图 8-1 遗传聚类算法流程图

8.3.1 种群初始化

遗传聚类算法需要设置的参数有 4 个,分别为交叉概率、遗传概率、进化代数(迭代次数)和种群规模。这里的参数初始化 Python 程序代码如下:

```
# 参数初始化
maxgen = 100          # 进化代数,即迭代次数,初始预定值选为 100
sizepop = 100         # 种群规模,初始预定值选为 100
pcross = 0.9          # 交叉概率选择,0~1,一般取 0.9
pmutation = 0.01      # 变异概率选择,0~1,一般取 0.01
```

按照遗传算法的程序流程,用遗传算法求解,首先要解决的问题是如何确定编码和解码运算。编码形式决定交叉算子和变异算子的操作方式,并对遗传算法的性能(如搜索能力和计算效率等)影响很大。

由 8.2 节可知,遗传算法常用的编码方法有浮点数编码和二进制编码两种。由于聚类样本具有多维性、数据量大的特点,如果采用传统的二进制编码,染色体的长度会随着维数的增加或精度的提高而显著增加,从而使搜索空间急剧增大,大大降低计算效率。基于上面的分析,这里采用浮点数编码方法。

在遗传聚类问题中,可采用的染色体编码方式有两种:一种按照数据所属的聚类划分生成染色体的整数编码;另一种是将聚类中心(聚类原型矩阵)作为染色体的浮点数编码。由于聚类问题的解是各聚类中心,因此本书采用基于聚类中心的浮点数编码。

所谓将聚类中心作为染色体的浮点数编码,就是将一条染色体看作由 K 个聚类中心组成的一个串。具体编码方式如下:对于 D 维样本数据的 K 类聚类分析,基于聚类中心的染色体结构为

$$S = \{x_{11}, x_{12}, \cdots, x_{1d}, x_{21}, x_{22}, \cdots, x_{2d}, \cdots, x_{k1}, x_{k2}, \cdots, x_{kd}\} \tag{8-1}$$

即每条染色体都是一个长度为 $k \times d$ 的浮点码串。这种编码方式意义明确、直观,避免了二进制编码在运算过程中反复进行译码、解码及染色体长度受限等问题。

确定编码方式之后,接下来要进行种群初始化。初始化的过程是随机产生一个初始种群的过程。首先从样本空间中随机选出 K 个个体,K 值由用户决定,每个个体表示一个初始聚类中心,然后根据采用的编码方式将这组个体(聚类中心)编码成一条染色体。然后重复进行 P_{size} 次染色体初始化(P_{size} 为种群大小),直到生成初始种群。

8.3.2　适应度函数的设计

根据前面的介绍可知,遗传算法中的适应度函数是评价个体适应度、区别群体中个体优劣的标准。个体的适应度越高,其存活概率越大。聚类问题实际上是找到一种划分,使待聚类数据集的目标函数值 $G_c \Big(G_c = \sum_{j=1}^{c} \sum_{k=1}^{n_j} \| x_k^{(j)} - m_j \|^2, m_j (j=1,2,\cdots,c)$ 是聚类中心,x_k 是样本$\Big)$ 最小。遗传算法在处理过程中根据每条染色体(K 个聚类中心)进行聚类划分,将每个聚类中点与相应聚类中心的距离作为判别聚类划分质量的准则函数 G_c,G_c 越小表示聚类划分的质量越好。

遗传算法的目的是搜索使目标函数值 G_c 最小的聚类中心,因此可借助目标函数构造适应度函数:

$$\text{fit} = \frac{1}{G_c} \tag{8-2}$$

由式(8-2)可以看出,目标函数值越小的聚类中心,其适应度越高;目标函数值越大的聚类中心,其适应度越低。

种群初始化的 Python 程序代码如下:

```
individuals = {'fitness':np.zeros(sizepop),'chrom':np.zeros((sizepop,12))}
# 种群,种群由 sizepop 条染色体及每条染色体的适应度组成
avgfitness = 0
# 记录每一代种群的平均适应度,首先赋予一个空数组
bestfitness = 0
# 记录每一代种群的最佳适应度,首先赋予一个空数组
bestchrom = np.zeros(12)
# 记录适应度最佳的染色体,首先赋予一个空数组
# 初始化种群
for i in range(0,sizepop):
    # 随机产生一个种群
    individuals['chrom'][i,:] = 4000 * np.random.random((1,12))
```

```
         # 把 12 个 0~4000 的随机数赋予种群中的一条染色体,代表 k = 4 个聚类中心
         x = individuals['chrom'][i,:]
         # 计算每条染色体的适应度
         individuals['fitness'][i] = fitness(x,p)
# 找最好的染色体
bestfitness = np.max(individuals['fitness'])
bestindex = np.argmax(individuals['fitness'])
# 找出适应度最高的染色体,并记录其适应度的值和染色体所在的位置
bestchrom = individuals['chrom'][bestindex,:]
#   把最好的染色体赋予变量 bestchrom
avgfitness = np.sum(individuals['fitness'])/sizepop
# 计算群体中染色体的平均适应度
trace = np.array([avgfitness,bestfitness])
# 记录每一代进化中最佳的适应度和平均适应度
```

适应度函数的 Python 程序代码如下:

```
def fitness(x,p):
# 计算个体适应度值
# x input 个体
# fit output 适应度值
    kernel = np.array([x[0:3],x[3:6],x[6:9],x[9:12]])
# 对染色体进行编码,其中 x[0:2]代表第一个聚类中心,x[3:5]代表第二个聚类中心,x[6:8]代表第
# 三个聚类中心,x[9:11]代表第四个聚类中心
    Gc = 0
# Gc 代表聚类的准则函数
    n,m = np.shape(p)
# 求出待聚类数据的行和列
    for i in range(0,n):
        dist1 = np.linalg.norm(p[i] - kernel[0,:])
        dist2 = np.linalg.norm(p[i] - kernel[1,:])
        dist3 = np.linalg.norm(p[i] - kernel[2,:])
        dist4 = np.linalg.norm(p[i] - kernel[3,:])
# 计算待聚类数据中某一点到各聚类中心的距离
        a = np.array([dist1,dist2,dist3,dist4])
        mindist = np.min(a)
# 取其中的最小值,代表其被划分到某一类
        Gc = mindist + Gc
# 求类中某一点到其聚类中心的距离和,即准则函数
    fit = 1/Gc
# 求出染色体的适应度,即准则函数的倒数,聚类的准则函数越小,染色体的适应度越大
# 聚类的效果也就越好
    return fit
```

8.3.3 选择操作

在生物进化的过程中,对生存环境适应能力强的物种将有更多的机会遗传到下一代,而适应能力差的物种遗传到下一代的机会相对较小。遗传算法中的选择操作体现了这一"适者生存"的原则:适应度越高的个体,参与后代繁殖的概率越高。遗传算法中的选择操作就是用于确定如何从父代群体中按照某种方法选取哪些个体遗传到下一代群体中的一种遗传运算。选择操作建立在对个体适应度进行评价的基础之上。进行选择操作的目的是避免基因缺失、提高全局收敛性和计算效率。

为保证适应度最佳的染色体保留到下一代群体而不被遗传操作破坏,根据遗传算法中

目前已有的选择方法,本例采用轮盘赌选择算子。该选择算子具体选择步骤如下。

(1) 在计算完当前种群的适应度后,记录下其中适应度最高的个体。

(2) 根据各个体的适应度值 $f(S_i)$,$i=1,2,\cdots,P_{\text{size}}$ 计算各个体的选择概率:

$$P_i = \frac{f(S_i)}{\sum\limits_{j=1}^{P_{\text{size}}} f(S_j)} \tag{8-3}$$

式中,P_{size} 为种群大小,$\sum\limits_{j=1}^{P_{\text{size}}} f(S_j)$ 为所有个体适应度的总和。

(3) 根据计算出的选择概率,使用轮盘赌法选出个体。

(4) 被选出的个体通过交叉、变异操作产生新的群体。

(5) 计算出新群体中各条染色体的适应度值,用上一代中记录的最优个体替换新种群中最差的个体,这样就产生了下一代群体。

这种遗传操作既能不断提高群体的平均适应度值,又能保证最优个体不被破坏,使迭代过程向最优方向发展。

选择操作的 Python 程序代码如下:

```python
def Select(individuals,sizepop):
    # 本函数对每一代种群中的染色体进行选择,以进行后面的交叉和变异操作
    # individuals input: 种群信息
    # sizepop      input: 种群规模
    #              output: 经过选择后的种群
    sumfitness = np.sum(individuals['fitness'])
    # 计算群体的总适应度
    sumf = individuals['fitness']/sumfitness
    # 计算出染色体的选择概率,即染色体的适应度除以总适应度
    index = []
    # 用于记录
    for i in range(0,sizepop):
        # 转 sizepop 次轮盘
        pick = np.random.random(1)
        # 将一个 0～1 的随机数赋给 pick
        while pick == 0:
            pick = np.random.random(1)        # 确保 pick 被赋值
        for j in range(0,sizepop):
            pick = pick - sumf[j]
            # 染色体的选择概率越大,pick 越容易小于 0,即染色体越容易被选中
            if pick < 0:
                index.append(j)
            # 将被选中的染色体序号赋给 index
                break
    individuals['chrom'] = individuals['chrom'][index,:]
    # 记录选中的染色体
    individuals['fitness'] = individuals['fitness'][index]
    # 记录选中染色体的适应度
    return individuals
```

8.3.4　交叉操作

交叉操作是指将两个父个体的部分结构进行替换重组而产生新个体的操作,也称为基

因重组。交叉是为了能够在下一代产生新的个体,因此交叉操作是遗传算法的关键部分,交叉算子的好坏,很大程度上决定了算法性能的好坏。

由于染色体以聚类中心矩阵为基因,造成基因串的无序性。两条染色体等位基因之间的信息不一定相关,如果采用传统的交叉算子进行交叉,将使染色体进行交叉时不能很好地将基因配对,使生成的下一代个体的适应值普遍较差,影响算法的效率。为改善这种情况,又因为本节使用的是浮点数编码方式,因此本节采用了一种以随机交叉为基础的随机交叉算子。

交叉操作的 Python 程序代码如下:

```python
def Cross(pcross, chrom, sizepop):
# 本函数完成交叉操作
# pcross      input: 交叉概率
# chrom       input: 染色体群
# sizepop     input: 种群规模
#             output: 交叉后的染色体
    for i in range(0, sizepop):
        # 交叉概率决定是否交叉
        pick = np.random.random(1)
        # 将一个 0~1 的随机数赋给 pick
        while pick == 0:
            pick = np.random.random(1)    # 确保 pick 被赋值
        if pick > pcross:
            continue
        # 当 pick < pcross 时,进行交叉操作
        index = np.floor(np.random.random((1,2)) * (sizepop))
        while (index[0,0] == index[0,1]) | (index[0,0] * index[0,1] == 0):
            index = np.floor(np.random.random((1, 2)) * (sizepop))
        # 在种群中随机选择两个个体
        pos = np.floor(np.random.random(1) * 3)
        while pos == 0:
            pos = np.round(np.random.random(1) * 3)
        # 在染色体当中随机选择交叉位置
        temp = copy.deepcopy(chrom[index[0,0].astype(int), pos.astype(int)])
        chrom[index[0,0].astype(int), pos.astype(int)] = \
         copy.deepcopy(chrom[index[0,1].astype(int), pos.astype(int)])
        chrom[index[0, 1].astype(int), pos.astype(int)] = copy.deepcopy(temp)
        # 将两条染色体某个位置的信息进行交叉互换
    return chrom
```

8.3.5 变异操作

在生物自然进化的过程中,细胞分裂的过程可能出现某些差错,导致基因变异情况发生。变异操作就是模仿这种情况产生的。所谓变异操作是指将个体染色体编码串中某些基因座上的基因值用该基因座的其他等位替换,从而形成一个新的个体。变异的目的有二:一是增强算法的局部搜索能力;二是增加种群的多样性,以改善算法性能,避免早熟收敛。变异操作既可以产生种群中没有的新基因,又可以恢复迭代过程中被破坏的基因。本例使用的是浮点数编码方式,采用随机变异算子完成变异操作。

变异操作的 Python 程序代码如下:

```
def Mutation(pmutation, chrom, sizepop):
# 本函数完成变异操作
# pcross      input: 变异概率
# chrom       input: 染色体群
# sizepop     input: 种群规模
#             output: 交叉后的染色体
    for i in range(0, sizepop):
        # 变异概率决定该轮循环是否进行变异
        pick = np.random.random(1)
        if pick > pmutation:
            continue
        # 当 pick 小于变异概率时,执行变异操作
        pick = np.random.random(1)
        while pick == 0:
            pick = np.random.random(1)
        index = np.floor(pick * (sizepop))
        # 在种群中随机选择一条染色体
        pick = np.random.random(1)
        while pick == 0:
            pick = np.random.random(1)
        pos = np.floor(pick * 3)
    # 在染色体中随机选择变异位置
        chrom[index.astype(int), pos.astype(int)] = np.random.random(1) * 4000
    # 染色体进行变异
    return chrom
```

8.3.6　完整 Python 程序及仿真结果

遗传算法的完整 Python 程序代码如下:

```
import numpy as np
import pandas as pd
import copy
import time
from matplotlib import pyplot as plt
from mpl_toolkits.mplot3d import Axes3D

def fitness(x, p):
# 计算个体适应度值
# x input 个体
# fit output 适应度值
    kernel = np.array([x[0:3], x[3:6], x[6:9], x[9:12]])
        # 对染色体进行编码,其中 x[0:2]代表第一个聚类中心,x[3:5]代表第二个聚类中心,x[6:8]
# 代表第三个聚类中心,x[9:11]代表第四个聚类中心
    Gc = 0
    # Gc 代表聚类的准则函数
    n, m = np.shape(p)
    # 求出待聚类数据的行和列
    for i in range(0, n):
        dist1 = np.linalg.norm(p[i] - kernel[0, :])
        dist2 = np.linalg.norm(p[i] - kernel[1, :])
        dist3 = np.linalg.norm(p[i] - kernel[2, :])
        dist4 = np.linalg.norm(p[i] - kernel[3, :])
        # 计算待聚类数据中某一点到各聚类中心的距离
        a = np.array([dist1, dist2, dist3, dist4])
```

```
            mindist = np.min(a)
                # 取其中的最小值,代表其被划分到某一类
            Gc  = mindist + Gc
                # 求类中某一点到其聚类中心的距离和,即准则函数
        fit = 1/Gc
        # 求出染色体的适应度,即准则函数的倒数,聚类的准则函数越小,染色体的适应度越大
    # 聚类的效果越好
        return fit

def Select(individuals,sizepop):
        # 本函数对每一代种群中的染色体进行选择,以进行后面的交叉和变异操作
        # individuals input: 种群信息
        # sizepop      input: 种群规模
        #              output: 经过选择后的种群
    sumfitness = np.sum(individuals['fitness'])
        # 计算群体的总适应度
    sumf = individuals['fitness']/sumfitness
        # 计算出染色体的选择概率,即染色体的适应度除以总适应度
    index = [ ]
        # 用于记录
    for i in range(0,sizepop):
            # 转 sizepop 次轮盘
        pick = np.random.random(1)
            # 将一个 0~1 的随机数赋给 pick
        while pick == 0:
            pick  = np.random.random(1)            # 确保 pick 被赋值
        for j in range(0,sizepop):
            pick = pick - sumf[j]
                # 染色体的选择概率越大,pick 越容易小于 0,即染色体越容易被选中
            if pick < 0:
                index.append(j)
                # 将被选中的染色体的序号赋给 index
                break
    individuals['chrom'] = individuals['chrom'][index,:]
        # 记录选中的染色体
    individuals['fitness'] = individuals['fitness'][index]
        # 记录选中染色体的适应度
    return individuals

def Cross(pcross,chrom,sizepop):
    # 本函数完成交叉操作
    # pcross    input: 交叉概率
    # chrom     input: 染色体群
    # sizepop   input: 种群规模
    #           output: 交叉后的染色体
    for i in range(0,sizepop):
        # 交叉概率决定是否交叉
        pick = np.random.random(1)
        # 将一个 0~1 的随机数赋给 pick
        while pick == 0:
            pick = np.random.random(1)            # 确保 pick 被赋值
        if pick > pcross:
            continue
        # 当 pick < pcross 时,进行交叉操作
        index = np.floor(np.random.random((1,2)) * (sizepop))
        while (index[0,0] == index[0,1])|(index[0,0] * index[0,1] == 0):
```

```python
            index = np.floor(np.random.random((1, 2)) * (sizepop))
        # 在种群中随机选择两个个体
        pos = np.floor(np.random.random(1) * 3)
        while pos == 0:
            pos = np.round(np.random.random(1) * 3)
        # 在染色体中随机选择交叉位置
        temp = copy.deepcopy(chrom[index[0,0].astype(int), pos.astype(int)])
        chrom[index[0, 0].astype(int), pos.astype(int)] = copy.deepcopy(chrom[index[0,
1].astype(int), pos.astype(int)])
        chrom[index[0, 1].astype(int), pos.astype(int)] = copy.deepcopy(temp)
        # 将两条染色体某个位置的信息进行交叉互换
    return chrom
# 输出经过交叉操作后的染色体


def Mutation(pmutation, chrom, sizepop):
# 本函数完成变异操作
# pcross    input: 变异概率
# chrom     input: 染色体群
# sizepop   input: 种群规模
#           output: 交叉后的染色体
    for i in range(0, sizepop):
        # 变异概率决定该轮循环是否进行变异
        pick = np.random.random(1)
        if pick > pmutation:
            continue
        # 当 pick 小于变异概率时,执行变异操作
        pick = np.random.random(1)
        while pick == 0:
            pick = np.random.random(1)
        index = np.floor(pick * (sizepop))
        # 在种群中随机选择一条染色体
        pick = np.random.random(1)
        while pick == 0:
            pick = np.random.random(1)
        pos = np.floor(pick * 3)
    # 在染色体中随机选择变异位置
        chrom[index.astype(int), pos.astype(int)] = np.random.random(1) * 4000
    # 染色体进行变异
    return chrom
start_time = time.time()
# 参数初始化
maxgen = 100            # 进化代数,即迭代次数,初始预定值选为 100
sizepop = 100          # 种群规模,初始预定值选为 100
pcross = 0.9           # 交叉概率选择,0~1,一般取 0.9
pmutation = 0.01       # 变异概率选择,0~1,一般取 0.01
individuals = {'fitness': np.zeros(sizepop), 'chrom': np.zeros((sizepop,12))}
# 种群,种群由 sizepop 条染色体及每条染色体的适应度组成
avgfitness = 0
# 记录每一代种群的平均适应度,首先赋予一个空数组
bestfitness = 0
# 记录每一代种群的最佳适应度,首先赋予一个空数组
bestchrom = np.zeros(12)
# 记录适应度最佳的染色体,首先赋予一个空数组
x = np.zeros(12)
dataSet = pd.read_excel("数据.xlsx")                        # 导入数据
dataSetNP = np.array(dataSet)
```

```python
p = dataSetNP[:, 1:dataSetNP.shape[1] - 1]
# 待分类的数据
# 初始化种群
for i in range(0, sizepop):
    # 随机产生一个种群
    individuals['chrom'][i,:] = 4000 * np.random.random((1,12))
    # 将 12 个 0~4000 的随机数赋予种群中的一条染色体,代表 k = 4 个聚类中心
    x = individuals['chrom'][i,:]
    # 计算每条染色体的适应度
    individuals['fitness'][i] = fitness(x, p)
# 找最好的染色体
bestfitness = np.max(individuals['fitness'])
bestindex = np.argmax(individuals['fitness'])
# 找出适应度最佳的染色体,并记录其适应度的值和染色体所在的位置
bestchrom = individuals['chrom'][bestindex, :]
# 把最好的染色体赋予变量 bestchrom
avgfitness = np.sum(individuals['fitness'])/sizepop
# 计算群体中染色体的平均适应度
trace = np.array([avgfitness, bestfitness])
# 记录每一代进化中最佳的适应度和平均适应度
for i in range(0, maxgen):
    print(i)
    # 输出进化代数
    individuals = Select(individuals, sizepop)
    avgfitness = np.sum(individuals['fitness'])/sizepop
    # 对种群进行选择操作,并计算出种群的平均适应度
    individuals['chrom'] = Cross(pcross, individuals['chrom'], sizepop)
    # 对种群中的染色体进行交叉操作
    individuals['chrom'] = Mutation(pmutation, individuals['chrom'], sizepop)
    # 对种群中的染色体进行变异操作
    for j in range(0, sizepop):
        x = individuals['chrom'][j,:]  # 解码
        individuals['fitness'][j] = fitness(x, p)
    # 计算进化群体中每条染色体的适应度
    newbestfitness = np.max(individuals['fitness'])
    newbestindex = np.argmax(individuals['fitness'])
    worestbestfitness = np.min(individuals['fitness'])
    worestbestindex = np.argmin(individuals['fitness'])
    # 找到最小和最大适应度的染色体及其在种群中的位置
    if bestfitness < newbestfitness:
        bestfitness = copy.deepcopy(newbestfitness)
        bestchrom = copy.deepcopy(individuals['chrom'][newbestindex,:])
    # 代替上一次进化中最好的染色体
    individuals['chrom'][worestbestindex, :] = bestchrom
    individuals['fitness'][worestbestindex] = bestfitness
    # 淘汰适应度最差的个体
    avgfitness = np.sum(individuals['fitness']) / sizepop
    trace = np.vstack((trace, np.array([avgfitness, bestfitness])))
    # 记录每一代进化中最佳的适应度和平均适应度
print(trace)
plt.figure(1)
l1, = plt.plot(trace[:,0], linestyle = '--', color = 'r')
plt.title('适应度函数曲线')
l2, = plt.plot(trace[:,1], linestyle = '-.', color = 'b')
plt.legend(handles = [l1, l2], labels = ["平均适应度曲线","最佳适应度曲线"], loc = "lower right", fontsize = 6)
```

```
#  画出适应度变化曲线
#  画出聚类点
kernel = np.array([bestchrom[0:3],bestchrom[3:6],bestchrom[6:9],bestchrom[9:12]])
#  解码出最佳聚类中心
n,m = np.shape(p)
dist = 0                    #  用于计算准则函数
cid = np.zeros(n)           #  用于记录数据被分到的类别
for i in range(0, n):
    dis1 = np.linalg.norm(p[i] - kernel[0, :])
    dis2 = np.linalg.norm(p[i] - kernel[1, :])
    dis3 = np.linalg.norm(p[i] - kernel[2, :])
    dis4 = np.linalg.norm(p[i] - kernel[3, :])
    value = np.min(np.array([dis1,dis2,dis3,dis4]))
    index1 = np.argmin(np.array([dis1,dis2,dis3,dis4]))
    cid[i] = index1 + 1
    dist = dist + value
print('分类结果:',cid)
print('准则函数',dist)
plt.rcParams['font.sans-serif'] = ['SimHei']
plt.rcParams["axes.unicode_minus"] = False
fig = plt.figure(2)
ax = fig.add_subplot(111, projection = '3d')
plt.title('result')
#  画出每一类的聚类中心
ax.scatter(bestchrom[0], bestchrom[1], bestchrom[2], c = 'r', marker = 'o')
ax.scatter(bestchrom[3], bestchrom[4], bestchrom[5], c = 'b', marker = 'o')
ax.scatter(bestchrom[6], bestchrom[7], bestchrom[8], c = 'g', marker = 'o')
ax.scatter(bestchrom[9], bestchrom[10], bestchrom[11], c = 'k', marker = 'o')
for i in range(0,n):
    if cid[i] == 1:
        ax.scatter(p[i,0], p[i,1], p[i,2], c = 'r', marker = '*')
    elif cid[i] == 2:
        ax.scatter(p[i,0], p[i,1], p[i,2], c = 'b', marker = '*')
    elif cid[i] == 3:
        ax.scatter(p[i,0], p[i,1], p[i,2], c = 'g', marker = '*')
    elif cid[i] == 4:
        ax.scatter(p[i,0], p[i,1], p[i,2], c = 'k', marker = '*')
ax.set_xlim(0, 3500)
ax.set_ylim(0, 3500)
ax.set_zlim(0, 3500)
ax.set_xlabel('X')
ax.set_ylabel('Y')
ax.set_zlabel('Z')
plt.show()
end_time = time.time()
time1 = end_time - start_time
print('需要的时间:',time1)
```

程序运行后,初始聚类结果如图 8-2 所示,其适应度函数曲线如图 8-3 所示。

由分析聚类结果可知,当 maxgen=100,sizepop=100 时,有一类仅有两个数据,聚类结果明显是错误的,并没有按照要求把数据聚为 4 类。通过分析适应度函数曲线可知,群体的平均适应度在迭代到第 100 次左右达到收敛,所以不是迭代次数的问题,就是种群规模的问

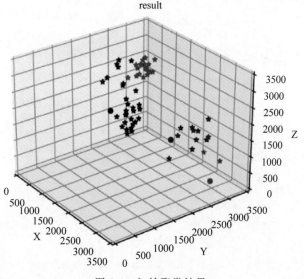

图 8-2　初始聚类结果

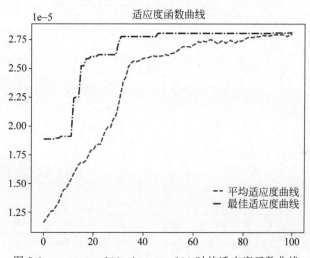

图 8-3　maxgen=100、sizepop=100 时的适应度函数曲线

题,就像自然界进化过程中,一个种群的规模越大,其产生优秀个体的可能性越大,经过进化后,就能产生更优秀的群体。所以,要不断增加种群规模以比较其聚类效果,这里依次取 sizepop=200,300,400,500…。maxgen=100,sizepop=700 时的聚类结果如图 8-4 所示,其适应度曲线如图 8-5 所示。

但是当种群规模增加到 sizepop=700 左右时,聚类效果依然不佳,种群的平均适应度曲线并没有收敛,这时就要增加进化代数。这就像自然界进化中,虽然一个种群的规模很大,产生优秀个体的可能性也很大,但是没有经过长时间的进化,没有达到优胜劣汰的效果。

这样我们不断地增大种群规模,并找到其合适的进化代数,以观察聚类的效果。但是,是不是种群规模越大、进化代数越大越好呢?显然不是,种群规模越大、进化代数越大,聚类效果确实越好,但是付出的代价却是收敛速度越慢,所以要根据实际情况确定合适的种群规模和进化代数。

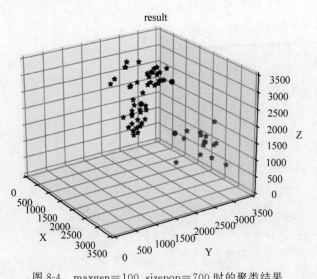

图 8-4 maxgen＝100、sizepop＝700 时的聚类结果

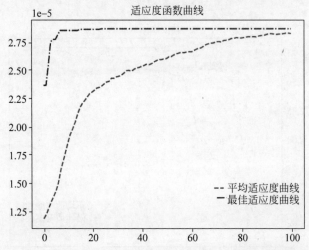

图 8-5 maxgen＝100、sizepop＝700 时的适应度函数曲线

遗传算法实验的聚类结果如表 8-1 所示。

表 8-1 聚类结果

种 群 规 模	进 化 代 数	运 行 次 数	准则函数平均值	收敛速度平均值/秒
100	100	3	38909	23.34
200	100	3	36360	44.78
300	100	3	37435	69.53
400	100	3	36295	99.62
500	100	3	34225	116.53
600	100	3	31730	142.92
700	100	3	33655	187.43
800	150	3	31269	328.74
900	150	3	32469	389.75

续表

种 群 规 模	进 化 代 数	运 行 次 数	准则函数平均值	收敛速度平均值/秒
1000	150	3	36863	452.53
1100	150	3	31146	522.52
1200	150	3	33499	600.38
1500	200	3	28736	1125.38
2000	200	3	31433	1804.85
2500	250	3	31478	3554.11
3000	300	3	32831	6155.19
4000	300	3	29344	9145.97

通过对比表中数据可以看出,随着种群规模和进化代数的增加,准则函数的值明显下降,得出了正确的聚类结果,但是具有很大的随机性,收敛速度也越来越慢。当 maxgen＝200,sizepop＝1500 时,准则函数平均值最小,聚类结果是实验中最好的,其聚类结果如图 8-6 所示,适应度函数曲线如图 8-7 所示。

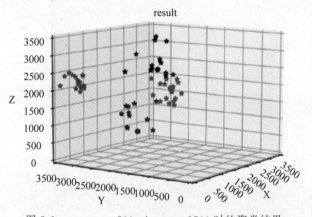

图 8-6　maxgen＝200、sizepop＝1500 时的聚类结果

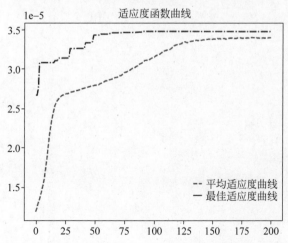

图 8-7　maxgen＝200、sizepop＝1500 时的适应度函数曲线

8.4 结论

本章给出了遗传算法的概念、原理、特点及实现流程,通过实例介绍了遗传算法解决聚类问题的实现方法与步骤。

习题

(1) 什么是遗传算法?
(2) 常用的遗传算子有哪些?
(3) 遗传算法的特点是什么?
(4) 简述遗传算法的基本要素。

## 第9章

蚁群算法聚类设计

9.1 蚁群算法简介

蚁群算法最初由意大利学者 M. Dorigo 等于 1991 年首次提出。1992 年 M. Dorigo 又在其博士学位论文中进一步阐述了蚁群算法的核心思想。1996 年，M. Dorigo 又发表了一篇奠基性文章，在该文章中，M. Dorigo 等将蚁群算法拓展到解决非对称旅行商问题（travelling salesman problem，TSP）、指派问题（quadratic assignment problem，QAP）及车间作业调度问题（job shop scheduling problem，JSP），并对算法中初始参数对性能的影响进行了初步探讨。1996 年起，蚁群算法作为一种新颖的前沿问题优化求解算法，逐渐得到世界许多国家研究者的关注。进入 21 世纪，国际著名的顶级学术刊物 *Nature* 多次报道了蚁群算法的研究成果，相关学术期刊和会议也将其作为研究热点和前沿性课题。

9.2 蚁群算法原理

9.2.1 基本蚁群算法的原理

现实生活中单个蚂蚁的能力和智力非常简单，但在蚂蚁寻找食物的过程中，往往能找到蚁穴与食物之间的最佳行进路线。不仅如此，蚂蚁还能适应环境变化。例如，在蚂蚁运动路线上突然出现障碍物时，一开始蚂蚁分布是均匀的，不管路径长短，蚂蚁总是先按照同等概率选择各条路径（如图 9-1 所示），经过一段时间后重新找到最优路径。

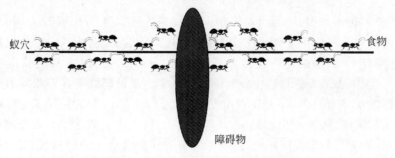

图 9-1　蚂蚁以等同概率选择各条路径

蚁群的这些特性早就引起了生物学家和仿生学家的强烈兴趣。仿生学家通过大量细致的观察研究发现,蚂蚁个体之间通过信息素进行信息传递,从而实现相互协作,完成复杂的任务。蚁群之所以表现出复杂有序的行为,个体之间的信息交流与相互协作起着重要作用。

蚂蚁在运动过程中,能够在其经过的路径上留下信息素,而且蚂蚁在运动过程中能够感知到信息素的存在,并以此确定自己的运动方向。蚂蚁倾向于朝该物质强度高的方向移动。如果路径上出现障碍物,则相等时间内蚂蚁留在较短路径上的信息素较多,这样就形成正反馈现象,选择较短路径的蚂蚁也会随之增多,如图9-2所示。

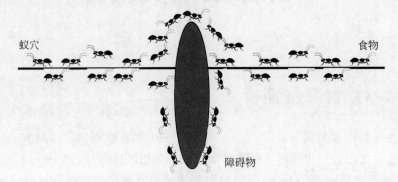

图 9-2　较短路径信息素较多,选择该路径的蚂蚁增多

蚂蚁运动过程中,较短路径上遗留的信息素会在很短时间内多于较长路径的信息素,原因不妨用图 9-3 说明:假设 A、E 两点分别是蚁群的巢穴和食物源,之间有两条路径 $A—B—H—D—E$ 和 $A—B—C—D—E$,其中 $B—H$ 和 $H—D$ 间距离为 1m,$B—C$ 和 $C—D$ 间距离为 0.5m。

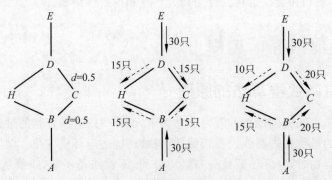

图 9-3　蚂蚁选择路径示意

最初($t=0$ 时刻),如图 9-3 所示,当 30 只蚂蚁到达分支路口 B 或 D 点时,要决定往哪个方向走。因为初始时没有线索可为蚂蚁提供选择路径的标准,所以它们就以相同的概率选择路径,结果有 15 只蚂蚁走左边的路径 $D—H$、$B—H$,另外 15 只蚂蚁走右边的路径 $D—C$、$B—C$,这些蚂蚁在行进过程中分别留下信息素。假设蚂蚁都具有相同的速度(1m/s)和信息素释放能力,则经过 1s 后从 D 点出发的 30 只蚂蚁有 15 只到达了 H 点,15 只经过 C 点到达了 B 点;同样,从 B 点出发的 30 只蚂蚁有 15 只到达了 H 点,15 只经过 C 点到达了 D 点。很显然,在相等的时间间隔内,路径 $D—H—B$ 上共有 15 只蚂蚁经过并遗留了信息素,$D—C—B$ 上却有 30 只蚂蚁经过并遗留了信息素,其信息素浓度是 $D—H—B$ 路径上的 2 倍。因此,当 30 只蚂蚁分别回到 A、E 点重新选择路径时就会以 2 倍于 $D—H—B$ 的

概率选择路径 $D-C-B$，从而使 $D-H-B$ 上的蚂蚁数变成 10 只，距离较短的路径上信息素很快得到了强化，其优势也很快被蚂蚁发现。

不难看出，由大量蚂蚁组成的群体集体行为表现出了一种信息正反馈现象：某条路径上经过的蚂蚁越多，后来者选择该路径的概率越大。蚂蚁个体之间就是通过这种信息的交流达到搜索食物的目的，并最终沿着最短路径行进，如图 9-4 所示。

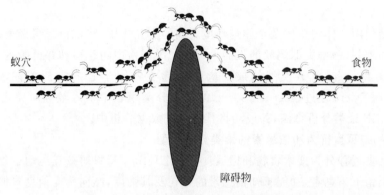

图 9-4　蚂蚁最终绕过障碍物找到最优路径

9.2.2　模型建立

1. 基于蚂蚁构造墓地和分类幼体的聚类分析模型

蚁群构造墓地行为和分类幼体行为统称为蚁群聚类行为。生物学家经过长期的观察发现，在蚂蚁群体中存在一种本能的聚集行为。蚂蚁往往能在没有蚂蚁整体的任何指导性信息的情况下，将其死去同伴的尸体安放在一个固定的场所。Chretien 用 Lasiusniger 蚂蚁做了大量试验，研究蚂蚁的这种构造墓地行为，发现工蚁能在几小时内将分散在蚁穴内各处的任意分布、大小不同的蚂蚁尸体聚成几类；J. L. Deneubourg 等也用 Pheidole pallidula 蚂蚁做了类似的实验。另外，观察还发现，蚁群会根据蚂蚁幼体的大小，分别将其堆放在蚁穴周围和中央的位置。真实蚁群聚类行为的实验结果如图 9-5 所示，4 张照片分别对应实验初

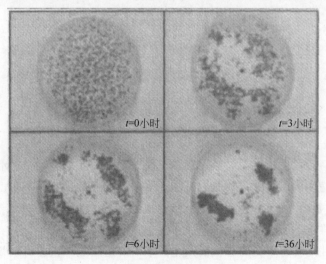

图 9-5　真实蚁群的聚类行为

始状态、3 小时、6 小时和 36 小时的蚁群聚类情况。这种蚁群聚集现象的基本机制是小的聚类通过已聚集的蚂蚁尸体发出的信息素吸引工蚁存放更多的同类对象，由此变成更大的聚类。在这种情况下，蚁穴环境中的聚类分布特性起到了间接通信的作用。

针对蚂蚁构造墓地和分类幼体的本能表现出来的聚类行为，Deneubourg 等提出了蚁群聚类的基本模型用于解释这种现象，指出单个对象比较容易被拾起并被移动到其他具有很多这类对象的地方。

基本模型利用个体与个体及个体与环境之间的交互作用，实现自组织聚类，并成功地应用于机器人的控制(一群类似蚂蚁的机器人可在二维网格中随意移动并可搬运基本物体，最终把它们聚集在一起)。该模型的成功应用引起了各国学者的广泛关注和研究热潮。E. Lumer 和 B. Faieta 通过在 Deneubourg 的基本分类模型中引入数据对象之间相似度的概念，提出了 LF 聚类分析算法，并成功将其应用于数据分析中。

2. 基于蚂蚁觅食行为和信息素的聚类分析模型

蚂蚁的觅食过程分为搜索食物和搬运食物两个环节。每只蚂蚁在运动过程中都会在其经过的路径上留下信息素，并能感知信息素的存在及其强度，倾向于向信息素强度高的方向移动。同样信息素自身也会随时间的流逝而挥发，显然某一路径上经过的蚂蚁数越多，其信息素越强，以后的蚂蚁选择该路径的可能性就越大，整个蚁群的行为表现出信息正反馈现象。

通过借鉴这一蚁群生态原理，基于蚂蚁觅食行为和信息素的聚类分析模型的基本思想是将数据看作具有不同属性的蚂蚁，聚类中心就被视为蚂蚁要寻找的"食物源"，数据聚类过程可以看作蚂蚁进行找寻食物源的过程。该模型算法流程如图 9-6 所示。

该模型可以描述为：假设待分类的数据对象有 N 个，每个数据对象有 m 个属性，数据对象定义为 $X = \{X_i \mid \boldsymbol{X}_i = (x_{i1}, x_{i2}, \cdots, x_{im}), i = 1, 2, \cdots, N\}$，分类数为 K。在模式样本 i 处分别放置一个蚂蚁，模式样本 i 分配给第 j 个聚类中心 $c_j (j = 1, 2, \cdots, K)$，蚂蚁就在模式样本 i 到聚类中心 c_j 的路径 (i, j) 上留下信息素 $\tau_{ij}(t)$。$d(X_i, C_j)$ 表示 X_i 到聚类中心 c_j 的欧氏距离；$P_{ij}(t)$ 是蚂蚁选择路径 (i, j) 的概率，计算公式为

$$P_{ij} = \frac{\tau_{ij}^{\alpha}(t)\eta_{ij}^{\beta}(t)}{\sum_{s \in S} \tau_{ij}^{\alpha}(t)\eta_{ij}^{\beta}(t)} \tag{9-1}$$

$$\tau_{ij}(t) = \begin{cases} 1, & d(X_i, C_j) \leqslant R \\ 0, & d(X_i, C_j) > R \end{cases} \tag{9-2}$$

$$d(X_i, C_j) = \sqrt{\sum_{r=1}^{m}(x_{ir} - c_{jr})^2} \tag{9-3}$$

其中，R 是聚类半径；$S = \{s \mid d(X_s, C_j) \leqslant R, s = 1, 2, \cdots, N$ 且 $s \neq j\}$ 表示分布在聚类中心 C_j 邻域内数据对象的集合；$\eta_{ij} = 1/d(X_i, C_j)$ 表示 t 时刻模式样本 i 分配给第 j 个聚类中心 C_j 的启发信息数值；α 和 β 是用于控制信息素和启发信息数的可调节参数；如果 $P_{ij}(t)$ 大于阈值 P_0，就将 X_i 归并到 C_j 的邻域。

模型终止条件是所有聚类的总偏离误差 ξ 小于给定的统计误差 ε_0。所有聚类的总偏离误差 ξ 计算公式为

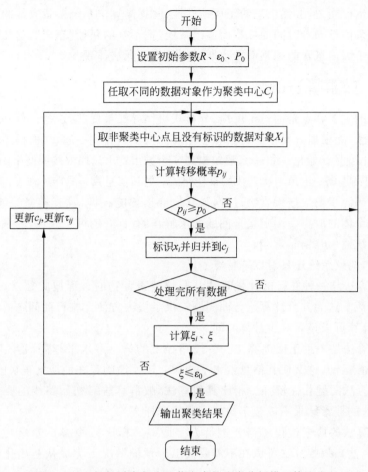

图 9-6 基于蚂蚁觅食行为和信息素的聚类分析模型算法流程

$$\xi = \sum_{j=1}^{k} \xi_j \tag{9-4}$$

$$\xi_j = \sqrt{\frac{1}{J} \sum_{i=1}^{J} (X_i - C_j')^2} \tag{9-5}$$

$$C_j' = \frac{1}{J} \sum_{i=1}^{J} X_i \tag{9-6}$$

其中,ξ_j 表示第 j 个聚类的偏离误差,C_j' 为新的聚类中心,X_i 是所有归并到 C_j 类中的数据对象,即 $X_i \in \{X_h \mid d(X_h, C_j) \leqslant R, h=1,2,\cdots,j+1,\cdots,n\}$,$J$ 为该聚类中所有数据对象的个数。

该模型中蚂蚁通信的介质是其在路径上留下的信息素,具有自组织、正反馈等优点。尽管该方法不需要事先给定聚类的个数,但由于需要预先设置类半径,因此限制了生成类的规模。而且由于信息素的更新原则 $\tau_{ij}(t)$ 取常数 1,处理策略使用的是局部信息,也没有考虑数据关联性,所以非常容易陷入局部最优。通过引入蚁群算法 Ant-Cycle 模型中信息素的处理方式,$\tau_{ij}(t)$ 为本次循环中经过路径总长度的函数,能更充分地利用环境中的整体信息。这种信息的更新规则能使短路径对应的信息量逐渐增大,以充分体现算法中全局范围内较短路径的生存能力,加强信息的正反馈性能,并提高算法系统搜索收敛的速度。同时能更好地保证残余信息随着时间的推移而逐渐减弱,把不好的路径"忘记",这样即使路径常常被访问也不至于因信息素的积累而导致期望值的作用无法体现。

9.2.3 蚁群算法的特点

蚁群算法的主要特点是通过正反馈、分布式协作寻找最优解,这是一种基于种群寻优的启发式搜索算法,能根据聚类中心的信息量把周围数据归并到一起,从而得到聚类分类。其具体步骤如下:变量初始化;将 m 只蚂蚁放到 n 个城市;m 只蚂蚁按照概率函数选择下一个城市,完成各自的周游;记录本次迭代的最佳路线;更新信息素;清零禁忌表;输出结果。

蚁群算法来源于蚂蚁搜索食物过程,与其他群集智能一样,具有较强的健壮性,不会因某一个或几个个体的故障而影响整个问题的求解,具有良好的可扩充性,因系统中个体的增加而增加的系统通信开销非常小。

除此之外,蚂蚁系统还具有以下特点。

(1)蚁群算法是一种并行的优化算法。蚂蚁搜索食物的过程彼此独立,只通过信息素进行间接的交流。这为并行计算旅行商问题提供了极大方便。旅行商问题的计算量一般较大,使用并行计算可以显著减少计算时间。

(2)蚁群算法是一种正反馈算法。一段路径上的信息素水平越高,越能吸引更多的蚂蚁沿着这条路径运动,这又使其信息素水平增加。正反馈的存在使搜索很快收敛。

(3)蚁群算法的健壮性较强。相比其他算法,蚁群算法对初始路线的要求不高。也就是说,蚂蚁算法的搜索结果不依赖于初始路线的选择。

(4)蚁群算法的搜索过程不需要进行人工调整。相比某些需要进行人工干预的算法(如模拟退火算法),蚂蚁算法可以在不需要人工干预的情况下完成从初始化到得到整个结果的全部计算过程。

蚁群算法对于小规模(不超过30)的旅行商问题效果显著,但对于较复杂的旅行商问题,其性能急剧下降。主要原因在于,在该算法的初始阶段,各条路径上的信息素水平基本相等,蚂蚁的搜索呈现较大的盲目性。只有经过较长时间后,信息素水平才呈现出明显的指导作用。另外,由于蚁群算法是一种正反馈算法,在算法速度收敛较快的同时,容易陷入局部最优。比如两个旅行点中间的一条边,这条边的旅行费用在所有相邻的城市中是最低的。那么在搜索初期,这条边会获得最高的信息素水平。高信息素水平又容易使更多的蚂蚁沿这条路径运动,这样与这两个城市相连的其他路径就没有太多的机会被访问,但实际上,全局最优路径中并不一定包含这条边。因此对于大规模的旅行商问题,早期的蚂蚁算法搜索到最优解的可能性较小。

另外,蚁群算法存在一些缺陷,如性能方面,算法的收敛速度与所得解的多样性、稳定性等性能之间存在矛盾。这是因为蚁群中多个个体的运动是随机的,虽然通过信息交流能向着最优路径进化,但是当群体规模较大时,很难在较短时间内从杂乱无章的路径中找到一条较好的路径。因为如果加快收敛速度则可能导致蚂蚁的搜索陷入局部最优,造成早熟、停滞现象。

在应用范围方面,蚁群算法的应用尚局限在较小的范围内,难以处理连续空间的优化问题。由于每个蚂蚁在每个阶段所做的选择总是有限的,它要求离散的解空间,因而对组合优化等离散问题很适用,而对线性和非线性规划等连续空间的优化问题求解不能直接应用。

9.3 基本蚁群算法的实现

本例使用表 1-1 的三元色数据，按照颜色数据表征的特点，将样本按照各自所属的类别归类。

由于蚁群优化算法是迭代求取最优值，所以事先无须训练数据，故取 59 组数据确定类别。下面使用 Python 构建蚁群优化算法。程序算法流程如图 9-7 所示。

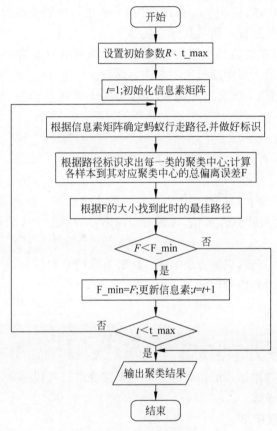

图 9-7 程序算法流程

1. 程序初始化

加载测试样本矩阵 **X**，根据测试样本，求出样本个数 N，测试样本的属性数 n（维数），给定聚类个数 K（要分成几类），给定蚁数 R，最大迭代次数 t_max，最佳路径的偏差值 best_solution_function_value，初始值为无穷大。

初始化程序代码如下：

```
N,n = np.shape(data)                        # N = 测试样本数,n = 测试样本数的属性数
K = 4                                       # K = 组数
R = 100                                     # R = 蚁数
t_max = 1000                                # t_max = 最大迭代次数
best_solution_function_value = float('inf')  # 最佳路径度量值(初值为无穷大,该值越小,聚类效
                                            # 果越好)
```

2. 信息素矩阵初始化

信息素矩阵维数为 $N * K$(样本数×聚类数),初始值为 0.01。

信息素矩阵初始化程序如下:

```
# 初始化
c = 0.01
tau = c * np.ones((N,K))   # 信息素矩阵,初始值为 0.01 的 N * K 矩阵
```

3. 蚂蚁路径的选择及标识

定义标识字符矩阵 solution_string,维数为 $R * N+1$,初始值都为 0,以信息矩阵中信息素的值确定路径(确定分到哪一组),具体方法如下。

如果该样本各信息素的值都小于信息素阈值 q,则取信息素最大的作为路径。若最大值有多个,则从相同的最大值中随机取一个作为路径。

若信息素大于阈值 q,则求出各路径信息素占该样本总信息素的比例,以概率确定路径。

4. 聚类中心选择

聚类中心为该类所有样本的各属性值的平均值。

5. 偏离误差计算

偏离误差即各样本到其对应聚类中心的欧氏距离之和 F。F 越小,聚类效果越好。计算各只蚂蚁的 F 值,找到最小的 F 值,该值对应的路径为本次迭代的最佳路径。

6. 信息素更新

对信息素矩阵进行更新,更新方法如下:新值为原信息素值乘以$(1-rho)$,rho 为信息素蒸发率,再加上最小偏差值的倒数。

程序代码如下:

```
for i in range(0,N):
    tau[i,int(best_solution[0,i])] = (1 - rho) * tau[i,int(best_solution[0,i])] + 1/tau_F
```

信息素更新之后,再根据新的信息素矩阵判断路径进行迭代运算,直到达到最大迭代次数,或偏离误差达到要求值。

7. 完整程序及仿真结果

蚁群优化算法的完整 Python 程序如下:

```
import numpy as np
import pandas as pd
import copy
import time
from matplotlib import pyplot as plt
from mpl_toolkits.mplot3d import Axes3D

dataSet = pd.read_excel("数据.xlsx")              # 导入数据
dataSetNP = np.array(dataSet)
data = dataSetNP[:, 1:dataSetNP.shape[1] - 1]
N,n = np.shape(data)                              # N = 测试样本数,n = 测试样本数的属性数
K = 4                                             # K = 组数
R = 100                                           # R = 蚂蚁数
t_max = 1000                                      # t_max = 最大迭代次数
```

```python
# 初始化
c = 0.01
tau = c * np.ones((N, K))                          # 信息素矩阵,初始值为 0.01 的 N * K 矩阵
q = 0.9                                            # 阈值
rho = 0.1                                          # 蒸发率
best_solution_function_value = float('inf')        # 最佳路径度量值(初值为无穷大,该值越小,聚
                                                   # 类效果越好)
best_solution = np.zeros((1, N + 1))
cluster_center = np.zeros((K, n))                  # 聚类中心(聚类的 k 个中心)
solution_ascend = np.zeros((R, N + 1))
solution_string = np.zeros((R, N + 1))             # 路径标识字符: 标识每只蚂蚁的路径
start_time = time.time()
t = 1
p = np.zeros(K)
while t <= t_max:                                  # 进行 t_max 次迭代计算
    for i in range(0, R):                          # 以信息素为依据确定每只蚂蚁的路径
        r = np.random.rand(N)                      # 随机产生值为 0~1 的数组
        for g in range(0, N):
            if r[g] < q:                           # 如果 r(g) 小于阈值
                tau_max = copy.deepcopy(np.max(tau[g, :]))
                Cluster_number = np.ravel(np.where(tau[g, :] == tau_max))
                # 确定第 i 只蚂蚁对第 g 个样本的路径标识
                solution_string[i, g] = copy.deepcopy(Cluster_number[0])
                # 如果 r(g) 大于阈值,则求出各路径信息素占总信息素的比例,根据概率选择路径
            else:
                sum_p = copy.deepcopy(np.sum(tau[g, :]))
                p = copy.deepcopy(tau[g, :] / sum_p)
                for u in range(1, K):
                    p[u] = p[u] + p[u - 1]
                rr = np.random.rand(1)
                for s in range(0, K):
                    if rr <= p[s]:
                        Cluster_number = copy.deepcopy(s)
                        solution_string[i, g] = copy.deepcopy(Cluster_number)
                        break
        # 计算聚类中心
        weight = np.zeros((N, K))
        for h in range(0, N):                      # 为路径做计算标识
            Cluster_index = solution_string[i, h]  # 类的索引编号
            weight[h, int(Cluster_index)] = 1      # 对样本选择的类在 weight 数
                                                   # 组的相应位置标 1
        for j in range(0, K):
            for v in range(0, n):
                sum_wx = np.sum(weight[:, j] * data[:, v])   # 各类样本各属性值之和
                sum_w = np.sum(weight[:, j])                 # 各类样本个数
                if sum_w == 0:                               # 该类样本数为 0,则该类的聚类中心为 0
                    cluster_center[j, v] = 0
                    continue
                else:
                    cluster_center[j, v] = sum_wx / sum_w
# 计算各样本点各属性到其对应聚类中心的均方差之和,将该值存入 solution_string 的最后一位
        F = 0
        for j in range(0, K):
            for ii in range(0, N):
                Temp = 0
```

```
                    if solution_string[i,ii] == j:
                        for v in range(0,n):
                            Temp = Temp + (abs(data[ii,v] - cluster_center[j,v]) ** 2)
                        Temp = np.sqrt(Temp)
                    F = F + Temp
            solution_string[i,N] = F
        # 根据 F 值对 solution_string 矩阵升序排序
        fitness_ascend = np.sort(solution_string[:,N]).reshape(R,1)
        solution_index = np.argsort(solution_string[:,N])
        solution_ascend = np.hstack((solution_string[solution_index,0:N],fitness_ascend))
        for u in range(0,R):
            if solution_ascend[u,N]< = best_solution_function_value:
                best_solution[0,:] = solution_ascend[u,:]
            u = u + 1
        # 用最优的 L 条路径更新信息素矩阵
        tau_F = 0
        L = 2
        for j in range(0,L):
            tau_F = tau_F + solution_ascend[j,N]
        for i in range(0,N):
            tau[i,int(best_solution[0,i])] = (1 - rho) * tau[i,int(best_solution[0,i])] + 1/tau_F
        t = t + 1
        print('迭代次数:',t)
end_time = time.time()
time1 = end_time - start_time
print('需要的时间:',time1)
print('聚类中心:',cluster_center)
best_solution = solution_ascend[0,0:N]
print(best_solution)
best_solution_function_value = solution_ascend[0,N]
print(best_solution_function_value)
# 分类结果显示
plt.rcParams['font.sans - serif'] = ['SimHei']
fig = plt.figure(1)
ax = fig.add_subplot(111, projection = '3d')
plt.title('蚁群聚类结果')
ax.scatter(cluster_center[:,0], cluster_center[:,1], cluster_center[:,2], c = 'g', marker = 'o')
for i in range(0,N):
    if best_solution[i] == 0:
        ax.scatter(data[i,0], data[i,1], data[i,2], c = 'g', marker = ' * ')
    elif best_solution[i] == 1:
        ax.scatter(data[i,0], data[i,1], data[i,2], c = 'r', marker = ' * ')
    elif best_solution[i] == 2:
        ax.scatter(data[i,0], data[i,1], data[i,2], c = 'b', marker = ' + ')
    elif best_solution[i] == 3:
        ax.scatter(data[i,0], data[i,1], data[i,2], c = 'k', marker = ' + ')
ax.set_xlim(0, 3500)
ax.set_ylim(0, 3500)
ax.set_zlim(0, 3500)
ax.set_xlabel('X')
ax.set_ylabel('Y')
ax.set_zlabel('Z')
plt.show()
```

程序运行后,蚁群聚类结果如图 9-8 所示。从图中可以看出,基本蚁群聚类法的分类效果不太好。

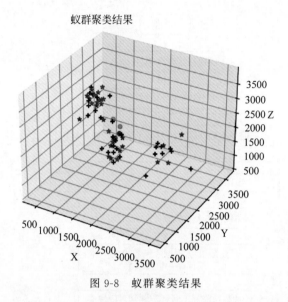

蚁群聚类结果

图 9-8 蚁群聚类结果

程序运行结果：

```
迭代次数：1001
需要的时间：169.00316333770752
聚类中心：[[1497.15769231 2187.67692308 1892.31076923]
  [1151.800625    2685.665625    2100.428125  ]
  [1351.1965      2664.827       1929.157     ]
  [1699.365       2037.414       2230.325     ]]
[3. 1. 2. 0. 2. 2. 2. 3. 1. 1. 2. 2. 1. 1. 0. 0. 0. 0. 2. 2. 0. 0. 0. 2.
 1. 0. 2. 1. 0. 0. 0. 2. 1. 1. 2. 2. 1. 1. 3. 1. 2. 3. 3. 1. 2. 0. 2. 1.
 2. 2. 1. 3. 3. 3. 2. 3. 3. 3. 0.]
63388.90002007414
```

9.4 算法改进

9.4.1 MMAS 算法简介

最大-最小蚂蚁系统(max-min ant system,MMAS)是一种改进的蚁群算法。该算法主要思想如下：一方面加强正反馈的效果,提高蚂蚁的搜索效率；另一方面采取一定措施,减小陷入局部优化的可能性。改进后的蚁群算法流程如图 9-9 所示。

在具体介绍该算法之前,首先给出几个相关的定义。

定义 1：所有蚂蚁完成一次搜索,称为一次周游。

定义 2：若干只蚂蚁各自进行一次搜索后,这些搜索结果中最好的一个即为周游最优路线。

定义 3：已经完成的所有搜索中,结果最好的行进路线即为全局最优路线。

在蚁群系统中,只更新构成全局最优路线边上的信息素,而在 MMAS 中提出了一种新的信息素更新策略,即更新周游最优路线。在搜索初期只更新周游最优路线,然后逐渐提高全局最优路线的更新频率,直至只更新全局最优路线。实验证明,这种方法可在一定程度上

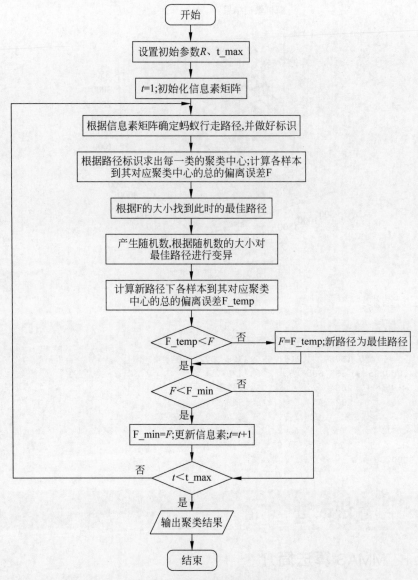

图 9-9　改进后的蚁群算法流程

改进搜索结果。

MMAS 算法是在蚂蚁系统算法基础上进行了许多改进后的算法,主要表现在下面三个方面。

(1) 在算法运行期间更多地利用最优解信息,即每次迭代后仅允许一只最优的蚂蚁增加信息素,该最优蚂蚁可以是该次迭代最优的,也可以是全局最优的。

(2) 为尽量避免搜索停止现象,本算法对信息素进行了限制,这也是将该算法称为 MMAS 的原因。

(3) 在开始搜索前,将所有边的信息素水平设为信息素最大值,即本算法将信息素初始化为最大值,这样有利于算法在最初阶段搜索到更多的解。这样在搜索初期蚂蚁的搜索范围较大,从而减少搜索停滞于局部最优的情况。

改进后的算法如下：

```
pls = 0.1                          # 局部寻优阈值 pls(相当于变异率)
    L = 2                          # 在 L 条路径内局部寻优
    # 局部寻优程序
    solution_temp = np.zeros((L, N + 1))
    k = 1
    while k < = L:
        solution_temp[k - 1, :] = solution_ascend[k - 1, :]
        rp = np.random.rand(N)    # 产生一个随机数组,若某值小于 pls,则随机改变其对应的路
                                   # 径标识
        for i in range(0, N):
            if rp[i] < = pls:
                rrr = np.random.randint(1, K)
                solution_temp[k - 1, i] = np.setdiff1d(np.arange(1, K + 1), solution_temp[k - 1,
i])[rrr - 1]
```

9.4.2　完整 Python 程序及仿真结果

MMAS 算法的 Python 程序代码如下：

```
import numpy as np
import pandas as pd
import copy
import time
from matplotlib import pyplot as plt
from mpl_toolkits.mplot3d import Axes3D

dataSet = pd.read_excel("数据.xlsx")          # 导入数据
dataSetNP = np.array(dataSet)
data = dataSetNP[:, 1:dataSetNP.shape[1] - 1]
N, n = np.shape(data)                         # N = 测试样本数,n = 测试样本数的属性数
K = 4                                         # K = 组数
R = 100                                       # R = 蚂蚁数
t_max = 1000                                  # t_max = 最大迭代次数
# 初始化
c = 0.01
tau = c * np.ones((N, K))                     # 信息素矩阵,初始值为 0.01 的 N * K 矩阵
q = 0.9                                        # 阈值
rho = 0.1                                      # 蒸发率
best_solution_function_value = float('inf')   # 最佳路径度量值(初值为无穷大,该值越小,聚
                                              # 类效果越好)
best_solution = np.zeros((1, N + 1))
cluster_center = np.zeros((K, n))             # 聚类中心(聚类的 k 个中心)
solution_ascend = np.zeros((R, N + 1))
solution_string = np.zeros((R, N + 1))        # 路径标识字符:标识每只蚂蚁的路径
start_time = time.time()
t = 1
st_Temp = 0
p = np.zeros(K)
while t < = t_max:                            # 进行 t_max 次迭代计算
    for i in range(0, R):                     # 以信息素为依据确定每只蚂蚁的路径
        r = np.random.rand(N)                 # 随机产生值为 0~1 的数组
        for g in range(0, N):
```

```
        if r[g]< q:                               # 如果 r(g)小于阈值
            tau_max = copy.deepcopy(np.max(tau[g,:]))
            Cluster_number = np.ravel(np.where(tau[g,:] == tau_max))
                # 确定第 i 只蚂蚁对第 g 个样本的路径标识
            solution_string[i,g] = copy.deepcopy(Cluster_number[0])
                # 如果 r(g)大于阈值,则求出各路径信息素占总信息素的比例,根据概率选择路径
        else:
            sum_p = copy.deepcopy(np.sum(tau[g,:]))
            p = copy.deepcopy(tau[g,:]/sum_p)
            for u in range(1,K):
                p[u] = p[u] + p[u - 1]
            rr = np.random.rand(1)
            for s in range(0,K):
                if rr <= p[s]:
                    Cluster_number = copy.deepcopy(s)
                    solution_string[i,g] = copy.deepcopy(Cluster_number)
                    break
    # 计算聚类中心
    weight = np.zeros((N,K))
    for h in range(0,N):                          # 为路径做计算标识
        Cluster_index = solution_string[i,h]  # 类的索引编号
        weight[h,int(Cluster_index)] = 1      # 对样本选择的类在 weight 数组的相应位
                                              # 置标1
    for j in range(0,K):
        for v in range(0,n):
            sum_wx = np.sum(weight[:,j] * data[:,v])  # 各类样本各属性值之和
            sum_w = np.sum(weight[:,j])       # 各类样本个数
            if sum_w == 0:                    # 该类样本数为 0,则该类的聚类中心为 0
                cluster_center[j,v] = 0
                continue
            else:
                cluster_center[j, v] = sum_wx/sum_w
# 计算各样本点各属性到其对应聚类中心的均方差之和,将该值存入 solution_string 的最后一位
    F = 0
    for j in range(0,K):
        for ii in range(0,N):
            Temp = 0
            if solution_string[i,ii] == j:
                for v in range(0,n):
                    Temp = Temp + (abs(data[ii,v] - cluster_center[j,v]) ** 2)
                Temp = np.sqrt(Temp)
            F = F + Temp
    solution_string[i,N] = F
    # 根据 F 值将 solution_string 矩阵升序排序
fitness_ascend = np.sort(solution_string[:,N]).reshape(R,1)
solution_index = np.argsort(solution_string[:,N])
solution_ascend = np.hstack((solution_string[solution_index,0:N],fitness_ascend))
pls = 0.1                                     # 局部寻优阈值 pls(相当于变异率)
L = 2                                         # 在 L 条路径内局部寻优
# 局部寻优程序
solution_temp = np.zeros((L,N + 1))
k = 1
while k <= L:
```

```
                    solution_temp[k-1,:] = solution_ascend[k-1,:]
                    rp = np.random.rand(N)          # 产生一个随机数组,若某值小于pls,则随机改变其对应
                                                    # 的路径标识
                for i in range(0,N):
                    if rp[i]<= pls:
                        rrr = np.random.randint(1,K)
                        solution_temp[k-1,i] = np.setdiff1d(np.arange(1,K+1),solution_temp[k-1,
i])[rrr-1]
                    # 计算临时聚类中心
                solution_temp_weight = np.zeros((N,K))
                for h in range(0,N):
                    solution_temp_cluster_index = solution_temp[k-1,h]
                    solution_temp_weight[h,int(solution_temp_cluster_index-1)] = 1
                solution_temp_cluster_center = np.zeros((K,n))
                for j in range(0,K):
                    for v in range(0,n):
                        solution_temp_sum_wx = np.sum(solution_temp_weight[:,j] * data[:,v])
                        solution_temp_sum_w = np.sum(solution_temp_weight[:,j])
                        if solution_temp_sum_w == 0:
                            solution_temp_cluster_center[j,v] = 0
                        else:
                        solution_temp_cluster_center[j,v] = solution_temp_sum_wx/solution_temp_sum_w
                # 计算各样本点各属性到其对应临时聚类中心的均方差之和 Ft
                solution_temp_F = 0
                for j in range(0,K):
                    for ii in range(0,N):
                        if solution_temp[k-1,ii] == j:
                            for v in range(0,n):
                                st_Temp = st_Temp + (abs(data[ii,v] - solution_temp_cluster_
center[j,v]) ** 2)
                            st_Temp = np.sqrt(st_Temp)
                            solution_temp_F = st_Temp + solution_temp_F
                solution_temp[k-1,N] = solution_temp_F
                # 根据临时聚类度量调整路径
                # 如果 Ft < F1,则 F1 = Ft,S1 = St
                if solution_temp[k-1,N]<= solution_ascend[k-1,N]:
                    solution_ascend[k-1,:] = solution_temp[k,:]
                if solution_ascend[k-1,N]<= best_solution_function_value:
                    best_solution = solution_ascend[k-1,:].reshape(1,N+1)
                k = k+1
        # 用最优的 L 条路径更新信息素矩阵
        tau_F = 0
        for j in range(0,L):
            tau_F = tau_F + solution_ascend[j,N]
        for i in range(0,N):
            tau[i,int(best_solution[0,i])] = (1-rho) * tau[i,int(best_solution[0,i])] + 1/tau_F
        t = t+1
        print('迭代次数:',t)
end_time = time.time()
time1 = end_time - start_time
print('需要的时间:',time1)
print('聚类中心:',cluster_center)
best_solution = solution_ascend[0,0:N]
print('best_solution:',best_solution)
best_solution_function_value = solution_ascend[0,N]
```

```
print('best_solution_function_value:',best_solution_function_value)
# 分类结果显示
plt.rcParams['font.sans - serif'] = ['SimHei']
fig = plt.figure(1)
ax = fig.add_subplot(111, projection = '3d')
plt.title('蚁群聚类结果')
ax.scatter(cluster_center[:,0], cluster_center[:,1], cluster_center[:,2], c = 'g', marker = 'o')
for i in range(0, N):
    if best_solution[i] == 0:
        ax.scatter(data[i,0], data[i,1], data[i,2], c = 'g', marker = ' * ')
    elif best_solution[i] == 1:
        ax.scatter(data[i,0], data[i,1], data[i,2], c = 'r', marker = ' * ')
    elif best_solution[i] == 2:
        ax.scatter(data[i,0], data[i,1], data[i,2], c = 'b', marker = ' + ')
    elif best_solution[i] == 3:
        ax.scatter(data[i,0], data[i,1], data[i,2], c = 'k', marker = ' + ')
ax.set_xlim(0, 3500)
ax.set_ylim(0, 3500)
ax.set_zlim(0, 3500)
ax.set_xlabel('X')
ax.set_ylabel('Y')
ax.set_zlabel('Z')
plt.show()
```

程序运行后,MMAS 聚类结果如图 9-10 所示。从图中可以看出,MMAS 聚类效果比基本蚁群聚类效果好,但分类效果还不够好,说明该三元色不适用于该算法分类。

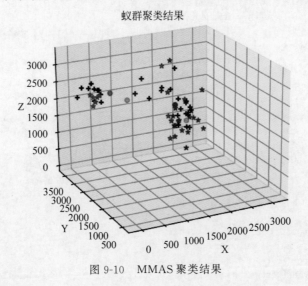

图 9-10　MMAS 聚类结果

程序运行结果如下:

```
迭代次数: 1001
需要的时间: 174.28453612327576
聚类中心: [[2066.17642857 2324.50357143 1492.095      ]
 [ 989.015625   2983.31875    2046.16125    ]
 [1602.5195     1923.9285     2210.9165     ]
 [ 567.59222222 2925.15666667 2360.78222222]]
best_solution: [2. 2. 0. 3. 1. 2. 2. 0. 1. 3. 2. 3. 3. 0. 1. 2. 2. 0. 0. 2. 2. 0. 1. 1.
```

```
2. 0. 3. 1. 1. 2. 2. 2. 2. 1. 0. 1. 2. 3. 1. 0. 0. 1. 0. 3. 0. 3. 0. 3.
0. 2. 2. 0. 0. 2. 3. 2. 2. 1. 0.]
best_solution_function_value: 48349.564513741185
```

9.5 结论

改进基本蚁群算法后缩短了迭代次数、减少了计算量,聚类效果优于基本蚁群算法。但是从整体上说,两种算法的聚类效果都不太好,说明该算法不适用于酒瓶的分类,体现了蚁群算法的局限性。蚁群算法虽被成功应用于旅行商问题,但以后在应用该算法时还是应根据具体问题确定。

习题

(1) 简述蚁群算法的基本原理。
(2) 简述蚁群算法的特点。

## 第10章

粒子群算法聚类设计

10.1 粒子群算法简介

粒子群优化(particle swarm optimization,PSO)算法(以下简称粒子群算法)是继蚁群算法之后的一种新群体智能算法。其基本思想是模拟鸟类群体行为,并利用了生物群体模型。该模型描述鸟类用简单规则确定飞行方向和速度以寻找栖息地,规则包括:① 飞离最近个体;② 飞向目标;③ 飞向群体中心。Heppner 受鸟类群体智能启发建立了此模型,Eberhart 和 Kennedy 对其进行修正并引入人类个体学习和整体文化形成的模式,提出了粒子群算法。该算法运算速度快、局部搜索能力强、参数设置简单,受到学术界广泛重视,在函数优化、神经网络训练、模式分类、模糊系统控制等工程领域得到广泛应用。

10.2 经典的粒子群算法的运算过程

经典粒子群算法与其他进化算法相似,也采用"群体"与"进化"的概念,同样是根据个体即微粒的适应度大小进行操作。不同的是,微粒群算法不像其他进化算法那样对个体使用进化算子,而是将每个个体看作 N 维搜索空间中一个无重量、无体积的微粒,并在搜索空间中以一定的速度飞行。该飞行速度根据个体的飞行经验和群体的飞行经验进行动态调整。

Kennedy 和 Eberhart 最早提出的 PSO 算法的进化方程为

$$v_{ij}(t+1) = v_{ij}(t) + c_1 r_1(p_{ij}(t) - x_{ij}(t)) + c_2 r_2(p_{gj}(t) - x_{ij}(t)) \tag{10-1}$$

$$x_{ij}(t+1) = x_{ij}(t) + v_{ij}(t+1) \tag{10-2}$$

其中,i 表示第 i 个微粒,j 表示微粒 i 的第 j 维分量,t 表示第 t 代,学习因子 c_1 和 c_2 为非负常数,c_1 用于调节微粒向本身最优位置飞行的步长,c_2 用于调节微粒向群体最优位置飞行的步长,通常 c_1 和 c_2 在[0,2]中取值。

迭代终止条件根据具体问题一般选为最大迭代次数,或粒子群搜索到的最优位置满足预先设定的精度。

经典微粒群算法的流程如下。

(1) 依照如下步骤初始化,对微粒群的随机位置和速度进行初始设定。

① 设定群体规模,即粒子数为 N。

② 对任意 i、j,随机产生 x_{ij}、v_{ij}。

③ 对任意 i 初始化局部最优位置为 $p_i = x_i$。

④ 初始化全局最优位置 p_g。

（2）根据目标函数,计算每个微粒的适应度值。

（3）对于每个微粒,将其适应度值与本身经过的最优位置 p_i 的适应度值进行比较,如更优,则将现在的 x_i 位置作为新的 p_i。

（4）对每个微粒,将其经过的最优位置的 p_i 适应度值与群体最优位置的适应度值进行比较,如果更优,则将 p_i 的位置作为新的 p_g。

（5）对微粒的速度和位置进行更替。

如未达到终止条件,则返回（2）。

10.3　两种基本的进化模型

Kennedy 等在对鸟群觅食的观察过程中发现,每只鸟并不总能看到鸟群中其他所有鸟的位置和运动方向,而往往只能看到相邻鸟的位置和运动方向。因此提出了两种粒子群算法模型:全局模式和局部模型。

在基本的 PSO 算法中,根据直接相互作用的微粒群定义可构造 PSO 算法的两种不同版本,也就是说,可以通过定义全局最优微粒（位置）或局部最优微粒（位置）构造具有不同行为的 PSO 算法。

1. G_{best} 模型（全局最优模型）

G_{best} 模型以牺牲算法的健壮性为代价提高算法的收敛速度,基本 PSO 算法就是该模型的典型体现。在该模型中,整个算法以该微粒（全局最优的微粒）为吸引子,将所有微粒拉向它,使所有微粒最终收敛于该位置。如果进化过程中该全局最优解得不到更新,则微粒群将出现类似遗传算法早熟的现象。

2. L_{best} 模型（局部最优模型）

为防止 G_{best} 模型出现早熟现象,L_{best} 模型采用多个吸引子代替 G_{best} 模型中的单一吸引子。首先将粒子群分解为若干子群,在每个粒子群中保留其局部最优微粒 $p_i(t)$,称为局部最优位置或邻域最优位置。

实验表明,局部最优模型的 PSO 比全局最优模型的收敛慢,但不容易陷入局部最优解。

10.4　改进的粒子群优化算法

10.4.1　粒子群优化算法的原理

最初的 PSO 是从解决连续优化问题发展而来的,Eberhart 等又提出了 PSO 的二进制版本,以解决工程实际的优化问题。

Y. Shi 和 Eberhart 1998 年将惯性权重引入了微粒群算法,并提出进化过程中线性调整惯性权重的方法,以平衡全局和局部搜索的性能,该方法已被学者称为标准 PSO 算法。

粒子群优化算法中,每个优化问题的解可看作搜索空间中的一只鸟,即"粒子"。首先在可行解空间中随机初始化一群粒子作为可行解,并由目标函数确定一个适应度值。每个粒子都在解空间中运动,并由运动速度决定其飞行方向和距离。通常粒子追随当前最优粒子在解空间中搜索。在每次迭代中,粒子通过跟踪自身最优解和全局最优解更新自己。

粒子群算法可描述为:设粒子群在一个 n 维空间中搜索,由 m 个粒子组成种群 $Z = \{Z_1, Z_2, \cdots, Z_m\}$,其中每个粒子所处的位置 $Z_i = \{z_{i1}, z_{i2}, \cdots, z_{in}\}$ 都表示问题的一个解。粒子通过不断调整自己的位置 Z_i 搜索新解。每个粒子都能记住自己搜索到的最优解,记作 p_{id},以及整个粒子群经过的最优位置,即目前搜索到的最优解,记作 p_{gd}。此外每个粒子都有一个速度,记作 $V_i = \{v_{i1}, v_{i2}, \cdots, v_{in}\}$,当两个最优解都找到后,每个粒子根据式(10-3)更新自己的速度。

$$v_{id}(t+1) = \omega v_{id}(t) + \eta_1 r_1 (p_{id} - z_{id}(t)) + \eta_2 r_2 (p_{gd} - z_{id}(t)) \tag{10-3}$$

$$z_{id}(t+1) = z_{id}(t) + v_{id}(t+1) \tag{10-4}$$

式中,$v_{id}(t+1)$ 表示第 i 个粒子在 $t+1$ 次迭代中第 d 维上的速度,ω 为惯性权重,η_1、η_2 为加速常数,r_1、r_2 为 $0 \sim 1$ 的随机数。此外,为使粒子速度不致过大,可以设置速度上限 v_{max},当式(10-1)中的 $v_{id}(t+1) > v_{max}$ 时,$v_{id}(t+1) = v_{max}$;$v_{id}(t+1) < -v_{max}$ 时,$v_{id}(t+1) = -v_{max}$。

由式(10-3)和式(10-4)可以看出,粒子的移动方向由三个因素决定:自己原有的速度 $v_{id}(t)$、与自己最佳经历的距离 $p_{id} - z_{id}(t)$、与群体最佳经历的距离 $p_{gd} - z_{id}(t)$,并分别由权重系数 ω、η_1、η_2 决定其重要性。

下面介绍这些参数的设置。PSO 算法中需要调节的主要参数如下。

1) 加速度因子(η_1、η_2)

加速度因子(学习因子,也称加速度系数)η_1 和 η_2 分别调节粒子向全局最优粒子和个体最优粒子方向飞行的最大步长。若太小,则粒子可能远离目标区域;若太大,则可能导致粒子忽然向目标区域飞去或飞过目标区域。合适的 η_1 和 η_2 可以加快收敛且不易陷入局部最优,目前大多数文献均采用 $\eta_1 = \eta_2 = 2$。

2) 种群规模(N)

PSO 算法种群规模较小,一般 N 取 $20 \sim 40$。其实对于大部分问题取 10 个粒子就能得到很好的结果,但对于较难或特定类别的问题,粒子数可能取 100 或 200。

3) 适应度函数

$$F = \sum_{j=1}^{k} \sum_{i=1}^{s} \boldsymbol{\omega}_{ij} \sum_{p=1}^{n} (X_{ip} - C_{jp})^2 \tag{10-5}$$

其中,$\boldsymbol{\omega}$ 是 0,1 矩阵,当 x 属于该类时元素为 0,否则为 1。

4) 惯性权重系数(ω)

$$\omega = w_{max} - t \times \frac{\omega_{max} - \omega_{min}}{t_{max}} \tag{10-6}$$

惯性权重系数 ω 用于控制前面的速度对当前速度的影响,较大的 ω 可以加强 PSO 的全局搜索能力,而较小的 ω 能加强局部搜索能力。目前普遍采用将 ω 设置为 $0.9 \sim 0.1$ 线性下降的方法,这种方法可使 PSO 开始时探索较大的区域,较快地定位最优解的大致位置,随着 ω 的逐渐减小,粒子速度减慢,开始精细地局部搜索。

10.4.2 粒子群优化算法的基本流程

粒子群算法流程如图 10-1 所示。该算法的基本步骤如下。

（1）初始化粒子群，即随机设定各粒子的初始位置和初始速度V。

（2）根据初始位置和速度产生各粒子新的位置。

（3）计算每个粒子的适应度值。

（4）对于每个粒子，比较它的适应度值及其经过的最优位置p_{id}的适应度值，如果更优，则更新。

（5）对于每个粒子，比较它的适应度值和群体经过的最优位置p_{gd}的适应度值，如果更优，则更新p_{gd}。

（6）根据式（10-3）和式（10-4）调整粒子的速度和位置。

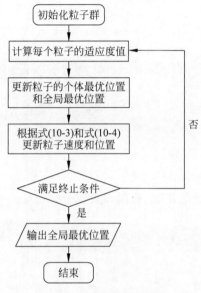

图 10-1 粒子群算法流程

（7）如果满足终止条件（足够优的位置或最大迭代次数），则结束；否则转步骤（3），继续迭代。

10.5 粒子群算法与其他算法的比较

1. 相同点

（1）粒子群算法和其他进化算法都基于"种群"概念。它们都随机初始化种群，以适应度值评价个体，进行一定的随机搜索且不能保证找到最优解。

（2）种群进化过程采用子代与父代竞争机制，具有一定的选择性。

（3）算法都具有并行性。搜索过程从一个解集合开始而非单个个体开始，不容易陷入局部极小值，且易于在并行计算机上实现，从而提高算法的性能和效率。

2. 不同点

（1）粒子群算法在进化过程中同时记忆位置和速度信息，而遗传算法和蚁群算法通常只记忆位置信息。

（2）粒子群算法的信息通信机制与其他进化算法不同。遗传算法中染色体间通过交叉等操作进行通信，蚁群算法中蚂蚁以蚁群全体构成的信息素轨迹作为通信机制。

10.6 粒子群算法分类器的 Python 实现

本例采用表 1-1 的三元色数据,按照颜色数据表征的特点,将数据按照各自所属的类别归类。

10.6.1 设定参数

PSO 优化算法需要设定粒子的学习因子(速度更新参数)、最大迭代次数,以及惯性权重初始值、终止值和聚类类数。

参数设定程序代码如下:

```
c1 = 1.6
c2 = 1.6                          # 设定学习因子数(速度更新参数)
wmax = 0.9
wmin = 0.4                        # 设定惯性权重初始值及终止值
M = 1600                          # 最大迭代数
K = 4                             # 最大类别数
```

10.6.2 初始化

算法进行初始化还需粒子的位置、速度和其他一些变量。

初始化程序代码如下:

```
fitt = float('inf') * np.ones(N)     # 初始化个体最优适应度
fg = float('inf')                    # 初始化群体最优适应度
fljg = clmat[0, :]                   # 当前最优分类
v = np.random.rand(N, K * D)         # 初始速度
x = np.zeros((N, K * D))             # 初始化粒子群位置
y = np.zeros((N, K * D))             # 初始化个体最优解
pg = x[0, :]                         # 初始化群体最优解
cen = np.zeros((K, D))               # 类别中心定维
fitt2 = copy.deepcopy(fitt)          # 粒子适应度定维
```

10.6.3 完整 Python 程序及仿真结果

粒子群优化算法的完整 Python 程序代码如下:

```
import numpy as np
import pandas as pd
import copy
import time
from matplotlib import pyplot as plt

start_time = time.time()
dataSet = pd.read_excel("测试数据.xlsx")          # 导入数据
dataSetNP = np.array(dataSet)
p = dataSetNP[:, 1:dataSetNP.shape[1] - 1]
# 参数设定

N = 70                                           # 粒子数
```

```
c1 = 1.6
c2 = 1.6                                              # 设定学习因子数(速度更新参数)
wmax = 0.9
wmin = 0.4                                            # 设定惯性权重初始值及终止值
M = 1600                                              # 最大迭代数
K = 4                                                 # 最大类别数
S, D = np. shape(p)                                   # 样本数和特征维数
                                                      # 初始化

clmat = np. zeros((N, S))
for i in range(0, N):
    clmat[i, :] = np. random. permutation(S) + 1      # 随机取整数
clmat[clmat > K] = np. fix(np. random. rand(1) * K + 1)  # 取整函数
fitt = float('inf') * np. ones(N)                     # 初始化个体最优适应度
fg = float('inf')                                     # 初始化群体最优适应度
fljg = clmat[0, :]                                    # 当前最优分类
v = np. random. rand(N, K * D)                        # 初始速度
x = np. zeros((N, K * D))                             # 初始化粒子群位置
y = np. zeros((N, K * D))                             # 初始化个体最优解
pg = x[0, :]                                          # 初始化群体最优解
cen = np. zeros((K, D))                               # 类别中心定维
fitt2 = copy. deepcopy(fitt)                          # 粒子适应度定维
bfit = np. zeros(M)
# 循环优化开始
for t in range(0, M):
    for i in range(0, N):
        ww = np. zeros((S, K))                        # 产生零数组
        for ii in range(0, S):
            ww[ii, int(clmat[i, ii] - 1)] = 1         # 加权矩阵, 元素非 0 即 1
        ccc = []
        tmp = 0
        for j in range(0, K):
            sumcs = np. dot(ww[:, j], np. ones((1, D)) * p)
            countcs = np. sum(ww[:, j])
            if countcs == 0:
                cen[j, :] = np. zeros(D)
            else:
                cen[j, :] = sumcs/countcs             # 求类别中心
            ccc. append(cen[j, :])                    # 串联聚类中心
            aa = np. where(ww[:, j] == 1)
            if len(aa) != 0:
                for k in range(0, len(aa)):
                    tmp = tmp + (np. sum((p[aa[k], :] - cen[j, :]) ** 2))    # 适应度计算
        ccc = np. array(ccc). reshape(1, -1)
        x[i, :] = ccc
        fitt2[i] = tmp                                # 适应度值
    # 更新群体和个体最优解
    for i in range(0, N):
        if fitt2[i] < fitt[i]:
            fitt[i] = copy. deepcopy(fitt2[i])
            y[i, :] = copy. deepcopy(x[i, :])         # 个体最优
            if fitt2[i] < fg:
                pg = copy. deepcopy(x[i, :])          # 群体最优
                fg = copy. deepcopy(fitt2[i])         # 群体最优适应度
                fljg = copy. deepcopy(clmat[i, :])    # 当前最优聚类
    bfit[t] = fg                                      # 最优适应度记录
    w = wmax - t * (wmax - wmin)/M                    # 更新权重, 线性递减权重法的粒子群算法
```

```
    for i in range(0, N):
        # 更新粒子速度和位置
        v[i,:] = w * v[i,:] + c1 * np.random.rand(K * D) * (y[i,:] - x[i,:]) + c2 * np.random.
rand(K * D) * (pg - x[i,:])
        x[i,:] = x[i,:] + v[i,:]
        for k in range(0,K):
            cen[k,:] = x[i,k * D:(k + 1) * D]          # 拆分粒子位置,获得 k 个中心
        # 重新归类
        for j in range(0,S):
            temp1 = np.zeros(K)
            for k in range(0,K):
                temp1[k] = np.sum((p[j,:] - cen[k,:]) ** 2)
            tmp2 = np.min(temp1)
            clmat[i,j] = np.argmax(temp1) + 1          # 最近距离归类
    print('迭代次数:',t)
print('最优聚类输出:',fljg)
print('最优适应度输出:',fg)
print('聚类中心:',cen)
plt.rcParams['font.sans - serif'] = ['SimHei']
plt.figure(1)
plt.plot(bfit,linestyle = '--',color = 'r')
plt.title('适应度曲线')
plt.xlabel('种群迭代次数')
plt.ylabel('适应度')
plt.show()
end_time = time.time()
time1 = end_time - start_time
print('需要的时间:',time1)
```

PSO 算法适应度曲线如图 10-2 所示。

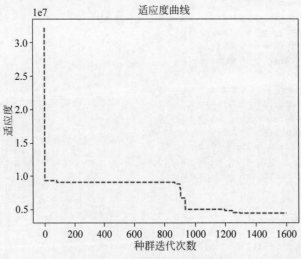

图 10-2　PSO 算法适应度曲线

PSO 算法适应度准确值:适应度＝4.447E＋06。

对预测样本值的仿真输出结果如下:

```
最优聚类输出: [3. 3. 2. 3. 4. 1. 1. 3. 4. 2. 3. 3. 2. 1. 4. 1. 4. 3. 4. 1. 1. 3. 3. 2.
2. 4. 2. 3. 3. 3.]
```

```
最优适应度输出: 4447204.658875
聚类中心: [[2820.18779334 6174.09850103 7059.40292742]
 [3548.93930484 2520.17199576 7241.29741832]
 [7820.03203592 9277.81726186 1800.06534006]
 [ 176.15650361 7828.15054764 4483.5208308 ]]
```

调整显示方式后,PSO 算法聚类结果与标准结果对比如表 10-1 所示。

表 10-1　POS 算法聚类结果与标准结果对比

数	据		标 准 结 果	POS 算法聚类结果
1702.80	1639.79	2068.74	3	3
1877.93	1860.96	1975.30	3	3
867.81	2334.68	2535.10	1	1
1831.49	1713.11	1604.68	3	3
460.69	3274.77	2172.99	4	4
2374.98	3346.98	975.31	2	2
2271.89	3482.97	946.70	2	2
1783.64	1597.99	2261.31	3	3
198.83	3250.45	2445.08	4	4
1494.63	2072.59	2550.51	1	1
1597.03	1921.52	2126.76	3	3
1598.93	1921.08	1623.33	3	3
1243.13	1814.07	3441.07	1	1
2336.31	2640.26	1599.63	2	2
354.00	3300.12	2373.61	4	4
2144.47	2501.62	591.51	2	2
426.31	3105.29	2057.80	4	4
1507.13	1556.89	1954.51	3	3
343.07	3271.72	2036.94	4	4
2201.94	3196.22	935.53	2	2
2232.43	3077.87	1298.87	2	2
1580.10	1752.07	2463.04	3	3
1962.40	1594.97	1835.95	3	3
1495.18	1957.44	3498.02	1	1
1125.17	1594.39	2937.73	1	1
24.22	3447.31	2145.01	4	4
1269.07	1910.72	2701.97	1	1
1802.07	1725.81	1966.35	3	3
1817.36	1927.40	2328.79	3	3
1860.45	1782.88	1875.13	3	3

10.7　结论

通过粒子群算法能够快速实现分类。而且通过惯性权重系数的线性更新,可以防止局部最优输出。虽然运行时间稍有增加,但效果明显。每种聚类数量下的最优聚类可以根据

输出的适应度 f_g 进行判断,适应度值越小越好,并且需多次进行判断。

习题

(1) 什么是粒子群算法?

(2) 简述粒子群优化算法的原理。

(3) 简述粒子群算法的流程。

参 考 文 献

［1］ 周润景.模式识别与人工智能(基于 MATLAB)[M].北京:清华大学出版社,2018.

［2］ 杨淑莹.模式识别与智能计算:MATLAB 技术实现[M].北京:电子工业出版社,2008.

［3］ 王小川,史峰,郁磊,等.MATLAB 神经网络 43 个案例分析[M].北京:北京航空航天大学出版社,2013.

［4］ 田景文,高美娟.人工神经网络算法研究及应用[M].北京:北京理工大学出版社,2006.

［5］ 周润景,张丽娜.基于 MATLAB 与 fuzzyTECH 的模糊与神经网络设计[M].北京:电子工业出版社,2010.

［6］ 崔琳,吴孝银,张志伟,等.Python 语言程序设计[M].北京:科学出版社,2021.

［7］ 王凯.Python 神经网络入门与实战[M].北京:北京大学出版社,2020.

［8］ McKinney W.利用 Python 进行数据分析(第 2 版)[M].徐敬一,译.北京:机械工业出版社,2018.

［9］ 奥雷利安·杰龙.机器学习实战:基于 Scikit-Learn、Keras 和 TensorFlow(第 2 版)[M].王敬源,贾玮,边蕤,等译.北京:机械工业出版社,2020.

［10］ 何宇健.Python 与机器学习实战:决策树、集成学习、支持向量机与神经网络算法详解及编程实现[M].北京:电子工业出版社,2017.

［11］ 李一邨.人工智能算法案例大全:基于 Python[M].北京:机械工业出版社,2023.

［12］ 塔里克·拉希德.Python 神经网络编程[M].林赐,译.北京:人民邮电出版社,2018.